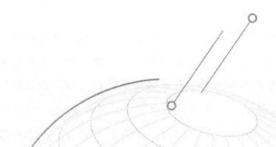

周界安全防范
技术手册

主 编 赵振亚
副主编 邱 昕 顾松树 董明辉

国防工业出版社
·北京·

内 容 简 介

本书针对国家陆地边境、军事基地、自然保护区、矿场、大型园区等大区域周界安全防范，介绍了相关的技术原理和应用，主要内容包括周界安全防范概述和周界安全技术防范中的感知预警、信息传输、视频管理与数据赋能、非致命打击驱离、无人机探测与反制、离网供电与防雷、网络安全、新技术展望。

本书适合具有大专以上文化程度的，从事边境管控的军警指战员，负责公共安全的公安干警和管理人员，安防行业从业人员，重点要害目标安保人员，应对非传统安全威胁的部队官兵，大专院校相关专业的师生参考阅读。

图书在版编目（CIP）数据

周界安全防范技术手册 / 赵振亚主编. -- 北京：国防工业出版社，2025.4. -- ISBN 978-7-118-13645-6

Ⅰ．TM925.91-62

中国国家版本馆 CIP 数据核字第 2025VL6368 号

※

国防工业出版社 出版发行

（北京市海淀区紫竹院南路 23 号　邮政编码 100048）
北京虎彩文化传播有限公司印刷
新华书店经售

*

开本 710×1000　1/16　插页 4　印张 33　字数 526 千字
2025 年 4 月第 1 版第 1 次印刷　印数 1—1200 册　定价 188.00 元

（本书如有印装错误，我社负责调换）

国防书店：（010）88540777　　书店传真：（010）88540776
发行业务：（010）88540717　　发行传真：（010）88540762

编写委员会

主　　编　赵振亚
副 主 编　邱　昕　顾松树　董明辉
编写人员　赵振亚　邱　昕　顾松树　董明辉　于　波　韩　腾
　　　　　邱　伟　王　凯　黄　默　荆有波　郭　瑞　田长超
　　　　　张　宝　吴靖宇　封　坤　韩　旭　李仲茂　马　骁
　　　　　冷永清　马怀龙　盖　兵　韩佳明

前 言

随着安全形势的发展变化，陆地边境、自然保护区等大区域周界安全防范受到了更多的关注。此类周界的安全防范与传统公共安全防范存在着较大的差异，在感知预警、信息传输、智能应用、网络安全、基础保障等方面表现出一些具有鲜明特征的特殊需求。

已公开发行的周界安全防范相关学术著作主要面向公共安全领域，一般以视频监控、入侵探测、出入口控制、楼宇对讲、电子巡更、生物特征识别等为主要研究对象。本书以公共安全技术防范为基础，面向国家陆地边境、自然保护区等大区域周界安全技术防范需求，兼顾一些特殊领域对非传统安全威胁的防范需求，通过对相关标准和安防新理念、新技术、新产品的消化汲取，力争形成一份体系完善、内容全面的周界安全技术防范基础读物，读者既可以系统地对相关技术进行全面了解，也可以有针对性地进行选择性阅读。

全书共分9章。前4章就周界安全技术防范中的基本概念、体系组成、感知预警、信息传输、联网应用等内容进行了介绍。第1章针对大区域周界安全技术防范的需要，对安全防范的基本概念、周界安全技术防范体系的建设理念和组成等进行了简要介绍。第2章介绍了用于形成全天时严密防范体系的视频监控技术，用于构建大区域纵深防护的入侵探测技术，用于构建立体全域感知的无人驾驶航空器、卫星遥感、电磁网络空间等立体全域感知技术，以及近年来取得较大进展的生物特征识别技术。第3章介绍了周界安全技术防范中的信息传输，这部分内容通常不是公共安全防范技术的关注重点，但对于偏远地区的周界安全防范，数据传输和机动指挥通信是一个极其关键的"重点"和"难点"问题。第4章介绍了周界安全技术防范中的视频管理与数据赋能。

后5章内容主要针对技术的进步和现实中出现的新问题、新需求展开。第5章针对安保人员应对风险的反应能力，介绍了激光眩目、强声驱离、电击枪等非致命打击驱离技术及其应用。第6章针对"低慢小"无人机带来的新型威胁，对无人机探测和反制的相关技术进行了介绍。第7章针对基础设施薄弱的边远地区周界安全的防护，简要介绍了供电和防雷的相关内容。第8章针对日益严峻的网络安全形势，对网络安全等级保护的相关技术和要求进行了介绍。第9章针对安全防范新理念、新技术、新产品，对无人化与智能化、天地一体化、数字孪生等技术进行了简要介绍。

本书编者花费了大量时间在国内外相关网站上挑选了上千张图片，鉴于版权问题不得不删减了数百张图片。经过审慎处理，书中的部分图片为编者拍摄或自制，部分图片获得了授权，部分图片来自国外公开领域，部分图片为来自维基共享资源（Wikimedia Commons）的公开图片，在此向所有图片作者表示感谢。

本书还引用了大量的学术期刊、学位论文和相关公司网站消息，参考引用了CSDN、知乎等网站，以及喀喇昆仑卫士、超图软件、地理公社、海康威视、鲜枣课堂、光明军事、云脑智库、雷达通信电子战、传感器技术、电子万花筒、低并发编程、电子工程专辑、格致论道讲坛、红外芯闻、军鹰动态、军事高科技在线、机器人大讲堂、机器之心、架构师技术联盟、网电空间战、太空与网络、浮空飞行器、通信百科、无线深海、中国指挥与控制学会、战略前沿技术、从心推送的防务菌、电波震长空、兵工观察等微信公众号的一些文章和图片，在此一并表示感谢。

由于编者水平有限，书中难免有错误、疏漏和不妥之处，敬请批评指正。

编 者

2024年8月

目　录

第1章　周界安全防范概述 ……………………………………………… 1

1.1　安全防范概述 ………………………………………………………… 2
1.1.1　安全防范基本手段 ………………………………………… 2
1.1.2　安全防范三要素 …………………………………………… 3
1.1.3　安全的环境因素 …………………………………………… 4
1.1.4　安全风险评估 ……………………………………………… 5
1.1.5　安全防范系统构建的基本原则 …………………………… 7
1.1.6　周界安全中的人力防范 …………………………………… 8
1.1.7　周界安全中的实体防范 …………………………………… 8

1.2　周界安全技术防范 …………………………………………………… 12
1.2.1　周界安全技术防范体系的建设理念 ……………………… 12
1.2.2　周界安全技术防范体系的架构组成 ……………………… 17

第2章　周界安全技术防范中的感知预警 …………………………… 22

2.1　视频监控技术 ………………………………………………………… 23
2.1.1　视频监控系统的组成 ……………………………………… 24
2.1.2　视频监控系统的发展 ……………………………………… 25
2.1.3　摄像机成像技术 …………………………………………… 27
2.1.4　视频图像优化与调节 ……………………………………… 54
2.1.5　夜间成像技术 ……………………………………………… 62

2.2　入侵探测技术 ………………………………………………………… 75
2.2.1　入侵探测概述 ……………………………………………… 75

  2.2.2 区域入侵探测 ··· 82
  2.2.3 周界入侵探测 ··· 104
 2.3 立体全域感知技术 ··· 121
  2.3.1 无人驾驶航空器与应用 ······································· 121
  2.3.2 卫星遥感与应用 ··· 145
  2.3.3 电磁网络空间信息感知 ······································· 156
 2.4 生物特征识别技术 ··· 163
  2.4.1 指纹识别 ··· 164
  2.4.2 人脸识别 ··· 167
  2.4.3 虹膜识别 ··· 170
  2.4.4 指静脉识别 ··· 173
  2.4.5 声纹识别 ··· 174
  2.4.6 步态识别 ··· 175
  2.4.7 多模态识别 ··· 176

第3章 周界安全技术防范中的信息传输 ································· 177

 3.1 通信概述 ··· 177
  3.1.1 现代通信技术的发展 ··· 178
  3.1.2 通信系统概述 ··· 182
 3.2 周界安全技术防范中的数据传输 ······································· 188
  3.2.1 数据传输原理与实现 ··· 188
  3.2.2 光纤通信技术 ··· 201
  3.2.3 微波通信技术 ··· 211
  3.2.4 低功耗广域网 ··· 215
 3.3 周界安全技术防范中的机动指挥通信 ··································· 220
  3.3.1 短波通信 ··· 221
  3.3.2 超短波通信 ··· 229
  3.3.3 蜂窝移动通信 ··· 232
  3.3.4 数字集群通信 ··· 241
  3.3.5 卫星通信 ··· 251
  3.3.6 自组网通信 ··· 260

第 4 章　周界安全技术防范中的视频管理与数据赋能······265

4.1　视频综合管理应用······265
4.1.1　视频存储技术······266
4.1.2　视频显示技术······274
4.1.3　视频联网技术······288
4.1.4　视图智能应用······296

4.2　数据赋能技术······306
4.2.1　大数据与应用······306
4.2.2　云计算与应用······321
4.2.3　人工智能与应用······329

4.3　地理信息系统······344
4.3.1　地理空间数据······345
4.3.2　地理信息系统基础软件······353
4.3.3　地理信息系统应用······359

第 5 章　周界安全技术防范中的非致命打击驱离······362

5.1　激光眩目技术与应用······362
5.1.1　激光原理与分类······362
5.1.2　激光眩目机理与应用······366

5.2　强声驱离技术与应用······371
5.2.1　人耳的听觉特性······372
5.2.2　强声驱离原理与应用······374

5.3　非致命电击枪技术与应用······378
5.3.1　电流对人体的生理效应······378
5.3.2　电击枪的组成与基本原理······380

第 6 章　周界安全技术防范中的无人机探测与反制······382

6.1　无人机探测······382
6.1.1　无人机"黑飞"挑战······383
6.1.2　无人机探测技术······384

6.2 无人机反制 389
　　6.2.1 无线电压制式反制 389
　　6.2.2 无线电欺骗式反制 391
　　6.2.3 火力打击 392
　　6.2.4 定向能毁伤 395
　　6.2.5 物理捕获 400

第7章 周界安全技术防范中的离网供电与防雷 403

7.1 技术防范体系的供电 403
　　7.1.1 供电系统的组成 404
　　7.1.2 新能源离网供电 410
　　7.1.3 储能技术 419
7.2 技术防范体系的防雷 426
　　7.2.1 雷电危害 426
　　7.2.2 综合防雷系统 431

第8章 周界安全技术防范中的网络安全 442

8.1 网络安全威胁 442
　　8.1.1 恶意程序 444
　　8.1.2 网络安全漏洞 448
　　8.1.3 分布式拒绝服务攻击 450
　　8.1.4 弱口令 451
　　8.1.5 高级持续威胁攻击 452
　　8.1.6 网站安全 454
8.2 网络安全保护 455
　　8.2.1 网络安全的等级保护 455
　　8.2.2 信息安全产品 462

第9章 周界安全技术防范新技术展望 474

9.1 无人化与智能化技术 474
　　9.1.1 无人化平台 475

9.1.2　机器人 …………………………………………… 479
　　9.1.3　外骨骼装备 ………………………………………… 485
9.2　天地一体化技术 …………………………………………… 487
　　9.2.1　天地一体化信息网络 ………………………………… 488
　　9.2.2　国外典型低轨通信星座 ……………………………… 490
9.3　数字孪生技术 ……………………………………………… 493
　　9.3.1　数字孪生的基本概念 ………………………………… 493
　　9.3.2　数字孪生的应用 ……………………………………… 497

参考文献 ……………………………………………………… 500

第 1 章
周界安全防范概述

周界是指一个区域的边界。周界的概念非常宽泛，小的如一个园区、营地、历史遗迹、铁路（公路）线、学校、医院、仓库、管教场所的边界，大的如一个国家的边界，我国陆地边界线长 2.2 万多千米，大陆海岸线长 1.8 万多千米，岛屿海岸线长 1.4 万多千米。

周界是一个国家、地区、组织、团体、个体对一定空间权属的界定标志，具有确定性和不可侵犯性。例如，陆地国界是划分一个国家与陆地邻国接壤的领陆和内水的界限，可垂直划分一个国家与陆地邻国的领空和底土。一般情况下，通过界碑、界桩等人工标志和确认的山脊、独立明显物体、河道或主航道的中心线等天然标志来标识陆地国界实际位置和走向，图 1-1 为中国-哈萨克斯坦 129 号界碑。

图 1-1　中国-哈萨克斯坦 129 号界碑

1.1 安全防范概述

安全是发展的前提。安全是指一种没有危险、不受威胁、不出事故的客观状态，其中："安"是没有危险、不受伤害，无危即为安；"全"是完整、无残缺、没有损失，无损即为全。防范是指防备、戒备，通过防范的手段实现安全的目的。安全防范是为确保人员、设备、设施、财产等的安全，通过适宜的防备保护措施和行动来应对危险或威胁，防止危害、损失的发生。安全是安全防范的目的，防范是安全防范的手段。安全防范系统是构建社会安全综合治理体系的重要组成部分，它服务于社会安全、社会治理、国家治理体系和治理能力的现代化。

在有限的资源和时空条件下，任何一个安全防范系统都只能针对特定风险达到有限防范的效果，没有绝对的、百分之百的安全，也无法做到万无一失。

1.1.1 安全防范基本手段

在公共安全领域，安全防范综合运用人力防范、实体防范、技术防范等手段，预防、延迟、阻止入侵、盗窃、抢劫、破坏、爆炸、暴力袭击等事件的发生。安全防范是一个人力防范、实体防范、技术防范等手段相结合，探测、延迟、反应要素相协调，共同实现特定目标的有机整体。

人力防范、实体防范、技术防范是安全防范的三种基本手段。

（1）人力防范，也称为人防，是人类抵御外界风险的一种自然选择，是指通过具有相应素质的人员或群体的有组织的行为来发现、制止、减少风险事件的发生发展，包括人、组织、管理等。人力防范是安全防范的基础。

（2）实体防范，也称为物防，通常是在与保护对象相邻的山地河流等天然屏障的基础上，设置建（构）筑物及其附属工程（如配套道路等）、围墙、栅栏等防护设施，采用实体防护设备、器具等，提高延迟、阻挡和防御能力，以空间隔离和空间纵深换取反应时间。实体防范是人力防范和技术防范的补充与保障。

（3）技术防范，也称为技防，是通过电子信息技术，以极小的延时将现场的信息及时、准确、完整地呈现给系统的后续环节，以便于资源的协同配合和及时处置。技术防范是人类"视、听、嗅、触、味"等感觉能力的延伸，直接提高的往往是探测能力，相应也会提高整体的延迟和反应能力，减小对安保人员生理、心理、数量、组织上的依赖，提升人力防范的效率、实体防范的作用。

三种防范手段互为基础、互为补充，任何单一的防范手段都不可能实现真正的安全。只有坚持以人力防范为基础、实体防范为保证、技术防范为核心，使三者有机融为一体、优势互补，才能发挥出安全防范体系的最佳效益。图1-2为我国某地边境周界安全防范体系的组成示意图。

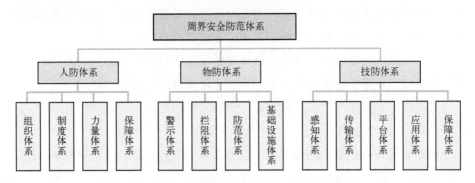

图1-2　某地边境周界安全防范体系组成示意图

此外，利用犬、鹅等动物和刺篱类植物进行防范也是行之有效的安全防范方式。经过训练后的战斗犬、警犬，具有优秀的感知、防护和攻击能力，可以执行巡逻、防暴、护卫、警戒、搜捕等多种任务，在周界安全防范中具有重要的价值。图1-3为训练有素的战斗犬。

图1-3　训练有素的战斗犬

1.1.2　安全防范三要素

探测、延迟、反应是安全防范的三要素，相互依存、相互联系，三要素相互协调均衡时,安全防范系统功能达到最佳。

(1)探测是指感知显性和隐性安全风险事件的发生并发出报警,是安全防范的前提。只有迅速准确的探测,才能掌握快速精准行动的主动权,取得风险应对上的时间优势。探测要尽可能地在入侵行为发生的早期甚至计划阶段进行,尽可能地发现真实的不安全状况或入侵行为,杜绝漏报警、减少误报警。

(2)延迟是指延长和推迟安全风险事件发生的进程,推迟违法犯罪行为的实施时间和治安灾害事故的蔓延,为安全风险应对赢得时间,是安全防范的保障。只有充分合理的延迟,才能把握主动出击的最佳时机。

(3)反应是指采取行动制止风险事件的发生,是安全防范系统的目的。只有迅速有效的反应,才能有效预防和制止风险事件的发生。

只有防范力量探测和反应的时间小于延迟安全风险事件发生时间,即 $T_{探测}+T_{反应} \leqslant T_{延迟}$,安全防范系统才是一个有效的系统。

针对恐怖袭击的安全防范系统不仅要具备"探测、延迟、反应"能力,还要着重提升"震慑、防御、制敌"等方面的能力,为人力防范配备必要的个人防护器具(防弹服、防割手套、头盔、盾牌等),部署设置有效的防御设施(防爆墙、防撞墩、隔离带、阻车器等),配备制服恐怖分子的装备(具有驱逐、约束、震慑性质的器械及武器装备等)。图 1-4 为部分应对恐怖袭击的个人防护装具。

图 1-4 部分应对恐怖袭击的个人防护装具

1.1.3 安全的环境因素

安全防范系统是一个"人-机(物)-环境"相互作用的复杂系统。其中,环境是指围绕在安全防范系统周围的外界事物,是安全防范系统的重要组成部分。

（1）环境因素按照其来源可以分为外部环境因素和内部环境因素。

外部环境是组织追求其目标实现时所处的外部状况，包括国际、国内、区域或地方的文化、社会、政治、法律、法规、金融、技术、经济、自然以及竞争环境等，对组织目标产生影响的关键驱动因素和趋势，与外部利益相关者的关系以及他们的感知和价值观等。

内部环境是组织追求其目标实现时所处的内部状况，包括组织结构、职能和责任，方针、目标以及实现它们的战略，从资本、时间、人力、过程、系统和技术等资源和知识角度所理解的能力，信息系统、信息流和决策过程，与内部利益相关者的关系以及他们的感知和价值观，组织文化等。

（2）环境因素按照其属性可以分为自然环境因素、人文环境因素、社会环境因素等。

自然环境是自然界中由非人为因素构成的客观存在的各种自然因素的总和。自然环境对周界安全技术防范的影响很大，雨、风、雪、雾、沙尘、温度、湿度、气压、太阳辐射、温差、雷电等不同的气候条件，山地、河流、湖泊、丘陵、林地、平原、高原、草滩、沙漠、沼泽、溶洞等不同的地貌形态，都会给人类的行动、实体屏障部署、技术防范设备的运行与维护带来极大的影响。

社会环境是人类社会在长期活动中形成的有形的物质和无形的精神环境，包括政治、经济、军事、法律、科技、伦理、文化、心理以及交通、生产、居住环境等，是人类生存、活动和发展的具体环境。经济制度与经济状况、政治制度与政治状况以及人际关系等因素，是社会环境中占主体地位的因素。

人文环境是一定社会系统内部和外部发展变化的发展观念、信仰、外部环境认知等文化变量输出的结果，包括人类创造的各种人文景观和非物质文化成果等。人文环境影响了主体（个人、民族等）的思维方式和价值观，是不同地区、民族之间主体的不同性格和不同行为方式的深层次原因。人文环境中的民族、宗教、文化、风俗传统、法律制度等因素，是周界安全防范中不可忽略的因素。

1.1.4 安全风险评估

任何类型的组织，无论其层级和规模大小，在实现其目标的过程中都会受不同内外部因素的影响而存在不确定性，这种不确定性主要体现为由于信息缺失而造成的某类情形产生（变化）的可能性，以及由此所致后果的不确认状态。这种不确定性对目标的影响称为风险，其影响具有正面和负面、机会和威胁的双重性，通常用风险源、潜在事件及其后果和可能性来描述。

可能性是指某个事件发生的机会，也可用概率来表示。风险发生的可能性通常可分为几乎不可能、很小、偶尔、很可能、经常5个等级。后果是某类情形产生或变化对目标影响的结果，风险后果严重性可分为很小、小、一般、严重、非常严重5个等级。通过风险发生可能性和风险后果严重性组合的风险矩阵，可以确定对保护对象造成安全威胁的单一或组合风险的大小。风险等级可根据实际需要而定，通常分为低、中、高3个等级，在此基础上可增加很低、很高2个等级，当然也可采用其他方式表示风险的等级。

风险是客观存在的，可以被人类认识和评估，并有效防范、化解、管控。

风险评估是采取合理风险应对措施的前提，是安全防范系统建设和运行过程中的重要活动。风险评估过程包括风险识别、风险分析和风险评价，如图1-5所示。

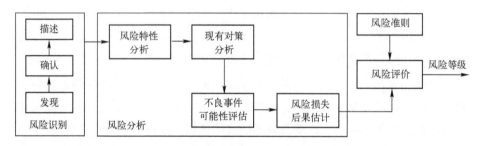

图1-5　风险评估过程示意图[6]

风险识别是发现、确认和描述风险的过程，包括对风险源、事件、原因和潜在后果的识别，并通过这4个要素对风险做结构化的表述，其过程涉及历史数据、理论分析、专家意见和利益相关者的需要。风险源是隐藏的潜在危险，可以是有形的也可以是无形的，可能单独引发风险也可能共同引发风险；风险的原因体现出"多因一果"的特征，多种因素在特定时空条件下汇集叠加、相互作用并被某一因素"触发"。

风险分析是指对风险发生的可能性以及风险发生后造成损失（或影响）的大小进行分析，用来理解风险性质及其特征、确定风险等级。风险分析包括了对不确定性、风险源、后果、可能性、事件、情境、控制措施及其有效性的详尽考虑，同时受观点分歧、偏见、风险认知及判断的影响。

风险评价是指对比风险分析结果和风险准则，以确定风险，并根据其风险等级确定是否需要采取进一步的行动。风险准则是基于组织的目标和内外环境而确定，是评价风险重要性的依据。风险准则通常源自标准、法律、政策、专家经验，以及组织的义务和利益相关者的意见。

危险是潜在伤害的来源。安全防范应对的危险（威胁）源主要有自然灾害、事故灾难、社会安全事件、公共卫生事件等。本书述及的周界安全防范主要针对国家边界面临的非传统安全威胁，如非法越境、跨国犯罪、敌对势力渗透破坏等，以及国家内部区域周界在公共安全层面面临的相关威胁，如入侵或接近（隐蔽进入或强行闯入）、触及或移动、窃听或窥视、伤害、盗窃、抢劫、攻击（汽车/邮递/投掷炸弹和远射武器等）、暴力袭击、破坏、损毁、爆炸、污染（气体和水源）等。

1.1.5 安全防范系统构建的基本原则

安全防范系统的建设、运行、维护应遵循"防范与风险相适应；人力防范、实体防范、技术防范相结合；探测、延迟、反应相协调；纵深防护、均衡防护；安全、可靠、稳定运行"等基本原则。

防范与风险相适应，是指依据保护对象的安全需求，结合当前内外环境和安全防范能力进行风险评估，识别保护对象所面临的各种现实或潜在的风险，分析这些风险的发生概率和风险发生后可能造成的后果，确定各种风险的等级，结合用户对风险的承受度和容忍度确定需要防范的风险，使风险等级与为保障保护对象的安全所采取的防范措施的水平相适应，使系统和设备所具有的对抗不同攻击的能力水平与防范对象及其攻击手段相适应。

人力防范、实体防范、技术防范相结合，是指在人力防范的基础上，设置有效的实体防范措施，按照"安全可控、开放共享"的原则，统筹考虑技术防范体系的组成、架构、联网共享、应用以及供电、运维、安全等因素。在综合考虑实体防范、技术防范能力以及系统正常运行和应急处置需要的基础上，配备合理的人力资源，部署必要的防护、防御和对抗性的设备、设施、装备，建立健全管理制度，规范优化与系统运行要求相匹配的应对流程，制定完整可行的应急处置预案，建立培训机制不断提高相应人员的能力和素质。

探测、延迟、反应相协调，是指实现安全防范三要素之间的协调均衡，实时精准的探测是延迟和反应的前提，充分有效的延迟为反应赢得时间上的主动，迅速有效的反应使风险事件得到控制和制止。

纵深防护、均衡防护，是指根据保护对象的内外环境和防范要求，对整个防范区域进行整体和（或）局部层层设防的纵深防护，使系统任一部分不存在明显的薄弱环节或安全漏洞，确保各部分安全防护水平整体保持均衡一致。

安全、可靠、稳定运行，是指综合考虑系统的安全性、可靠性、实用性、环境适应性、实时性、原始完整性、兼容性、可扩展性、可维护性、经济性等要求，统筹好系统的规划、建设、运行和维护，确保系统正常运行。

1.1.6　周界安全中的人力防范

人力防范是传统的防范手段，简称为人防，是指具有一定安全防范能力的人（群体）的有组织的值守、巡逻、警戒、防范、打击防范对象破坏活动等安全防范行为。人力防范是通过人的"视、听、触、嗅、味"觉感知风险，做出处置、报警、求援等反应，通过警告、吓阻、设障、驱离、打击等手段延迟和阻止危险事件。作为安全防范的基础，人力防范具有主观能动优势，实体防范和技术防范最终要靠人的管理来体现。

周界安全防范中的人力防范体系是一个复杂体系，包括："统一高效、权责明晰"的组织体系；"机构完整、制度健全"的制度体系；"布局合理、整体联动"的力量体系；"配套齐全、科学先进"的保障体系。图1-6为在边境地区巡逻的工作人员。

图1-6　在边境地区巡逻的工作人员

1.1.7　周界安全中的实体防范

实体防范，即物防，是指利用建筑（构）物、屏障、器具、设备或其组合，延迟或阻挡风险事件发生的实体防护手段。实体防范是通过物理实体的应用来延迟或阻挡危险的发生，为处置赢得时间。

1.1.7.1 实体防范体系

实体防范通常是利用与保护对象相邻的山地河流等天然屏障，设置建（构）筑物、围墙、栅栏等人工屏障，采用实体防护设备、器具等，提高延迟、阻挡和防御能力。实体防范体系是一个包括警示体系、拦阻体系、防范设施体系、基础设施体系等在内的综合体系。

（1）警示体系。通过标识牌、语音提示、光照等方式来承载警示、告示、宣示、宣传、震慑等功能。图1-7为景山公园禁止放飞无人机和某地边境的周界警示标识。

图1-7　周界警示标识

（2）阻拦体系。隔离墙、围墙、栅栏、铁丝网、植物隔离带、阻车器、防撞墩、拒马是较为常见的物理拦阻设施，在边界、园区、道路、庭院等多种场景得到了广泛应用。图1-8为某国边境的周界拦阻设施。

图1-8　周界拦阻设施

（3）防范设施体系。防范设施主要是指坚固且抗冲击的建筑（构）物、器具、设备，用来提高实体的抗冲击能力，其目的是保护保护对象、对抗防范对象，有效发挥效能的前提是具备相应的抗攻击能力。图1-9为边界防护设施。

图1-9　边界防护设施

（4）基础设施体系。基础设施体系主要包括道路、拦阻设施、执勤点、瞭望塔、停机坪、电力、水源、通信网络等。图1-10为边境地区的道路、通信、电力基础设施。

图1-10　边境地区的道路、通信、电力基础设施

1.1.7.2　实体防护设计

实体防护通常对防范对象的攀越、穿越、拆卸、破坏、投射物体等行为具有防护功能，是安全防范系统实现延迟和阻挡功能的主要手段。实体防护要充分发挥天然屏障效能，设计部署与保护现场自然条件和空间等相匹配的人工屏障、防护器具（设备）等实体防护系统。

实体防护系统的设计，应在保护对象安全需求的基础上，面向防范对象及其威胁方式，按照纵深防护和安全性、耐久性、联动性、模块化、标准化等原则，采取相应的实体防护措施，以延迟或阻止风险事件的发生。要充分利用天然形成的高山、峡谷、河流、密林、湖泊、湿地、沼泽、戈壁等天然屏障，综合设置人工河道、植被隔离带、围墙、围（栅）栏、建（构）筑物及其配套工程，阻止和妨碍防范对象的进入、穿越、撞击、攀爬、破坏、观察。在有人驻守的哨卡、检查站等场所，要设置限制、阻挡和防止车辆未经许可闯入或暴力撞击的拒马、防撞墩（柱、墙）等实体屏障。

实体屏障的位置以及与保护对象的距离，要综合考虑防范需求、现场条件、入侵行为和实施处置的路径与时间的关联关系等因素，进行合理规划。在实体屏障防护面一侧的区域内，不应有可供攀爬的立杆、树木、建（构）筑物等。防爆实体屏障的设置位置和安全距离，要充分考虑防范爆炸物的种类、当量、破坏力、杀伤力等因素。

对重要保护对象、保护对象区域较大、防范级别不同的多个保护对象同时防护，可按照分级、分区、纵深防护的原则设置单层或多层实体屏障。要充分利用天然屏障，根据周界地形环境（如山坡、河道、涵洞、桥梁、管廊等）差异，实现多种类、多形式屏障的组合应用。在紧贴围（栅）栏、围墙的地下基础、内外侧、顶部，要增设防挖掘、防穿越、防攀爬的实体屏障，实现周界实体屏障的多种防护。在多层周界实体屏障之间，应建立能够通视的清除区，清除防范对象可能借助的建（构）筑物及其他设施，用于巡逻和观察、延迟、阻挡入侵行为。图1-11为较为常见的防撞实体屏障。

图1-11　防撞实体屏障

据媒体报道，在美墨边境、以巴边境曾经发生过多起通过挖掘地道进行偷渡或侵入的事件。穿越周界的天然河道、孔洞和人工建设的管廊、地道是容易被忽略的安全防范薄弱点，要设置实体屏障和（或）装置对其进行封闭，在河道的水下设置栅栏、钢丝网、防护桩（柱）阻止人员潜入和船只通行。图 1-12 为某处河道的拦阻设施和国外某地的地道。

图 1-12　某处河道的拦阻设施和国外某地的地道

实体防护设计应以探测、延迟、反应三要素相协调为基本原则，综合考虑人力防范的反应能力，采用适宜的实体防护措施，保障延迟时间满足 $T_{探测}+T_{反应} \leqslant T_{延迟}$ 的要求。

1.2　周界安全技术防范

技术防范，即技防，是指利用感知、通信、计算机、信息处理及其控制、生物特征识别等技术，提高探测、延迟、反应能力的防护手段。技术防范使人力防范的作用得到延伸、实体防范的功能得到增强，使防范活动由被动向主动转变，整体防范能力得以提高。

1.2.1　周界安全技术防范体系的建设理念

体系是由两个或两个以上能够独立行动并实现己方意图的现有系统组成或集成的具有整体功能的系统集合。一个体系可能由现有的多个系统（子体系）组成，是"系统"的更高阶段和形式，是由多个系统组成的大系统。

周界安全技术防范体系的规划、建设、管理，应坚持"需求牵引、因地定案、体系建设、全域联动、泛在物联、数据驱动、智能高效、安全可信"的理念。

1.2.1.1　需求牵引、因地定案

周界是阻止入侵、渗透、蚕食、分裂、恐袭、偷渡、破坏、走私、盗窃、

抢劫、爆炸等安全风险事件发生的前沿。各地面临的外部环境、地理环境、气候环境、人文环境、经济社会发展状况各不相同，需要根据各地现实需求和环境，牵引周界安全技术防范方案的顶层设计。图 1-13 为我国某地边界上的河流与高山。

图 1-13　边界上的河流与高山

"防范与风险相适应"是周界安全技术防范应遵循的基本原则。有的地方面临着复杂的外部环境，有的地方面临着暴恐分子潜入潜出的风险，有的地方面临着严峻的贩毒、走私、偷渡管控形势。需求牵引建立在各地对所面临风险的科学评估基础上，要管控目标恰如其分、管控重点明确具体，构建与风险防范相匹配的安全技术防范体系。

环境适应性是影响技术防范系统效能的重要因素。例如，微波通信、雷达探测、红外探测、遮挡式微波探测需要通视的环境，振动光纤、振动电缆等振动探测器挂网部署会受到风力变化的影响，触网探测类的脉冲电子围栏、张力式电子围栏需要大量的承力杆和支撑杆，极端的炎热、严寒、温差、降雨、积雪、冰冻等气候环境会影响设备的性能。表 1-1 为 GB/T 4797.2—2017《环境条件分类——自然环境条件——气压》给出的海拔高度与标准气压之间的对应关系。

表 1-1　海拔高度与标准气压之间的对应关系

高度/m	气压/kPa
10000	26.5
8000	35.6
6000	47.2

续表

高度/m	气压/kPa
5000	54.0
4000	61.6
3000	70.1
2000	79.5
1000	89.9
0（海平面）	101.3

一些偏远地区基础设施薄弱，技术防范设施建设成本远高于城市安防系统。规划建设要充分考虑到当地的经济条件，按照"联建共享、充分利旧、急用先上、逐步完善"原则，统筹规划基础设施与技术防范手段建设，做好联管联控联防的资源共享。

1.2.1.2 体系建设、全域联动

"人力防范、实体防范、技术防范相结合，探测、延迟、反应相协调"，"纵深防护、均衡防护"是周界安全技术防范应遵循的重要原则。

人力防范、实体防范、技术防范既相对独立又互为基础，其中：实体防范和技术防范最终要靠人的管理来体现，实体防范是人力防范和技术防范的补充与保障，技术防范使人力防范的作用得到延伸、实体防范的作用得到增强。三种防范体系有机融为一体，以统一指挥控制为核心、数据共享为纽带、物理与信息化基础设施为支撑，将实时感知、迟滞拦阻、高效指挥、快速处置、精准保障等功能有机集成，实现"威慑、拒阻、监控、围堵、查证"等安全防范目标，形成具有倍增效应的体系化管控能力。

在管控布局上，构建以执勤点、检查站为点，边界线、拦阻墙（网）、巡逻路为线，全封闭真空隔离区、外围管理区为面，点线面相互支撑的一般防护区、重点防护区、核心区的整体纵深防控体系。在"天空地网"多维空间中，以地面技术防范为主体，充分形成空中信息优势，高度重视网络电磁空间的信息运用，形成物理域、信息域、认知域等全域联动的管控格局。图1-14为美军进行太空战和网络战演练的场景。

视频监控和入侵探测传感器的联动应用是技术防范的基本模式。雷达和各类入侵探测传感器对管控区域进行入侵探测，联动视频监控设备对疑似目标进

行识别确认。在地理条件复杂、自然环境恶劣的边境地区，使用某一类（种）感知设备（系统）来解决问题是不现实的。例如，视频监控系统在夜暗和雨雪雾等天候下会降低可视距离，在树林、灌木、草丛、障碍物等环境中会影响目标检测，受监控视场限制和目标采取伪装欺骗行为会导致目标漏报警，此外还会面临人为判断等诸多因素的挑战。一个好的技术防范系统要综合考虑各类传感器的适用场景，形成融合感知、复合印证、全域联动、立体高效的系统协作，弥补某一类传感器独自工作中存在的局限。

图 1-14　美军进行太空战和网络战演练的场景

1.2.1.3　泛在物联、数据驱动

探测是周界安全技术防范的前提。各类传感器全域一体的多重感知，是分析、判断、决策、处置、评估的基础。传感器探测的数据，既有简单的"有和无"信息，也有连续实时的信息；既可能是结构化数据，也可能是高清视频流数据。智能传感、边缘计算、5G、低功耗广域网、天基物联网等技术的发展，使信息化基础设施建设和基础设施信息化的步伐不断加快，万物互联成为现实，进而通过海量传感器的多维感知、融合感知、全要素感知、全场景感知实现对现场态势的实时感知。图 1-15 为通过物联网和大数据进行周界管控和应急处置的场景。

图 1-15　通过物联网和大数据进行周界管控和应急处置的场景（图片来源：DARPA）

数据是一个国家的基础性战略资源，"数据、算法、算力"是人工智能的三驾马车。以体量大、种类多、变化快、价值密度低为基本特征的大数据，正在推动人类社会从信息化向智能化的变迁，"数据—信息—知识—智慧"的演进将深刻改变安全管控的方式方法。在周界安全技术防范中，通过对基础数据、时空数据、实时物联感知数据、外部数据等的获取、共享、运用，构建适应周界安全管控的大数据体系，可进一步提高安全管控的效益。

1.2.1.4 智能高效、安全可信

创新是推动社会发展的原动力，是引领人类社会未来的主导力量。技术防范要充分发挥物联网、移动互联网、5G、人工智能、大数据、云计算等新一代信息技术的效能，构建集"智感前端、智联网络、智算环境、智萃能力、智慧应用"于一体的新一代周界安全技术防范体系，增强技术手段在情报高效获取与研判、扁平化指挥调度、快速机动投送、有效阻止迟滞等方面的应用，逐步实现安全管控的无人化、智能化。图1-16为测试中的地面无人智能装备。

图1-16 测试中的地面无人智能装备（图片来源：DARPA）

"安全、可靠、稳定运行"是周界安全技术防范应遵循的原则。

从网络出现开始，针对网络的无形攻防就没有停止过。在设备、系统、网络层面，要高度重视针对各类安全漏洞的恶意程序、木马、蠕虫、病毒等攻击行为，构建安全可信的环境。一些地区自然环境恶劣，设备故障是不可避免的，这时必须开展检查、清洁、调整、调试、故障设备/部件更换、发现并排除故障、排查或消除隐患等一系列维护保养活动，才能使系统的效能得到稳定的输出，保证系统正常运行并持续发挥效能。

1.2.2 周界安全技术防范体系的架构组成

周界安全技术防范体系是由感知预警、信息传输、数据融合、智能应用、安全保障、标准规范等体系组成的综合体系，其基本架构由感知层、传输层、平台层、应用层组成。图 1-17 为某地周界安全技术防范体系架构示意图。

图 1-17　周界安全技术防范体系架构示意图

1.2.2.1　感知预警体系：天空地网、全域感知

《孙子·谋攻》中指出"知彼知己者，百战不殆。不知彼而知己，一胜一负。不知彼不知己，每战必殆"。高效、实时的感知预警，是进行判断、决策、处置的前提。

地面感知设备是周界安全技术防范感知预警体系的主体，"有图有真相"使视频监控系统成为应用最为广泛的感知系统，也是其他安防系统不可或缺的核证手段。视频监控系统与入侵探测系统的联动应用，进一步提升了感知预警体系的探测能力，实现了管控区域的全天时、全天候、无死角的探测感知。一些地方以两（多）道隔离墙、铁丝网构建全封闭的真空隔离带，在此基础上构建了"点线面、远中近、云边端"一体联动的融合感知体系。

无人机和浮空球（艇）等低空飞行器具有优异的观察视角，可快速机动也可长时间滞空，已在多个国家成功应用于远距离、大区域的实时感知监控。遥感卫星的空间分辨率不断提高，重访周期极大缩短，遥感影像信息处理能力逐步提升，遥感卫星即将实现近实时的应用。图 1-18 为"吉林一号"遥感卫星拍摄的纳米比亚鲸湾高分辨率遥感影像。

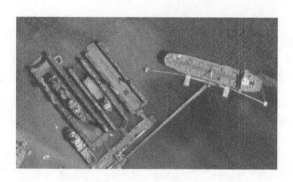

图 1-18　纳米比亚鲸湾高分辨率遥感影像（图片来源：长光卫星）

对电磁网络空间信息的获取、运用，被认为是继视频监控和入侵探测后的另一个主要技术感知方向，在世界各国得到了重视。"天空地网"多维空间信息的获取、融合、处理、应用，将形成全方位、立体化、无盲区的感知格局。

1.2.2.2　信息传输体系：物信融合、泛在物联

信息传输体系是周界安全技术防范体系的"神经网络"。从细枝末节的传感网到作为主干通道的骨干网，承载着待上传下达的指挥信息和待归集处理的感知设备采集的情报与控制信息，这需要构建"公专互补、宽窄融合、固移结合"的物信融合传输体系，为保证"现场可视、态势可知、指令可达、局势可控"提供坚强的支撑。

推进周界安全管控由人力防范向技术防范转型，部署的传感器数量越来越多，它们可能分布于不同的地域环境、完成不同的感知任务、报告不同格式的数据内容，泛在物联通过窄带物联网（NB-IoT）、WiFi、远距离无线电（LoRa）、数字集群（PDT）、4G/5G、光纤、微波、卫星等宽窄带异构网络的融合，提供固定、移动、机动等多种拓展布设方式，为感知信息归集搭建可靠、实时的泛在传输通道，实现万物互联。

信息优势是迅即反应的基础。光纤传输网是现代通信网络的基础，但其移动性受到很大的限制；无线通信通过电磁波传递信息，在移动性、网络快速构建、环境适应性等方面具有无可比拟的优势。机动指挥通信以泛在融合为核心，综合运用传统的短波、超短波通信和蜂窝移动通信、卫星通信、数字集群通信、自组网通信，与地面固定网络有机结合，实现机动指挥通信的天地一体、全域覆盖、全程贯通、安全泛在。图 1-19 为正在测试的机动 5G 网络应用。

图 1-19 机动 5G 网络应用

1.2.2.3 数据融合体系：多源异构、云边一体

数据用于对客观事件进行记录。从数量巨大、来源分散、格式多样的数据中挖掘有价值的信息，"用数据说话、用数据决策、用数据管理、用数据创新"，基于数据的管理决策将使周界安全管控的效能倍增。

在周界安全技术防范体系中，数据来源不仅仅包括自建技术防范系统的视频图像数据、入侵探测数据、天气数据、位置数据等，还可以有其他部门采集的交通、住宿、消费、出入等数据。有身份证号、银行卡号、手机号码等结构化数据，也有个人与外界交互的视音频等非结构化数据。数据融合体系依托人工智能、大数据、云计算、边缘计算等新一代信息技术，根据业务场景统筹各类数据，基于时间、空间、事件、属性、关系进行多源异构数据的关联融合，为构建数据驱动的服务和分析奠定基础。

数据融合体系通过数据采集、集成等工具，支持不同业务系统、不同存储结构、不同开放形态、不同收集工具的数据收集接入，支持多语言数据处理、多种数据组织和存储方式，打造基于数据汇聚、数据分析、数据挖掘、数据共享、数据可视化的整体方案，打破数据孤岛和信息烟囱的桎梏，提高对数据资源的规范化管理能力，提升数据开发效率和组织能力，赋能上层大数据应用。

1.2.2.4 智能应用体系：数据驱动、高效协同

智能应用系统通过数据平台调用各种数据，构建"数据—信息—知识—智慧"逐级演变的安全可靠、可扩展的数据应用体系，实现数据共享和业务协同。单一来源的数据只能满足对某一方面、某一领域分析和掌控的需求，但以"时间、空间、事件"为纽带的多源数据融合、关联、碰撞，将实现管控目标性质自动判断、多源数据关联推送、处置预案自动选择、管控指令自动分发，达到发现实时、决策优化、处置快速、自主调控的管控目的。

未来的智慧周界将依托全域感知、泛在物联、数据融合、智能分析、辅助决策、指挥控制等功能模块的高效协同，聚合多方管控力量和信息资源，实现精准智能管控，基于数据实现"情报态势、全息感知、智能研判、指挥协同、督导巡视、要素管理、综合保障、公众服务"等功能应用，极大提高周界管控的效益。图1-20为应用在管道和岩洞等无GPS环境下的无人自主装备。

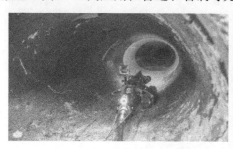 

图1-20 应用在管道和岩洞等无GPS环境下的无人自主装备

1.2.2.5 安全保障体系：安全可信、精准保障

周界安全技术防范系统中的感知、传输、计算设备都不可避免地存在一定的硬件或软件安全漏洞，进而成为网络攻击的对象。因此，安全保密工作不能抱有任何侥幸心理，必须按照网络安全等级保护的相关要求，做好网络安全防范，杜绝网络安全事故的发生。

我国多数边远地区人迹罕至、环境恶劣，信息基础设施薄弱，雨雪、风沙、温差等环境因素会给电气系统和电子设备造成腐蚀、开裂、脆化、潮气的吸附或吸收、氧化等危害，给供电和支撑网络构成了严峻的挑战。西部高原地区长时间大雪封山，光伏组件易被积雪融冰覆盖，光伏/风光互补等供电方式很难提供稳定、可靠的电力供应，往往成为技术防范系统正常工作的掣肘。表1-2为GB/T 2421—2020《环境试验 概述和指南》中给出的单一环境参数对系统、设备的主要影响。

表1-2 单一环境参数的主要影响

试验参数	主要影响	典型失效结果
高温	热老化，氧化，开裂和化学反应，软化，融化，升华，黏度降低，蒸发，膨胀	绝缘失效，机械故障，机械应力增加，由于膨胀或润滑剂性能损失导致运动部件的磨损增加
低温	脆化，结冰，黏度增大和固化，机械强度降低，物理性收缩	绝缘失效，开裂，机械故障，由于收缩或润滑剂性能损失导致运动部件的磨损增加，密封失效

续表

试验参数	主要影响	典型失效结果
高相对湿度	潮气吸收或吸附,膨胀,机械强度降低,化学反应,腐蚀,电蚀,绝缘体的导电率增加	物理性损坏,绝缘失效,机械故障
低相对湿度	干燥,脆化,机械强度降低,收缩,动触点间的磨损增大	机械故障,开裂
高气压	压缩变形	机械故障,泄露(密封损坏)
低气压	膨胀,空气的电气强度降低,电晕和臭氧的形成,冷却速度降低	机械故障,泄露(密封失效),闪络,过热
太阳辐射	化学物理和光化学的反应,表面劣化,脆化,变色产生臭氧,加热,不均匀加热和机械应力	绝缘损坏,参见"高温"
沙尘	磨损和侵蚀,卡住和阻塞,导热性减低,静电效应	磨损增加,电气故障,机械故障,过热
腐蚀气体	化学反应,腐蚀和电蚀,表面劣化,电导率增加,接触电阻增大	磨损增加,电气故障,机械故障
风	施力,疲劳,材料沉积,阻塞,冲蚀,诱导振动	结构倒塌,机械故障,参见"沙尘"和"腐蚀气体"
雨	吸水率,温度冲击,冲蚀和腐蚀	电气故障,开裂,泄露,表面劣化
冰雹	冲蚀,温度冲击,机械形变	结构倒塌,表面损伤
降雪或结冰	机械负荷,吸水率,温度冲击	结构倒塌,参见"雨"
快速温度变化	温度冲击,局部加热	机械故障,开裂,泄露,密封失效
臭氧	快速氧化,催化(特别是橡胶),空气的电气强度降低	电气故障,机械故障,细裂纹,开裂
稳态加速度,振动,碰撞或冲击	机械应力,疲劳,共振	机械故障,运动部件的磨损增加,结构倒塌

第 2 章
周界安全技术防范中的感知预警

视、听、触、嗅、味这 5 种感觉是人类生存、体验环境的关键。感觉细胞对外界的物理或化学现象做出响应，大脑使人类对这个世界产生感觉和知觉。

克劳塞维茨指出：战争中行动所依据的因素中，有 3/4 的因素都或多或少地被不确定的迷雾所笼罩。古往今来，战场上的各方都极其注重对敌方的情报收集。

在周界安全技术防范中，感知预警为安全管控指挥控制提供决策所需的安全态势；指控系统对态势进行分析研判和管理传感器，依据决策进行任务分配，并指挥处置力量进行精准高效处置；感知预警为处置力量提供目标定位指示，对处置效果进行评估，并将新的态势反馈至指控系统。在这一闭环处置过程中，感知预警是"感知—决策—处置"功能链的基础，是任何评估、决策、指挥和控制的起点。图 2-1 为安全防范中的"观察—判断—决策—行动"（OODA）环。

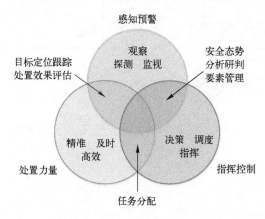

图 2-1　安全防范中的"观察—判断—决策—行动"环

第 2 章　周界安全技术防范中的感知预警

周界安全技术防范中的感知预警，是指综合运用以观察、探测为主的各类传感器以及网络电磁空间，对安全防范所需的一切信息进行获取、认知、预警的过程。

周界安全技术防范中的感知预警体系按照技术原理、部署方式，可以分为视频监控系统、入侵探测系统、立体全域感知系统、生物特征识别系统等，构成一个分布于"天空地网"多维空间的感知体系。图 2-2 为某地周界安全技术防范体系的感知预警体系构成示意图。

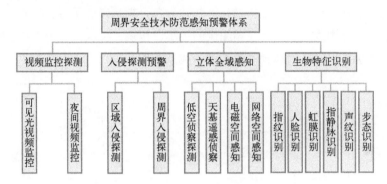

图 2-2　周界安全技术防范感知预警体系构成示意图

感知预警体系通过泛在网络实现互联互通，对防范区域进行全天时全天候的监视和情报采集，在时、空、频域上形成多维一体、全域感知的多层次、全方位、分布式、体系化信息感知能力。

2.1　视频监控技术

视频探测是一种采用光电成像技术对目标进行感知并生成视频图像信号的探测手段。

视频监控系统以视频探测技术为核心，监视监控区域并实时显示、记录现场视频图像，具有视频图像采集、传输、交换、控制、存储、显示、处理等功能。

视觉信息占了人类感知信息量的 80%以上，是信息获取的核心入口。视频监控系统实时反映被监视区域的现场情景，真实完整、直观丰富，延伸和提高了人眼的观察距离、观察视角、观察时间、观察能力，是安全技术防范中应用最为广泛的感知预警系统。

自 2015 年以来，中国各地都在积极推进"天网工程""雪亮工程""平安中国"建设，基本实现了"全域覆盖、全网共享、全时可用、全程可控"的公共安全视频监控体系，大幅提升了利用视频监控进行犯罪调查的破案率，视频监控信息成为大要案侦破的关键信息。

2.1.1 视频监控系统的组成

典型的视频监控系统由摄像机、传输设备、视频管理平台、存储设备、显示设备几部分构成，实现对视频图像的采集、传输、控制、显示、存储等基本功能。图 2-3 为常见的视频监控系统组成示意图。

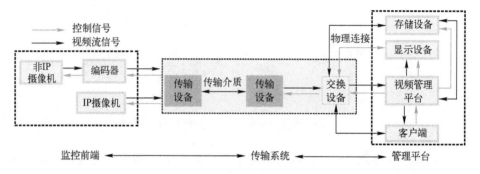

图 2-3　视频监控系统组成示意图

GB 50395—2007《视频安防监控系统工程设计规范》中定义，视频安防监控系统包括前端设备、传输设备、处理/控制设备和记录/显示设备四部分，其中前端设备是指摄像机以及与之配套的相关设备（如镜头、云台、防护罩等）。GA/T 1211—2014《安全防范高清视频监控系统技术要求》中将高清视频监控系统分为前端、传输、终端三个部分，并将系统内的相关设备分为前端采集设备、传输（交换）设备、视频存储设备、显示设备、视频切换控制设备、视频管理应用设备等。某军用标准将视频监控系统分为前端设备、传输系统、显控后端三部分，并将前端设备定义为用于监控现场的信息采集设备。GB/T 28181—2022《公共安全视频监控联网系统信息传输、交换、控制技术要求》中将联网系统中安装于观察现场的信息采集、编码/处理、存储、传输、安全控制等设备统称为前端设备。虽然这些标准对前端设备的表述有一定的差别，但前端设备一般专指进行信息采集的光电成像设备。

（1）摄像机进行视频图像信号的采集、编码，有的还集成了本地存储卡、信息传输终端，是整个系统的"眼睛"。

（2）传输设备完成摄像机采集的视频信号、控制信号在设备与平台间的传递。常见的传输设备有视频光端机、无线网桥、4G/5G 终端设备等，传输介质有网线、光纤和电磁波等。

（3）视频管理（联网/共享）平台是系统的核心，可以提供视频监控综合管理服务，完成监控系统的级联联网、资源整合与共享、前端设备管理，以及视频的控制、处理等功能。

（4）存储设备是记录和保存视频、音频、数据并具有数据非易失性的装置的统称，包括磁盘、磁带、磁盘阵列、磁带阵列以及数据库等。视频可以存储在监控前端上，也可以存储在监控中心，还可以采取视频云存储。

（5）显示设备对视频信号进行影像还原以供预览。显示设备通常由 LED 显示屏、液晶显示屏、投影机等组成。

2.1.2 视频监控系统的发展

视频监控系统的发展已大致经过了 5 个阶段。

（1）模拟视频监控阶段。

模拟视频监控开始于 20 世纪 70 年代，这一时期的摄像机采用模拟体制，经同轴电缆将视频信号传输到视频切换、显示或记录设备，又称为闭路电视监控（Closed-Circuit Television，CCTV）。

（2）模数混合视频监控阶段。

模数混合视频监控开始于 20 世纪 90 年代末期，通过压缩板卡对模拟视频信号进行处理，实现模拟信号数字化和视频编码、压缩、存储，在实际应用中通常与模拟矩阵配合使用。

（3）高清视频监控阶段。

高清视频监控通过提升视频清晰度来看清人脸、车牌等细节特征。高清化有助于准确提取重要的有效信息，是实现摄像机网络化和智能化的前提。高清化不仅需要摄像机的高清采集，还需要传输、存储、解码、显示、控制等环节参与进来。

（4）网络视频监控阶段。

网络视频监控开始于 2005 年左右，通过嵌入式编码设备将模拟视频信号直接转变成互联网协议（IP）信号，视音频数据以 IP 包的形式在 IP 网络上进行传输，视频服务器内置一个嵌入式 Web 服务器实现联网视频监控。图 2-4 为旅游景区为保障公共安全而安装的各种网络视频摄像机。

图 2-4　为保障公共安全而安装的各种网络视频摄像机

（5）智能视频监控阶段。

"看得见—看得清—看得懂"是视频监控的发展方向。随着边缘计算、人工智能等技术的发展，摄像机对视频流自主进行处理、分析，实现对运动目标的检测、跟踪、分类及行为理解等智能应用，变被动监控为主动监控，是当前及未来视频监控的发展方向。图 2-5 为对摔倒行为的理解。

图 2-5　对摔倒行为的理解（图片来源：中科劲点）

在系统层面，视频监控系统从单纯的业务系统向综合应用系统转变，与周界入侵探测、卡口、出入口控制、门禁、楼宇对讲、停车场管理、电子巡更、指挥调度、地理信息系统（GIS）、无人系统等结合，根据应用需求和场景进行深度的融合。图 2-6 为一种智慧园区综合**安防管控**系统。

第 2 章　周界安全技术防范中的感知预警

```
                    智慧园区综合安防管控平台
   ┌────────┬────────┬────────┬────────┬────────┬────────┐
 综合管控  视频监控  一卡通  车辆管控  检测预警  网络管理  行业应用
 事件联动  实时预览  门禁管理 智慧停车  入侵报警  设备巡检  换岗查勤
 图上监控  录像回放  访客管理 园区卡口  动环监控  录像检查  门卫执勤
 人脸监控  实时智能  可视对讲 行车监控          视频诊断
           以图搜图  考勤管理                    统计报表
           浓缩摘要  电子巡更
```

图 2-6　某智慧园区综合安防管控系统

"三分建、七分管",运维体系对安防管控系统局部(设备、部件)进行检查、监测、维修、更新,从而保持系统的功能性能。运维体系是安防管控系统正常运行和持续发挥效能的基本保证,通常包括人员、经费、制度和技术支撑等方面。当前单纯依靠人工巡检和维护管理已不能满足运维工作的需求,而通过技术性的运维管理,能够及时发现问题,做到异常事件早发现、早解决,实现系统整体运维管理能力的提升。

2.1.3　摄像机成像技术

摄像机是视频监控系统的前端设备,是视频信息感知、采集的源头。

2.1.3.1　摄像机成像原理与分类

摄像机是一种将图像传感器靶面上从可见光到近红外范围内的光图像转换为视频图像信号的装置。

1)摄像机成像原理

摄像机是一个光学成像系统,将视场内的目标物体光学图像转变为电信号,再由显示设备还原为光学图像。图 2-7 为摄像机成像的基本原理。

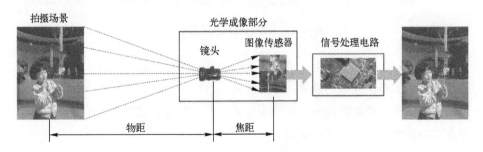

图 2-7　摄像机成像基本原理

摄像机的核心部件是图像传感器和镜头。图像传感器是一种感光元件，将光学图像转换为电信号，经过后续的图像信号处理，就可以得到视频图像。镜头是一组光学透镜，负责将外界的景象投射在图像传感器靶面上。

成像过程中，光学系统首先将光线的强弱、高低按照比例转换成图像传感器靶面上空间分布的电信号，然后将这种空间对应分布的电信号转换成按时间顺序连续的电信号，最后将电信号送给后续电路进行编码、压缩、封装等处理。

将空间分布的电信号转变为时间顺序的连续信号的过程称为扫描。一幅图像称为 1 帧，在 1 帧图像的空间上，先按照水平方向从左向右完成一行扫描后继续进行下一行扫描，水平方向的扫描称为行扫描（水平扫描），逐行向下的扫描称为场扫描（垂直扫描）。

人眼具有视觉暂留现象，当图片播放速度处于 24～30 帧/s 之间时，图片切换导致的闪烁就会被人眼忽略。只要使图像传感器每秒钟记录 24 张以上的图片，就可以看到连续的视频图像。图 2-8 中的电影放映机与电影胶片就是利用这一原理实现连续的画面。

图 2-8　电影放映机与电影胶片

在空间扫描 1 帧图像后，在时间上就需要扫描下一帧的图像。单位时间内扫描更新图像的帧数称为帧频，常见摄像机的帧频一般不低于 25 帧/s。高帧频摄像机可以得到更加流畅逼真的视觉体验。图 2-9 为高速摄像机拍摄的迫击炮弹发射与爆炸瞬间的高帧频影像。

图 2-9　高帧频影像

时间上连续的电信号，加上表达其空间位置信息的同步（行同步和场同步）信号，就可以由显示设备还原成完整的视频信号。

2）摄像机的分类

摄像机的分类方法很多，通常按图像信号、结构、图像分辨率、环境照度等进行分类。

（1）根据图像信号处理技术的分类。

根据摄像机的图像信号处理技术，摄像机可分为模拟摄像机、数字摄像机和网络摄像机三类。

模拟摄像机是输出信号为模拟视频信号的摄像机。数字摄像机是一种输出未经压缩、封包的数字信号的摄像机。网络摄像机是传统摄像机与网络技术结合的产物，用户可以直接通过浏览器观看 Web 服务器上的视频图像，具有权限的用户还可以控制摄像机云台进行方位俯仰运动，对镜头进行拉近和拉远操作。

（2）根据摄像机结构的分类。

根据摄像机的结构，摄像机主要可分为枪式摄像机、半球摄像机、变速球形摄像机、针孔摄像机、特殊外形摄像机以及多镜头拼接摄像机等。图 2-10 为摄像机的常见外观结构。

枪式摄像机一般没有变焦和旋转功能，主要完成一个固定区域的监控。半球摄像机的水平旋转角度在 180°的范围内，球机一般在 360°的范围内，半球（球）摄像机的垂直旋转角度约为 0°～90°，一般不能观察自己上方的空间。云台摄像机安装在旋转机构（云台/转台）的侧面或顶端，可形成 360°立体无死角的观察范围。枪球联动摄像机是枪机和球机的组合，枪机用于对固定场景监控，而球机用来追踪细节。多镜头拼接摄像机由多个镜头拼接成 180°、360°

或其他监控视场进行监控。

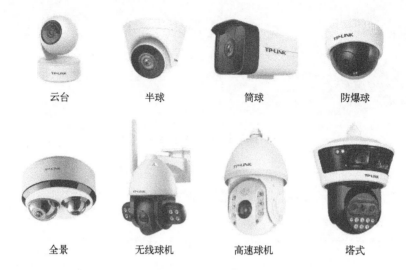

图 2-10　摄像机常见结构外观（图片来源：TP-LINK）

（3）根据图像分辨率的分类。

图像分辨率是指视频图像的像素数，一般用"水平方向像素数×垂直方向像素数"表示。根据视频图像的分辨率，摄像机可分为标准清晰度摄像机、准高清晰度摄像机、高清晰度摄像机和超高清晰度摄像机。

标准清晰度摄像机是摄像机图像水平像素数小于等于 768 或垂直像素数小于等于 576 的摄像机。准高清晰度摄像机是摄像机图像水平像素数大于 768 且垂直像素数大于 576，同时水平像素数小于 1920 或垂直像素数小于 1080 的摄像机。高清晰度摄像机是摄像机图像水平像素数大于等于 1920 且垂直像素数大于等于 1080，同时水平像素数小于 3840 或垂直像素数小于 2160 的摄像机。超高清晰度摄像机是摄像机图像水平像素数大于等于 3840 且垂直像素数大于等于 2160 的摄像机。

工程中常用 P、K、W 为单位来表示视频图像分辨率。P 表示一帧图像有多少行（纵向）像素，如 720P（1280×720）表示有 720 行像素，1080P（1920×1080）表示有 1080 行像素。K 表示一帧图像有多少千列（横向）像素，如 4K（3840×2160）表示有 4000 列像素。W 表示摄像机横向和纵向像素的乘积，如 1080P 约等于 200W 像素，2K（2560×1440）约等于 400W 像素，4K 约等于 800W 像素。图 2-11 为 2K、4K、8K 视频影像效果对比，视频图像的像素越多，分辨率就越高，视频图像的清晰度越高。

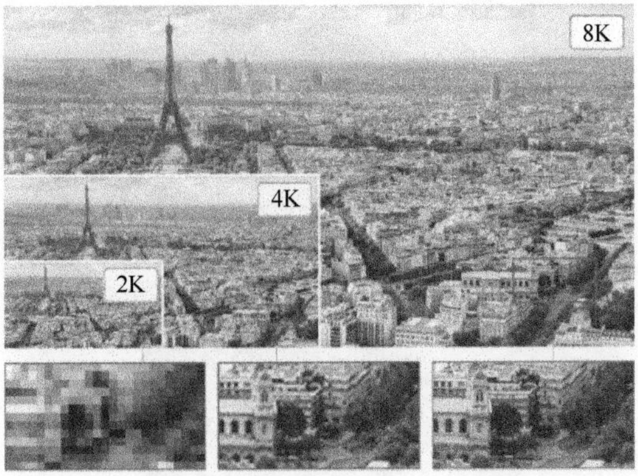

图 2-11　2K、4K、8K 视频影像效果对比（图片来源：Canon 中国官网）

（4）根据环境照度的分类。

环境照度用于表示摄像机在什么样的环境亮度条件下能够保持清晰的图像。按照摄像机正常工作所需的环境照度，摄像机通常可分为普通摄像机（1～3lx）、月光摄像机（0.1lx 左右）、星光摄像机（0.01lx 以下）、超星光摄像机（0.002lx 以下）和黑光摄像机（0.0005lx 以下）等。

2.1.3.2　摄像机的组成

以网络摄像机（IP Camera，IPC）为例，一个完整的摄像机主要由镜头、图像传感器、信号处理电路和附属辅助设备组成，如图 2-12 所示。

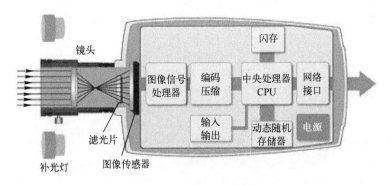

图 2-12　摄像机结构示意图

1．镜头

摄像机镜头是一组将不同形状与材质的光学器件（透镜、棱镜等）以一定方式组合，通过组件的透射、反射改变光线传输路径，将物象投射在图像传感器上完成光学成像的光学器件组合。

镜头是光学成像设备的关键部件，相关的参数主要包括焦距、光圈、视场角、接口类型等，这些参数决定了镜头的综合性能。图 2-13 为与摄像机组成相似的数码相机结构示意图。

图 2-13　数码相机结构示意图（图片来源：Canon 中国官网）

1）焦距

焦距是指平行光入射时从透镜光心到光聚集的焦点的距离。在实际应用中，镜头的焦距为构成镜头的组合光组的焦距，如图 2-14 所示。

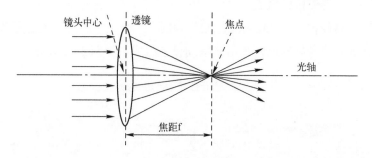

图 2-14　焦距 f 示意图

镜头的焦距决定了摄像机观察的远近和视场。焦距越大，则观察距离越远，观察视场越小；焦距越小，则观察距离越近，观察视场越大。

（1）焦距与作用距离。

设摄像机所要观察的目标与镜头的距离为 D（单位为 m），监控目标的高度与宽度分别为 H 和 V（单位均为 m），图像传感器成像的高度与宽度为 h 和 v（单位均为 mm），它们与焦距 f（单位为 mm）之间的关系为

$$\frac{H}{D} = \frac{h}{f} \tag{2-1}$$

$$\frac{V}{D} = \frac{v}{f} \tag{2-2}$$

根据式（2-1）和式（2-2），就可以大概计算出摄像机能够观察的距离，从而确定与监控目标的位置关系。

以某远程光电设备为例，该光电设备镜头最长焦距为 755mm，靶面尺寸为 1/2″（h 为 4.8mm），观察目标是 1.8m 的行人，通过式（2-1）可得出作用距离 D 约等于 283m。

这显然与实际应用不符。问题出在 h，即在计算时定义的 h 是图像传感器靶面尺寸，但实际应用中并不需要整个传感器靶面都观察到目标，只要目标在图像中占一定比例就能满足观察的需求，因此在实际应用时，h 应为实际成像的像素数乘以像元尺寸。

像元尺寸一般在几个微米，作用距离这样就大多了，这个公式只是理论评估的一种粗略方法。实际应用中，成像距离还要受到目标背景对比度、空气可见度、器件工作效率等多种因素影响。

摄像机对目标发现、识别、辨认（Detection，Recognition，Identification，DRI）的标准，目前还没有统一的权威规定。目标-屏幕比（Target-Screen Ratio，TSR），是人在视频图像中的像素身高占整幅图像垂直像素数的百分比，有研究人员在 TSR 基础上提出了一种针对高清视频（1080P）的评价方法：目标高度像素数为 40（TSR 约为 4%）以上时，能确定是否有人体目标存在；目标高度像素数为 200（TSR 约为 19%）时，能高度确认目标是否为熟人；目标高度像素数为 400（TSR 约为 38%）时，能根据图像细节准确确认目标身份。图 2-15 通过一组图片示意了发现、识别、辨认的不同。该评价方法会因观察人员而有所区别，每个观察人员的眼睛不一样，目标所处背景不一样，观察的环境也在不停地动态变化，在实际应用中会产生很大的差异。

GB 37300—2018《公共安全重点区域视频图像信息采集规范》规定了用于目标识别的视图信息目标像素数要求。如果目标在最能反映目标特征的摄取位置和条件时成像，那么人体垂直像素数不小于 200 时，能辨别人员的性别、衣着、身型等体貌特征；人体垂直像素数不小于 300 时，能辨别人员携带物的携带方式、物品类别等；人头部水平像素数不小于 300 时，能辨别人员的发型、五官、配饰等面部特征；车辆的水平像素数不小于 180 时，能辨别车辆类型；车牌水平像素数不小于 100 时，能辨别出车辆号牌。某军用标准将目标识别的距离定义为能识别出人员、车辆和船舶等目标类型的最远距离。

图 2-15　发现、识别、辨认示意图

以上标准或方法对发现、识别、辨认的界定不一致，难以形成一个统一的认定标准。在大区域周界安防应用中很难也无须完全实现 GB 37300 的要求，实际应用中可以参考一些经验值。表 2-1 给出了一组对目标识别的经验度量。

表 2-1　对目标识别的经验度量

标准	看清车牌	看出车型	车的颜色	人脸识别	看人行动	看衣服颜色
物体尺寸/cm	44	300	300	20	170	170
需要像素数	60	40	60	70	40	60

根据这个对目标识别所需像素的经验值，在工程实践中可以参考表 2-2 给出的几种镜头焦距与识别距离的对应参考值。

表 2-2　几种镜头焦距与识别距离的对应参考值

镜头焦距/mm	看清车牌/m	看出车型/m	车的颜色/m	人脸识别/m	看人行动/m	看衣服颜色/m
500	1000	10000	8000	380	5500	3850
775	1500	15500	12400	600	8800	6160
1000	2000	20000	16000	760	11000	7700

（2）镜头的变焦。

镜头焦距会影响观察场景的远近和范围，如图 2-16 所示。

图 2-16　不同焦距成像效果对比图

摄像机镜头焦距固定的被称为定焦镜头，一般焦距都比较小，主要用来监控一个固定区域的场景。摄像机镜头焦距可以变化的被称为变焦镜头，变焦镜头能够手动或自动控制焦距在指定范围内变化，放大或缩小被成像目标。

变焦有光学变焦和数字变焦。光学变焦通过调焦装置调整镜头中各镜片的位置来改变焦距，也称为光学变倍。数字变焦实质是画面的电子放大，把原来的图像传感器上的一部分像素使用"插值"手段放大，将部分影像放大到整个画面。通过数字变焦，拍摄的景物被放大，但图像清晰度会下降。

聚焦有手动聚焦和自动聚焦。自动聚焦（Auto Focus，AF）是周界安全技术防范光电成像设备的基本要求，当监控场景发生变化后，摄像机自动将镜头聚焦到被摄物体，以保持目标图像清晰。评价自动聚焦的主要指标是聚焦是否清晰和聚焦速度。

（3）焦距与景深。

当摄像机镜头对焦到观察物体时，在该物体的前后有一个能在像面上清晰成像的范围，即能同时被看清楚的空间深度，称为景深。景深与焦距有关，焦距长时景深短，焦距短时景深长。

景深有前景深和后景深之分，如图 2-17 所示。前景深小于后景深，即镜头在精确对焦后能清晰成像的区域范围，在对焦点前面的距离很短，而对焦点后面却有很长一段的距离。

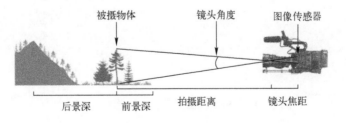

图 2-17　景深示意图（图片来源：Canon 中国官网）

2）光圈

光圈（Aperture）又称光阑、相对通光口径，是一个用来控制光线通过镜头进入机身内感光面光量的器件。镜头不能随意改变自身直径的大小，但是可以在镜头内部加入一个多边形或圆形、面积可变的孔状光栅（光圈），以控制镜头的通光量。

光圈的大小用 F 表示。光圈的 F 值等于镜头的焦距 f 与镜头有效口径的直径 D 的比值。要达到相同的光圈 F 值，长焦镜头的通光口径要比短焦镜头的大。

镜头上光圈系数序列的标值为 1、1.4、2、2.8、4、5.6、8、11、16、22 等，如图 2-18 所示。光圈 F 值越大，则通光孔径越小，光通量越小，镜头的通光性越差，图像传感器上的照度也就越小。

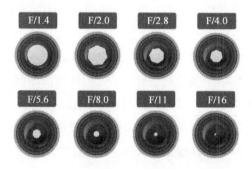

图 2-18　光圈系数与通光口径变化示意图

镜头光圈有手动和自动之分。手动光圈适合亮度变化不大的场合，自动光圈根据外界光线的强弱自动调节光圈的大小。一般来说，监控摄像机的光圈都选择自动模式。

光圈的变化会影响景深，光圈大时景深短，光圈小时景深长，如图 2-19 所示。

图 2-19　景深与光圈变化对比示意图（见彩图）

3）视场角

视场角用来度量镜头的视场范围，是镜头可观测到的空间范围在水平和垂直方向的最大张角，可分为水平视场角和垂直视场角，如图 2-20 所示。

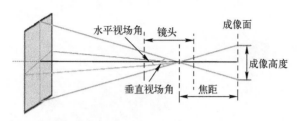

图 2-20　镜头视场角示意图

视场角决定了摄像机的视野范围，它的大小与镜头焦距大小呈反比。变焦镜头的焦距小时，视场角大，观察视野大，视场角过大会使目标的影像尺寸太小；焦距大时，视场角小，视野范围小，视场角过小会导致目标物因超出这个角而不在视野中。图 2-21 是某款摄像机镜头焦距与视场角的对应变化示意图。

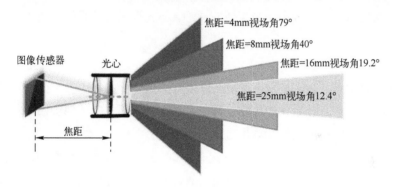

图 2-21　镜头焦距与视场角对应变化示意图

视场角与摄像机靶面的水平和垂直尺寸呈正比。还有其他的一些参数，如镜头的像面尺寸要和图像传感器匹配，接口类型有不同的物理结构。

为了获得更大的视场、更高的分辨率、更丰富的维度信息，在单孔径光学成像系统的基础上，研究开发了曲面反射镜系统、鱼眼透镜系统等，但存在图像畸变、分辨率低等问题。作为天然的多孔径光学系统，昆虫复眼结构给研究人员带来了启发，对微透镜阵列、摄像机阵列等仿生复眼光学成像系统的研究受到重视。三维空间中的光线强度分布可以用一个包含空间中某点坐标 (x, y, z)、光线传播方向 (θ, φ)、波长 λ、时间 t 在内的 7 维函数表示，多个相机组成的阵列对同一目标进行成像，不同视角方向的摄像机镜头对光场的一个方向采样，通过光场成像技术可以获得更多维度的信息。图 2-22 为北京观曜科技公司开发的一款复眼摄像机，像素和视场角比传统摄像机得到了极大的改观。

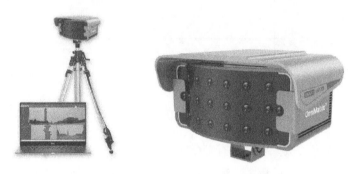

图 2-22　复眼摄像机（图片来源：北京观曜科技）

2. 图像传感器

图像传感器是一种利用光电效应原理，将光学图像信号转换成电信号的光电成像器件。

1）图像传感器类型

图像传感器（Image Sensor）是摄像机的核心部件，主要可分为电荷耦合器件（CCD）和互补金属氧化物半导体（CMOS）两大类，两类图像传感器采用的工艺以及电荷的收集和读出方式有所不同。

CCD 图像传感器诞生于 20 世纪 70 年代，其原理源自相机胶片上的化学物质（卤化银）对光的感应。它使用的数百万个高感光度的光电二极管按矩阵形式排列，当表面受到光线照射时，每个光电二极管将光线变成对应的电荷，电荷大小与接受光照的强弱成比例。电荷在时序电路控制下逐点外移，经后续滤波、放大、模数转换变成数字信号，压缩后由内部的闪存或硬盘保存，把数据传输给其他设备。

CMOS 图像传感器和 CCD 图像传感器在光电成像上的技术原理一致，但两者对光生电荷读取的过程有所不同。CCD 图像传感器在同步信号和时钟信号的配合下以帧或行的方式转移电荷，读出速率慢，电路复杂，很难将模数转换、信号处理放大、时钟驱动、时序发生等功能集成到一块芯片上。CMOS 图像传感器每个像素点都有一个单独的放大器转换输出，能够在短时间内处理大量数据。CMOS 图像传感器使用传统集成电路工艺，实现了将感光器件、信号放大器、模数转换器、存储器、数字信号处理器和数字接口电路等集成在一块芯片上。

相比来说，CCD 图像传感器的灵敏度、动态范围、信噪比、响应速度、成像质量要好于 CMOS 图像传感器，但其工艺复杂，成本较高，主要应用在高端领域。CMOS 图像传感器通过列并行模数转换器、背照式结构、像素芯片与逻辑电路芯片端子直连等技术进步，不仅提高了灵敏度、分辨率、信噪比，而且还有体积小、集成度高、功耗小、价格低等优势，因而得到了广泛的应用。图 2-23 为相机内的图像传感器。

图 2-23　相机内的图像传感器（图片来源：Canon 中国官网）

2）图像传感器主要参数

图像传感器的参数主要有靶面尺寸、分辨率、灵敏度、电子快门、信噪比、最低照度等。

（1）靶面尺寸。

靶面尺寸是指图像传感器感光部分的大小，图像传感器的靶面尺寸越大，捕获的光子越多，感光性能就越好。

靶面尺寸通常是指图像传感器的对角线长度，一般采用 4:3 的长宽比，单位用英寸（1in=0.0254m）来表示。如 1in 靶面大小为 12.7mm（长）×9.6mm（宽），对角线长 16mm。这里的 1in 并不是 0.0254m，原因在于早期摄像机使用真空管感光，外径包含了真空管外层玻璃罩的厚度，外径 1in 的真空管实际成像区域只有 16mm 左右，于是 16mm 就成了约定俗成的度量单位。图 2-24 为一些常见的图像传感器靶面尺寸（图中单位为 mm）。

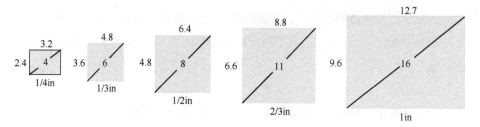

图2-24 常见图像传感器靶面尺寸

（2）分辨率。

图像传感器的感光部分是由很多像元（Pixel）排列的矩阵。像元阵列中的每个像元结构都是一样的，主要由微透镜、彩色滤光片、配线层、光电二极管4层构成。图2-25为CMOS图像传感器的结构示意图。每个像元均为独立的感光单元，将感受到的光转换为电信号，并通过读出电路转为数字信号，形成对应于景物的电子图像。

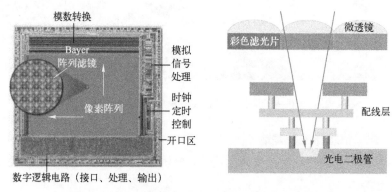

图2-25 CMOS图像传感器结构示意图（见彩图）

每个像元的物理尺寸即相邻像元中心的间距，称为像元尺寸。像元尺寸的大小影响了元件的捕光量，相对尺寸小的像元来说，尺寸大的像元捕获的光子数量要更多。也就是说，在同样光照条件和曝光时间内，尺寸大的像元收集到的有效信号更多，芯片灵敏度更高，图像传感器的成像性能更好。

每个像元都是一个独立的感光单元，对应着图像的像素。图像传感器像素阵列包含的像元数称为分辨率，由水平和垂直方向的像元数相乘（如1920×1080）或其乘积（如200W）表示。分辨率体现了图像的清晰程度，像素越多，能够感测到的物体细节越多，图像就越清晰。常见的分辨率有3840×2160≈800W，2560×1440≈400W，2048×1536≈300W，1920×1080≈200W等。

在相同的分辨率下,像元尺寸越大,芯片面积越大,芯片的成本和价格也会随之增长。在相同的芯片面积下,像元尺寸越大,则像元数就越少。

分辨率和清晰度并不是一个概念。分辨率用来度量图像内数据量的多少,是固定不变的。清晰度随着显示设备与显示窗口而变化,两者之间没有直接的换算关系,清晰度永远小于分辨率。

清晰度可以通过像素密度(Pixels Per Inch,PPI)衡量,它表示每英寸所有的像素数量,PPI 值越高,显示设备以越高的密度显示图像。对于一个固定分辨率的图像,显示窗口小时 PPI 值高,看起来清晰;窗口放大时 PPI 值下降,有效像素间距拉大,空隙被"假像素"填满,看起来模糊。

(3)最低照度。

照度是反映光照强度的一种度量,环境照度是反映目标所处环境明暗(可见光光谱范围内)的物理量,数值上等于垂直通过单位面积的光通量,单位是每平方米的流明(lm)数,也称为勒克斯(lx)。

GB 7793—2010《中小学校教室采光和照明卫生标准》规定,教室课桌面上的平均照度值不应低于 300lx,黑板平均照度值不应低于 500lx。还有一些经验值,例如:室内日光灯的光照度约 100lx;月圆之夜的光照度为 0.3~3lx;黑夜的光照度为 0.001~0.02lx;星光的光照度为 0.00002~0.0002lx。

摄像机的最低照度是在保持环境色温不变的情况下,降低环境光亮度,摄像机的分辨力降低至标称分辨力 70%时被摄景物的照度值,用于表示摄像机能在多暗的场景下拍摄可用的影像。当被摄景物的光亮度降低到一定程度,拍摄出来的图像将是很难分辨层次的灰暗图像。

最低照度是刻画图像传感器感应入射光线强弱与光电转换能力的物理量,最低照度数值越小,传感器的灵敏度越高。在同样条件下,黑白成像所需的照度是彩色成像所需照度的 1/10。最低照度越小,对拍摄环境照度要求越低,可以在较暗的条件下得到清晰图像,环境适应性更强。图 2-26 为一种摄像机在清晨和夜晚时的低照度环境成像。

最低照度受镜头光圈大小、自动增益控制(AGC)开关、光源色温、目标反射率和背景等因素影响。

灵敏度更高的图像传感器、更大通光口径的镜头、更优异的图像处理电路,使摄像机在照度变小的情况下仍能较好地抑制噪点,得到清晰度很大的优异图像。

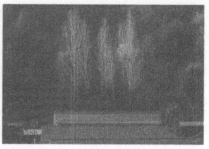

图 2-26　低照度环境成像

视频图像都包括色彩和亮度两种元素，色彩和亮度相互间干扰最终会影响画面效果。一些摄像机模仿人眼视网膜成像原理，采用双图像传感器架构，一路图像传感器模仿视网膜中的锥状细胞感知色彩信息，另一路图像传感器模仿视网膜中的杆状细胞感知亮度细节，色彩信息和亮度细节互不干扰，使低照度环境中的成像效果大幅提升。

（4）电子快门。

电子快门用来控制图像传感器的感光时间。快门变慢，图像传感器的感光时间就会相应变长，采光量随之变多，信号电荷积累也就越大，这样就能输出幅值对应变大的信号电流。快门越快，图像传感器的感光时间越短，采光量越少，适合在强光下拍摄。快门速度变慢，将导致轮廓变模糊，不利于运动物体的抓拍。

摄像机的快门速度一般在 1/50～1/1000s 之间多挡可调。

（5）信噪比。

信噪比是信号电压对噪声电压的比值，一般为自动增益控制关闭时的数值，单位是 dB。

信噪比的典型值为 45～55dB，信噪比越大，说明对噪声的控制越好。信噪比为 50dB 时，图像质量良好但会有少量噪点；信噪比达到 60dB 时，则是没有噪点的优良图像。信噪比关系到图像中噪点的数量，信噪比越高，图像画面越干净，画面中点状的噪点越少。

3. 信号处理电路

摄像机的信号处理电路主要包括图像信号处理器（Image Signal Processor，ISP）、编码器、中央处理器、闪存、输入输出接口等。

ISP 接收图像传感器的原始信号，对传感器输出的信号进行线性纠正、噪声去除、坏点去除、自动白平衡（AWB）、自动曝光控制（AEC）、自动增益控制、色彩校正等处理。如果图像信号处理得不好，后续的处理效果会受到很大影响。

编码器将图像、声音的数字信号按视音频编码标准进行编码压缩，便于在计算机上处理以及在网络上不失真的传输。编码压缩有两种方式，硬件编码需要独立的编码芯片，软件编码依靠 DSP 或 CPU 和相应的编码压缩软件完成。

中央处理器是摄像机的核心部件，可以是 DSP 或 FPGA，也可以是嵌入式 CPU，主要完成数据压缩、接口界面控制、系统控制、数据传输、智能算法运算、网络服务等。

闪存主要用于摄像机本机存储，如 SD 卡、记忆棒。

输入输出接口为应用提供外部接口，如控制、报警信号输入输出等。

1）码流

视频信号数字化后数据很大，难以进行保存和处理。视频图像在传回监控中心的过程中要受到传输系统带宽的限制，如果传输通道带宽不够或质量不高，那么很难实现前端视频图像的高清视频传输。

码流（Data Rate）是指视频文件在单位时间内使用的数据流量，也称为码率或码流率，一般用兆比特/秒（Mbit/s）表示。码流和图像质量、文件体积成正比，码流超过一定数值后对图像质量的影响变小。

为满足存储、网络传输及监控等多样化需求，摄像机一般应同时输出两（多）路码流，或在存储一路码流的同时输出另一路在图像格式、压缩编码格式或压缩码率等参数上有所不同的码流，并可以独立设置视频码流，多码流在保持高码流本地录像的同时也能保持视频传输的流畅性。

以一种三码流摄像机为例，主码流是高清的视频流，主要用于存储、查询数据，画面高清、比特率高，但高带宽不利于远程网络传输。子码流用于网络远程传输，码率低于主码流。辅码流用于手机等设备实现远程监控，在网络不稳定时可以自动平衡调节码率，保证流畅度。

存储设备占用的接入带宽是摄像机主码流码率上限、子码流码率上限、辅码流码率上限的和。

2）视频编解码

视频编码通过特定的压缩技术，将某一种视频格式转换成另一种视频格式，实现数据带宽的减小，便于对视频信号进行保存、传输、处理。主流的摄像机一般要求支持 H.264、H.265、MPEG-4、MJPEG 等编码格式,满足 GB/T 33475.2《信息技术 高效多媒体编码 第 2 部分:视频》或 GB/T 25724《公共安全视频监控数字视音频编解码技术要求》的相关要求。

(1) H.264/H.265 标准。

2001 年,视频领域有两大标准化组织:ITU-T 视频编码专家组与 ISO/IEC 动态图像专家组。它们联合组成了联合视频组(Joint Video Team,JVT),2003 年发布了 H.264 标准。

H.264 标准分成三个框架。基线框架(Baseline Profile)是简单版本,主要针对交互式应用。主框架(Main Profile)采用了多项提高图像质量和增加压缩比的措施,可用于 HDTV、DVD 等。高级框架(High Profile)针对流媒体应用,包括了容错技术、对比特流的灵活访问及切换等技术。

视频图像实际上是以时间为序列的一串数据流,H.264 将一段内容差异不太大的帧编码后生成的数据流定义为一个序列。进行压缩时会组建一个序列,将序列内各物理帧图像定义为 I 帧、B 帧和 P 帧。I 帧是全帧完整编码的关键帧,解码只需要本帧数据。P 帧是前向预测编码帧,参考前序 I 帧生成只包含差异部分,解码时需要用前序缓存的图像叠加本帧定义的差别部分。B 帧是双向预测内插编码帧,参考前后的帧编码,解码需要前序的缓存图像和解码之后的图像叠加本帧数据。

H.264 以 I 帧为基础帧预测 P 帧,再由 I 帧和 P 帧预测 B 帧,序列从 I 帧开始到下一个 I 帧结束,刷新数据开始一个新序列。视频图像画面变化比较小时,可以编一个 I 帧开头,然后是 P 帧、B 帧的较长序列。视频图像画面变化比较大时,一个序列可能只包含一个 I 帧和几个 P 帧。图 2-27 为 H.264 帧序列中的 I 帧、B 帧和 P 帧。

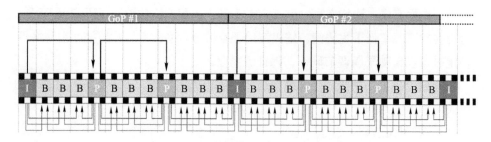

图 2-27　H.264 帧序列中的 I 帧、B 帧和 P 帧

H.264 核心算法包括两类。对于生成 I 帧的帧内压缩，仅考虑本帧数据，采用有损压缩算法；帧内压缩编码的帧是一个完整的帧，可以独立的解码显示。对于生成 B 帧、P 帧的帧间压缩，通过比较时间轴上本帧与相邻帧之间的数据差异，仅记录本帧与其相邻帧的差值，减少数据量；帧间压缩是无损的。

如图 2-28 所示，H.265 和 H.264 编解码的原理都是通过比较视频单帧，找出帧中重复的内容，这些重复的内容被替换为少量的替代数据。H.265 对 H.264 进行了相应的改进，优化了码流、编码质量、延时、算法复杂度之间的关系，提高了压缩效率、鲁棒性和错误恢复能力，减少了时延，降低了复杂度。在同样的画质和码率下，理论上 H.265 比 H.264 占用的存储空间要少 50%。在同样的存储空间和码率下，理论上 H.265 比 H.264 的画质要高约 30%。H.265 支持 4K 和 8K 超高清视频，能在有限带宽下传输更高质量的视频。

图像1

图像2

冗余信息

去除冗余信息

图 2-28　视频压缩基本原理

（2）SVAC 标准。

H.264/5 是 ITU-T 和 ISO 制定的全球通用视频编解码标准，应用非常普遍，但存在着复杂监控场景下的现场还原性不佳、编码效率和视音频质量的平衡不够理想、缺少对监控专用信息的支持、视频不能结构化、无法关联检索、数据安全性低等问题。在 2011 年周克华案中，重庆市公安局组织了近百名民警，耗时一个多月，查阅了近 3.5P 的视频录像，才发现周克华的无伪装身影。

我国专门用于安防视频监控领域的数字视音频编解码标准是 GB/T 25724—2017《公共安全视频监控数字视音频编解码技术要求》，简称为 SVAC 标准。SVAC 标准对高清及超高清视频图像具有优异的压缩性能，支持视频数据国密算法加密与认证，可以有效保护视音频信息的安全。

摄像机采集的视频流、前端计算模块的图像智能分析结果和其他传感器数据，只能分开传送，导致视频流和智能分析结果、传感器数据的分离，无法实现融合关联，只能通过时间戳进行查找调阅。SVAC 标准支持监控专用信息（绝对时间参考信息、智能分析信息等）通过专门语法与视频流数据一起传输和存储，规定了常用智能分析信息的携带方式，便于快速检索、分类查询、视音频同步和监控数据的综合应用。除了支持人工智能分析的结构化描述和编码，还提供相关物联网协议 SDK，可将其他传感器实时感知信息和业务信息通过监控专用信息插入视频流中一同编码，实现视频流、智能分析、物联网信息的关联同步，通过检索算法实现对物联网设备的视频检索。

GB 35114—2017《公共安全视频监控联网信息安全技术要求》规定了视频监控中视频信息和控制信令信息的联网安全保护技术要求，SVAC 标准是 GB 35114 唯一支持可实现视频验签、视频加密功能的视音频编解码标准，解决了视频被侵入窃取、伪造等安全问题。

3）音频编解码

音频是携带信息的重要媒体之一。在公共安全领域，音频采集与视频采集通常一体应用在人员聚集场所用来检测发生的异常声音，同时也是指挥信息、告知警示信息传递的主要载体。图 2-29 为地铁站等公共场所常见的带有拾音设备的视频监控。

图 2-29 带有拾音设备的视频监控

音频编码是利用语音信号的冗余度和人类听觉系统的心理声学特性进行数据压缩的，喜欢电影和音乐的人们对 MP3、杜比 AC-3（影院环绕立体声）、WMA（在线音频）等音频编码名词并不陌生，本书主要介绍一下 ITU-T 的 G.7xx 标准和 MPEG-4 标准。

（1）MPEG-4 视音频编解码标准。

运动图像专家组（Moving Picture Experts Group，MPEG）是 ISO/IEC 负责制定"活动图像、音频及其组合"编码标准的国际组织，MP3 就是 MPEG 在数字音频压缩领域制定的第一代音频编码国际标准。

MPEG-4（ISO/IEC 14496）将不同的数据源视为不同的对象，每个对象独立编码，用户可以选择性地对不同对象进行删除、添加、移动等交互行为，重新组合场景中的视音频对象以构造新场景。MPEG-4 将人工的和自然的视音频信息融合在一起，使多媒体系统的交互性和灵活性得到进一步的改善。

MPEG-4 提供了多个音视频对象编码工具，对某一特定应用只需采用相应的编码工具，并同时对应解码端的一个解码工具。MPEG-4 视频信息的传输速率支持从 5～64kb/s（352×288 以下分辨率和 15Hz 以下帧频）至 64kb/s～4Mb/s。MPEG-4 音频编码标准是一种超低码率音频压缩标准，自然音频处理支持 2～64kb/s 之间各种传输速率的编码，典型抽样频率为 8kHz 和 16kHz，在整个码率范围内实现了高质量的音频压缩。

（2）ITU-T 系列音频编解码标准。

G.7xx 标准是 ITU-T 制定的语音编解码标准。语音编码主要针对语音信号进行编码压缩，用于电话实时语音通信中减少语音信号的数据量，追求低码率/甚低码率下的语音通信质量，以降低数据率、节省带宽为主要目标。

G.711 采用了 A（μ）律脉冲编码调制（PCM）语音编解码算法，适用于 200～3400Hz 窄带话音信号，采样频率为 8kHz，量化位数为 8bit 时的传输速率为 64kb/s，主要用于公共电话网。

G.723.1 是一个极低速率多媒体通信中的语音编码标准，它提供 5.27kb/s 和 6.3kb/s 两种传输速率，分别采用代数码本激励和多脉冲最大似然量化技术，算法延迟为 37.5ms，音质不如 G.729。

G.729 是一个传输速率为 8kb/s 的语音编码标准，采用了共轭结构—代数码激励线性预测（CS-ACELP）语音编解码算法，算法延迟为 15ms，语音质量良好，复杂度适中，对不同应用具有很好的适应性，是一个广泛应用的语音编码标准。

4．附属辅助设备

摄像机需要一些必要的附属辅助设备，如云台、防护罩、补光灯等。其中，补光灯在没有光线或光线不足的情况下为摄像机补光；防护罩对摄像机组件起防尘、防水、防撞等保护作用。

用来在方位和俯仰方向调整观察视野的云台是摄像机的重要组件。图 2-30 列出了部分常见云台（转台）外观。

图 2-30 常见云台（转台）外观（图片来源：和普威视）

云台通过其中的驱动电机装置控制摄像机的方位和俯仰观察角度，通过手动控制、预置位、自动扫描、自动巡航、模式路径、守望等方式，让云台载动摄像机上、下、左、右按指令运动，扩大摄像机的监控范围。云台按负载重量可分为轻型、中型和重型，其中：轻型负载云台最大负载小于10kg；中型负载云台最大负载大于10kg但小于30kg；重型负载云台最大负载不小于30kg。云台按使用环境可分为室内型云台和室外型云台。

云台是一种由交流或直流执行电机组成的安装平台，电机工作电压一般有交流24V或220V、直流12V，接受来自控制器的信号精确地运行定位。通过控制系统，可远程控制其水平和俯仰运动，使摄像机自动或在人为操纵下扫描监控区域或跟踪监控目标。

以图 2-31 所示某型转台为例，该转台采用球形上下分体式设计，两轴两框架结构，方位轴是外框，俯仰轴是内框。转台外框上装有直流无刷驱动电机和角位置传感器，转台内框上安装光学系统、定位传感器等。转台采用俯仰包球形设计，台体和方位座圆柱形设计，可以在高风速下平稳运转。方位座内集成控制处理电路、光电编码测角装置等。超耐磨滑环作为上下传输通道，避免因长时间磨损而丢失图像信号。

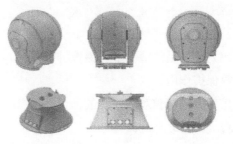

图 2-31 转台分体结构设计外观图（图片来源：和普威视）

如图 2-32 所示,主控系统接收远程控制命令和伺服系统命令,对转台驱动器下达控制命令,驱动相应电机产生转动,通过伺服控制算法、高精密测角与传动部件,使转台高精度运动。转台采用光电编码器测量、定位方位和俯仰角,实时反馈转台的方位俯仰角度,经处理后与主控系统中的伺服控制进行通信,伺服系统经过判断比较与驱动控制联动,精确定位方位和俯仰角度。

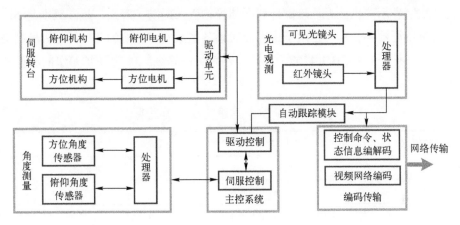

图 2-32　某型转台工作原理示意图(图片来源:和普威视)

衡量云台性能的主要参数有最大转动速度、转动角度、定位准确度和可靠性等。

(1)最大转动速度分为方位转速和俯仰转速,由方位和俯仰方向两个不同的电机驱动。

(2)转动角度范围分为方位转动角度范围和俯仰转动角度范围。俯仰转动角度范围与负载(防护罩/摄像机)安装方式有关,方位转动既可以在一定角度内转动也可以实现 360°连续旋转,用户使用时可根据现场的实际情况进行限位设置。

(3)定位准确度是指云台按照指令转动到的角度与实际指令角度的误差。

(4)预置位是指预先设定的特定监控点位,包括转台角度和摄像机视场角度等参数。预置位一般不少于 32 个,要求能在设定的预置位间自动循环观察,实现对特定区域的监控,称为自动轮巡,这就需要为每个预置位设置停留的时间和相应的报警规则。云台一般应具备守望功能,当云台待机时间达到设置值时,可自动运行调用预置位、自动巡航、自动扫描、模式路径等功能。

(5)最大负载是指云台垂直方向承受的最大负载能力。如果实际负载量大于云台最大负载，则会使云台超负荷运转，降低操控的灵敏性，进而使电机、齿轮等内部器件受损。

（6）外壳防护等级一般是指按标准规定的试验方法，确定外壳防止固体异物进入或水进入所提供的保护程度，通常用 IP 代码方式表示。IP 代码数值的高低，反映了设备的密封程度，体现了设备的防尘和防水能力。IP 后的第一位特征数字表示防止接近危险部件和固体异物进入的防护等级，最高级别是 6；第二位特征数字表示防止由于进水而对设备造成有害影响的防护等级，最高级别是 9。表 2-3 为 GB/T 4208—2017《外壳防护等级》对 IP 防护等级的简要分类说明。

表 2-3　IP 防护等级简要分类说明

IP 防护等级	防尘	防水
0	无防护	无防护
1	防止直径不小于 50mm 的固体异物	防止垂直方向滴水
2	防止直径不小于 12.5mm 的固体异物	防止当外壳在 15°倾斜时垂直方向滴水
3	防止直径不小于 2.5mm 的固体异物	防淋水
4	防止直径不小于 1.0mm 的固体异物	防溅水
5	防尘	防喷水
6	尘密	防强烈喷水
7	—	防短时间浸水影响
8	—	防持续浸水影响
9	—	防高温/高压喷水的影响

2.1.3.3　摄像机的前端智能

智能化是摄像机的发展方向。

随着边缘算力的不断增强和算法的持续优化，摄像机在目标检测、分类、跟踪、识别、行为理解上表现出越来越强的智能，在人脸识别、车牌识别、出入口控制、基础行为分析、视频质量诊断、流量计数统计等领域得到了广泛的应用。

视频实时智能分析是利用数字图像处理、模式识别等相关技术，对摄像机采集的视频内容进行实时分析，自动检测感兴趣的目标或事件，以文本、图片或视频等方式输出分析结果。其中,目标是指视频中的行人、车辆、物体等特定对象;事件是指视频中出现的、满足用户预定义规则的特定事情。

1. 运动目标检测

视频观察员已经成为安全防范力量中的重要一员。值班人员不间断地盯着显示屏观察监控场景,以发现可疑的目标或行为。但是受图像背景变化不大、显示屏幕较小、连续的长时间观察等因素的影响,随着时间推移,值班人员的注意力会明显下降,导致可能不能及时发现可疑目标。

运动目标检测是在视频中设定检测区域,对该区域内处于运动状态的目标进行检测。图 2-33 为在边境某地进行的运动目标检测场景。视频图像是一帧一帧图片的时间序列组合,利用帧差法检测运动目标时,提取相邻的两帧图像进行对比,计算相应位置灰度值的差值。背景不变,两帧图像中背景对应位置的像素灰度差值为 0;目标运动,两帧图像中运动目标对应位置的像素灰度差值一定不为 0,此时设置一个检测阈值即可将运动目标检测出来。

图 2-33 运动目标检测(见彩图)

2. 运动目标跟踪

运动目标跟踪是采用特有的目标检测方法,只要目标进入监控区域即被锁定,摄像机画面始终以锁定的目标为中心,并进行相应策略的移动、画面缩放。图 2-34 为在检测到狼群后自动进行跟踪。

图 2-34 在检测到狼群后自动进行跟踪

目标跟踪的方法大致有基于区域的跟踪、基于模型的跟踪、基于活动轮廓的跟踪和基于目标特征的跟踪。在大多数情况下，物体的形状特征变化不多。边缘是运动目标最基本的特征，在图像中就是目标图像灰度有阶跃变化的像素集，是图像中局部亮度变化最显著的部分。采用边缘检测算法，可以定位灰度不连续变化的像素位置（图像中目标与背景的交界），提取图像边缘得到边缘像素的集合表，用其作为物体的轮廓，得到目标形状特征的直观表达，为后续的比对匹配提供模板信息进行目标跟踪。

3. 运动目标分类

运动目标分类是将视频监控监测区域中的特定类型物体从区域中提取出来，基于某种相似性归入不同类别，如人、马、牛、羊、车、船、非机动车、物体等。图 2-35 为陆地周界防范中常见的目标。

图 2-35　陆地周界防范中常见的目标

不同类型的运动目标有不同的特征表现，如形状、大小、速度等，可以采用运动目标的这些特征实现分类。例如，利用单帧图像运动区域像素的灰度、颜色、形状、纹理等静态的二维空间分布特征进行分类；利用运动目标在视频序列中两帧或多帧之间的位置、运动速度、运动方向、运动周期性等运动变化特性进行分类；将两者结合起来的方法进行分类。

4. 运动目标行为分析

运动目标行为分析是对目标的运动模式进行分析和识别，在跟踪过程中检测目标的行为及变化,并根据自定义的行为规则,对该目标的行为进行判定。图 2-36 为对目标运动行为的分析理解。对运动目标的行为分析是运动目标特征分析的高级阶段,通过对视频图像中的运动目标(人、动物、车辆)进行检测、跟踪及区分类别后,根据制定的分析规则由摄像机进行自动分析,判断目标的行为信息。但是,运动目标行为分析目前还难以完全达到令人满意的程度。

图 2-36 对目标运动行为的分析理解(图片来源:中科视拓)

5. 常用监控前端智能分析功能

安防监控视频实时智能分析功能主要有运动目标检测、入侵检测、遗留物检测、徘徊检测、目标分类、物体移除检测、绊线检测、逆行检测、流量统计、密度检测等。

在视频监控场景中设定一个检测区域,人或其他物体目标进入或离开该区域,则可认为发生了入侵行为;物体移入该区域且保持静止超过一定时间,则可认为是遗留物;物体移出该区域超过一定时间,则可认为是物体移除;同一人体目标在该区域内超过一定时间,则可认为出现了徘徊现象;设定区域内的人体密度超过设定的阈值,则可认为出现了聚集。通过机器视觉算法,还可以将区域内的目标基于某种相似性进行目标分类,通过设置某一运动方向对目标不按正常方向运动的逆行事件进行检测。

对图像设置报警区和报警线,实现对越过报警线、进入报警区的目标自动告警;对出现在视场中的目标(人、车、船、动物等)进行分类、识别、定位、标记,识别车船号,引导光学成像设备随动跟踪;对人、车(船)、动物进行徘徊、滞留、聚集、入侵、越界、违停、逆行、驻留等异常行为的检测,实时标记目标。

2.1.4 视频图像优化与调节

图像质量用来评价图像优劣,是指图像帧内对原始信息记录的完整性和图像帧连续关联的完整性,通常通过像素构成、分辨率、信噪比和原始完整性等指标进行描述。这里的原始完整性是指图像和声音信息保持原始场景特征的特性,即最后显示/记录/回放的图像和声音与原始场景保持一致,或在色彩还原性、灰度级还原性、现场目标图像轮廓还原性(灰度级)、时间后继顺序、声音特征等方面与现场场景保持最大相似性(主观评价)。

图像质量通常采用 5 级损伤制评价体系进行评价。表 2-4 为 GA/T 1127—2013《安全防范视频监控摄像机通用技术要求》中给出的图像质量主观评价标准。

表 2-4 图像质量主观评价标准

编号	评价项目		评分等级				
			5(优)	4(良)	3(中)	2(差)	1(劣)
1	宽动态场景	前景	丝毫看不出图像质量变坏	可看出图像质量变化,但不妨碍观看	明显看出图像质量变坏	图像质量妨碍观看	图像质量严重妨碍观看
2		背景					
3	普通场景	正常亮度					
4		低照度					

这个主观评价标准建议采取单刺激法,观看距离为监视器屏幕高度的 4~6 倍,取 7 名评价人独立评价打分的算术平均值为评价结果。宽动态场景背景亮度为 2000lx,前景亮度为 20lx,要求图像细节清晰、轮廓分明、色彩真实;普通场景正常亮度为 300lx,要求图像细节清晰锐利、轮廓分明、色彩真实、噪点较小;低照度为摄像机标称最低照度,要求图像细节清晰锐利、轮廓分明。

输出视频质量的好坏,受到环境、镜头、图像传感器、图像信号处理等多重因素影响。常见的图像质量不高,如低照度场景下视频出现噪点或颜色失真、明暗对比强烈场景下暗部细节难捕捉、恶劣天气场景下成像距离减小、移动拍摄场景下常见视频抖动、环境明暗快速变化场景下视频出现一片白或一片黑等,给后续的应用带来了一定困难。优质的视频图像画面不应有明显的缺损,图像画面应连贯,物体移动时图像不应有前冲现象,图像边缘不应有明显的锯齿状、拉毛、断裂、拖尾等现象。

提升视频图像质量,既有增大镜头通光口径、选择大靶面尺寸和灵敏度更高的图像传感器等方法，也可以通过图像信号处理算法来提升。ISP 是摄像机的重要组成部分，用来处理图像传感器输出的原始数据，进行自动曝光控制、自动增益控制、自动白平衡、色彩校正、祛除坏点等处理，通过一系列图像处理算法对图像噪声、亮度、色度等进行优化，既是"看得清"的重要保证，也是后续"看得懂"的直接输入。

2.1.4.1 自动白平衡

色温以开尔文温度（K）来定量的表示色彩。物理学家开尔文认为，假定某一黑体物质，能将落在其上的所有热量吸收而没有损失，同时又能将热量全部以"光"的形式释放出来，那么它会因热量的高低而变成不同的颜色，光源的颜色与该黑体所受的热力温度对应，光线的色温相当于黑体散发出同样颜色时的"温度"，因此用这个温度来表示某种颜色光的特性，以区别其他颜色光。

色温越高，光色越偏蓝，称为冷色调，如青色、蓝色；色温越低，光色越偏红，称为暖色调，如红色、黄色、橙色；紫色、绿色、黑色、白色、灰色为中性色。不同光线下目标物的色彩会产生变化，例如白色物体在室内钨丝灯光下拍摄出来就会显得偏黄。图 2-37 为不同色温变化示意图。

图 2-37　不同色温变化示意图（图片作者：Alex1ruff）（见彩图）

不同色温条件下还原出被摄物体的本来色彩，需要摄像机平衡环境中红、绿、蓝（RGB）三种颜色的比例，进行色彩校正，以实现纯正的"白色"，达到色彩平衡。自动白平衡是指自动检测被摄目标的色温值，自动匹配摄像机内保存的针对常规光源的最优色调设置，通过内部电路自动调整 RGB 三个信号电平的平衡关系，将白平衡调整到合适的位置，确保摄像机在不同色温的光源下能够还原物体的实际色彩。

摄像机的白平衡功能一般设定为自动，当实际使用环境色温在 2800～10000K 的范围内变化时，随着被摄目标照明光线色温的变化，摄像机自动调整白平衡功能，输出准确重现拍摄场景实际色彩的图像。

自动白平衡功能也有不能正常工作的情况，在采集重要视频时需要引起注意，如在很蓝的天空下（色温 9000～10000K）、被摄物被两个以上色温反差较大的光源照射、摄像机和被摄物分别处于明亮和阴暗处、光源照度过强或光线照度过低、环境照度超出图像传感器的照度适应范围、画面出现日出日落等强烈的红光照明、摄像机从明亮处移到光线相对暗处时的一段时间内等。

2.1.4.2 自动增益控制

图像传感器的输出信号需要放大到后续电路能够处理的水平,信号放大电路的放大量就是增益。信号放大的效果等同于改善了图像传感器的灵敏度,使其在一定低照度的光线下也能正常工作。

摄像机通过自动增益控制电路,可以检测视频信号电平,自动开关自动增益控制功能,使增益随信号强度调整以适应较大的光照范围,即在低照度时自动提高图像信号强度来获得清晰的图像,实现在不同照度下输出标准视频信号。图 2-38 为某型摄像机自动增益控制开闭效果对比图。

图 2-38　自动增益控制开闭效果对比图(图片来源:TP-LINK)

2.1.4.3 宽动态

自然界中物体的实际亮度差高达 10^8 的度量级,人眼可以识别的亮度差为 10^5 的度量级,摄像机通过调整灵敏度、电子快门等方法仍难以同时适应这么宽的照度范围。当某一场景中同时存在强光照射、阴影、逆光时,成像画面需要同时呈现高亮和低亮区域,输出图像会出现高亮区域过曝、低亮区域曝光不足的现象,导致图像质量较差。

动态范围是摄像机在同一场景中能够同时清晰成像的最亮区与最暗区的光照亮度范围区间,是摄像机能分辨的最亮亮度信号值与最暗亮度信号值的比值,一般用 dB 表示。目前的超宽动态摄像机的动态范围一般为 110~120dB,数值越大,图像质量越好。图 2-39 为某型摄像机宽动态效果有无对比图。

图 2-39　宽动态效果有无对比图（图片来源：TP-LINK）（见彩图）

宽动态范围（Wide Dynamic Range，WDR）成像技术的原理是同时曝光两次，对明亮区使用长快门曝光，对阴暗区使用短快门曝光，由后续信号处理电路进行合成，使图像亮处不过曝的同时能看清暗处的细节。宽动态是源自 CCD 时代的说法，随着 CMOS 图像传感器的大量应用，使用更多的是高动态范围（High-Dynamic Range，HDR）成像技术。使用 3 张曝光度的图片的最佳部分合并出 1 张图片，如图 2-40 所示。

图 2-40　高动态范围成像的 3 张图片及合成图片（见彩图）

2.1.4.4　逆光补偿

逆光补偿（BackLight Compensation，BLC）也称为背光补偿，用于补偿摄像机在逆光环境拍摄时画面主体黑暗的缺陷。逆光环境成像时，由于监控目标与其背景在亮度上的明显差异，图像画面会明显变黑，进而影响目标内容的重现。逆光补偿是通过对目标区域亮度的控制，自动提供适当的光补偿量，还原出更好的目标细节。逆光补偿通常针对目标图像的特定区域有效，图 2-41 为逆光补偿开闭效果对比图。在拍摄物体因背景过于明亮而显得暗淡时，开启逆光补偿后画面亮度增强，但对比度弱化，背景容易过曝。

图 2-41　逆光补偿开闭效果对比图（图片来源：TP-LINK）

2.1.4.5　强光抑制

强光抑制对视频图像中出现的强光部分信号进行处理，将其亮度值调整到一个正常的范围区间内，降低同一图像中出现的亮度强弱反差。通过强光抑制，可以自动分辨强光点并对其附近区域进行补偿，抑制强光点照射出现的光晕偏大，把强光部分弱化，把暗光部分亮化，得到更清晰的图像。图 2-42 为强光抑制开闭效果对比图。

图 2-42　强光抑制开闭效果对比图

2.1.4.6　3D 数字降噪

弱光照环境会使图像传感器成像中产生信号噪声。3D 降噪是在原有帧内降噪的基础上增加了帧间降噪功能，通过对比相邻帧图像，利用时空域相关信息消除图像噪声，将不重叠的信息（噪点）滤除使图像更加纯净。图 2-43 为 3D 降噪开闭效果对比图。

普通画质　　　　　　　　　　　　　智能3D降噪画质

图 2-43　3D 降噪开闭效果对比图（图片来源：TP-LINK）（见彩图）

2.1.4.7　日夜模式转换

自然界存在各种波长的光，人眼能够识别的光波长为 380～780nm，而一般 CMOS 图像传感器在可见光范围外还能够感知 780～960nm 的近红外光，这些人眼看不到的近红外光进入图像传感器后，成像的颜色与人眼看到的色彩存在偏差，如绿色植物变得灰白、红色衣服变淡。图 2-44 为红外线透过后拍摄的图像。

图 2-44　红外线透过后拍摄的图像（见彩图）

为保证摄像机白天图像不偏色，晚上用红外补光增强夜视效果，在摄像机镜头和图像传感器之间可设置一个双滤光片切换器（Infrared-CUT，IR-CUT），它由红外滤光片和全透滤光片 2 个镜片与微电机组成，其中：白天使用红外滤光片截止或吸收红外光，保证图像不偏色；晚上使用全透滤光片，保证红外光线透过。摄像机通过自动光敏触发或自动增益触发自动切换，打开或关闭红外滤光片。

日夜模式为日间模式和夜间模式的总称。当环境照度超过一定值时，摄像机保持彩色图像输出（日间模式）；而当环境照度低于一定值时，摄像机保持黑白图像输出（夜间模式）。日间模式切换为夜间模式，可以提升摄像机约10倍的灵敏度。

2.1.4.8 透雾技术

由于雾、霾、烟、尘等空气中的小颗粒对光线产生反射、折射、吸收作用，人眼和摄像机在这种场景下视距变小。透雾技术是通过光学或图像处理实现雾天超能见度目标探测的技术手段，有光学透雾、电子透雾以及两者相结合的方式。

红外线比可见光的波长更长，衍射能力更强，能够绕过空气中的雾、霾、烟、尘等颗粒。光学透雾是利用这一原理，提升镜头、图像传感器的光谱响应范围，使更多近红外光进入，以提升画面清晰度。光学透雾摄像机的镜头采用多层镀膜技术，在近红外波段有很高的透过率。电子透雾是通过图像处理算法对图像进行恢复或增强，其中：图像恢复是基于物理模型，通过了解图像退化的内在原因而进行逆运算，以改善图像的对比度；图像增强是选择图像当中重要的特征，弱化无关紧要的特征，使图像的质量得到改善。图 2-45 为有无透雾效果的图像对比。

图 2-45　有无透雾效果的图像对比

2.1.4.9 图像设置

通过客户端或浏览器，可以对图像进行参数设置，以改善图像质量。

（1）饱和度。

饱和度是指色彩的鲜艳程度，也称为色彩的纯度。鲜红、鲜绿等纯色是高度饱和的；单色光是最饱和的；粉红、黄褐等色彩混杂了其他色调的色彩，则是不饱和的。图 2-46 为不同饱和度下的图像对比。

图 2-46　不同饱和度下的图像对比（见彩图）

（2）亮度。

曝光不准确会使图像过亮或过暗，不能准确反映实际场景，通过校正亮度和对比度可以有效改善成像效果。亮度校正和增益不同，其中：增益是对模拟信号进行的处理，信号中的噪点会被相应放大；校正是对数字信号进行的放大处理，亮度调整不会出现噪点。图 2-47 为不同亮度下的图像对比。

图 2-47　不同亮度下的图像对比（见彩图）

（3）对比度。

对比度是一幅图像中明暗区域最亮的白和最暗的黑之间不同亮度层级的测量。图像的对比度对视觉效果影响很大，高对比度能显示更丰富、艳丽、生动的色彩，300:1 的对比度可支持各阶颜色。对比度越大，图像越清晰、色彩越鲜艳，而对比度小的画面则表现得灰蒙昏暗。图 2-48 为不同对比度下的图像对比。

（4）锐度。

锐度是指图像清晰度和图像边缘锐利程度。锐度越高，图像中物体边缘就会越清晰，但同时也会引入一些噪点。锐度越低，图像整体越柔和，但边缘会变模糊。

图 2-48　不同对比度下的图像对比（见彩图）

2.1.5　夜间成像技术

对监控区域进行昼夜视频监控，是周界安全技术防范的基本要求。据相关统计数据分析，接近 70% 的犯罪活动在夜间发生，19 点至次日 5 点是犯罪事件的高发期，黑夜成了罪犯的天然保护伞。普通摄像机白天能够输出清晰的图像，但夜晚可视距离变小、成像模糊，为了提高夜间的监控能力，可在围栏上安装灯具以提高夜间照度，如图 2-49 所示。

图 2-49　采取了补光措施的周界

2.1.5.1　摄像机补光

视频监控系统主动照明部件（补光灯）是用于增强摄像机拍摄图像效果的补光装置。摄像机补光主要有可见光补光和红外补光两大类。

1. 可见光补光

在车辆出入口、道路路口用来补光的可见光灯，可以是外置的补光灯、路灯、探照灯等光源，也可以是与摄像机集成一体的补光灯。它们能提高环境照度，使摄像机清晰成像。

（1）外置补光灯一般采用高亮发光二极管制作，运行稳定、发热量低、能耗低，使用寿命长。LED 是低压驱动，锂电池的电压就可达到要求，可以连续工作。采用高压电容充电的氙气闪光灯，使用时需要和摄像机同步。LED 闪光灯的亮度低于氙气闪光灯，虽然补光效果没有氙气闪光灯好，但是能够常亮。

（2）集成补光灯可以与摄像机一体设计，补光距离从几米到上百米不等。

视频监控系统主动照明部件增强了摄像机拍摄图像的效果，但也会带来一定的光辐射危害，若使用不合理则会使行人接收到超过人眼所能承受的最大照射限值，进而导致不良的生物效应。例如，在道路交通、卡口或一些室外特殊应用场景的视频监控系统中，主动照明部件工作期间发出强光，可能会使亮度分布和亮度范围不适宜或存在极端对比，以致引起不舒适感觉或降低观察目标及细节部分的能力，这种短暂的失能眩光使得视觉功能下降，直接影响觉察障碍物的可靠性，进而产生不安全隐患。图 2-50 为城市环境中造成一定光污染的补光灯。

图 2-50　造成一定光污染的补光灯

2. 红外补光

红外补光利用了人眼不可见但图像传感器能够成像的 780～1000nm 谱段的近红外光进行补光。

1）红外灯补光

光经过色散系统（棱镜、光栅等）分光后，被分离开的单色光按波长大小依次排列形成的谱系被称为光学频谱，简称为光谱。

人类肉眼能够看到的光线波长为 380～780nm，被称为可见光。可见光光谱范围取决于有效辐射功率的大小和观测者眼睛的响应度，下限为 360～

400nm，上限为 760～830nm。

图像传感器利用光电效应原理将光信号变成电信号，光电探测器在光谱区域内对不同波长的光线有不同的响应度，这个光电探测器对不同光波的响应敏感特性就是光谱响应特性。图像传感器对光谱的响应范围一般为 350～1000nm，如图 2-51 所示。

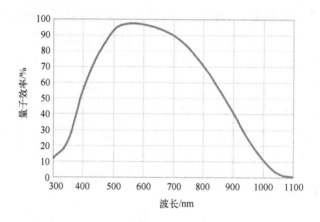

图 2-51 一种 CMOS 图像传感器的光谱响应特性

图像传感器能够看到的光谱范围比人眼要宽。在不允许有光污染或需要隐蔽拍摄的场景下，不适合使用可见光进行补光，人眼看不到的 780～1000nm 谱段的近红外光成为一个选择，红外灯补光和激光照明器都是利用了 780～1000nm 谱段的近红外光来补光。

红外灯补光主要由红外 LED 矩阵组成，通常照射距离为 100～200m。图 2-52 为常见的带有红外补光灯的摄像机。

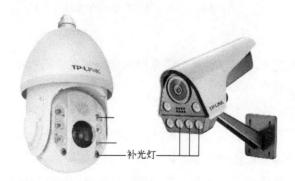

图 2-52 带有红外补光灯的摄像机（图片来源：TP-LINK）

接近红光波长的近红外灯易被人眼看成一个红色光点,称为红外灯的红暴。这种红暴在铁路沿线及其他一些场合使用时,容易和红色信号灯混淆,因此摄像机应选择波长较长且无红暴的红外补光灯。

2)激光照明器补光

激光照明器是工作于 780~1000nm 谱段的激光器,可以实现从几百米到数千米的夜视补光。图 2-53 为一种摄像机补光用激光照明器。

图 2-53 补光用激光照明器(图片来源:三千米光电)

激光夜视摄像机探测到目标活动的条带周期数要求是 5,识别目标的轮廓特征、性质及其活动目的与内容的条带周期数要求是 10,认清即目标细节较清楚、可取证分析目标的识别特征的条带周期数要求是 24,如读取文字内容、确认是否为某人、辨别车辆型号。图 2-54 为激光补光成像效果。

图 2-54 激光补光成像效果(图片来源:和普威视)

2.1.5.2 红外热成像

红外热成像是一种广泛应用的夜间成像技术。红外热成像设备通过红外探测器、红外光学器件及电子处理系统,将物体表面发出的红外辐射转换成图像信号,也被称为热像仪。

1. 红外热成像原理

自然界中的一切物体只要其温度高于绝对零度(-273℃)就会辐射电磁波,它是物体在常规环境下产生的物体自身分子和原子的无规则运动,并不停地向外辐射红外能量,被称为红外辐射。红外辐射是自然界最为广泛的电磁辐射,红外线是波长760nm~1000μm的电磁波,可见光与红外光谱如图2-55所示。

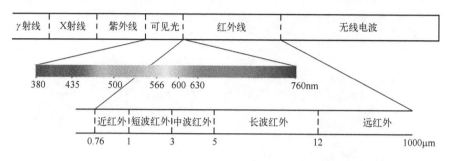

图2-55 可见光与红外光谱

红外线在空气中传播,会发生吸收、反射、透射等现象。空气中的CO_2、H_2O分子会对某些红外线产生强烈吸收,对一些红外线则有很高的透射率,如图2-56所示。

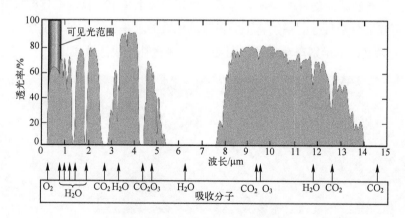

图2-56 红外波段大气透射谱线

大气对红外辐射吸收比较少的波段是1~3μm、3~5μm、8~14μm,它们分别对应于空中高温目标(飞机尾喷口、导弹尾焰等)和地面常温目标(人员、车辆等)所辐射的峰值波段,因此这3个波段也被称为红外辐射的"大气窗口"。

物体的红外辐射服从维恩定律 $\lambda_m T=C$，式中：λ_m 为物体红外辐射的峰值波长；T 为物体的绝对温度；C 为常数 2898。由此可见，物体的绝对温度与其辐射波长成反比。

红外热成像能够克服黑夜、雾、烟云等恶劣环境，将透过大气窗口的被摄目标的红外辐射聚焦到红外探测器上，红外探测器进行光电转换成相应的电信号，经过后续的信号处理电路，变成人眼能够观察的视频图像。红外热成像原理示意图如图 2-57 所示。

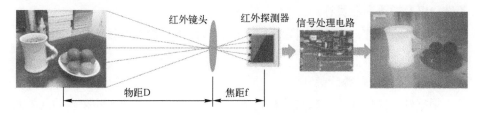

图 2-57　红外热成像原理示意图

红外探测器输出的图像称为"热图像"。需要说明的是，不同物体、同一物体的不同部位的辐射能力以及对红外线的反射能力不同。利用物体与所处环境、物体不同部位的辐射能力，热图像呈现出物体不同部分的辐射差异，从而表现出物体的特征。图 2-58 为可见光与红外热成像效果对比。

图 2-58　同一时间东方明珠塔可见光与红外热成像效果对比

2. 红外热成像分类

红外热成像主要有按红外设备工作波长、红外辐射源和红外探测器类型等分类方法。

1）按红外设备工作波长分类

根据红外探测器的频谱响应范围进行分类是一种常用的方法。

（1）近红外，波长范围为 0.76～1μm，主要应用在红外补光灯和激光照明器进行主动补光。

（2）短波红外，波长范围为 1～3μm，利用目标物体反射的外界短波红外辐射成像。

（3）中波红外，波长范围为 3～5μm，适合应用在雨、雾等湿度大的天候条件，以及探测高温目标。

（4）长波红外，波长范围为 8～14μm，多用于观测地面目标，如人员、车辆等。

2）按红外辐射源分类

根据红外辐射源是否来自目标物体，红外热像分为主动红外和被动红外两种类型。

对于近红外、短波红外热像仪，目标物体利用照明器件发射的或外界环境中自然存在的红外光成像，光源一般来自外界主动生成，因而被称为主动红外。

对于被动红外热像仪，辐射源来源于物体自身的红外辐射，不需要主动向目标发射探测光线，只接收目标的红外辐射来进行探测，具有很好的隐蔽性，因而被称为被动红外。

3）按红外探测器类型分类

按红外探测器的工作机制，可以分为制冷红外与非制冷红外两种类型。

制冷红外采用光子型探测器，利用光电子发射效应、光电导效应、光生伏特效应和光磁电效应等光电效应原理实现，灵敏度比热敏型探测器高 1～2 个量级，响应速度也快。光子型探测器只有在杜瓦瓶中进行制冷冷却，才能缩短响应时间，提高探测灵敏度，故称为制冷红外。图 2-59 为高德红外公司研制的两款制冷红外机芯。

图 2-59 制冷红外机芯（图片来源：高德红外）

非制冷红外探测器应用更为广泛,目前的主流探测器有热释电红外传感器、热电堆红外传感器和微测辐射热计三类。热释电红外传感器和热电堆红外传感器的像元尺寸极限为 50~100μm,面阵规模最大约为 120×84,热释电传感器的灵敏度为 0.5~2℃,热电堆传感器的灵敏度为 0.1~0.5℃,因而两者不适用于热成像。热释电红外传感器测量的是动态温差,如果视场内的测量目标温度没有变化则难以检测出该目标,如传统的红外入侵探测器、红外感应灯等。

适用于生成安防应用热图像的是微测辐射热计,它利用红外辐射的热效应原理,热敏材料吸收红外辐射后温度上升,电阻值随之发生变化,通过一定转换机制产生相应的电信号,生成热图像,并可以检测温度值。图 2-60 为艾睿光电公司研制的两款非制冷红外机芯。

图 2-60 非制冷红外机芯(图片来源:艾睿光电)

制冷型红外探测器的灵敏度高,能够比非制冷红外探测器区分更小的温度差别,探测距离明显优于非制冷红外探测器,但由于需要专用的制冷设备、启动时间慢,因此主要应用于高端应用领域。非制冷红外探测器无须制冷器件即可在常温环境下工作,虽然灵敏度不如制冷型红外探测器,但是因体积、重量、功耗、成本上的优势而使其应用更加广泛。

3. 红外热成像设备的主要参数

红外热成像摄像机主要由红外探测器、红外镜头、电子处理系统和外壳组成。

1)红外探测器

红外探测器是红外热像仪的心脏,是将接收的红外辐射转换为电信号的器件。红外探测器的性能决定了图像质量,如模糊程度、信噪比等。图 2-61 为艾睿光电公司研制的某款非制冷红外探测器。

图 2-61　非制冷红外探测器（图片来源：艾睿光电）

（1）像元材料。

非制冷红外常用的像元材料是氧化钒（VOx）和非晶硅（a-Si）。微测辐射热计的热灵敏度主要受限于材料的低频闪烁噪声，不同材料的闪烁噪声可能会相差几个数量级。氧化钒制备技术成熟，灵敏度高、噪声小，在非制冷红外器件中应用非常广泛。非晶硅的优点是制备过程简单、均匀性和稳定性高、响应快，但非晶硅闪烁噪声比氧化钒要高，热灵敏度通常不如氧化钒。

制冷红外常用的像元材料有碲镉汞（HgCdTe）、锑化铟（InSb）等。一般情况下，光伏型碲镉汞探测器的光谱响应范围为 0.5～5.5μm，光导型碲镉汞探测器的光谱响应范围为 2～26μm，锑化铟探测器的光谱响应范围为 1～5.5μm。

（2）像元间距。

像元是红外探测器的最小组成单元，红外探测器的像元数（分辨率）用"水平方向像元数×垂直方向像元数"表示。目前国内已推出自主研发的 8μm 1920×1080 氧化钒红外探测器芯片和 12μm 3072×2048 非晶硅红外探测器芯片，以及 12μm 1280×1024 碲镉汞制冷红外探测器芯片。

相邻像元中心间的间距称为像元间距，每个像元的实际物理尺寸称为像元尺寸，这两个词汇是业内的两种不同表述方法，但都可用来表示像元的大小，即 8μm/12μm/14μm/17μm/25μm 等，如图 2-62 所示。同等视场角下，像元间距越小，需要的镜头焦距越短，更有利于设备的小型化和低成本。同等探测器芯片尺寸下，像元间距越小，像元数量越多，分辨率越高，图像越清晰。同等观测距离下，像元间距越小，空间分辨率越高，可探测到更小的目标。同等目标大小下，大面阵小像元的识别距离更远。

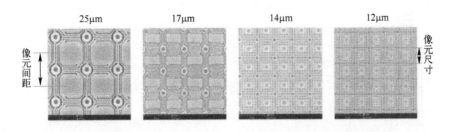

图 2-62　像元间距与像元尺寸示意图（图片来源：艾睿光电）

和 CMOS 图像传感器一样，像元间距减小导致像元接收红外能量的面积减小，灵敏度降低。对于相同像元数的红外探测器，像元间距小的红外探测器探测性能也要降低，需要图像算法和光学系统来提升性能。

（3）空间分辨率。

空间分辨率表示探测器每个像元的受光空间角度，它是系统所能分辨的最小角度，通常用瞬时视场角（IFOV）表示，如图 2-63 所示。IFOV 等于像元尺寸 d 与焦距 f 的比值，单位为毫弧度（mrad）。

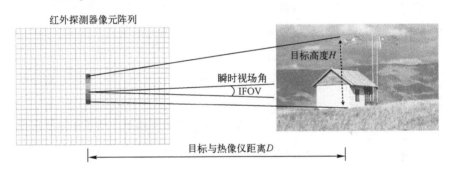

图 2-63　瞬时视场角与像元个数关系示意图

像元尺寸越小，则瞬时视场角越小，图像空间分辨率越高。空间分辨率决定了成像清晰度，它与镜头焦距、红外传感器像元尺寸紧密相关。

通过目标高度 H、目标与热像仪距离 D、空间分辨率 IFOV 这些参数，可以用来计算目标在红外焦平面上成像的像素数，进而判断图像应满足的识别标准。

知道了焦平面与物体的距离和物体的高度，目标的张角可通过三角函数计算得出。远距离目标的张角可以近似地用目标尺寸和目标与热像仪距离的比值来估算，与 IFOV 相除即可得像素点数，即

$$n = \frac{H}{D} \div \text{IFOV} = \frac{H}{D} \times \frac{f}{d} \qquad (2\text{-}3)$$

以像元尺寸 12μm、焦距 750mm 的热像仪为例，其空间分辨率 IFOV 为 0.016mrad。观察 1km 远的大小为 1.7m 的目标，则目标所张开的角度约为 1.7mrad，目标所成的像占用约 106 个像素。

（4）噪声等效温差。

噪声等效温差（NETD）也被称为"热灵敏度""热对比度"，是衡量红外探测器区分图像中热辐射细微差异度的一种方式，标志着热像仪可探测的最小温差。制冷型热像仪可实现的噪声等效温差一般优于 20mK，在公共安全领域中一般要求在 23℃（±5℃）时，噪声等效温差值不大于 30mK，即红外探测器要能探测到被测目标表面 0.03℃以上的温度变化或 0.03℃以上的温度不均匀。非制冷型红外热像仪的典型噪声等效温差一般优于 50mK，在公共安全领域中一般要求在 23℃（±5℃）时，噪声等效温差不大于 60mK。

2）红外镜头

红外镜头将目标的热辐射汇聚到红外焦平面探测器上。红外镜头的视场角、焦距、通光口径等参数与可见光镜头没有区别。红外镜头的材料与可见光不一样，通常可见光能够穿透的玻璃、有机玻璃等材料难以透过 8~14μm 的长波红外，需要锗（Ge）、氟化钙（CaF_2）、硫化锌（ZnS）等材料作为红外窗口。

3）显示模式

红外热成像设备一般具有白热模式、黑热模式和伪彩色模式 3 种显示模式。图 2-64 为艾睿光电公司研制的某款红外热像仪输出的高分辨率红外图像。

图 2-64　红外热像仪输出的高分辨率红外图像（图片来源：艾睿光电）

红外热成像生成的是没有色彩信息的灰度图像。其中，白热模式是以白色区域表示接收对应相对高温物体像元状态的显示模式;黑热模式是以黑色区域表示接收对应相对高温物体像元状态的显示模式;伪彩色模式是通过灰度分成、灰度映射等方式添加色彩的显示模式。

4. 红外热成像设备的作用距离

1)红外热成像设备评定标准

如图 2-65 所示,闭路电视(CCTV)的 DRI 标准定义为:发现即观测者能够确定图像中是否有目标存在,要求目标—屏幕比大于 10%;识别即能够从多个目标中分辨出认识的目标,要求目标—屏幕比大于 50%;辨认即能够根据图像细节确认目标身份,要求目标—屏幕比大于等于 100%。

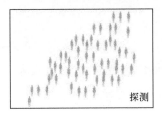
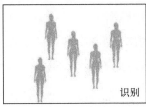
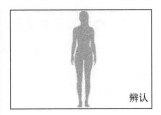

图 2-65　传统闭路电视 DRI 标准示意图

对于红外热成像系统,约翰逊准则在不考虑目标本质和图像缺陷的情况下,以目标最小尺寸的张角内等效条纹数(空间周期数)的分辨力来确定红外热成像系统对目标的识别能力。

约翰逊准则在 50%的概率下,对于站立的士兵目标,发现要求线对数为 1.5,能发现士兵目标是否存在;识别要求线对数为 4,能分清目标物属于汽车和人体中的哪一类物体;辨认要求线对数为 8,能根据观察者的知识描述出目标物体是站立的士兵。约翰逊准则的 DRI 标准示意图如图 2-66 所示。

图 2-66　约翰逊准则的 DRI 标准示意图

约翰逊准则基于空间周期数判断,更倾向于获取物体的大致形状特征,不适合普通人观察。只有经过训练且合格的观测者，才能具备专业分辨和识别图像的能力，才能进行发现、识别和辨认目标的试验。图 2-67 为某款典型红外热像仪对人体目标在不同距离下的成像效果。

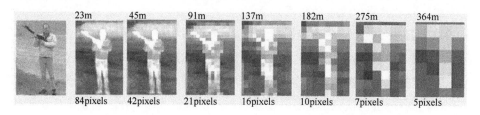

图 2-67　典型红外热像仪对人体目标在不同距离下的成像效果[14]

2) 红外热成像设备作用距离

对于红外热成像设备的作用距离，传统的估算方法是以目标的辐射强度在探测器上产生的响应是否满足探测器件信噪比的要求来衡量的，计算公式为

$$\mathrm{SNR} L = \left[\frac{\pi \delta \tau_a \tau_0 J D^* D_0^2}{\sqrt[4]{A_d \Delta f} \, \mathrm{SNR}} \right]^{\frac{1}{2}} \quad (2\text{-}4)$$

式中：δ 为信号峰值因子；τ_a 为大气透过率；τ_0 为系统光学效率；D^* 为波段探测率；D_0 为系统光学口径；A_d 为探测器光敏元面积；Δf 为信号带宽；J 为目标波段辐射强度；SNR 为信噪比。

红外热成像设备将监控场景的热辐射转换为热图像，对目标的表现能力取决于目标自身的辐射强度大小、外部环境（如背景温差和大气透过率）的影响、传感器自身性能以及观察者的感知能力等多重因素，每一个因素都会给图像带来衰减或失真。

普朗克方程描述了光子所具有的能量，即

$$E(\lambda) = hc/\lambda$$

式中：E 为光子的能量，h 为普朗克常数，c 为光速。可以看出，波长和能量成反比关系，波长增加使光子的能量下降。中长红外光的波长是可见光的 10 倍甚至更多，其具有的能量要比可见光小很多，因而更难探测。

大气传输特性是影响红外探测的一个非常重要的客观因素。大气对红外辐射具有吸收和散射等衰减效应，吸收造成红外辐射的能量衰减，散射则在辐射路径上添加噪声。

2.2 入侵探测技术

入侵探测系统是利用传感器技术和电子信息技术，探测并指示非法进入或试图非法进入设防区域的行为、处理报警信息、发出报警信息的电子系统或网络。

入侵探测系统是周界安全技术防范感知预警体系的重要组成部分。结合风险防范要求和现场环境条件等因素，入侵探测系统选择适当类型的设备和安装位置，构成点、线、面、空间或其组合的综合防护系统，形成多层次、全方位的安全防范入侵探测。

2.2.1 入侵探测概述

入侵探测系统通常由前端设备、传输设备、信息处理/控制/管理设备和显示/记录设备四个部分构成，如图 2-68 所示。

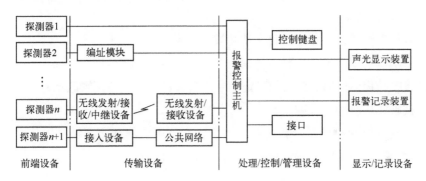

图 2-68 入侵探测系统的组成

前端设备是入侵探测系统的感知部分，可以是一个或多个入侵探测器，对入侵或企图入侵行为进行探测、做出响应并产生入侵报警状态。

传输设备一般包括传输线缆、有线或无线数据采集与处理装置（或地址编解码器/发射接收装置）。

处理/控制/管理设备的核心是报警控制主机，报警控制主机对探测器输出的信号进行处理以断定是否产生报警，实施设防、撤防、测试、判断、传送报警信息，以及完成某些控制和通信功能。报警控制主机有很多的输入输出接口，由控制键盘完成指令的输入，并对系统实施控制与管理。

显示/记录设备完成系统各种操作指令和工作状态的显示与记录。

2.2.1.1 入侵探测系统的分类

入侵探测系统以入侵探测器为核心，有多种分类方法。

1. 按探测器防护范围的分类

防护范围是入侵探测器所防护的场所和（或）建筑物或其部分。根据入侵探测器的防护范围，可以分为点控式、线控式、面控式和空间式四类。

点控式入侵探测器的探测范围仅是一个点，通过开关的闭合或断开触发报警，如安装在门、窗、保险柜上的磁控开关探测器。线控式入侵探测器的探测范围是一条线，如光纤振动入侵探测器、激光对射入侵探测器、振动电缆入侵探测器、泄漏电缆入侵探测器、电场感应式入侵探测器等。面控式入侵探测器的探测范围是一个面，如振动入侵探测器、红外入侵探测器等。空间式入侵探测器的探测范围是一定的空间，如微波入侵探测器等。

按照系统的防护范围，入侵探测系统在周界安全技术防范中，可以区分为区域入侵探测系统和周界入侵探测系统两大类。

2. 按探测器工作方式的分类

入侵探测器的工作方式有主动和被动两类。

主动入侵探测器是一种有源探测器，它需要向探测区域发射探测信号，接收机接收经物体反射、散射的稳定信号，当有目标出现在探测区域时，这种稳定性被破坏从而触发报警。

被动入侵探测器是一种无源探测器，它不需要向探测区域发出信号（能量），而是通过对被测物体自身的某种能量进行监测。

3. 按探测器探测原理的分类

入侵探测器对外界变化的力、位移、速度、振动、温度、光等物理量进行测量，通过光电效应、热效应、压电效应、电磁效应等基本原理，将这些变化的物理量转换成易于处理的电信号。

按照探测器的探测原理，通常可以分为振动入侵探测器、光纤振动入侵探测器、被动红外入侵探测器、主动红外入侵探测器、激光对射入侵探测器、微波多普勒入侵探测器、遮挡式微波入侵探测器、脉冲电子围栏入侵探测器、张力式电子围栏入侵探测器、泄漏电缆入侵探测器、电场感应式入侵探测器、振动电缆入侵探测器、复合（双鉴、多鉴）入侵探测器等。

2.2.1.2 入侵探测系统的主要参数

入侵探测系统的探测原理和方式各不相同,衡量其性能的主要参数如下。

1. 探测率

探测率是入侵探测器在探测目标时,实际探测到的次数占应探测到次数的百分比。

2. 漏报率

漏报警在安全技术防范中是不允许的,是指入侵探测系统对已经发生的入侵行为未能做出报警响应或指示,是探测器应探测到而没有探测到的一种"遗漏"。

漏报率是入侵探测器在探测目标时,漏报的次数占应探测到的次数的百分比。

3. 误报率

误报警是指入侵探测系统由于对未设计的报警状态做出响应、部件的错误动作或损坏、操作人员失误等而发出报警信号,是探测器对本没有的目标判定为"有"的一种"错误",与设计、安装、气候、环境等因素有很大的关系。

误报率是单位时间内出现误报警的次数。

4. 探测范围

探测范围主要包括探测的距离、视场角、面积、宽度等指标,是入侵探测器应用的关键参数。探测范围会受到外界环境、目标性质等多种因素的影响。例如,振动传感器在土质松软和冻得僵硬时的探测距离、雷达对人体和车辆的探测距离都会有很大的差别。

5. 探测灵敏度

灵敏度反映了探测器对目标入侵的反应能力,是探测器能探测到目标时的最小输入信号。在实际应用中,通常会给探测器设置多个不同的反应阈值,并根据环境情况进行调节。例如,在野外环境挂网部署的振动光纤通常会受到环境风力大小的影响,阈值设置高时探测灵敏度降低,可能出现漏报警;阈值设置低时探测灵敏度提升,容易出现误报警。这都是不希望出现的情况。

6. 防区

防区是指在对防护对象实施防护时,入侵探测器可以实时、有效地探测到入侵行为的区域。每个/对探测器应设为一个独立防区,长度不宜大于200m。

防区可以进行设防和撤防。设防是指使系统的部分或全部防区处于警戒状态,也称为布防;撤防是指使系统的部分或全部防区处于解除警戒状态。

7. 传输方式

传输方式取决于前端设备的分布、传输距离、环境条件、系统性能要求、信息容量等因素,宜采用有线为主、无线为辅的传输方式。

8. 供电

供电主要包括探测器正常工作所需的电压、功耗等。供电在野外场景是一件非常困难的事情,少的供电点位和低的功耗是非常有意义的。

2.2.1.3 入侵探测系统的应用要求

入侵探测系统应坚持"防护与风险相适应"的原则,根据防护级别与防护具体要求,结合现场条件和具体使用情况进行探测器选型、布设。

1. 适应环境

入侵探测器要适应地形条件(起伏、转弯、河流等),并尽量排除外界地物(灌木、树林、高草等)、气候变化(风、雾、雨、雪、冻、雷电等)、外界因素引起的电磁场辐射异常变化、动物出没等因素的影响。图 2-69 为北方地区常见的积雪场景。

图 2-69 北方地区常见的积雪场景

例如,北方地区部署的设备在冬季被积雪(冰)覆盖是一种常态,摄像机被整块的冰层包裹使云台"转得动"成为一大难题。遮挡式微波入侵探测、激光入侵探测等遮挡式探测系统受灌木、茅草的阻挡而产生误报警,挂网部署的振动光纤、振动电缆会受到大风天气的严峻考验,冬天形成的冻土层和积雪会影响埋地探测系统(泄漏电缆、振动光纤、振动入侵探测器)的探测距离,出没的大小动物也会对电磁感应入侵探测系统产生一定的影响。

图 2-70 为 GB/T 4797.1—2018《环境条件分类 自然环境条件 温度和湿度》

给出的 1970—2000 年间我国寒冷气候类型数据表。

城市或地点	气候类型	温度和湿度的日均值的年极值的平均值			温度和湿度的年极值的平均值			温度和湿度的绝对极值		
		低温	高温	最高绝对湿度	低温	高温	最高绝对湿度	低温	高温	最高绝对湿度
		°C	°C	g/m³	°C	°C	g/m³	°C	°C	g/m³
漠河，黑龙江	寒冷	-35.4	26.3	15.7	-43.6	34.2	17.5	-47.5	39.3	20.2
嫩江，黑龙江	寒冷	-31.7	25.5	18.0	-37.6	32.4	19.6	-43.7	37.6	23.0
海拉尔，内蒙古	寒冷	-32.2	24.8	15.6	-37.0	32.2	18.1	-42.3	36.6	23.7
阿尔山，内蒙古	寒冷	-33.8	22.1	14.4	-39.3	28.9	16.5	-44.5	33.0	19.7
富蕴，新疆	寒冷	-29.7	27.5	12.5	-35.1	35.4	15.5	-46.0	40.1	19.0
巴音布鲁克，新疆	寒冷	-32.7	18.8	8.3	-40.9	25.5	9.1	-48.1	28.3	9.8
寒冷气候环境参数		-40.0	28.0	18.0	-45.0	35.0	20.0	-50.0	40.0	26.0

图 2-70　寒冷气候类型数据表

2. 防范严密

防范严密是对入侵探测系统的基本要求。入侵探测系统应符合整体纵深防护或局部纵深防护的要求，构成连续不间断的警戒线（面），入侵者从任意部位入侵均应触发报警，对"攀爬、翻越、挖凿、穿越"等不同入侵行为均能进行实时有效探测，形成反应迅速、准确高效的严密"封闭式"屏障。图 2-71 示意了通过潜水和攀爬越过周界的场景。

图 2-71　通过潜水和攀爬越过周界的场景

防范严密要充分考虑防护需求、现场条件、气候状况、电磁环境等因素，根据探测器的探测原理、工作方式、性能指标、局限性，选择合适的探测器进行布设，同时设计合适的安装位置、安装角度以及系统布线。

3. 人体无害

禁止使用可能对正常活动的人造成安全危害的探测方式，要充分考虑因产品质量不合格、布设不规范等因素可能对人体造成的损害。

4. 施工便利

施工是项目生命周期中的重要一环。相对于大型光电/红外摄像机、雷达等大区域入侵探测设备，周界入侵探测设备的探测范围相对较小，施工难易程度是不得不考虑的一个问题。尤其是对于一些地质条件复杂的地区，入侵探测设备布设需要的承力杆很容易产生位移或形变，需要后期运行维护期间投入大量的人力、精力和财力进行维护。图 2-72 为埃及—以色列边界的戈壁和中国—哈萨克斯坦边界的沼泽。

图 2-72　埃及—以色列边界的戈壁和中国—哈萨克斯坦边界的沼泽

5. 实时复核

看清监控环境中入侵者（人员、动物、车辆等）的活动情况是采取反应措施的前提。入侵探测器检测到事件发生后，视频监控系统应能够实时调阅与报警区域相关的图像，对现场状况进行观察复核，在入侵者离开前确定触发报警的性质，避免和误报混淆。

随着生态环境的改善，我国各地动物种类、数量有了明显提升，如图 2-73 所示，在西北某地常见棕熊、狼、猞猁、狐狸、麋鹿、岩羊、黄羊、旱獭等多种动物。入侵探测器很难将动物或自然环境变化触发的报警与真正入侵者引发的报警准确区分，必须通过成像设备进行实时的图像复核，确认报警性质。

图 2-73 周界不速"来客"

6. 报警联动

事件发生时，应能引发入侵探测系统中其他探测、报警、信息设备同时动作，进行图片抓拍、图像验证、图像记录、警情上报等行动，其中成像设备往往发挥着"有图有真相"的复核验证任务。系统应能以声、光、弹窗、短信等方式，提示值班人员及时观察报警信号联动的现场图像，并根据预案进行处置。图 2-74 为多探测器联动应用示意图。

图 2-74 多探测器联动应用示意图（图片来源：Senstar）

2.2.2 区域入侵探测

纵深防护是周界安全技术防范的原则之一。

纵深防护体系的构建和保护对象面临的风险、防范需求、环境条件等因素密切相关。一般的单位、建（构）筑物和其内外部位（区域）以及具体目标的纵深防护体系，可以分为周界、监视区、防护区、禁区，也可以分为一般防护区、重点防护区、核心区等，层层设防，逐级加强防护措施，构成连续不间断的警戒线（面），形成分区域、分层次的整体纵深防护或局部纵深防护。

区域入侵探测是构建纵深防护体系的重要手段。通过迅速准确的探测发现，为反应提供充足的时间，在国家边界管控、重点区域防护等场景得到广泛运用。图2-75为某地部署的雷达视频联动预警设备。

图2-75 某地部署的雷达视频联动预警设备（图片来源：和普威视）

2.2.2.1 电磁波与电磁频谱

电磁波是雷达进行探测的基础。

凡是高于绝对零度的物体，都会释放出电磁波，电磁波是能量的一种形式。

1. 电磁场

19世纪初人类才开始真正发现、认识和应用电磁波。1820年，奥斯特发现通电导线使附近的磁针发生了偏转，深入研究后发现了电流的磁效应，"电生磁"是电磁波领域的一个重大发现。1831年，法拉第发现了"静止的磁不能生电，变化的磁才能生电"的电磁感应定律，"磁生电"是电磁波领域的又一个重大发现。1864年，麦克斯韦用麦克斯韦方程组描述了电、磁、磁生电、电生磁这四种现象，理论上预测了电磁波的存在，推导出电磁波与光具有同样的传播速度，在此基础上建立了完整的电磁波理论。

电与磁是一体两面,电磁场包含电场与磁场两个方面。

(1)电场是电荷及变化磁场周围空间里存在的一种特殊物质,磁场是对放入其中的通电导体、磁体有磁力作用的一种特殊物质。如图 2-76 所示,变化的电场产生磁场,变化的磁场产生电场,变化的电场和变化的磁场构成不可分离的统一的电磁场。

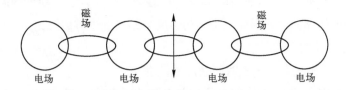

图 2-76　周期性变化的电场和磁场

电场和磁场都是一种客观存在,"场"和分子、原子等实物粒子是物质存在的一种形式。电场是在与电荷的相互作用中表现自己特性的,电场强度为电场中电荷所受的力与它的电荷量之比,用 E 来表示。表征磁场强弱的物理量是磁感应强度,用 B 来表示。

2. 电磁波

变化的电磁场在空间传播就形成了电磁波。以波的形式在空间中传递能量,是电磁场的一种运动形态。电磁波的磁场、电场及其传播方向三者互相垂直,如图 2-77 所示。电磁波是一种横波,即能量与传输方向垂直的波,具有与光类似的反射、折射、衍射、干涉等特性。

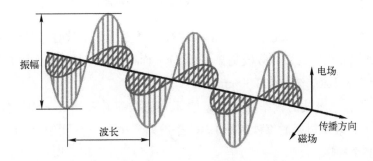

图 2-77　电场、磁场、传播方向的关系

1)电磁波的能量

电磁波是一种物质,它具有能量。

爱因斯坦提出，光子是传递电磁相互作用的基本粒子，是电磁辐射的载体。普朗克用方程 $E=hf$ 描述了光子所具有的能量，其中：h 为普朗克常数；f 为光子的频率。电磁波中单个光子的能量取决于频率，而一束电磁波总的能量是这些光子能量的和。

电磁波沿传播方向，强度与距离的平方成反比。假设一个能量一定的点源向四面八方传播，在任意时刻能量达到的地方是一个球面，能量均匀地分布在面积为 $4\pi r^2$ 的球面上，因此电磁波的强度与距离的平方成反比。

2）电磁波的频率与波长

电磁波的电场和磁场随时间做周期性变化。

电磁波在一个振荡周期内传播的距离称为波长，用 λ 表示，单位是长度单位；每秒能传播多个振荡周期，振荡周期的倒数被称为频率，用 f 表示，单位是赫兹（Hz）。电磁波的传播速度 3.0×10^8m/s 等于波长和频率的乘积，因此波长和频率成反比关系，波长越长、频率越低，波长越短、频率越高，如图 2-78 所示。

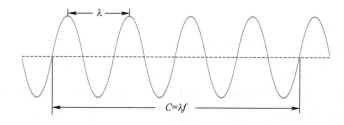

图 2-78　电磁波波长频率关系示意图

波长和频率是电磁波的两个基本参数。在度量无线电波时习惯于用频率来表示，如短波电台的工作频段是 2～30MHz；而在度量光时习惯于用波长表示，如中波红外对应的波长是 3～5μm。

在表示电磁波的频率时，1Hz 表示电磁波每秒传播 1 个周期，1MHz（1×10^6Hz）表示电磁波每秒传播 1×10^6 个周期，1GHz（1×10^9Hz）就是每秒传播 1×10^9 个周期。

3）电磁波的传播

电磁波在空间传播过程中，由于大气中各种颗粒和不同介质分界面的反射、折射、散射、衍射、吸收等作用，传播方向在传播过程中可能发生多种变化,如图 2-79 所示,场强不断减弱。不同波长具有不同的传播特性,为保证接收端场强满足接收机的灵敏度要求,掌握电磁波的传播途径、特点和规律才能保证无线通信的质量。

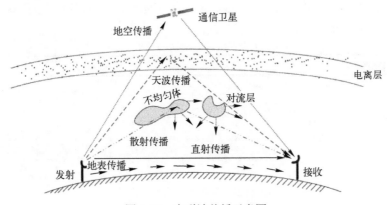

图 2-79　电磁波传播示意图

(1) 地表传播。

地表传播是指电磁波沿大地与空气的分界面传播。地表传播距离主要取决于地表面的介质电导特性,电磁波的能量逐渐被大地吸收,波长越短、衰减越快,传播距离不远,但传播不受气候影响。超长波、长波、中波以及短波近距离通信都是在地表传播的。

(2) 直射传播。

直射传播是指由发射端在空间直线传播给接收端。直射传播时,天线接收的场强由直射的电磁波和被地面各种物体散射的电磁波组成。超短波和微波都是利用直射传播的,为避免受地表曲率、山体、楼房、高大植物等障碍物遮挡,需要寻找合适的能够通视的点位,并将天线架高。

(3) 折射传播。

折射传播是由天线向地球高空的大气层辐射电磁波,部分电磁波会经电离层折射返回地面。电离层只对短波波段的电磁波产生折射作用,主要用于短波通信。

(4) 散射传播。

散射传播是天线辐射的电磁波遇到大气层或电离层中的不均匀介质以及流星余迹,产生散射后一部分到达接收点,主要用于对流层散射通信。

3. 电磁频谱

电磁频谱是按照电磁波频率高低或波长长短排列起来所形成的谱系。

电磁频谱一端是最长波长的无线电波，另一端是最短波长的伽马射线。无线电波、红外线、可见光、紫外线、X 射线等电磁波在电磁频谱中占有不同的位置，如图 2-80 所示。

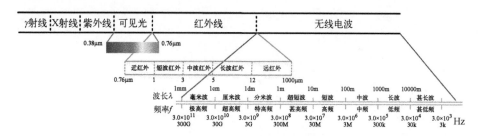

图 2-80　常用电磁频谱示意图

"频谱"的说法始于光。17—19 世纪人类认识到，白色光是由红、橙、黄、绿、青、蓝、紫 7 种不同颜色的光组成，光具有波长和频率，白色光是不同颜色的频谱合成。

2.2.2.2　雷达的原理与分类

雷达是英文 Radar（Radio detection and ranging）的音译，意为"无线电探测和测距"，即用无线电探测发现目标并测定它们的空间位置。"发现目标、测量参数"是雷达的基本任务。

第二次世界大战全面爆发前夕的 1938 年，英国在东海岸建设的海岸警戒雷达网第一个雷达站开始运行，是世界上最早投入实战的雷达。这部称为"本土链"（Chain Home）的雷达由工程师沃森·瓦特（Watson-Watt）主持设计，有效作用距离超过 100km，在空战中能够为英方提供 20min 预警时间。图 2-81 为"本土链"雷达的天线和机房内部场景。

1. 雷达工作原理

雷达利用目标对电磁波的反射，发现目标并测定其参数。

雷达工作时，发射机产生高频脉冲，通过天线以电磁波的形式向外辐射。电磁波束在预定方向扫描探测目标，目标将一部分电磁波反射回雷达天线，接收机对微弱的回波信号进行相应的信号处理，就可以判断目标的方位、距离、速度等。雷达工作原理如图 2-82 所示。

图 2-81　本土链（Chain Home）雷达的天线和机房内部场景

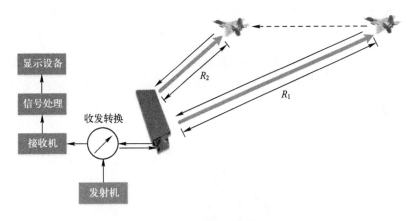

图 2-82　雷达工作原理

1）距离测量

电磁波的传播速度是恒定不变的，只要测量得到发射脉冲与回波脉冲之间的时间差，利用电磁波的速度乘以这个时间差，可得电磁波在雷达和目标之间一去一回的距离，即 $R=(C\,\Delta t)/2$，其中：R 为目标与雷达之间的距离；Δt 为电磁波往返于目标与雷达间的时间；C 为电磁波的速度。

2）方位测量

天线将雷达的电磁波能量汇聚在一个角度不大的窄波束内,波束中心对准目标时的回波信号最强,波束中心偏离目标后回波信号逐渐减弱,如图 2-83 所示。

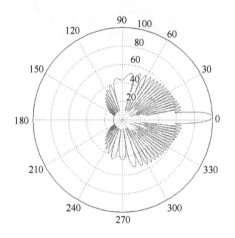

图 2-83　雷达波束示意图（图片来源：雷达通信电子战）

根据接收回波最强时的方位和俯仰波束指向,就可以确定目标的方位角 α（R 在水平面上投影 OB 与起始方向在水平面上的夹角）、俯仰角 β（R 与它在水平面上的投影 OB 的夹角,也称为倾角或高低角）。知道了雷达与目标的直线距离 R、俯仰角 β,就可以计算出目标与雷达之间的相对高度 H,如图 2-84 所示。

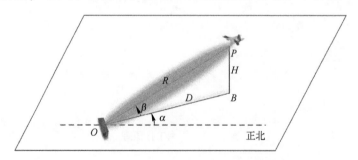

图 2-84　雷达的方位角俯仰角与高度示意图

3）速度测量

多普勒在 1842 年提出了多普勒效应理论,物体辐射、反射或接收的波长因波源和目标的相对运动而产生变化。多普勒效应造成的发射和接收频率之差称为多普勒频移，可表示为 $f_d=2v_r/\lambda$，单位为 Hz，其中：v_r 为雷达与目标之间的径向速度；λ 为电磁波的波长。

雷达可以根据自身和目标之间相对运动产生的多普勒频移来测量目标速度。相对运动是一个有方向的矢量，从多普勒频移中提取的是目标相对于雷达的径向速度，它描述目标向着或离开雷达的速度，径向速度总是小于或等于实际目标的速度，目标运动垂直于雷达波束指向时径向速度为 0，如图 2-85 所示。

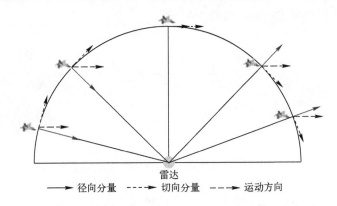

图 2-85 雷达的测速范围一般用径向速度表示

不同目标相对雷达的运动方向和速度不同，多普勒频移也不同，因此可以从杂波中检测、跟踪目标。周界警戒雷达地面回波的多普勒频移很小甚至没有，因此可以将动目标从背景中检测出来。

2. 雷达的分类

雷达的分类方法很多，如按照用途可分为预警雷达、警戒雷达、目标指示雷达、火控雷达、测高雷达、航管雷达、雷达引信、敌我识别雷达等。下面分别进行介绍。

1）按照雷达信号形式分类

根据雷达的信号形式，雷达可以分为脉冲雷达和连续波雷达。

脉冲雷达是现在使用最广泛的一种雷达。脉冲雷达发射的电磁波为脉冲周期信号，在发射间隔期间接收目标反射回的回波信号，收发间隔进行。

连续波雷达发射的信号是单频连续波（CW）或调频连续波（FMCW）信号，发射的同时可以接收反射的回波信号，收发同时进行。调频连续波雷达同时收发，理论上不存在测距盲区，发射信号的平均功率等于峰值功率，只需要小功率的器件，这就降低了被截获的概率。

2）按照天线扫描方式分类

天线是雷达的关键部件，用于向空间特定方向辐射电磁波，接收空间特定方向辐射来的电磁波。

雷达波束是立体的，一般用水平截面的波束形状（水平方向图）和垂直截面的波束形状（垂直方向图）来描述。波束宽度是方向图的主要技术指标，是指波束主瓣中心线两侧电磁波强度衰减到一半（衰减3dB）时的角度范围，也称为半功率波束宽度 θ_{3dB}，如图 2-86 所示。

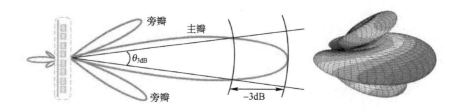

图 2-86　波束宽度示意图（图片来源：雷达通信电子战）

根据雷达天线扫描方式的不同，雷达可以分为机械扫描雷达和电子扫描雷达两类。

要想使雷达波束实现 360°扫描，传统的方法是给天线加一个伺服机构（图 2-87），用机械转动的方式使天线波束水平或上下转动起来，因而称为机械扫描，简称为机扫。机扫雷达的优点是简单、成本低，但是也有明显的弱点，如大口径天线实现机械转动很困难、扫描速率低、机械机构易出故障等。

图 2-87　机扫雷达需要伺服机构驱动天线转动

利用移相器改变波束相位关系或通过改变工作频率来实现波束扫描，称为电子扫描，简称为电扫，通常分为相扫和频扫。相控阵雷达是典型的电扫体制雷达，天线通常是多行多列的面阵，每个阵元或子阵对应一个收发（T/R）组件，每个 T/R 组件是一个小的发射机和接收机。通过控制每个 T/R 组件移相器的相位，控制天线波束按设定方式在正负约 45°～60°空间扫描，慢速的扫描速度也在毫秒量级，比机扫要高数千倍。需要进行全方位监视时，可以配置 3～4 个天线阵面实现 360°全空域的覆盖。

全固态相控阵雷达可以有很多的 T/R 组件。图 2-88 为海基 X 波段和萨德 X 波段相控阵雷达，海基 X 波段相控阵雷达有 45056 个 T/R 模块，萨德 X 波段相控阵雷达有 25334 个 T/R 模块，即使少量组件失效，对探测能力的影响也很小。

图 2-88　海基 X 波段和萨德 X 波段相控阵雷达

相控阵雷达最早采用无源相控阵（PESA）体制，每一个阵列天线后接一个移相器后接至一个或几个发射机/接收机共用。有源相控阵（AESA）体制天线阵列不再共用发射机，而是每一个阵元后面都有功率放大器件，每一个阵元都有与之单独对应的发射机（T/R 组件）。两者之间对比示意图如图 2-89 所示。

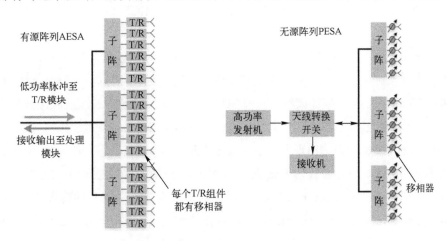

图 2-89　有源阵列与无源阵列对比示意图

有源阵列多采用砷化镓（GaAs）或氮化镓（GaN）固态功率放大器件，无源阵列则多采用电真空器件。固态器件比电真空器件重量轻、体积小、可靠性和可维护性高，但电真空器件在较高频率上能实现更大的功率。

相比固定波束雷达，相控阵雷达波束指向灵活、扫描速度快，可同时形成多个用于搜索、跟踪、制导等不同功能的独立波束，在空域内实现对数十乃至数百个目标的同时监视跟踪，能够更好地适应复杂的多目标环境，具有更好的抗干扰性能。

3）按照雷达波长分类

雷达频谱有不同的分类方法，如图 2-90 所示。

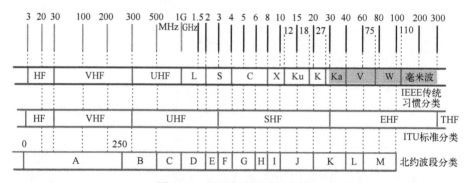

图 2-90　雷达频谱分类示意图

按照雷达工作波长，雷达可分为米波、分米波、厘米波、毫米波等。其中，米波雷达的工作波长为 10~1m，工作频率 30~300MHz；分米波雷达的工作波长为 10~1dm，工作频率 300~3000MHz；厘米波雷达的工作波长为 10~1cm，工作频率 3~30GHz；毫米波雷达的工作波长为 10~1mm，工作频率 30~300GHz。

根据无线电频谱的划分，雷达工作在毫米波到米波波段的几个主要频点，传统上以 L、S、C、X、Ku、Ka 波段的方式对雷达进行分类。早期雷达波长选用 23cm，被定义为 L 波段（1~2GHz），L（Long）意为长波波段。波长为 10cm 的电磁波波段被定义为 S 波段（2~4GHz），S（Short）意为比 L 波段短一点。3cm 波长的雷达出现后，这个波段被称为 X 波段（8~12GHz），X 代表坐标上的某点。中心波长为 5cm 的 C 波段（4~8GHz）雷达融合了 X 波段和 S 波段的优点，C（Compromise）意为结合。德国在开发雷达的时候选择了 1.5cm 作为雷达的中心波长，这一波段的电磁波被称为 K 波段（18~27GHz），K（Kurtz）在德语中代表"短"。K 波段信号容易被水蒸气吸收，不适合雨雾天使用，后来的雷达通常使用比 K 波段波长略长或略短的波段。比 K 波段波长略长的为 Ku 波段（12~18GHz），Ku（K-under）意为在 K 波段之下；比 K 波段波长略短的为 Ka 波段（27~40GHz），Ka（K-above）意为在 K 波段之上。

最早的雷达使用过米波，这一波段后来被称为 P 波段，P（Previous）意为以往。

4）按照雷达工作平台分类

按照搭载雷达的平台不同，雷达可以分为地面雷达、机载雷达、舰载雷达、星载雷达等。

地面雷达是指地面固定或车载式雷达，包括超视距雷达、对空监视雷达、三坐标雷达、引导雷达、战场监视雷达、炮位侦察雷达、海岸监视雷达、气象雷达、空中交管雷达、敌我识别器等。图 2-91 为低慢小综合防御系统和防空反导系统的地面雷达。

图 2-91 低慢小综合防御系统和防空反导系统的地面雷达

机载雷达是指安装在飞机上的各种雷达，包括火控雷达、预警雷达、导航雷达、护尾雷达、地形跟踪和地物回避雷达、敌我识别器等。图 2-92 为美军现役主力战机 F-22 和 F-35 的多功能机载雷达。

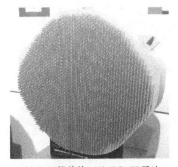

(a) F-22搭载的AN/APG-77雷达　　(b) F-35搭载的AN/APG-81雷达

图 2-92 美军现役主力战机 F-22 和 F-35 的多功能机载雷达

舰载雷达是指安装在舰艇上的各种雷达，包括对空（海）搜索雷达、火控雷达等，如图 2-93 所示。

图 2-93　舰载雷达

星载雷达是指安装在卫星上的各种雷达，主要是合成孔径雷达（SAR）。

2.2.2.3　雷达的组成

雷达由天线、发射机、接收机、信号处理器、显示器、电源等部分组成。图 2-94 为一种调频连续波雷达的组成示意图。

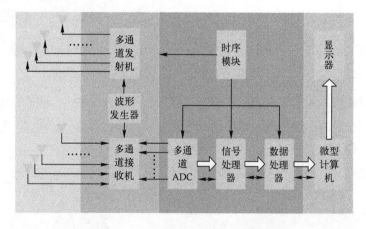

图 2-94　一种调频连续波雷达组成示意图

1. 雷达发射机

雷达利用目标反射电磁波的现象来发现目标，并提取相关的距离、方位、高度等参数。雷达要发现目标，首要是能够发射一种特定的大功率无线电信号，其中雷达发射机负责产生这个经过调制的大功率射频信号。

发射机要对外发射大功率的射频信号，使用磁控管、速调管、行波管等电真空放大器件组成的多级放大电路是发射机的核心。磁控管有较大的价格优势，但其稳定性差，利用多普勒频移从强杂波中检测动目标的能力较差，目前的应用已局限于一些中短距雷达和民用航海雷达。速调管和行波管具有输出功率大、效率高、稳定性高、宽频带等优点，是目前大功率远距雷达采用的主要放大器件。图 2-95 为雷达发射机中的行波管及其结构。

 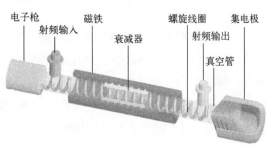

图 2-95　雷达发射机中的行波管及其结构

随着集成电路工艺的发展，大功率微波晶体管得到迅速发展，将多个大功率晶体管制成固态高功率放大器模块，集成了功率放大器、低噪声放大器、宽带放大器、移相器、衰减器、限幅收发开关和环行器等部件，对固态发射机的性能和应用起到重要的推动作用。图 2-96 为一种氮化镓（GaN）固态功率放大器与采用 T/R 组件的全固态机载多功能雷达。

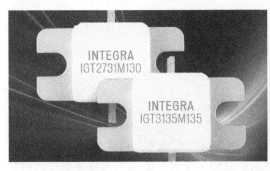 

图 2-96　氮化镓（GaN）固态功率放大器与采用 T/R 组件的
与全固态雷达（图片来源：雷达通信电子战）

2．雷达接收机

接收机将天线接收的信号从噪声和干扰中筛选分离出来，对其进行变频、放大和滤波等处理，变成具有一定强度的模拟信号（时间上连续、幅度上为任意实数值），然后送至信号处理器、显示器等设备中。

3. 信号处理器

信号处理通过模数转换器把接收机来的模拟信号转换成为数字信号（时间上离散、幅度上分层），然后通过算法对数字信号进行杂波滤除、目标检测等各种运算和处理。

4. 天线

天线是辐射和接收无线电波的装置，能实现导行波与自由空间电磁波间的转换。发射时，天线将发射机产生的高频振荡电流，转变为无线电波集中辐射到某一特定方向；接收时，天线收集目标反射的无线电波，转变成高频电流传送到接收机。天线同时也是一个能量转换器，是电路与空间的界面器件，图 2-97 是 AN/FPS-115 "铺路爪" 远程预警雷达的辐射单元。

图 2-97　AN/FPS-115 "铺路爪" 的辐射单元

2.2.2.4　雷达的主要战术指标

使用雷达就要掌握雷达的特性，雷达的战术指标是直接衡量其探测能力的定量或定性指标。

1. 衡量雷达性能的约束指标

雷达波照射目标，电磁波会产生镜面反射、漫反射、边缘绕射、尖顶绕射、爬行波绕射、行波绕射等作用，照射到目标上的雷达波并不是完全返回接收天线。不同目标反射雷达波的能力不同，因此在衡量雷达性能时，需要有一个定量的参数来做参考。

雷达在作用距离边缘或受外界因素影响时，对目标探测有一个准确度和发现能力的度量问题，即虚警概率和发现概率。这两个指标对不同的雷达一致时，对雷达性能的比较才有意义。

1) 雷达散射截面积

雷达散射截面积（RCS）用于度量目标在雷达接收方向上反射雷达信号的能力。

目标反射雷达波的能力主要取决于暴露在雷达波束中的目标表面的大小和性质，同时与雷达工作频率、雷达观测角等相关，不能简单地把目标的表面积当作其散射截面积。通常平面目标具有较强的镜反射回波，而采用赋形、吸波材料、非金属材料等技术后，则可以大大降低目标的雷达散射截面积。目标的散射截面积不仅仅由其自身决定，如米波雷达对隐身飞机就有较好的探测能力。图 2-98 为 B—2 隐身轰炸机对不同频段电磁波的反射能力对比。

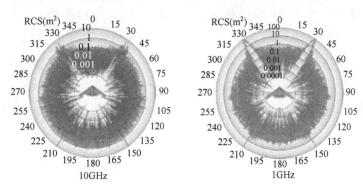

图 2-98　B—2 隐身轰炸机对不同频段电磁波的反射能力对比（图片来源：雷达通信电子战）

严格度量目标的 RCS 是一件很复杂的事情，通常情况下可以参考一些经验值。表 2-5 为王小谟、张光义主编的《雷达与探测（第二版）——信息化战争的火眼金睛》一书中给出的不同目标的雷达散射截面积。

表 2-5　不同目标的雷达散射截面积

目标	雷达截面积/m²	目标	雷达截面积/m²
大型轰炸机或客机	40	小型单发飞机	1
中型轰炸机或客机	20	车辆	3~10
大型歼击机	6	人	0.5~1
小型歼击机	2	鸟	0.01

2) 虚警与发现概率

在衡量雷达作用距离时，通常是在概率意义上虚警概率 P_{fa}（fa 如 10^{-6}）和

发现概率 P_d（d 如 80%）给定时的作用距离。虚警概率是指对于实际不存在的目标，雷达判断为有目标存在的概率。发现概率是指对于实际存在的目标，雷达正确判定为目标的概率。虚警和不发现都是真实存在的。

2. 雷达的主要战术指标

雷达的战术指标决定了它的应用场景。

1）作用距离

在周界安全技术防范中，雷达的作用距离和能探测到的目标大小是雷达部署的关键。

假设一部雷达的发射功率为 P_t，t 与目标的距离为 R。如图 2-99 所示，如果将雷达看作一个"点"向远处空间（立体的球形）发射能量，它将能量均匀地分布在球形空间的面积 $4\pi R^2$ 上，则在目标处的功率密度为 $P_t/4\pi R^2$。雷达不是直接向四周发射电磁波，而是通过发射天线向一定空间发射立体的电磁波，则雷达在目标处的功率密度应算上发射天线的增益 G_t，为 $G_t P_t/4\pi R^2$，目标接收的能量乘以目标的面积 σ（能够接收电磁波的有效截面）为 $\sigma P_t G_t/4\pi R^2$。

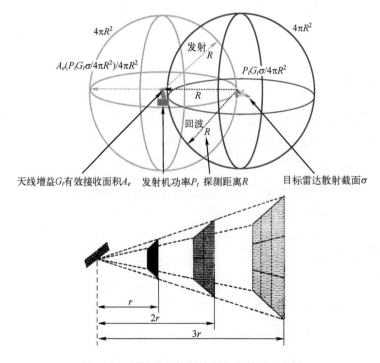

图 2-99 雷达和目标的发射接收关系示意图

雷达接收目标反射的电磁波来探测目标,这个点目标的能量 $P_tG_t\sigma/4\pi R^2$ 同样在一个半径为 R 的球形空间反射到雷达天线,天线接收的功率密度同样分布在 $4\pi R^2$ 的空间上为 $(P_tG_t\sigma/4\pi R^2)/4\pi R^2$。天线的有效接收面积为 A_e,接收天线接收到的功率 P_r 为 $A_e(P_tG_t\sigma/4\pi R^2)/4\pi R^2$。

雷达接收到的功率 P_r 只要大于它的接收灵敏度 $S_{i\min}$,就可以检测出这个信号。根据这个方程,可以推导出雷达的最大作用距离 $R_{\max}$,即

$$R_{\max} = \left(\frac{P_tG_tA_e\sigma}{(4\pi)^2 S_{i\min}}\right)^{\frac{1}{4}} \tag{2-5}$$

天线的有效接收面积 A_e 与天线增益 G_r 和波长 λ 有关,有 $A_e=G_r\lambda^2/4\pi$,收发共用天线的 G_t 和 G_r 一致,这个方程又可以推导,如下

$$R_{\max} = \left(\frac{P_tG_t^2\lambda^2\sigma}{(4\pi)^3 S_{i\min}}\right)^{\frac{1}{4}} = \left(\frac{P_tA_e^2\sigma}{4\pi^2 S_{i\min}}\right)^{\frac{1}{4}} \tag{2-6}$$

雷达在发射和接收过程中,必然存在各种噪声和损耗。同时,为了有效实现对远距离目标的探测,可以对多次接收到的目标回波进行积累,最大探测距离与雷达信号积累有效总时宽 T_S 有很大的关系,经过推导可得

$$R_{\max} = \left(\frac{P_tG_t^2\lambda^2\sigma B_S T_S}{(4\pi)^3 kT_0B_nF_0D_0L}\right)^{\frac{1}{4}} \tag{2-7}$$

这就是雷达方程的基本形式。通过这个方程可以看出,雷达的作用距离与发射机发射功率、接收机灵敏度、天线增益、雷达波长、信号积累有效总时宽、目标散射截面等有关。

雷达起源于探测空中目标,也是应用最为广泛的领域。地面监视雷达只是一个分支领域,在周界安全技术防范中,雷达主要用来探测地面目标和微轻小型无人机,探测距离无须向探测飞机一样动辄要求数百千米。因为雷达波基本上都是直射波,绕射的能力很弱,所以很难看到障碍物后面的目标。一个完全没有地形起伏、建(构)筑物与植被遮挡的环境是很难找到的。

雷达一般也有一个最小作用距离,在应用中对这个"灯下黑"现象也要关注。

2)工作频段

雷达对频段的选择是一个综合平衡的结果,需要统筹考虑作用距离、天线尺寸、分辨性能、传输衰减、可用带宽、成本、用途和使用场景等要素。这些

要素中，有些是相关的，有些是相互制约的。

一般来说，低频段更容易获得大功率的发射机和大口径的天线，空间损耗远低于高频段，具有更好的远程探测性能。高频段能实现更宽的带宽，可以有更好的距离探测精度和分辨率；在给定天线尺寸时可生成更窄的波束，实现更好的角度探测精度和分辨率。

VHF 和 UHF 是远程空中监视和探测很好的频段，飞机在这一频段的雷达散射截面要高于高频段，但是对低空目标的探测能力、距离和角度的精度与分辨率较差。L 波段是远程地对空警戒雷达和空中交通管制雷达使用的主要频段。S 波段雷达是远程探测和目标位置精确测量的折中。X 波段雷达的尺寸适宜，在对机动能力和重量要求高而对作用距离要求不高的场景应用很多，也有较高的分辨率。在 Ku、K 和 Ka 波段，随着频率升高而使天线物理尺寸减小，作用距离变短但分辨率提升，这一频段会受到雨杂波较大的影响。

3）探测范围

探测范围是指雷达对目标可以进行探测的空间范围，包括了雷达的最大（最小）作用距离、俯仰、方位、测速范围等。探测范围的大小决定了它的战术用途。

不同的应用场景对雷达探测范围的要求不同，有的场景只需要雷达在一定扇面内工作，有的场景需要雷达对水平 360°的范围探测。这就需要考虑机扫雷达和电扫雷达、机扫雷达天线转速、多面阵拼接等问题，要统筹具体的防护要求、经费预算等综合因素进行选择。

为实现对全空域的无机械旋转电扫，一般采用多面阵的方法，如四面阵或更多面阵的雷达，平台静止无运动更利于长期连续工作。图 2-100 为多面阵雷达应用。

图 2-100　多面阵雷达应用

4）分辨率

分辨率用于表示雷达对在空间上相互靠近的两个目标的区分能力。两个空间目标可能在距离上很接近，也可能在角度上很接近，因此雷达的分辨率主要包括距离分辨率和角度分辨率。

距离分辨率是对两个处在同一方向但不同距离的目标的最小可区分距离。距离分辨率与信号带宽有关，带宽越大，距离分辨率越高。脉冲宽度 τ 是射频脉冲信号持续的时间，一般而言，脉冲宽度为 τ 的简单正弦波脉冲的信号带宽为 $1/\tau$，即脉冲宽度越窄，距离分辨率越高。雷达的探测距离主要取决于其信号能量，简单矩形脉冲信号的能量等于脉冲功率与脉冲宽度 τ 的乘积。为了实现远距离的探测和更高的距离分辨率，就出现了发射脉冲宽达几千微秒、接收时通过信号处理得到微秒量级脉冲宽度的脉冲压缩体制雷达。

角度分辨率是对处在相同距离但不同方向上的两个目标的最小可区分角度。角度分辨力取决于雷达波束宽度，波束宽度越窄，角度分辨率越高。波束宽度 $\theta_{3dB}=\lambda/2D$，其中：λ 为工作波长；D 为天线口径尺寸。

5）测量精度

测量精度表示雷达测量的目标位置与实际位置的偏离程度，可以分为距离精度和角度精度。

距离测量精度与发射信号带宽有关，带宽越大，距离精度越高。角度测量精度主要与水平波束宽度有关，波束越窄，角度测量精度越高。

6）测速范围

测速范围是指雷达能够探测的目标径向运动速度区间。雷达可以通过多普勒频移对动目标的速度进行探测，如果目标相对雷达的速度过小导致多普勒频移过小，那么雷达就很难检测识别出这个目标。在周界安全技术防范中主要的目标物是人、车辆、消费级无人机，一般不会出现速度过快的情况，但是慢速移动对雷达的探测是一个考验，雷达有时难以检测出来。

7）多目标探测能力

多目标探测能力用来衡量雷达同时对多个目标的探测、监视和跟踪能力。

8）天线扫描方式

天线的扫描方式有机扫、电扫和机电结合扫描的方式。

相控阵雷达系统的天线成本约占系统成本的 60%，价格因素是相控阵雷达无法完全替代机扫雷达的主要原因。天线扫描方式的选择与防护要求和经费预算有很大的关系,水面舰船等高价值目标的对空监视通常采用多面阵拼接的方式对 360°空域进行严密防范,地对空监视雷达则通常采用单面阵电扫或电扫加机扫的方式对特定空域进行探测,而一些要求较低的场景则仍使用机扫方式。

机扫时天线转动速度对目标探测会产生一定影响。在做出检测判决前,雷达通常将接收到的多个脉冲进行积累,积累的脉冲个数与积累效率越高,雷达探测的性能越好,它们是雷达方程分子的一部分。AN/TPQ—53 多任务雷达 90°扇区模式搜索探测半径为 0.5~60km,而 360°全空域模式搜索探测半径则减少为 3~20km。

9）数据率

数据率用于表征雷达的工作速度,即单位时间内雷达对一个目标提供数据的次数,是对搜索区域完成一次搜索所需时间的倒数,高数据率可以提供更为清晰的目标轨迹,如图 2-101 所示。

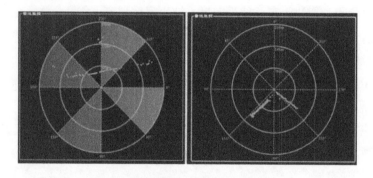

图 2-101　高数据率提供的目标轨迹

2.2.2.5　雷达在区域入侵探测中的应用

常用的雷达对探测到的目标并不能成像,在显示器上只能显示为一个点,以及目标位置、发现时间、运动速度等参数,可以通过目标的运动速度、回波强度等指标来简单区分车辆、人员等。空中的飞机目标通常采用雷达应答机来判别敌我属性,但对地面监视雷达来说,很难通过应答的方式来判别,这就需要运用其他方式来判定目标属性。

雷达与光电/红外成像设备联动探测是区域入侵探测中最为常见的应用方式,这种应用方式通常被称为雷视联动、雷云联动等。

通常情况下,雷达和光电/红外系统各自独立运行,雷达在覆盖范围内持续探测车辆、行人、动物、低空无人机等目标,提供基本的雷达目标监测功能,探测到的目标数据通过地面网络发送给监测预警平台。光电/红外系统按照设定的巡航路径或根据人员控制进行视频监控,视频数据实时传送到视频服务器,并根据人员操作或系统设置策略,通过网络发送到监测预警平台,提供视频监控功能。

如图 2-102 所示,监测预警平台服务端对收到的雷达数据和视频数据进行分析,从中检测发现关注的目标,进行威胁分析并综合印证。根据设定的联动策略,当从雷达数据中发现目标后,监测预警平台根据目标方位和距离信息,通过对应控制接口来控制光电/红外系统调整到相应的位置和光电参数,捕获相应视频和图像数据,识别、锁定、跟踪图像中目标信息,记录相关数据,并根据威胁预警策略,触发告警事件,通过监测预警终端提示值班人员进行后续的处置。

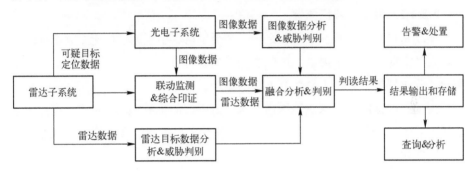

图 2-102 雷达视频联动系统工作原理

雷达受天候因素影响很小,可以对监控区域进行全天时、全天候、大范围、多目标的搜索探测,及时发现、定位、跟踪目标并将相关信息发送给检测预警平台系统,在电子地图上动态显示目标的位置、方向、速度和运动轨迹。在周界安全技术防范中,雷达和光电/红外系统的联动,弥补了单独应用上的弊端,实现了优势互补。图 2-103 为一种雷达视频联动设备在周界防范中的应用场景。

图 2-103 雷达视频联动设备在周界防范中的应用场景(图片来源:长光禹辰)

2.2.3 周界入侵探测

周界入侵探测系统是防护区域边界的"电子长城"。当有防范对象通过或企图通过时,系统对目标的抵近行为进行警示、将发现的目标报警信号送至系统控制中心、发出声光报警、指明报警位置,联动现场摄像机进行拍摄取证。

周界入侵探测的技术种类很多,原理各不相同。要准确、及时地实现对"攀爬、翻越、挖凿、穿越"等不同入侵行为的探测,探测器的选型和布设是关键。不针对具体的应用场景和使用环境,很难评价入侵探测技术的优劣。

2.2.3.1 振动入侵探测器

振动是自然界最普遍的现象之一,大至宇宙、小至原子,无不存在振动现象。人类活动也会产生振动,这些振动在振源位置、发振时刻、幅度、频率、频次、分布规律上有别于自然界本身的振动。

振动入侵探测器在探测范围内对入侵者引起的机械振动(冲击)产生报警信号,主要有地音振动入侵探测器、光纤振动入侵探测器和电磁感应式振动电缆入侵探测器三类。

1. 地音振动入侵探测器

地音振动入侵探测器主要由振动传感器、入侵探测主机、联网应用平台、传输线缆等组成,按振动传感器的工作原理可分为机械式振动探测器、电动式振动探测器、压电晶体振动探测器等类型。

机械式振动探测器直接或间接受到机械冲击振动时,其中的水银珠/钢珠/重锤等离开原来位置而触发报警。电动式振动探测器由永久磁铁、线圈、弹簧、外壳等组成,当外壳受到外界的振动时,通过弹簧使永久磁铁和线圈产生相对运动,从而产生感应电流。压电晶体振动探测器的传感器是基于某些介质材料的压电效应,以压电陶瓷、压电石英晶体等材料制成,这种探测器将外界的振动信号转变为相应大小的电信号,电信号的频率、幅度与外界振动相关。

振动传感器是敏感振动冲击并转换成电信号的部件,将探测到的外界微弱振动信号转变为模拟的电信号,经模数转换后将数字振动信号传送给探测主机。图2-104为一种地埋的地音振动入侵探测器。

第 2 章　周界安全技术防范中的感知预警

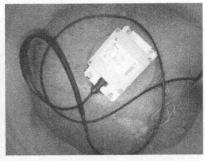

图 2-104　地音振动入侵探测器（图片来源：武汉安保通）

入侵探测主机对振动信号进行滤波，对入侵行为信号和自然界现象及自然环境扰动（噪声）进行有效的特征提取，并通过对时域、频域、地域的多维度联合运算，将自然界的振动信号作为背景噪声去除，提取出人类活动的振动信号，进行特征分析，判定是否为入侵信号。图 2-105 为一种地音振动入侵探测系统的组成与应用。

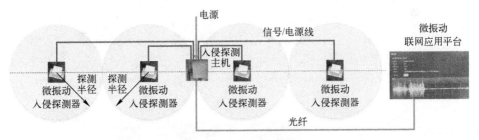

图 2-105　地音振动入侵探测系统的组成与应用（图片来源：武汉安保通）

联网应用平台提供与其他监控报警设备集成、GIS 地图、系统日志、布撤防、系统配置、数据分析查询、系统监测维护等功能。图 2-106 为一种地音振动入侵探测系统探测结果示意图。

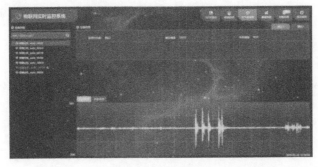

图 2-106　地音振动入侵探测系统探测结果示意图（图片来源：武汉安保通）

振动入侵探测器主要对人、车进行探测，一般为地埋部署，在需要严密防范盗挖的文博保护领域应用最为广泛，其探测距离对人一般能达到20m以上。地音振动入侵探测器受现场地质状况（土质、冻土等）、外界环境（大风、振动、雷电等）的影响较大。

2. 光纤振动入侵探测器

光纤振动入侵探测器通过光纤振动传感器，对入侵或企图入侵行为所引起的机械振动信号做出响应并给出报警信号，通常被称为振动光纤，其系统架构如图2-107所示。

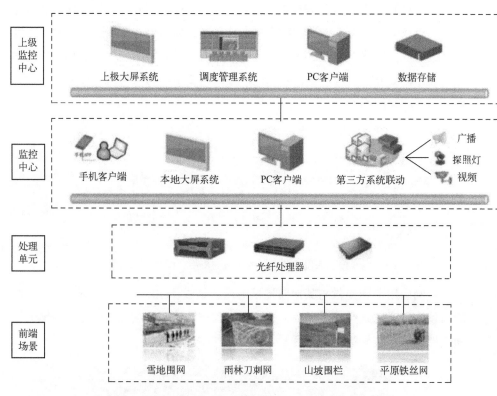

图2-107　振动光纤入侵探测系统架构（图片来源：杭州安远）

光纤振动传感器是通过传输的光信号特性的改变来感知机械振动的光纤（缆）。光信号由激光器进入传感光纤，再由光纤传感器检测光信号的相位、衰减、波长、极化、模场分布、传播时间等变化。如果传感光纤没有受到干扰，则光信号的传播模式不会发生变化；如果传感光纤受到振动的干扰，则光信号的这些传输模式就会发生变化。图2-108为一种光纤振动传感器入侵探测原理示意图。

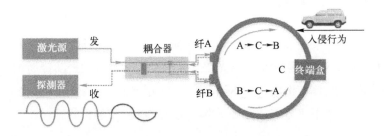

图 2-108 光纤振动传感器入侵探测原理示意图

根据传感技术的不同,光纤振动入侵探测系统分为光纤干涉型、光纤光栅型、光时域反射型和多技术复合型。

(1) 光纤干涉型入侵探测是利用光的干涉原理进行探测。在传感光纤感知到外界环境的振动信号干扰时,光纤中传输的光相位发生改变产生相位差,两束光产生干涉效应导致光的强度发生变化,通过干涉仪就可以精确检测出这个相位差。

(2) 光纤光栅型入侵探测是利用光纤光栅传感技术进行探测。光纤光栅使纤芯此处的折射率沿轴向周期变化,并选择性地反射特定的入射光。当光纤光栅受到外界扰动时,光栅的栅距会发生改变,反射波的波长随之发生改变,测量波长的变化量就能获知外界的振动信息。

(3) 光时域反射型入侵探测是利用光时域反射仪(OTDR)定位原理进行探测。传感光纤受外界振动后产生径向和环向的微小形变致使光纤折射率发生变化,后向瑞利散射光的相位随之发生相应的变化。相位敏感型光时域反射仪对相邻后向瑞利散射光之间的干涉结果进行检测,就可以进行振动源定位。

(4) 多技术复合型光纤振动入侵探测系统是结合光纤干涉、光纤光栅、光时域反射等两种或两种以上不同原理的光纤振动传感技术的光纤振动入侵探测系统。

根据探测方式的不同,光纤振动入侵探测系统可以分为定位型和区域型。定位型光纤振动入侵探测系统能够指示入侵或企图入侵行为发生的位置,在探测距离不大于 5km 时定位精度应不大于 10m,探测距离在 5~20km 时定位精度应不大于 25m,探测距离在 20~40km 时定位精度应不大于 50m,探测距离在 40~80km 时定位精度应不大于 100m,探测距离大于 80km 时定位精度应不大于 200m。区域型光纤振动入侵探测系统只能指示入侵或企图入侵行为发生的防区。

　　根据光纤振动传感器的敷设方式不同，光纤振动入侵探测系统可以分为外敷式和内嵌式。安装载体是传感光缆安装时外敷或内嵌的振动传递载体，如周界防护围栏、墙体、土层、水体等，安装方式一般有挂网、挂墙、表面附着和地埋、嵌墙、水下等方式。图 2-109 为常见的挂网安装模式。

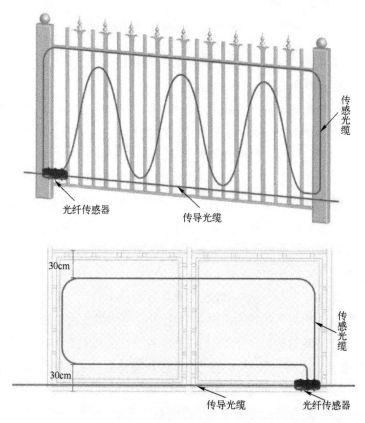

图 2-109　振动光纤挂网安装模式（图片来源：杭州安远）

　　光纤振动入侵探测系统主要包括传感光纤（光缆）、光缆连接件及附件、信号处理器（探测主机）、显示/指示单元等几个部分。信号处理器一般由光源、光电转换器和电信号处理器组成，用于将光信号转换成电信号并进行分析处理，以确定是否给出报警信号。

　　光纤振动入侵探测器电绝缘性能好、抗电磁干扰能力强、灵敏度高、探测距离远，适宜在地形复杂、易燃易爆、不规则区域和不宜电源进入等场所安装使用，可以对挖掘、攀爬、翻越、撞击、破坏、踩踏、穿越、挤压、扭曲、拖拽传感光缆或安装载体等入侵行为进行探测。光纤振动入侵探测器外敷式敷设时，容易受到外界环境（大风、大雨等）的影响，地埋敷设时要考虑冬天冻土层的影响。

3. 振动电缆入侵探测器

电磁感应式振动电缆传感器是一种对入侵或企图入侵行为所引起的机械振动信号做出响应并给出报警信号的线控式入侵探测器。

电磁感应式振动电缆传感器采用了独特的电缆结构。如图 2-110 所示，振动电缆的主体是两块半弧形结构永磁软磁材料，中间的固定绝缘导体将它们支撑着，在绝缘导体两侧形成一定空间，这两边空隙里放置的导线能够活动，活动导线与固定绝缘导体在终端连接构成回路。两块永磁软磁材料异性磁极相对，在空隙间形成磁场。当电缆感受到外界的振动时，活动导线会在磁场里做切割磁力线运动，在导线中产生感应电流，电流强弱与导体在磁场中的运动速度、振幅、磁场强度、导体尺寸等因素有关。提取感应电流并进行处理、分析，就可以检测出外界的振动情况。

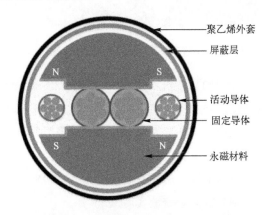

图 2-110 振动电缆横切面示意图

振动电缆入侵探测系统的组成和其他周界入侵探测系统类同，一般采取挂网、地埋等方式敷设，是一种防区型入侵探测器。防区范围应根据防护需求进行设置。

2.2.3.2 接触式入侵探测器

具有实体防范功能的拦阻设施布设在周界的第一线，起到了很好的延迟作用。脉冲电子围栏和张力式电子围栏将实体防范和电子报警融为一体，在一些场景的周界安全防范中得到广泛应用。

1. 脉冲电子围栏

脉冲电子围栏的基本原理是在周界安装连续闭合的合金线，在线上传输低频、低能量、高压的电子脉冲，两根合金线间会形成一个高压闭合回路，合金线遭遇入侵处于触网、短路、断路、开路状态时产生报警信号。脉冲电子围栏是一种"有形"的入侵探测系统，警示牌给入侵者以威慑，触碰金属线会有触电感，柔性中间杆和合金线使人体难以攀爬，实现威慑、拦阻和探测的结合。图 2-111 为脉冲电子围栏实际应用示意图。

图 2-111　脉冲电子围栏实际应用示意图（图片来源：东莞承安智能）

脉冲电子围栏主要由围栏主机、前端、智能控制终端、管理软件等部分组成。前端包括金属导体、绝缘子、高压绝缘线、支架等，其中：金属导体可以是专用合金线、金属导管等；支架为金属圆管或玻璃纤维柱，安装于防护区域的周界。围栏主机用于输出可调节的高压电子脉冲。控制终端主要用于对围栏主机进行参数设定、查询报警日志和系统日志、远程控制，同时可以连接其他报警设备，实现与视频监控等系统的实时联动。

脉冲电子围栏的脉冲电压峰值为 4.5～10kV（高压模式），脉冲电流峰值小于 10A，脉冲宽度（脉冲持续时间）小于等于 0.1s 且超过 300mA 的持续时间不大于 1.5ms，脉冲间隔时间为 1～3s，脉冲输出电量不大于 2.5 mC，脉冲输出能量不大于 5.0J，不会对人体造成损害。

脉冲电子围栏每个防区的长度应不大于 100m，防区两端安装终端承力杆，防区中间安装区间支撑杆，区间支撑杆之间或与终端承力杆的间距应不大于 25m。支架应安装在坚固的墙体或其他物件上并结合牢固，支架（含区间支撑杆）间距应小于 5m。

脉冲电子围栏与植物间的最小距离为 20cm，与通信线路水平距离应不小于 2m，与架空电力线应保持 2.5m 以上的水平距离，每间隔 10m 设置一个警示牌。接地系统不能与其他接地系统连接并保持相对独立，系统接地体至少埋深 1.5m，接地电阻不大于 10Ω。

脉冲电子围栏可以附属在围墙（栅栏）上部或在内侧采用附属式安装，也可以采用落地式安装。落地式安装应在围栏前端的一侧或两侧安装不低于 1.2m 的防护网或围墙，两者间距应不小于 1m。

脉冲电子围栏的前端部署要求较高，更适于已有围墙、栅栏或地质条件较好的周界应用。

2. 张力式电子围栏

张力式电子围栏是由探测模块、控制模块、张力围栏以及相关配件组成，能对张力索的张、驰、断的状态进行探测、分析，并输出报警信号的装置，如图 2-112 所示。

图 2-112　张力式电子围栏示意图（图片来源：东莞承安智能）

探测模块由张力传感器等组成，用于感知攀爬、拉压、剪断等入侵行为导致的围栏线缆张力特征变化，并将张力索的力转为电信号。控制模块用于接收探测模块发出的信号并对其进行分析判断，输出报警信号。

探测模块与探测控制杆连接，探测张力索的张力变化情况。在受到外界入侵或环境变化引起的力的作用，张力索被拉紧或被松弛，当张力变化和持续时间达到或超过设定的报警阈值时即发出报警信号。张力索的张力警戒值应在 100~450N 之间，拉紧报警时所对应的张力索位移量应不大于 75mm，松弛报警阈值应小于正常运行时张力警戒值的 1/3。

张力式电子围栏防区长度应不大于 40m，每个防区中间间隔 3~5m 应安装一根支撑杆，所有测控杆、支撑杆、承力杆均应牢固安装，其组成结构与安装如图 2-113 所示。

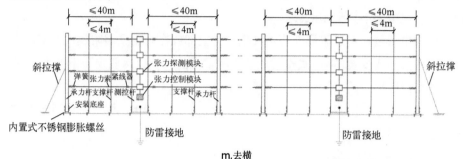

图 2-113　张力式电子围栏组成结构与安装示意图

张力式电子围栏可以附属在围墙（栅栏）上采取附属式安装或落地式安装，围栏的防护高度应不低于 2m 米，两条相邻张力索的间距应为 15cm（1.5m 以下张力索）或 20cm（1.5m 以上张力索）。

张力式电子围栏的应用要求与脉冲电子围栏相似，支撑杆的形变或位移将导致张力索张力值的变化，更适宜于已有围墙、栅栏或地质条件较好的周界应用。

2.2.3.3　红外入侵探测器

红外入侵探测器可以分为主动红外入侵探测器和被动红外入侵探测器两大类。

1. 被动红外入侵探测器

被动红外入侵探测器专指在探测器的警戒范围区间内，由于发生了目标的移动，导致接收红外辐射电平发生变化，在超过一定阈值时发出报警信号的探测器。

被动红外入侵探测器的传感器是热释电红外传感器，最小像元尺寸为 50~100μm，面阵规格局限于单点传感器到 120×84，NETD 为 0.5~2℃。热释电红外传感器监测的是监控区域的动态温差，静止不动的物体很难探测到，而小动物运动和热气流涌动也可能造成报警，因此主要应用于室内场景。

2. 主动红外入侵探测器

主动红外入侵探测器一般由发射机和接收机组成。在发射机与接收机之间会形成一条或多条稳定的红外辐射光束，当这个光束被完全或部分遮断时，应按预先设计的规则产生报警状态。

主动红外入侵探测器的红外辐射波长大于 0.76μm，接收机仅对波长大于 0.76μm 的红外光谱敏感，以保证探测器不受外界可见光的干扰和影响。

主动红外入侵探测器的光束为窄射束。在收发端与射束轴线或接收光学系统轴线夹角大于 15°的任意位置上，射束功率密度比射束内任何部分最强点的功率密度低 20dB 以上。发射光束是调制频率不小于 400Hz 的调制光，以防止外界干扰，并提高接收机的灵敏度。

主动红外入侵探测器可用于室内也可以用于室外，光束可以是单光束、双光束、多光束。在日常生活中主动红外入侵探测器也有很多的应用，图 2-114 为应用在闸机上的主动红外探测器示意图。

图 2-114　应用在闸机上的主动红外探测器示意图

2.2.3.4　激光入侵探测器

根据工作方式的不同，激光入侵探测器可分为激光对射入侵探测器和激光雷达入侵探测器。

1. 激光对射入侵探测器

激光对射入侵探测器和主动红外入侵探测器的工作原理、组成结构基本相同，当发射机和接收机之间的单束或多束激光光束被遮挡时进入入侵报警状态。图 2-115 为某园区安装的激光对射入侵探测器示意图。

图 2-115 激光对射入侵探测器示意图

激光对射入侵探测器由发射机和接收机组成。发射机由激光发射器、激光电源、方向调整装置等部分组成，波长应在非可见光波段，调制频率应不小于 400Hz。接收机由激光接收器、光电信号处理器、支撑机构等部分组成。

在防护区域的开始端设置发射机，发射出单束或多束激光到接收机，进而形成警戒线，同时由接收机将接收到的光信号转换成开关量信号。当信号正常时，接收机保持正常的状态；当光束被外来入侵体遮断时，接收机接收不到正常的信号，就会输出报警信号。

主动红外入侵探测器的发射光源通常为红外发光二极管；激光对射入侵探测器通常采用半导体激光器作为光源，具有更远的探测距离和更好的稳定性，探测距离一般为数百米甚至上千米。激光对射入侵探测器的波长可以是不可见的 980nm、808nm，也可以选配 650nm 的红光等波长。

2. 激光雷达入侵探测器

激光雷达入侵探测器是现代激光技术和经典雷达技术相结合的产物，具有精确、灵敏、快速等优点，在重点区域周界入侵探测中可实现大视场、低虚警的快速对目标发现、定位、识别和告警，获取目标位置以及轨迹信息。图 2-116 为一种激光雷达在周界入侵探测中的部署应用方案。

激光雷达（Light detection and ranging，Lidar）和雷达（Radio detection and ranging，Radar）的名字极其相似，其探测原理也基本一样。区别主要在于激光雷达比雷达使用了频段更高的电磁波（激光）来进行探测，目前主流的激光波长是 905nm 和 1550nm。图 2-117 为激光雷达入侵探测设备。

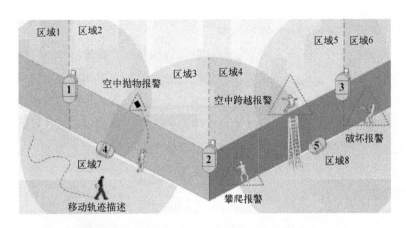

图 2-116　激光雷达在周界入侵探测中的部署应用方案

图 2-117　激光雷达入侵探测设备实物

激光雷达主要由发射机、接收机、信号处理器以及扫描机构等部分组成。发射机经过光学天线将激光发射至目标物体，扫描机构以一定的转速实现对所在平面的扫描。接收机接收目标物体反射回来的激光信号，信号处理器对接收信号进行放大、模数转换、计算得出目标的相关信息。

红外入侵探测器和激光入侵探测器在室外应用时受天候的影响较大，如雨、雪、雾、沙尘，都会影响设备的探测性能，发射和接收窗口需要保持清洁。在对射类入侵探测系统的探测区域不能出现遮挡，鸟类、小动物都可能会触发报警，这在一定程度上影响了它们的应用。

2.2.3.5　微波入侵探测器

微波入侵探测器主要利用了雷达探测原理和电磁波遮挡干扰原理，可以分为遮挡式微波入侵探测器和雷达式微波入侵探测器。

1. 遮挡式微波入侵探测器

遮挡式微波入侵探测器是利用遮挡微波波束而产生报警信号的入侵探测

器，由微波发射机和微波接收机成对组成。

微波发射机经阵列天线发射经过调制的微波信号，微波接收机经阵列天线接收微波发射机发出的调制微波信号。在微波对射正常工作时，发射机和接收机之间由微波波束形成一道不可见的纺锤状立体防范微波墙。发射机和接收机之间没有物体移动或阻挡时，接收机接收到的信号强度保持不变；发射机和接收机之间有物体移动或阻挡时，接收机接收到的信号强度发生改变，当信号变化量达到设定的报警值时，接收机输出报警信号。图2-118是一款遮挡式微波入侵探测器及其探测原理示意图。

图2-118　遮挡式微波入侵探测器及其探测原理示意图（图片来源：Senstar）

遮挡式微波入侵探测器选用9～25GHz频段，X波段的10.525GHz为常用频率。室外型探测器可探测速度范围一般为0.1～10m/s，探测器发射机发出的微波信号调制频率不低于400Hz，发射天线正前方5cm处的微波辐射功率密度应小于5mW/cm²。

遮挡式微波入侵探测器的微波波束为纺锤状，其探测范围边界为目标在防范区间朝着发射机与接收机的轴线垂直移动而引起的报警状态的最远点的集合。在发射机与接收机的轴线上，某垂直平面与探测范围边界相交截面的水平与垂直宽度被称为探测器的探测宽度。

微波对自然界的常规介质穿透力高，作用距离一般为50～250m，在户外受到自然环境的影响相对较小，但灌木、较高的成片花草、较厚的积雪都可能会导致微波对射入侵探测出现虚警。

2. 雷达式微波入侵探测器

雷达式微波入侵探测器实质上是一个小型的多普勒雷达，工作波段既可以是传统的X波段、Ku波段，也可以是24GHz、35GHz、77GHz等毫米波波段，主要用于对运动的车辆和人体目标进行探测，具有体积小、重量轻、功耗低等特点,具备全天候工作能力。

雷达式微波入侵探测器提供的是一个具有一定高度和宽度的立体防护空间,电磁波遇到入侵物体后反射回波,雷达对接收到的信号进行处理,解调出回波中携带的目标距离、速度等信息,根据设置的回传方式实现远程操控及数据回传,控制主机联动摄像机实时采集视频图像,驱动警灯、警号设备发出声光报警信号,实现入侵探测报警。

雷达式微波入侵探测器的方位扫描范围一般在 30°~90°,探测距离一般为数百米。需要关注的是,目标的径向运动速度将影响探测概率,在应用时应根据防护需求和环境进行合理部署。图 2-119 为一款雷达式微波入侵探测器及部署应用示意图。

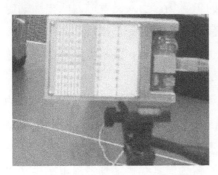 

图 2-119　雷达式微波入侵探测器及部署应用示意图

2.2.3.6　电磁感应入侵探测器

电磁感应入侵探测是指通过使两对或多对线缆之间形成稳定的静电场、电磁场,一旦有外来入侵者闯入,打破了这个稳定电磁场的平衡关系,那么在接收线、感应线上立即能监测到电磁场或电磁信号的变化,并通过进一步的信号处理、分析,判断是否有入侵存在。

1. 泄漏电缆入侵探测器

泄漏电缆是泄漏同轴电缆的简称,是用作辐射和接收高频电磁能量的专用电缆。与传统电缆的封闭结构不同,泄漏电缆在外导体上开凿槽孔,既可以导引高频电磁信号沿电缆轴向传输,也能通过槽孔向电缆径向周围空间辐射或接收电磁信号,使泄漏电缆兼具导线和天线的特性。其结构示意图如图 2-120 所示。

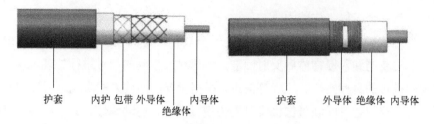

图 2-120 泄漏电缆结构示意图[48]

泄漏电缆入侵探测充分利用泄漏电缆的不完全屏蔽特性,将两根泄漏电缆平行埋于地下,一根泄漏电缆将探测主机产生的高频射频信号通过外导体开槽处对外辐射,另一根泄漏电缆向天线一样接收辐射出来的电磁信号,形成收发能量直接耦合,两根泄漏电缆间形成稳定的电磁场。当入侵者进入两根泄漏电缆形成的稳定的电磁场探测区域时,人体会对这个稳定的电磁场产生干扰,接收电缆接收到这个稳定电磁场被破坏而产生的频率变化,探测主机对这个变化的信号进行识别处理,确认是否发生了入侵行为。

泄漏电缆入侵探测器主要由泄漏电缆和探测主机组成,对进入探测区域的入侵行为产生报警信号,其组成示意图如图 2-121 所示。泄漏电缆探测主机是具有接收、分析/处理探测信号、输出和指示入侵报警信号等功能的设备,由发射机和接收机组成。发射机产生稳定频率的高频信号并传输到泄漏电缆中(主机高频源工作频率应为 40~100MHz),相邻两个防区的频率应错开。接收机接收泄漏出的电磁信号,检测入侵行为造成的信号变化(多数情况下人体干扰产生的信号频率范围在 0.1~10Hz,幅度变化为微伏级)。

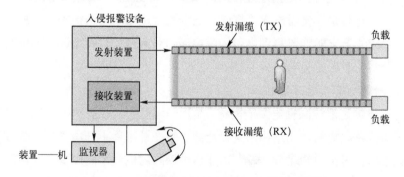

图 2-121 泄漏电缆入侵探测系统组成示意图[48]

泄漏电缆的探测区域是能感知敷设泄漏电缆周围高频电磁场有效扰动的

区域。不小于 45kg 的人体或具有与人体相似吸收和反射电磁波特性的物体在泄漏电缆外侧 3m 移动,以及模拟的长 150mm、直径 30mm、重量不超过 3kg 的小动物在探测区域移动时,探测器不应产生报警信号。

泄漏电缆入侵探测器单防区一般不超过 100m。埋设地表时,泄漏电缆位置应距离车行道 5m、人行道 3m 以上,两根泄漏电缆应尽量保持 0.3~1m 平行间距,发射电缆埋设在防护区内侧,埋设深度根据现场情况在 3~20cm 间,电源线、信号线与泄漏电缆相互间应保持规定间隔。

如图 2-122 所示,泄漏电缆一般埋入地下,形成地面上下无形的电磁波探测空间,可对跳跃、钻爬、地道等入侵行为进行有效探测。泄漏电缆不受地形高低、曲折、转角等限制,适用于各种复杂地形,尤其是不规则周界、隐蔽性要求高、外观要求高的场景。泄漏电缆入侵探测器的灵敏度会受到泄漏电缆埋深、埋地介质、近距离高压线、同频或临近频率无线电辐射源以及小动物的影响,需要及时进行参数调整。

图 2-122　泄漏电缆警戒效果示意图(图片来源:Senstar)

2. 电场感应式入侵探测器

电场感应式入侵探测器也被称为生物感应入侵探测器、静电场探测器、静电感应探测器、甚低频感应入侵探测器等。

电场感应式入侵探测器将两条或多条带绝缘层的金属导线平行架设,一条场线、一条感应线构成一组。电场感应式探测器将产生的低频振荡信号(1~40kHz)送到场线中,在场线周围产生电磁场,交变的电磁场在感应线中产生感应电动势,生成感应电流。无外来入侵时,该载波在零电位间振荡,场线和感应线之间、感应线和大地之间的分布电容不变,两条线之间产生一个稳定的交变电场;当生物体靠近时,其所带的静电场改变了感应线和大地之间的分布电容,输出的感应电压随之发生变化,通过检测输出感应电压发生的变化即可以实现探测，其实物部署与探测应用如图 2-123 所示。

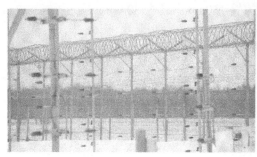

图 2-123　电场感应式入侵探测器实物部署与探测应用（图片来源：Senstar）

电场感应式探测器测量每条感应线的电压，并通过振幅变化（入侵者体型大小）、变化速率（入侵者移动）及目标在探测场中停留的时间，判断是否触发报警输出开关量信号至报警主机。

小动物接近电场感应电缆时，小动物所带的静电会改变感应线的分布电容，雨雪天气和空气湿度也会导致系统分布电容发生变化，但都比人体小得多，可以通过设置报警阈值进行调节。

2.2.3.7　多技术入侵探测器

受工作体制、布设不当、设备故障、施工不规范、用户使用、外界环境变化等多种因素影响，入侵探测器的误报警是客观存在的。为降低误报警，将两种探测技术结合在一起，以"与"的关系来触发报警，或在规定的较短时间内两种探测技术都探测到目标才进行报警，这就是双技术入侵探测器，也被称为双鉴入侵探测器、复合入侵探测器、融合入侵探测器等。

基于雷达式微波入侵探测器和被动红外入侵探测器，将微波和被动红外两种体制的入侵探测单元集成，两者都感应到入侵目标时才发出报警信号。雷达式微波入侵探测器对目标的探测灵敏度与两者相对的径向速度正相关，而被动红外入侵探测器检测的是在视场内发生的温度变化，两种探测器起到了很好的优势互补。

在周界安全技术防范中，多种探测技术融合的复合探测是一个重要发展方向。声音、振动、红外、微波、可见光成像等多种探测技术融合，既能降低误报率，也能提高探测率。其应用方式既有一体式，也有分体式。视频监控探测与入侵探测的融合探测就是典型的分体式复合探测，入侵探测器发现目标后联动视频监控进行图像复核，构成一个防范严密、功能完备的感知预警体系。图 2-124 为一款部署的微波雷达与振动融合探测器。

图 2-124　微波雷达与振动融合探测器（图片来源：中科智鹏）

2.3　立体全域感知技术

随着航空航天技术、新材料技术、新一代信息技术的发展，主要用于军事领域的无人机、系留气球、卫星逐步走向民用市场，网络电磁空间的"无形战场"已渗透进人类的日常生活。在国家边界、关键基础设施、军事基地等关系国家主权和安全的周界安全管控中，安全防范空间从平面走向立体，并进一步延伸至网络电磁空间这一新疆域。

2.3.1　无人驾驶航空器与应用

无人驾驶航空器是一类由遥控设备或自备程序控制装置操纵的航空器，它以无人驾驶航空器为主体，配有相关的遥控站、指挥和控制链路，能完成特定的任务。图 2-125 为应用在安防领域的多旋翼无人机和系留气球。

图 2-125　应用在安防领域的多旋翼无人机和系留气球（图片来源：长光禹辰）

无人驾驶航空器具有无可比拟的空中视角、快速机动能力、可进入对人类身体有害的污染环境、不存在飞行员伤亡等优势，可挂载可见光摄像机、红外热像仪、合成孔径雷达（SAR）等多种任务载荷，能够快速进入监控区域，执行长时间的感知预警，在公共安全领域得到广泛的运用。

2.3.1.1 无人机

遥控驾驶航空器和自主航空器统称为无人机（Unmanned Aerial Vehicle，UAV），其中：遥控驾驶航空器是指由遥控站（台）操纵的无人驾驶航空器；自主航空器是指飞行过程中全程或阶段无须驾驶员介入控制的无人驾驶航空器。

1903年，美国莱特兄弟完成了原始双翼飞机的试飞，人类的脚步开始踏入空中。1917年，自动陀螺稳定器的发明使飞机能够自主保持平衡向前飞行，第一次世界大战时美军订购了大量从推车上起飞后在预定地点炸向敌人的"凯特灵小飞虫"。第二次世界大战后，一些国家将退役飞机改装成无人靶机，开启了近代无人机的发展。1982年"贝卡谷地"之战，以色列使用无人机进行战场情报收集、信息对抗、诱骗，取得了突出战果。

20世纪90年代，西方国家认识到无人机在现代战争中的作用，竞相把高新技术应用到无人机的发展上。2001年11月15日，美军使用"捕食者"无人机挂载"地狱火"精确制导导弹击毙"基地"组织二号人物穆罕默德·阿提夫，开启了无人机察打一体的作战模式，实现了美军"发现即摧毁"的作战理念。大型无人机"全球鹰"能够直接飞越太平洋，监视区域超过 $10^5 km^2$，提供长程长时间的区域监控能力。图2-126为"捕食者"与"全球鹰"系列无人机。

图2-126 "捕食者"与"全球鹰"系列无人机

在近期的几场局部战争中，无人机的表现堪称惊艳，情报侦察、信息对抗、火力引导、斩首行动……，处处可见无人机机动灵活、持久飞行的身影。图2-127为近年来声名大噪的TB-2无人机和"弹簧刀"巡飞弹。在2020年纳卡冲突中，阿塞拜疆对亚美尼亚的攻击75%以上由无人机完成，无人机几乎成了纳卡上空的主宰，颠覆了人们对传统战场的认知。而在2022年后的俄乌特别军事行动及其他几场军事冲突中，巡飞弹和商用小型无人机挂载廉价弹药，对"豹"-2、T-90A、M1A1、"梅卡瓦"-4等现役主战坦克与装甲车辆产生了极大的威胁。

图2-127　TB-2无人机与"弹簧刀"巡飞弹

未来的军用无人机单体将重点向高速、隐身、长航时、全自主、低成本的方向发展，"有人机+无人机""无人机+无人机""无人机+其他无人设备"等无人作战理念受到主要军事强国的重视。图2-128为DARPA"进攻性蜂群使能战术"项目验证场景。

图2-128　DARPA"进攻性蜂群使能战术"项目验证场景（图片来源：DARPA）

1. 无人机的分类与分级

无人机的分类分级方法很多，这里主要参考GB/T 35018—2018《民用无人驾驶航空器系统分类及分级》、GA/T 1411.1—2017《警用无人驾驶航空器系统 第1部分：通用技术要求》等分类分级方法。

1）无人机的分类

无人机可以按照用途、平台构型、起降方式、动力及能源、控制方式、导航方式、感知与规避能力、最大设计使用高度、续航时间、遥控距离、身份识别等多种方式进行分类。

（1）基于用途分类。

无人机按照用途主要可分为军用无人机、警用无人机、民用无人机等。

民用无人机系统是从事民用领域飞行活动的航空器（无机载驾驶员操纵）、控制单元、数据链、作业载荷、运行支持单元等组成的无人系统。民用无人机基于用途可分为工业级无人机和消费级无人机，并可以细分为农业植保、电力巡线、物流空运、空基通信、影视航拍、道路监视、航空遥感、海洋监测、环境保护、森林防护、水务监管、消费娱乐等专业领域无人机。

（2）基于平台构型分类。

无人机的平台构型有固定翼、旋翼、伞翼、扑翼、倾转旋翼、混合构型等多种形式。

固定翼无人机是由动力装置产生前进的推力或拉力，由机翼产生升力，在大气层内飞行的重于空气的无人驾驶航空器。固定翼无人机的体积、负载能力较大，需要机场跑道起飞和降落。固定翼无人机也有弹射、抛射起飞的机型，但载重量下降得很快。图 2-129 为"女武神"XQ-58A 与"美洲狮"RQ-20 无人机。

图 2-129 "女武神"XQ-58A 与"美洲狮"RQ-20 无人机

旋翼无人机是由遥控设备或自备程序控制装置操纵，凭借一个或多个在基本垂直轴上由动力驱动的旋翼为主要升力和推进力来源，能垂直起降的重于空气的无人驾驶航空器。2022 年 2 月，美国西科斯基公司实现了"黑鹰"UH-60A

直升机的无人驾驶飞行,在执行一般任务时采用有人模式,而在执行高风险任务时采用无人模式,两者可以自由切换以实现更大的灵活性。图 2-130 为改装后的 UH-60A 与 K-MAX 交叉双旋翼无人直升机,两者分别在 2022 年和 2013 年获得《航空周刊》年度桂冠奖。

图 2-130　UH-60A 与 K-MAX 交叉双旋翼无人直升机

伞翼无人机是以动力装置产生推力或拉力,以翼形横截面或翼式平面形状的单层或多层伞翼结构作为升力体,在大气层内飞行的重于空气的无人驾驶航空器。

多旋翼无人机是一种由动力驱动,凭借三个及以上旋翼依靠空气的反作用力获得支撑,能够垂直起降、自由悬停的无人驾驶航空器。多旋翼无人机体积小、重量轻,对起降环境没有特殊要求,可以装车或背负携行,可搭载云台成像设备、激光雷达、喊话器、照明器等多种常规任务载荷,在安防巡逻、电力巡检、测绘等领域得到广泛的应用。图 2-131 为主要用来执行侦察和运输任务的四旋翼无人机和伞翼无人机。

图 2-131　四旋翼无人机和伞翼无人机

扑翼无人机一般较小,可以设计成和鸟、昆虫一样的外观结构,甚至能够以假乱真,具有很好的隐蔽性。图 2-132 为两种仿生扑翼无人机。

图 2-132　扑翼无人机

复合式旋翼无人机是一种具有固定机翼和推进装置的旋翼无人驾驶航空器，采用固定翼和多旋翼复合气动布局，起飞、降落和悬停由旋翼提供升力，前飞时所需前进力主要由推进装置提供、所需升力由机翼提供，通常也称为垂直起降固定翼无人机。图 2-133（a）为竞争美军"未来战术无人机系统"的复合式旋翼无人机。

倾转旋翼无人机是固定翼无人机和旋翼无人机的结合，其旋翼能够进行水平和垂直状态的切换，起降时旋翼轴垂直于地面以获得升力，飞行时旋翼轴平行于地面以获得推力。图 2-133（b）为竞争美军"未来战术无人机系统"的倾转旋翼无人机。

(a)　　　　　　　　　　　　　　　　(b)

图 2-133　复合式旋翼无人机和倾转旋翼无人机

（3）基于动力及能源分类。

无人机的动力可分为活塞发动机、涡轮发动机、电动机、火箭发动机、压缩空气驱动动力、组合/混合动力等，产生这些动力的能源可分为燃料（甲醇、生物燃料等）、燃油（航空煤油、汽油、柴油等）、电池（锂电池、镍氢电池、燃料电池等）、组合/混合能源、太阳能、风能等。

电动力无人机是最常见的无人机型，供电结构简单，具有可靠性高、锂电池更换方便、比能量可达 120～250Wh/kg、安全性较高的特点。但是受锂电池性能的制约，电动力无人机续航时间和低温适应性要差于其他无人机。

燃油动力无人机采用汽油、柴油、航空煤油等为动力。大型无人机一般都是燃油动力无人机。

混合动力无人机一般采用燃油发电机-锂电池的方案。与电动力无人机相比，混合动力无人机供电单元更加复杂，空机重量有所增加，但其续航时间、载重能力、低温适应性、动力补充能力有了较大的提升。图 2-134 为中科灵动公司研发的混合动力多旋翼无人机。

图 2-134　混合动力多旋翼无人机（图片来源：中科灵动）

（4）基于起降方式的分类。

无人机起飞方式可分为滑跑起飞、垂直/短距起飞、导轨动能弹射（气压弹射、液压弹射、橡筋弹射、电磁弹射）、空中挂飞投放、火箭助推、车载助飞、手抛起飞等，降落方式可分为滑跑着陆、垂直降落、伞降回收、空中拦收、撞网/撞绳拦阻回收、气囊回收等。图 2-135 为导轨动能弹射无人机和撞网拦阻回收无人机的场景。

图 2-135　导轨动能弹射无人机与撞网拦阻回收无人机的场景

（5）基于最大设计使用高度的分类。

GA/T 1411.1—2017《警用无人驾驶航空器系统 第 1 部分：通用技术要求》

将警用无人机系统按起降海拔高度（以 3500m 为界）分为平原型和高原型。

2）无人机的分级

在分类类别下，可按照某一准则对民用无人驾驶航空器进行分级。例如，在平台构型分类下，按照起飞或空机重量对固定翼、旋翼、多旋翼进行分级。其中：空机重量是指航空器为满足基本使用要求而设计的机体、动力装置（不含动力能源）及机载系统的重量，以及为满足特殊使用要求而预留的不可拆卸部分重量的总和；最大起飞重量是指依据航空器的设计或运行限制，航空器起飞时所能容许的最大重量。

根据国务院与中央军委 2023 年发布的《无人驾驶航空器飞行管理暂行条例》，我国将无人驾驶航空器分为微型、轻型、小型、中型、大型 5 个级别。

（1）微型无人驾驶航空器空机重量小于 0.25kg，最大飞行真高不超过 50m，最大平飞速度不超过 40km/h，无线电发射设备符合微功率短距离技术要求，全程可以随时人工介入操控。

（2）轻型无人驾驶航空器空机重量不超过 4kg，最大起飞重量不超过 7kg，最大平飞速度不超过 100km/h，具备符合空域管理要求的空域保持能力和可靠被监视能力，全程可以随时人工介入操控，但不包括微型无人驾驶航空器。

（3）小型无人驾驶航空器空机重量不超过 15kg，最大起飞重量不超过 25kg，具备符合空域管理要求的空域保持能力和可靠被监视能力，全程可以随时人工介入操控，但不包括微型、轻型无人驾驶航空器。

（4）中型无人驾驶航空器最大起飞重量不超过 150kg，但不包括微型、轻型、小型无人驾驶航空器。

（5）大型无人驾驶航空器最大起飞重量超过 150kg。

2. 多旋翼无人机系统

多旋翼无人机是一种飞行性能、可运载性（体积、重量、载荷类型）、环境适应性（起降条件、抗风性能）、载重能力、性价比等比较均衡的机型，应用非常广泛。多旋翼无人机系统由多旋翼无人机平台、控制站、数据链、任务载荷、运行支持单元等部分组成。

1）多旋翼无人机平台

多旋翼无人机平台主要由机体、动力系统、飞控系统组成。

多旋翼无人机的主要技术指标包括有效载荷系数、最大平飞速度、实用升限、实际使用高度、最大续航时间、飞行姿态平稳度、航迹控制精度、有效测控距离、抗风能力等。

（1）机体。

机体是承接机载设备、动力装置等硬件设备的结构，包括机身和起落架，一般采用碳纤维、改性塑料、树脂等高强度轻质材料制造。机载设备和载荷都是靠机体来承载飞行的，优秀的机体设计可以让其他器件安装合理、坚固稳定、拆装方便。图 2-136 为一种多旋翼机体。

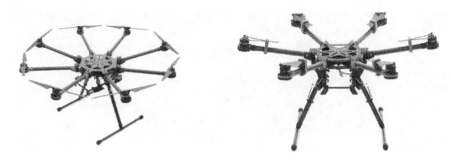

图 2-136　多旋翼机体（图片来源：大疆创新官网）

机臂是固定、连接多旋翼无人机机身与动力轴的部件。桨叶安装连接在动力轴上，多轴飞行器有多个桨叶，通过控制桨叶转速实现升降、旋转、进退等飞行动作。一般轴数越多、桨叶越多，整体稳定性越高、机体的负载能力越大。

轴距是指两个驱动轴轴心的距离，用于表达机体的尺寸大小。多旋翼无人机的轴距在一定程度上决定了它的载重以及最大起飞重量。

（2）动力系统。

动力系统是为无人机提供飞行动力的部件。电动多旋翼无人机的动力系统主要包括电机、电调、桨叶和电池。

电动力无人机一般采用高能量密度的锂聚合物电池。GB/T 35018——2018《民用无人驾驶航空器系统分类及分级》基于续航时间以 0.5h、2h、12h、24h 为界限，将无人机分为 I～V 类。续航时间是航空器在不进行能源补充的情况下耗近动力能源所能持续飞行的时间，简称为航时。无人机在空载飞行和挂载任务载荷飞行时的续航时间有很大差别，续航能力相对较弱是电动无人机的主要短板。

电机使无人机的桨叶转动从而产生动力。无人机的电机以无刷电机为主，不同大小、负载的机架配合不同规格、功率的电机。电机固定在机臂的电机座上，上边固定桨叶，通过旋转产生向下的推力。电机用电调（电子调速器）来控制电机转速，不同的电机需要配置不同规格的电调。电调过大，会导致无人机重量增加，效率下降；电调过小，容易使电调过载过热而烧毁。

桨叶连接在动力轴上，旋转时产生空气动力。桨叶转动时会产生一个反向的扭力，使机体向反向旋转，相对应的一对桨叶按正反两种方向旋转就能够抵消这个反向扭力，同时通过正反电机和桨叶的转速差来实现多旋翼无人机的航向转向。图 2-137 为一种多旋翼无人机的动力装置。

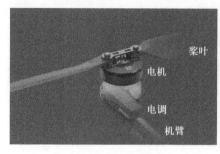 

图 2-137　多旋翼无人机动力装置（图片来源：大疆创新官网）

（3）飞控系统。

无人机的飞行控制由机载的传感（导航）、计算、执行等模块，以及地面控制站、数据链等组成的有机整体共同完成，可对无人机进行一项或多项与飞行相关的航迹、姿态、空速等的控制。

飞控系统专指机载自动飞行控制系统，主要由计算单元和传感（导航）单元组成，具备飞行控制、飞行管理、自检测、余度管理、设备管理等功能，其中：飞行控制功能用于为无人机提供良好的稳定性和操纵性；飞行管理功能用于为无人机提供约束条件下的安全起飞/降落、空中制导能力；自检测功能用于实现设备故障诊断；余度管理功能用于实现冗余信息的管理；设备管理功能用于实现平台机电设备、任务设备的控制与管理。

飞控计算机是计算单元的核心，综合利用惯性测量单元（IMU）、气压计、全球导航定位系统（GNSS）、指南针等传感器，实现对无人机的精准姿态控制和高精度定位。飞控计算机用于接收传感（导航）单元传回的飞行姿态数据，并对飞行姿态数据运算后向执行单元发送各种动作和飞行姿态调整指令，控制无人机的飞行、悬停、姿态变化，从而形成一个闭环控制过程。

计算单元将无人机的水平、航向、垂直三个控制通道的控制量转换为每个动力单元的控制量，对这三个通道进行解耦控制，根据动力单元状态自动调整分配策略，水平控制通道的分配优先级高于航向和垂直控制通道的优先级。其中，水平控制是根据指令控制无人机姿态、水平速度和位置，限制最大飞行姿态角度、最大平飞速度和最远飞行距离，抑制水平方向干扰力；垂直控制是根据指令控制无人机垂直速度和高度，限制最大上升速度、最大下降速度和最大飞行高度，抑制垂直方向干扰力；航向控制是根据指令控制无人机的航向，限制无人机最大转动速度，抑制转动干扰力。

传感（导航）单元具备提供转动和加速度信息（如 IMU）、持续高度信息（如气压计）、绝对定位信息（如 GNSS）的能力，性能更优的传感（导航）单元还可以提供真实对地高度信息（如超声波、无线电高度表）、相对定位信息（如视觉导航）、周围障碍物信息（如激光雷达）、航向信息（如磁力计）和其他无人机位置信息（如 ADS-B 接收机），测量计算无人机的经纬度、高度、三轴加速度、三轴角速率、速度、航向、俯仰、横滚等导航信息，探测飞行空间的障碍物和温度、气压、磁场等环境信息。

IMU 用来感知无人机的飞行姿态变化，是机载传感器的基础，一般由三轴陀螺仪、三轴加速度计、三轴地磁传感器和气压计组成，其中：三轴陀螺仪用于测量无人机 XYZ 轴的倾角；三轴加速度计用于测量无人机 XYZ 轴的加速度；三轴地磁传感器用于感知地磁来指明无人机的飞行朝向；气压计用于测量不同位置的气压，并通过计算压差来获得当前的高度。

飞控系统以大于 10 次/s 的频率向机载数据记录系统提供导航数据、飞行控制模式、遥控控制信息、飞行状态信息、系统故障信息、系统告警信息和其他要求的信息。图 2-138 为大疆公司的一种飞控系统。

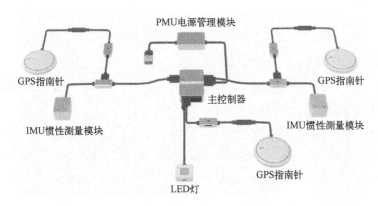

图 2-138　飞控系统（图片来源：大疆创新官网）

2）控制站

控制模式是指挥和控制无人机行为的方式。无人机在不同飞行阶段使用不同的控制模式，主要模式有自主控制、指令控制、遥控等。其中，自主控制是在无人机的运行过程中没有驾驶员介入飞行管理的控制方式；指令控制是遥控模式中的一种特例，是指无人机驾驶员使用独立、离散的命令辅助完成无人机的飞行控制；遥控是飞行控制系统传递无人机驾驶员发出的指令，完成对无人机的飞行控制，以及对传感器、任务载荷等机载设备的操纵与控制。

控制站是对无人机飞行和任务进行监控和操纵的地面控制设备，用于实现任务规划、链路控制、飞行控制、载荷控制、航迹显示、参数显示、图像显示、情报处理/记录/分发等功能。图2-139为常见的民用多旋翼无人机控制站。

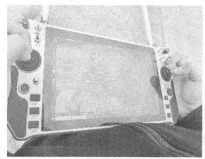

图2-139　无人机控制站（图片来源：中科灵动）

任务规划功能用于根据无人机的性能、任务和作业环境条件，对无人机执行某一任务进行航迹、载荷、数据链及应急等规划。其中，航迹规划是指统筹无人机的性能指标、飞行时间、任务要求、动力供应、飞行区域、天气状况等因素，制定一组从出发位置至任务区域的飞行航迹点，并指定在某个航迹点执行特定的动作。

飞行控制功能用于通过数据链使无人机自主飞行或对无人机进行组合控制，操纵与管理无人机的飞行动作。

链路控制功能用于对数据链设备工作状况和链路进行监视，进行链路控制和设备管理，完成状态采集、故障报警、监控显示、链路和设备控制指令生成。地面操纵员通过任务控制单元控制任务载荷工作，处理并显示任务载荷工作状态。

3）数据链

数据链是用于无人驾驶航空器遥控、遥测、跟踪定位、任务载荷信息传输的数据终端和数据通信规程所建立的数据通信网络。数据终端一般分为机载数据终端和地面数据终端。

数据链可以分为指控链路和信息传输链路，其中：指控链路用于传递遥控站对无人驾驶航空器的遥控指令和无人驾驶航空器反馈的飞行数据；信息传输链路用于无人驾驶航空器向指控单元传送任务载荷采集的信息。它们通常被称为数传设备和图传设备，如图 2-140 所示。

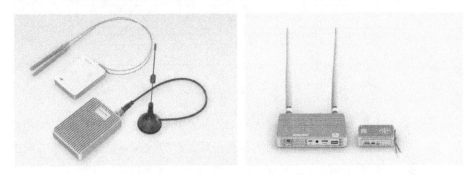

图 2-140 数传设备与图传设备（图片来源：大疆创新官网）下移

此外，数据链还包括利用地面或航空器（有/无人机、系留气球等）为中继平台的中继数据链，实现超视距无人机遥控、遥测、跟踪定位和任务载荷信息的传输。

4）任务载荷

任务载荷是指无人机携带的、用于完成指定任务的设备或装置。

常见任务载荷有光电/红外摄像机、合成孔径雷达、激光雷达、组合任务载荷，以及物流配送设备、固体投放设备、液体喷洒设备、颗粒物播撒设备、固体（液、气、颗粒物）采集设备等。

3. 多旋翼无人机的飞行原理与控制

多旋翼无人机的飞行控制由感知、控制、执行、供电、地面控制站等单元共同来完成。其中，感知单元用于采集当前的飞行姿态参数；地面控制站用于将操纵指令通过数传模块发送给控制单元的飞控计算机；飞控计算机对这些参数进行运算，控制执行单元的电机运动速度，最终将指令传递到操纵面，实现对航空器的飞行状态控制。其组成示意图如图 2-141 所示。

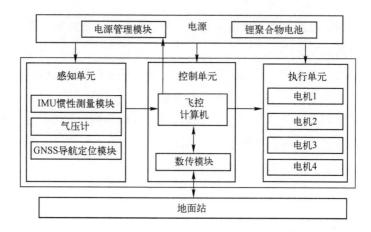

图 2-141　四旋翼无人机飞控系统组成示意图地面控制站

四旋翼无人机采用对称的十字形或 X 形结构机体，电机安装在机臂的端点上，桨叶安装在电机之上。前后侧的旋翼沿顺时针方向旋转产生顺时针方向的扭矩，左右侧旋翼沿逆时针方向旋转产生逆时针方向的扭矩，从而使四个旋翼旋转产生的扭矩相互抵消。飞控计算机对飞行姿态数据运算、优化，通过电调控制电机产生不同的转速。借助四个桨叶不同的升力，实现无人机飞行姿态的控制，进而产生前后、左右、上下及航向的运动。

四旋翼无人机主要有悬停、垂直运动、横滚运动、俯仰运动及偏航运动共 5 种运动状态。

1）悬停

悬停是指在未接到任何外部控制指令的条件下，无人机在空中保持相对位置基本不变的状态。

悬停状态下，4 个旋翼的转速大小相同，前后侧和左右侧旋翼转速方向相反，无人机总扭矩为零，产生的总升力与自身重力相等，如图 2-142 所示。定点悬停状态下，轻小型多旋翼无人机飞行控制的均方根误差一般要求 1min 内的位置控制误差小于 1.5m，姿态控制误差小于 5°，高度控制误差小于 1m，航向控制误差小于 10°。

2）垂直运动

垂直运动时，在保持 4 个旋翼旋转速度大小相等的情况下，使 4 个旋翼的转速增大或减小，以改变总升力。总升力超过无人机的重力时无人机垂直上升，总升力小于无人机的重力时无人机垂直下降，实现对无人机的垂直运动控制。

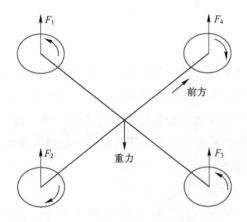

图 2-142　无人机悬停时总升力等于重力

3）横滚运动

横滚动作时，控制前后侧旋翼的转速保持不变，改变左右侧旋翼的转动速度，使左右旋翼之间形成一定的升力差，在机体左右对称轴上产生一定力矩，导致在左右方向上产生角加速度。如图 2-143 所示，若增加旋翼 1 的转速，减小旋翼 3 的转速，则无人机向右倾斜飞行；若减小旋翼 1 的转速，增加旋翼 3 的转速，则飞行器向左倾斜飞行。

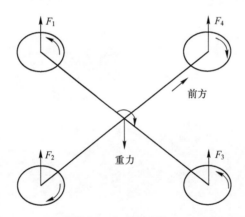

图 2-143　变换左右旋翼转速使无人机产生横滚运动

4）俯仰运动

俯仰运动的原理和横滚运动相似。保持机身左右侧旋翼转速不变，只要改变前后侧旋翼的转动速度，就能够使前后旋翼产生升力差，从而引起前后方向上的角加速度。

5）偏航运动

偏航运动时，将 4 个旋翼分为两组，当某一组的两个旋翼转速相同但与另一组旋翼转速不同时，两组旋翼旋转方向不同，导致反向扭力不平衡，进而产生绕机身中心轴的反作用力。如图 2-143，旋翼 1、3 转速增加使反扭力增加，旋翼 2、4 转速降低使反扭力降低，无人机整体顺时针扭力大于逆时针扭力，引起无人机顺时针偏航。

2.3.1.2 浮空飞行器

浮空飞行器是主要依靠比重轻于大气的气体产生的浮力（静升力）来克服自身重力的飞行器，按有无动力推进可以分为飞艇和气球，其中气球按升空后有无缆绳约束可分为系留气球和自由气球。

1. 系留气球

系留气球是一种依靠囊体内比重轻于空气的气体提供浮力升空驻留、通过系留缆绳与地（水）面锚泊设备连接的无动力驱动中低空浮空器，它是目前技术发展和应用非常成熟的一类浮空器。系留气球留空工作时间长、耐侯性好、有效载重大、可机动部署，能搭载光学、通信、雷达等任务载荷，可广泛应用于中低空的目标侦察预警、通信中继、边海防监测等任务。图 2-144 为舰载和车载的系留气球系统。

图 2-144　舰载和车载的系留气球系统

1）系留气球系统的组成

系留气球系统由球体、控制、锚泊、能源、任务载荷等分系统组成。

（1）球体分系统主要由主气囊、副气囊、尾翼、鼻锥、吊架等部分组成。主气囊是球体的氦气室，是整个升空平台的浮力来源，其大小由载荷重量和升空高度确定。副气囊内填充空气，并通过充气和放气维持气囊内外压差在安全范围内，以应对球体高度和外界环境温度变化导致的压差变化。尾翼通常采用充气膜结构形式，控制系留气球俯仰、偏航、滚转等姿态角。鼻锥位于球体前端，用于对球体的牵引回收和地面锚泊。

（2）控制分系统主要包括球载测控单元、地面测控站、数据链三部分，实现对系留气球飞行状态数据和采集数据的传输和监控，对系留气球进行远距离操纵。

（3）锚泊分系统主要包括锚泊设施、系缆、系索等设备部件，完成气球锚泊、系留和收放。系留状态时，气球通过主缆系于锚泊设施上，锚泊状态时气球被固定在锚泊设施上。

（4）能源分系统用于提供球体所需气体的充放和整个系统的供电。

（5）任务载荷分系统包括光电吊舱、雷达、通信基站、电子战吊舱等。

2）系留气球的特点

系留气球相比卫星、飞机、无人机、飞艇、热气球等空中平台，具有鲜明的特点。

（1）驻空时间长。系留气球依靠浮力升空，具有较长的执行任务时间。一般情况下，大型固定式系留气球单次驻空时间可达 30 天，小型机动式系留气球单次驻空时间能达到一周。因此，系留气球驻空时间远高于有人机和无人机。

（2）覆盖范围广。系留气球可布置在数百至数千米高度，300m 驻空高度可以提供半径约 20km 的观测覆盖范围，4000m 驻空高度则可以监测半径约 350km 的区域。

（3）使用效费比高。系留气球采购成本比同等功能的飞机和卫星低，日常使用时没有燃油、机械保障等成本，驻空时间长，任务载荷升级、维护、替换简便，易于生成新的任务能力。

（4）机动部署能力强。系留气球的机动能力取决于其锚泊平台，其中车载移动式系留气球无须固定场地，垂直起降对部署地点适应性好，可快速运送并部署到指定区域执行任务。

3）典型系留气球装备

随着氦气工业化生产、高性能球体材料、高压系留缆绳及任务载荷等关键技术的突破，系留气球的系统性能取得了长足进步。

知名系留气球公司 TCOM 目前主要有三级系留气球，其主要技术指标如

表 2-6 所列。

表 2-6 TCOM 系留气球主要技术指标

类别型号 技术指标	战术级			战役级			战略级		
	12M	17M	22M	28M	34M	55M	71M	74M	117M
有效载荷/kg	27	136	136	385	703	1925	2155	3175	8165
驻空高度/m	300	600	900	1500	1500	1500	4600	3000	4876
驻空时间/天	7	14	14	14	30	14	30	30	60
电力供应/kW	0.5	2	2	5	5	27	23.5	70	130
抗风能力/(km/h)	74	74	92.6	92.6	92.6	129.6	129.6	129.6	148

战术级系留气球主要针对需要快速部署的陆战场应用，如美国海关和边境巡逻队将其用于监控美国与墨西哥边境沿线；战役级系留气球适宜海上、港口、重要区域和陆海边界的监控应用；战略级系留气球采用固定式锚泊平台，可对巡航导弹和低慢小飞行目标（如轻型无人机）进行探测。

塔斯（TARS）和持续威胁探测系统（PTDS）如图 2-145 所示。TARS 被用于美墨边境地区和美军基地的持续警戒任务；PTDS 驻空时长 25 天，最大任务高度 1500m，可携带光电、雷达、电子战设备等任务载荷，对周边 160km 范围内的目标进行持续监视。

图 2-145 TARS 与 PTDS

美国和以色列使用系留气球搭载远程监视雷达等载荷，监视来袭的巡航导弹。图 2-146 为天露（Sky Dew）高可用性浮空器系统和联合对地攻击巡航导弹防御用网络传感器系统（JLENS）。

图 2-146 用来监视导弹攻击的 Sky Dew 与 JLENS（图片来源：Israel Defence Forces）

2. 飞艇

和系留气球一样，飞艇也是依靠囊体内轻于空气的气体提供浮力升空驻留的浮空器。飞艇有动力驱动系统，可以在一定区域内进行机动，不再系留于地面或水面。飞艇根据是否有人驾驶可以分为有人飞艇和无人飞艇，其中无人飞艇一般可分为硬式飞艇、半硬式飞艇和非硬式飞艇。

飞艇是最早使人类能够在空中飞翔的飞行器，它利用比空气轻的热气、氢气、氦气等气体将飞艇提升在空中。1909 年，德国齐柏林伯爵开始将飞艇用于城际商业客运，在横跨大洋、环球航行、定期客运航班等方面的表现均优异于飞机。在经历了近 30 年黄金期后，随着喷气式飞机技术的突飞猛进，飞艇在 1937 年"兴登堡"号重大事故后逐渐退出了与飞机竞争的历史舞台。

20 世纪 70 年代后，随着新材料、新工艺、新装备的进步，全球对飞艇、平流层飞艇的研发不断取得新的成果，在起降基础设施要求低、滞空时间长、运载能力强等特点，使飞艇在旅游观光、环境监控、吊载运输、对地探测、通信覆盖以及应急救援中显示出独特的优势。

对流层位于地球大气层的最下层，存在雨、雪、雷电等天气现象，有水平气流也有垂直气流，风速和风向变化没有明显规律。平流层位于对流层之上，平流层底部高度为 9~18km，由于没有雨雪现象和垂直气流，非常有利于飞行器长期飞行。

法国泰雷兹-阿莱尼亚宇航公司研制的同温层巴士（Stratobus）飞艇，能够在目标区域进行持久驻空和低成本运营，执行边界监视、高价值区域监测、环境监测（森林火灾、大气污染等）和电信服务等任务，进而实现对卫星和高空无人机的替代。该艇设计使用高度为 20km，可监视范围约 500km，可携带 250kg 有效载荷并提供 5kW 电源。艇体可以围绕其纵轴旋转，搭载有太阳能驱动的 4

个电动推进器,在保持太阳能电池板朝向太阳的同时,将载荷吊舱保持在气囊下方。该艇在两次定期维护期间驻空时间可达 1 年时间,如图 2-147 所示。

图 2-147　Stratobus 飞艇(图片来源:Thales Alenia Space)

2.3.1.3　无人驾驶航空器应用

无人驾驶航空器是一个运载平台,是"载荷"的搬运工。任务载荷是无人驾驶航空器携带的、用于完成指定任务的设备或装置,只有挂载相应的任务载荷,无人驾驶航空器才能发挥相应的作用。

1. 执行侦察监视任务

执行特定区域的侦察监视任务,是无人机、系留气球、无人飞艇等无人驾驶航空器应用最为广泛的场景。快速机动、隐蔽进入、长时间驻空、大区域覆盖、无人员危险,是无人驾驶航空器独特的优势。在周界安全技术防范,以及高压电网、油气管道、森林防火、河堤泄漏、道路交通等巡查巡检和应急搜救等场景中,挂载光电/红外摄像机、雷达等载荷的无人驾驶航空器被广泛应用。

受无人机悬停、抖动等影响,无人机挂载的摄像机不同于地面固定的摄像机。无人机通常挂载三轴或多轴云台摄像机,通过云台内置的姿态测量传感器和图像自稳定系统,保证飞行过程中俯仰、横滚和平移三个维度图像的稳定性。图 2-148 为 MQ-9 无人机的光电与电子情报侦察载荷。

图 2-148　MQ-9 无人机的光电与电子情报侦察载荷

浮空飞行器有优异的驻空时间、载重能力、覆盖范围，可以用来挂载更多、更重的任务载荷。美军撤离阿富汗时遗留下数台PTDS挂载的MX-20光电吊舱，该吊舱重90kg，光电探测单元为5轴云台稳定的200万像素高清可见光变焦摄像机和1280×1024分辨率红外热像仪，有效监视距离超过20km。

超轻、超小、低噪声、隐蔽性好的微型无人机受到一些特殊用户的关注。如图2-149所示，"黑蜂4"（Black Hornet4）无人机旋翼直径19cm，总长约25.5cm，重约70g，1200万像素主摄像头具有优异的低光照性能，另有3个低分辨率光学摄像头用于室内导航和避障，高灵敏度热成像摄像机图像分辨率为640×512，控制距离大于2000m，最大续航时间30min，最大航速10m/s，抗风能力为12.86m/s（6级风），适应环境温度为-20～+43℃。"黑蜂"无人机非常安静，5m外就很难听到明显的飞行噪声。

图2-149 "黑蜂4"无人机

雷达是无人机和浮空飞行器的主要任务载荷。PTDS搭载的AN/ZPY-1轻型战术雷达具有合成孔径和地面动目标指示功能，能够进行全天候的广域监视，并探测静止目标、移动中的行人和车辆目标。

激光雷达（LiDAR）是现代激光技术与经典雷达技术相结合的产物。激光雷达发射脉冲激光，照射地面上的各类地物、建筑物、植被，部分光波反射回激光雷达的接收机，根据激光脉冲从发射到反射回的传播时间即可计算与目标点之间的距离。激光雷达扫描得到目标对象上全部目标点的数据，通过成像处理即可得到精确的三维立体图像。图2-150为挂载了激光雷达的无人机及成像效果图。

图 2-150　无人机及成像效果图（图片来源：中科灵动）

2. 执行警示驱离任务

使用无人机挂载高音质喇叭，能快速进入目标所在区域查看现场情况，对低危险目标进行喊话劝离，进而实现探测、延迟、反应的有机融合。图 2-151 为配备了喊话器的无人机。

图 2-151　配备了喊话器的无人机（图片来源：大疆创新官网）

3. 执行通信保障任务

在一些地广人稀的区域，通信基础设施建设相对薄弱，地面公共通信网络很难做到完全覆盖。

无线通信对电磁波的通视环境要求很高。天线高度一直是困扰无线通信的一个难题，当前应急通信车的升降机构高度有限，移动性、便捷性、覆盖范围受到很大的影响。将通信基站设备挂载在无人飞行平台上，在任务区域形成通信覆盖，并通过微波或卫星回传链路，可以提供任务区域与远端的宽带通信。

随着轻小型多旋翼无人机载重、抗风、定点悬停、供电能力的提高，使用的便利性使其成为挂载通信基站的新选择，尤其是可悬停在空中 100～300m 的轻小型多旋翼系留无人机，由地面供电系统进行供电，实现了多旋翼无人机的长时间滞空。图 2-152 为正在进行的多旋翼无人机挂载 5G 基站测试和使用飞艇进行通信覆盖。

图 2-152　多旋翼无人机挂载 5G 基站测试和使用飞艇进行通信覆盖（图片来源：天航智远）

4．执行物流配送任务

无人驾驶航空器可以用来输运、配送物资，既可以降落后取出物资，也可以通过超强材料制作的投掷器，投放救生圈、绳子、食品、药品等急需物资。图 2-153 为使用多旋翼无人机进行物流投送。

图 2-153　使用多旋翼无人机进行物流投送（图片来源：中科灵动）

5．执行测绘航拍任务

倾斜摄影一般以无人机为飞行平台，搭载倾斜摄影相机获取多角度、多重叠度的地面多视影像。倾斜摄影相机中心是一个正射角度的相机（光轴垂直于水平面），四周各分布一个光轴与水平面成 45°角的相机，一次飞行可以同时完成对一地物或特征点获取三张以上不同角度的影像。

基于一张精细的现场地图实施指挥是提高管控效率的迫切需求。常规的卫星影像图、正射影像图都不是真正意义上的三维地图，无人机倾斜摄影可取得更加精细的三维地图，构建的真三维场景具有真实的纹理结构，能够反映地物周边真实的情况，地理坐标真实、准确，地物模型实现单体化后可以进行量测、分析，关联海量的基础地理信息。无人机倾斜摄影原理和成图如 2-154 所示。

图 2-154　无人机倾斜摄影原理和成图（图片来源：瞰景科技）（见彩图）

6. 执行应急救援任务

无人机除在灾难事故现场执行侦察搜救、物资投送、通信保障、喊话引导等任务外，还可以挂载空中照明装置执行夜间应急照明任务。如图 2-155 所示，无人机能够突破空间限制，以定点悬停或者系留的方式，为地面和水面的应急巡视、搜救、抢修、夜间救援提供大范围、长时间的野外照明。

图 2-155　执行应急照明任务（图片来源：南京伟泽创力）

高层建筑灭火救援是公认的世界性难题。无人机可以挂载干粉灭火球、灭火弹、灭火喷射装置等对高层建筑火灾部位进行智能定位、自动瞄准、精准破窗、弹体无碎片抛洒，实现紧急灭火。

7. 执行空中打击任务

无人驾驶航空器可以挂载武器装备进行空中打击。巡飞弹和小型多旋翼无人机挂载弹药对地面目标的精准打击，已经在近期的几场局部冲突中得到了实战检验。图 2-156 为"弹簧刀"巡飞弹。

图 2-156 "弹簧刀"巡飞弹

2.3.2 卫星遥感与应用

天基侦察通过卫星平台搭载的相机、雷达、信号接收机等任务载荷从天空对地面和低空目标进行探测。卫星搭载任务载荷以定点或一定重返周期，沿固定的卫星轨道对预定目标区域进行探测，和无人驾驶航空器侦察一样，也是"平台+载荷"的应用模式。天基侦察系统主要用于军事领域，如美军的导弹预警卫星"天基红外系统"、电子侦察卫星"门特"、成像侦察卫星"锁眼"等。

1957 年 10 月 4 日，苏联将世界第一颗人造卫星送入轨道。1970 年 4 月 24 日，我国成功发射了"东方红一号"卫星。图 2-157 为世界第一颗人造卫星与我国第一颗人造卫星"东方红一号"。

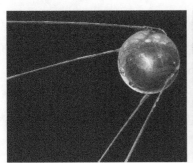

图 2-157 世界第一颗人造卫星与我国第一颗人造卫星"东方红一号"

通信、导航、遥感是卫星应用最广泛的三个领域。通信卫星，如"天通"卫星、"星链"星座等；导航卫星一般以星座的形式出现，如 GPS 系统、北斗导航卫星系统等；遥感卫星，如"吉林一号"星座等。图 2-158 为"吉林一号"拍摄的福州海峡国际会展中心遥感影像。

图 2-158　福州海峡国际会展中心遥感影像（图片来源：长光卫星）

遥感（Remote Sensing）是"不接触物体本身，用传感器收集目标物的电磁波信息，经数据处理、分析后，识别目标物，揭示其几何、物理特征和相互关系及其变化规律的现代科学技术"。

遥感卫星利用探测设备从空间对地球及附近区域进行探测并获取信息，按主要用户的不同可分为商业遥感卫星和侦察卫星。目前全球拥有在轨活跃遥感卫星的国家中，美国、中国、日本位居前三位，国防和政府是卫星影像及增值服务的主要市场。目前高分辨率遥感卫星还难以提供连续实时的监控，随着卫星重返周期和数据处理能力的提升，高分遥感对重点区域的监控将更加有意义。

2.3.2.1　遥感卫星载荷

一个完整的遥感卫星系统是一个复杂的大系统，既包括了遥感卫星、数据接收站、数据处理中心、卫星运营中心等主体部分，也包括了运载火箭、航天发射场、航天测控中心等部分，如图 2-159 所示。

遥感卫星通常由任务载荷和卫星平台组成，任务载荷决定了遥感卫星的基本功能。随着遥感卫星低轨化、任务载荷空间分辨率提高等技术进步，遥感卫星影像的质量不断提升。

1. 遥感卫星载荷

光学相机和合成孔径雷达（SAR）是遥感卫星最主要的两类侦察载荷。

第 2 章　周界安全技术防范中的感知预警

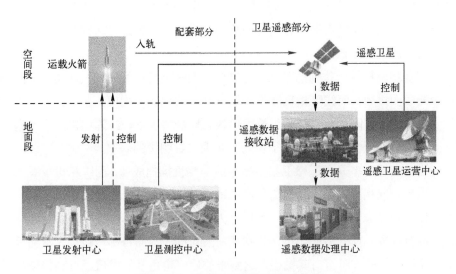

图 2-159　遥感卫星系统组成示意图

星上载荷扫描拍摄的光学遥感影像和微波遥感影像是地球表面的"照片"，真实地反映了地表物体的形状、大小、颜色等信息，比传统地图更容易被人们接受，是重要的地图种类之一。

1）光学遥感相机

光学遥感相机有全色影像相机和多光谱相机两个大类，如图 2-160 所示。

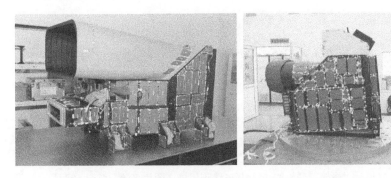

图 2-160　全色影像相机与多光谱相机（图片来源：航天 508 所）

影像传感器通过获得一定光的能量成像。全色影像相机不存在分光过程，获取的是 0.36~0.90μm 的整个全色波段的黑白影像，空间分辨率高。多光谱相机在接收光信号之前有一个分光的过程，将入射光分解成 RGB 光谱段和近红外光谱段，传感器分别接收这些谱段光束，分光后光的能量降低，对应的分辨率也降低。通常看到的卫星影像中，全色影像保留空间分辨率，多光谱影像

147

保留光谱信息，经过后期的数据处理将两者融合，得到既有高空间分辨率又保留光谱分辨率的影像。

工业相机按像元排列的不同，可以分为面阵相机和线阵相机两类。面阵相机像元成面排列；而线阵相机通常采用一列或数列像元构成，在沿列方向上的像元数远大于面阵相机。在镜头放大倍数相同的情况下，线阵相机的视场远大于面阵相机，配合机扫或遥感平台飞行实现二维图像的获取。

当前高分辨率光学遥感卫星多采用线阵相机推扫成像，面阵相机更有利于连续拍摄获取视频影像，而是高分辨率敏捷卫星的选择。光学遥感线阵相机根据具体结构和成像方式的不同，可以分为单线阵、双线阵、三线阵。双线阵相机是两台位置一前一后的相机，分别从前后对同一地面目标成像，先从后面拍摄，前行到它前方时再对其拍摄，这两张前后一定角度的成像经过高精度处理就能达到立体观测效果。三线阵相机由前视、正视、后视三台拍摄角度不同的相机组成，这三台相机通过空中三角对被观测物实现立体成像。以卫星从北向南过境观测一栋建筑物为例，前视相机首先对建筑物的北侧成像，然后正视相机从建筑物的正上方垂直向下成像，接着后视相机从建筑物的南侧对其成像，合成后即可获得建筑物的立体成像信息。"资源三号" 03 星及其三线阵相机如图 2-161 所示。

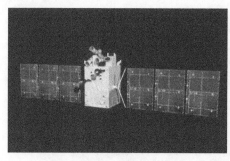

图 2-161 "资源三号" 03 星及其三线阵相机（图片来源：航天 508 所）

2）合成孔径雷达

雷达通过接收自己发射电磁波的回波来探测目标，能穿透云雾、部分植被、一定深度的土壤，可不受昼夜和天气限制实现全天候全天时探测。雷达对目标进行探测和跟踪，目标以"点"的形式呈现出来，很难对目标进行分类和识别，主要原因在于雷达的分辨力不够高。

（1）SAR 通过脉冲压缩技术改善距离分辨率。雷达的距离分辨率为 $\Delta r=C/2B$，式中：C 为电磁波的传播速度；B 为载频信号带宽。载频信号的脉冲宽度变窄，就可以增大信号带宽，获取更好的距离分辨率。

（2）SAR 通过合成孔径技术改善方位分辨率。雷达的角度分辨率为 $\Delta x=R\times\theta_{3dB}$，雷达波束宽度越窄，角度分辨率越高。由于雷达的波束宽度为 $\theta_{3dB}=\lambda/2D$，则角度分辨率为 $\Delta x=R\lambda/2D$，其中：λ 为工作波长；D 为天线孔径；R 为雷达距目标的距离。可见，天线口径增大，就可以提高雷达的角度分辨率。其工作原理如图 2-162 所示。

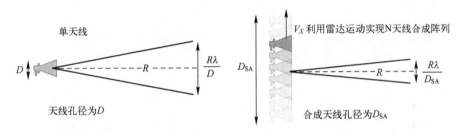

图 2-162　单孔径与合成孔径工作原理（图片来源：雷达通信电子战）DN

SAR 一般为机载和星载，真实的小尺寸天线沿直线运动并发射电磁脉冲信号，接收相应发射位置的雷达回波信号并按顺序存储，通过信号处理算法对此前的信号进行相加和处理，相当于获得了一个等效的大尺寸合成阵列天线，提高了雷达的角度（方位向）分辨率。

波长和 SAR 的成像分辨率也有一定关系。由于 SAR 一般安装在卫星或飞机上，频率太高则云层引起的损耗太大，频率太低则分辨率难以提高，因此 SAR 的工作波长一般选择在 X 波段或稍低的波段。一般情况下，X 波段 SAR 的分辨率为 1～3m，C 波段 SAR 的分辨率为 3～5m，S 波段 SAR 的分辨率为 5～8m，L 波段 SAR 的分辨率为 8～10m。

SAR 成像模式主要有条带模式、聚束模式和扫描模式等。标准的成像模式是条带模式，该模式下天线波束指向保持不变，随着平台的运动，天线波束均匀扫过目标区域形成一个扫描带。聚束模式下，天线波束在平台运动过程中始终指向某一固定区域，长时间照射可以获得更高的方位分辨率。扫描模式下，天线波束在平台运动的过程中沿距离方向周期性扫描，形成多个扫描条带，扩大了扫描区域，但由于每个条带波束停留的时间有限，因此方位向分辨率有所下降。

SAR 可以与其他技术兼容，如 AN/ZPY-1 轻型战术雷达实现了 SAR 与动目标指示结合，可以探测地面运动目标，为执行作战任务提供目标位置信息。

2. 遥感载荷的高分辨率

高分辨率主要是指高空间分辨率、高时间分辨率、高光谱分辨率，一般用来指高空间分辨率。

空间分辨率是指遥感影像单个像素所能描述的最小地物尺寸，在对目标识别、确认的需求牵引下，高分辨率遥感卫星已进入亚米时代，如"锁眼-12"（KH-12）光学成像卫星全色分辨率达到 0.1m。图 2-163 为"锁眼-11"（KH-11）拍摄的造船厂和 KH-12 拍摄的恐怖分子营地影像。

图 2-163　KH-11 拍摄的造船厂和 KH-12 拍摄的恐怖分子营地影像

时间分辨率是指对同一区域进行的相邻两次观测的最小时间间隔。小的重返周期意味着卫星对某一区域在时间维度上有更高的连续观测能力，在自然灾害、应急管理、军事应用上有很大的价值。如图 2-164 所示，通过不同时间的遥感影像，能够显示目标的变化情况。

图 2-164　工人体育场施工进度示意图（图片来源：长光卫星）（见彩图）

光谱分辨率是指可以对目标探测区分的最小波长间隔。不同元素及其化合物由于组成、结构等不同，都有类似于人类指纹的独特光谱，是用于识别和分析不同物体特征的"身份证"。用普通光学遥感不能识别的地面物体，高光谱遥感能够很好地分辨出其内在物理、化学特性。高光谱遥感在可见光到短波红外范围内连续光谱成像，能连续记录数百个光谱波段，对不同波段分别赋予颜色即可得到彩色影像。

2.3.2.2 民用高分遥感卫星

我国自主研发、发射和运行了多个系列的高分辨率卫星，如高分系列、风云系列、资源系列、海洋系列、环境系列等民用卫星和"吉林一号""高景一号"等商业遥感卫星资源，形成了以高分卫星为首，集各类卫星于一体的高分辨率对地观测系统。

1. 高分遥感星座

2005 年，《国家中长期科学和技术发展规划纲要（2006-2020）》将"高分辨率对地观测系统重大专项"（简称"高分专项"）确定为 16 个重大专项之一，目标是建成我国自主可控的由天基观测、临近空间观测、航空观测、地面、应用等系统组成的高分辨率对地观测系统。

"高分一号"01 星于 2013 年发射，搭载了 2m 分辨率全色、8m 和 16m 分辨率多光谱相机。2018 年"高分一号"02、03、04 星升空，全色影像空间分辨率为 2m，多光谱影像空间分辨率优于 8m，单星成像幅宽大于 60km，3 颗星组成了我国第一个民用高分辨率光学卫星业务星座，实现了对南北纬 80°之间区域的 15 天全覆盖和 2 天重访，还可与 01 星合作共同构建陆地资源调查监测业务星座，实现 11 天的全球覆盖和 1 天的重访。图 2-165 为"高分一号"卫星。

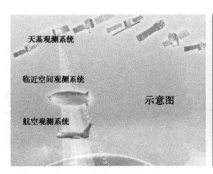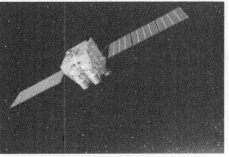

图 2-165 "高分一号"卫星（图片来源：国防科工局网站）

"高分二号"于 2014 年升空，星上载荷为 1m 分辨率全色、4m 分辨率多光谱相机，星下点空间分辨率达到 0.8m，标志着我国民用遥感卫星进入了"亚米级"时代。

"高分三号" 01 星、02 星、03 星分别于 2016 年、2021 年、2022 年发射，三星组网织就我国首个高分微波遥感星座，单日能够对某一区域成像 5 次。"高分三号"星上载荷是 C 波段多极化 SAR，空间分辨率为 1~500m，幅宽为 10~650km，可全天候、全天时监测全球陆海资源。

"高分四号"于 2015 年升空，是世界首颗地球静止轨道光学遥感卫星，配备可见光和中波红外共口径光学相机，全色多光谱相机分辨率优于 50m，中波红外相机分辨率优于 400m。

"高分五号"于 2018 年升空，是世界首颗对大气和陆地综合观测的全谱段高光谱卫星，可对大气气溶胶、SO_2、NO_2、CO_2、CH_4、水质、植被、秸秆焚烧、城市热岛等多个环境要素进行监测。

"高分六号"于 2018 年升空，性能与"高分一号"相似，增加了能有效反映作物特有光谱特性的 2 个"红边"谱段，与"高分一号"成功组网后将对我国陆地区域重访周期缩短至 2 天。

"高分七号"搭载了双线阵立体相机、激光测高仪等载荷，是我国首颗民用亚米级光学传输型立体测绘卫星。前视相机分辨率为 0.8m，后视相机全色谱段（黑白照片）分辨率为 0.64m，多光谱谱段（彩色照片）分辨率为 2.6m，在激光测高数据的支持下，实现我国民用 1:10000 比例尺高精度卫星立体测图。"高分七号"与"资源三号" 01、02、03 星四星组网，组成我国首个立体测绘卫星星座，重访周期从原来的 3 天缩短至 1 天，具备全球领先的立体观测能力。图 2-166 为"高分七号"卫星及星载激光测高仪。

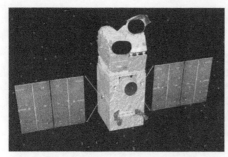

图 2-166 "高分七号"卫星及星载激光测高仪（图片来源：航天 508 所）

高分专项使我国低轨遥感卫星分辨率提高到 0.65m，静止轨道遥感卫星分辨率提高到 50m，具备了全天候、全天时、时空协调的高分辨率天基对地观测能力，基本形成了涵盖不同空间分辨率、不同覆盖宽度、不同谱段、不同重访周期的高分数据体系。

2. "吉林一号"星座

长光卫星技术股份有限公司是一家商业遥感卫星公司。2015 年 10 月 7 日，长光卫星自主研发的"吉林一号"组星成功发射，开创了我国商业卫星应用的先河。

据长光卫星官网 2023 年 10 月消息，"吉林一号"星座一期工程由 138 颗涵盖高分、宽幅、视频、红外、多光谱等系列的高性能光学遥感卫星组成，已成功通过 22 次发射将 108 颗"吉林一号"卫星送入太空，建成了目前全球最大的亚米级商业遥感卫星星座。"吉林一号"星座可对全球任意地点实现每天 35～37 次重访，具备全球一年覆盖 3 次、全国一年覆盖 9 次的能力，可为多个领域提供高质量的遥感信息和产品服务。图 2-167 是"吉林一号"拍摄的迪拜机场遥感影像局部。

图 2-167　迪拜机场影像局部（图片来源：长光卫星）

3. 国外商业遥感

国防、政府部门是高分辨率遥感卫星影像的主要需求方，美、法等航天大国形成了政府监督管理引导、企业自主运营的良性循环的商业模式（主要用于军事）。俄乌战争中，众多西方商业遥感公司积极参与其中，对战争进展相关的遥感影像公开发布，尤其是收购数字地球公司（Digital Globe）和地球之眼公司（Geo Eye）的 Maxar 公司更是大出风头，引起了全世界的关注。2014 年 8 月发射的 WorldView-3 空间分辨率为 0.31m，和 WorldView-1、WorldView-2、Geoeye-1 组成了全球当前最先进的星座，每月覆盖地球表面的 60%，每天采集超过 $3.80×10^6 km^2$，对全球任意目标可实现日内重访。

2.3.2.3 卫星遥感数据

遥感卫星组成了卫星遥感系统的"天网"，根据用户需求，由卫星运营中心进行卫星任务规划。遥感卫星采集的原始数据经过星地"数传"系统，源源不断地传回卫星地面接收站。经过数据处理中心的处理、存储、分发等过程，最终形成需要的遥感数据产品。

地面站接收的卫星遥感数据是 0 级的原始数据，要经过辐射校正、几何校正、数据融合、影像拼接、影像裁剪等过程的加工处理，形成 1～2 级的初级产品和 3 级及以上的高级产品。

1. 卫星对地观测数据产品的分类

通常情况下，可依据卫星任务载荷探测的目标特征和探测方式对卫星对地观测数据产品进行分类。

1）大类

周界安全技术防范中用到的遥感数据主要分为光学数据产品和微波数据产品两大类。

光学数据产品由探测波长 0.1～1000μm 的光学传感器获取，是目标物体反射率或辐射能量的数据，以及对这些数据加工处理得到的影像数据，或对目标进行激光测距获得的距离等信息，并对其进行加工处理获得的影像数据。

微波数据产品由探测波长 0.3～300mm 的微波传感器获取，是反映目标物体散射或辐射特性的数据，以及对其加工处理得到的影像数据。

2）中类

按照光谱探测范围、光谱分辨率和探测方式，光学数据产品可划分为全色、多光谱、高光谱、紫外、热红外和激光雷达数据产品 6 个中类。

按照数据获取的探测方式，微波数据产品可划分为主动微波和被动微波数据产品 2 个中类。

卫星对地观测数据产品大类、中类的分类体系表如表 2-7 所列。

表 2-7 卫星对地观测数据产品大类、中类的分类体系表[65]

数据产品类别		探测波段/μm	光谱分辨率	探测地物特征、物理量	探测方式
大类	中类				
光学数据产品	全色数据产品	0.36~0.9	—	地表反射率	被动
	多光谱数据产品	0.36~2.5	$\lambda/10$ 量级范围内	地表反射率	被动
	高光谱数据产品	0.36~2.5	$\lambda/100$ 量级范围内，一般优于 20nm	地表反射率	被动
	紫外数据产品	0.1~0.4	—	地表反射率	被动
	热红外数据产品	3~15	—	地表辐射温度、比辐射率	被动
	激光雷达数据产品	0.53/1.06…	—	距离、强度	主动
微波数据产品	主动微波数据产品	300~300000	—	后向散射系数、距离	主动
	被动微波数据产品		—	地表亮度温度	被动

此外，遥感数据还可以按照工作波段、探测极化方式等因素划分为不同的小类。例如，按工作频段的分类方式，是以 IEEE 对雷达频段的传统标准来划分为 11 个频段。

2. 卫星对地观测数据产品的分级

遥感数据的使用要经过辐射校正、几何校正、数据融合、参量反演等处理，依据加工处理的深度可将遥感数据分为 0~6 级，0 级是地面站接收的原始数据，1、2 级是行业领域应用的基础类数据，3~6 级是行业领域的增值类数据。

1) 原始数据

L0 级数据是地面站接收的原始数据，仅进行了解格式、解压缩处理，一般按条带或景分发。

景是遥感卫星完成一次成像所覆盖的范围。例如，高分一号的标准景尺寸为 35km×35km，高分二号的标准景尺寸为 23km×23km。

2) 基础类数据

太阳辐射、大气传输、视场角等外界因素会导致数据获取和传输系统产生辐射失真或畸变。L1 级数据是对 L0 级数据进行相对或绝对辐射校正，消除影像失真后得到的数据产品。

对 L0、L1 级数据进行投影变换、目标空间平面位置校正、不同传感器影像间几何匹配校正等系统几何校正，消除影像的几何畸变，可得到 L2 级数据产品。

3）增值类数据

在系统几何校正的基础上，还可以利用地面控制点进一步修正卫星相关参数，进一步消除畸变以提高几何精度，这一处理过程称为几何精校正。

对 L0、L1、L2 级数据进行几何精校正后得到的是 L3 级数据产品，L3 级还包括叠加了空间定位基础要素的数据产品。L4、L5、L6 级数据产品是在前期数据的基础上，进行几何地形校正、与专业数据或信息集成处理、采用三维表达的数据产品。

根据可公开性和技术指标差异，遥感数据分为公开数据和涉密数据。我国《国家民用卫星遥感数据管理暂行办法》规定，公开的光学遥感数据初级产品空间分辨率不优于 0.5m，公开的合成孔径雷达遥感数据初级产品空间分辨率不优于 1m。

2.3.3 电磁网络空间信息感知

1996 年 4 月 21 日，车臣独立武装首领杜达耶夫来到格罗兹尼郊外使用卫星电话与外界联络，为避免被俄罗斯侦察定位，杜达耶夫此前每次通话时长都不会超过 3 分钟，并且每次通话都会变换打电话的位置。但由于轻敌等原因，反侦察意识很强的杜达耶夫此次进行了连续的通话，卫星电话信号被俄罗斯的电子侦察卫星和预警机侦察截获并精准定位，引导两架战斗轰炸机发射反辐射导弹进行了定点清除打击。

1982 年贝卡谷地之战、1991 年海湾战争、2011 年猎杀本·拉登……近期的俄乌战争，每一场战争或定点清除行动取得成功，无不是在掌握了电磁网络空间的主动权后取得的。谁掌控了电磁网络空间，谁就掌握了制信息权，谁就能够取得战场的主动权。

随着移动通信、互联网、移动互联网的普及，电磁网络空间成为与个人息息相关的新空间。通过电磁网络空间实现对疑似目标的"发现、跟踪、研判"，受到安防领域专家的关注。

2.3.3.1 电信热点采集

通过使用电子技术设备发射并接收电磁辐射信号，或对目标发射的电磁信号进行直接截获，以获取有价值的情报信息，在军事和国家安全领域得到广泛的应用。

私自使用无线电侦察设备对他人进行探测、跟踪、窃听，或者未经批准使用大功率无线发射设备，都是不允许的。但在一些特定的领域或经批准后，围绕电磁网络空间的较量已广泛应用在民用领域。例如，对"黑飞"无人机进行雷达探测、无源侦测，重要场所布放手机信号屏蔽器等。

电信热点采集的原理和通信大数据行程卡的位置登记一样，它们通过对手机的定位进而确定人的位置，有时也称为手机围栏、手机电子围栏、热点数据前端采集等。图 2-168 所示的行程码在新冠疫情防护中发挥了重要作用。

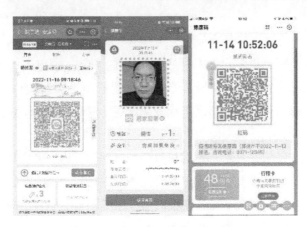

图 2-168　疫情防护中的手机位置服务

1. 手机的位置更新

单独的两部手机并不能实现远距离通信，它需要一个完整的移动通信网络，包括用户设备（手机）、用户接入设备（基站）、核心网以及将基站和核心网连接起来的承载网络。手机—基站—承载网络—核心网—承载网络—基站—手机，就建立了一个完整的通话链路。

手机和基站的数据交互，可以分为用户面和控制面两个层面。用户面主要是用户的语音、视频流等业务数据，电信热点采集设备并不触及。控制面则是管理数据的信令、命令等，电信热点采集设备在这一过程中仅采集手机的身份信息即能完成监测任务。

基站天线固定安装在杆塔、建筑物上完成对四周空域的覆盖，一般为板状的方向性天线或圆柱状全向天线。如图 2-169 所示，1 个铁塔一般安装 3 部或多部板状天线以实现更好的覆盖，每部天线对应一个覆盖区域（扇区），通信行业通常称作小区，每个小区有自己不同的识别码。

图 2-169　无处不在的通信基站

基站持续不断地以一定频率对外进行广播，将基站的工作频率、位置区编码等信息广播出去，手机开机后首先就要搜索基站的广播信息，检测接收到信号的强弱并选择信号最强的小区进行登记。登记以后，手机定时接收系统发出的信息。

正在通话的手机在几个基站的信号覆盖区域移动时，手机时刻监测接收到的当前和相邻小区的下行信号强度并将监测结果送给基站，基站同时监测通话状态手机的上行信号强度。在当前小区信号强度降至一定程度时，基站选择一个信号最强的小区要求其为手机分配一个信道，由当前小区向手机发出转移指令，手机接入新的小区信道完成小区更新，原有信道在更新完成后释放，这一过程称为"切换"，如图 2-170 所示。在空闲模式下更换归属小区的过程要简单一些，称为小区重选。

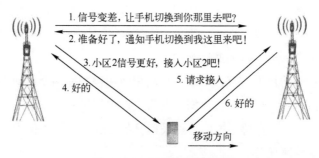

图 2-170　切换过程示意图

手机是可以到处移动的，移动通信系统需要知道手机位置，才能建立数据传递的路由。手机进入了一个新的小区后，它要向系统汇报自己来到了一个新的位置，将能够标识自己身份的国际移动用户识别码（IMSI）通过空口传送给系统的访问位置寄存器（VLR），这个过程称为位置更新。通过对 VLR 的查询，系统能够随时了解到手机当前所在的位置，也就能够随时寻呼到用户。手机的位置更新既有所在位置区发生变化的"正常位置更新"，也有按时报告的"周期性位置更新"。

手机在哪个小区进行了登记，通过这个小区的位置和覆盖角度，就能大概知道手机的位置；为了提高定位精度，可以测量手机和基站间信号传输的时间，进而估算手机和基站间的距离；可以通过手机信号传送至基站的入射角度，进一步确定手机在该区域的位置；可以通过和几个基站间的参考信号，进一步估算手机的位置。手机定位原理示意图如图 2-171 所示。在周界安全技术防范中，一般不需要判别手机的精确位置，只要判断出有无手机在电信热点采集设备登记，即可以做出相应的判断决策。

图 2-171　手机定位原理示意图

电信热点采集就是通过用户设备和接入设备的控制面数据交互，采集手机的 IMSI 信息和 IMEI 信息，进而通过接入设备的位置来判断用户设备（手机）的位置，最终判定手机用户的位置。

2. 电信热点采集设备

电信热点采集设备实质上是一个"伪"移动通信基站，如图 2-172 所示。

图 2-172　电信热点采集设备

电信热点采集设备模拟某种制式移动通信基站的频点发射小区广播信号，在设备部署位置周围形成一定的区域覆盖。当手机移动进入该区域后会接收到基站的广播信号，手机启动小区重选并在采集设备的信道上请求位置更新，采集设备要求手机上报国际移动用户识别码和国际移动设备识别码信息。

国际移动用户识别码（International Mobile Subscriber Identity，IMSI）是区别移动用户唯一的识别号，IMSI来自SIM（用户识别）卡，可以用来在HLR（归属位置寄存器）或VLR（访问位置寄存器）中查询用户的信息，在所有位置都是有效的。实际使用的IMSI码长度为15位十进制数字，其中：前3位为移动国家码（中国是460）；接着2~3位是移动网络码用来识别运营商，如中国移动使用00、中国联通使用01等；剩余的几位是由运营商指定的移动用户识别号码（Mobile Subscriber Identification Number，MSIN），用于识别某一移动通信网中的移动用户。

国际移动设备识别码（International Mobile Equipment Identity，IMEI），就是通常所说的手机序列号，用于识别每一部具体的手机。IMEI码由15位十进制数字组成，其中：前8位是类型分配码；接着6位是用来标识每一个设备的串号；最后1位是由前14位数字计算得出的检验码。

电信热点采集设备在接收到所需的IMSI和IMEI后，拒绝手机的位置更新请求，使手机返回原小区。手机同时记录电信热点采集设备模拟的小区频点及识别码（Cell ID），不再尝试接入该小区，保证对长时间驻留电信热点采集设备覆盖区域的手机通信不会产生影响。

电信热点采集设备自动采集经过的手机的IMSI、IMEI、时间等信息，通过管理软件设定还可以进行号码布控，当布控的手机进入区域后通过声音、短信等方式提醒用户。与GIS系统结合后可在地图上显示每个设备的相关信息，实现在地图上展现目标行动轨迹。

2.3.3.2 网络空间感知

互联网、移动互联网是现代通信发展的高级阶段，极大地改变了人类的生产和生活方式。网络的触角已延伸至国家治理和人类生产、生活的各个领域，网络空间成为继陆、海、空、天之后的第五空间，是国家主权延伸的新疆域。

网络空间感知是在大规模、动态网络环境中，对内部网络或外部网络空间的各种要素进行的获取和理解，主要包括网络中的系统运行状况、设备行为、用户行为和安全运行态势。网络空间感知可以获取实时的信息，即时截获网络内在极短时间内发生的状态和行为，通过多种手段对网络空间内异构、分布、并发的多层次要素进行采集，对海量、混杂、碎片的文本、图形、图像、视音频等数据进行智能处理。

网络空间感知在范围、广度和深度上都极大扩展了传统感知的范畴，除实体的物理空间外，还包括虚拟空间，如身份 ID、人的心理、意识形态等；网络空间感知的广度可以覆盖全球，涉及目标对象多、分布范围广；网络空间感知的深度更深，不仅包括网络空间实体的外在形态、属性、动态信息，还包括相关的环境要素、行为特征等。

1. 互联网在我国的飞速发展

截至 2022 年 12 月，我国三家基础电信企业的移动电话用户总数达 16.83 亿户，基站总数达 1083 万个，互联网宽带接入端口数达 10.71 亿个，网站数量为 387 万个。我国网民规模为 10.67 亿，网民人均每周上网时长为 26.7 小时。

从我国的互联网应用发展状况来看，在基础应用类应用中，即时通信用户规模达 10.38 亿，网络新闻用户规模达 7.83 亿，在线办公用户规模达 5.40 亿；在商务交易类应用中，网络支付用户规模达 9.11 亿，网络购物用户规模达 8.45 亿，网上外卖用户规模达 5.21 亿，在线旅行预订用户规模达 4.23 亿；在网络娱乐类应用中，网络视频（含短视频）用户规模达 10.31 亿，网络直播用户规模达 7.51 亿；在公共服务类应用中，网约车用户规模达 4.37 亿。

2. 不容忽视的网络安全

互联网（移动互联网）已经深深渗入民众生活的每一个角落，成为我国经济增长的新引擎和世界竞争的新赛道。然而，网络安全已经成为不容忽视的社会问题。图 2-173 是中国互联网络信息中心在《第 51 次中国互联网络发展状况统计报告》中披露的网民遭遇各类网络诈骗问题占比情况。

2020 年，国家互联网应急中心抽样监测发现，3461 个诈骗服务器上共承载 19420 个虚假小额贷款类诈骗网站和 APP，7909820 个用户注册或登录了此类虚假贷款网站或 APP，提交了个人敏感身份信息（手机号、身份证号、银行卡号、工作单位、家庭住址、家庭成员、月薪等）的深度受害用户占所有提交个人信息的受害用户的 11.3%。

此外，APT（高级持续威胁）攻击、DDoS（分布式拒绝服务）攻击、恶意程序、勒索病毒、网页仿冒、网站后门、网页内容篡改、云平台攻击、智能物联设备入侵等网络安全事件仍呈多发态势，给个人、组织、社会、国家的安全带来了极大的危害。例如，2020 年 7 月，四川省某学校上百名学生的中考志愿被篡改；2020 年 10 月，某野生动物园的网站被篡改链接到了黄色网站。

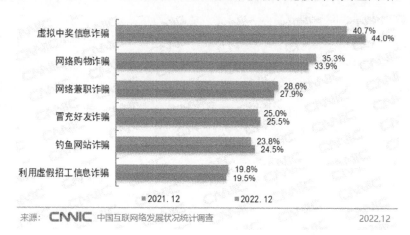

图 2-173 网民遭遇各类网络诈骗问题的比例

随着网络空间重要性的不断攀升，超过 30 个国家宣布成立军事网络部门，网络空间已经成为新的战场。2021 年 3 月以来，安天 CERT（计算机安全应急响应组）陆续捕获了多批次印度方向 APT 组织对我国的网络攻击活动，攻击者利用各种手段搭建钓鱼网站，针对我国的政府、军工、高校、航天等领域进行钓鱼攻击。

3. 网络舆情与内容安全

在我国网民数量不断攀升、网速不断提高的情况下，各类网络"新媒体""自媒体"超越报纸、广播、电视等传统新闻媒体，成为信息传播、意见交流、民众参与的主要途径，极大方便了公众对公共事务、社会治理的参与和监督。

硬币总有其另一面。一些别有用心的人为了赚取网络流量，利用网络传播与事实不符、有较强诱导倾向性的信息，网络谣言、负面信息给舆论环境带来极大的破坏性，严重干扰了正常的社会秩序，甚至引发社会恐慌，诱发群体性事件的发生。

同时，一些政府机构的官方网站、微博、公众号，由于对内容的监管和审核不够严格，多次发生不当的新闻发布或事件评论，损害了政府的公信力。

4. 网络数据爬取

网络空间感知技术和人们的生活息息相关。例如，使用搜索引擎搜索关心的新闻、文章、产品，在购物网站浏览某件物品后会被推送大量的类似物品。这都是网络空间感知在生活中的具体应用。

网络爬虫是一种按照一定规则从互联网中获取信息的计算机程序，是搜索引擎的重要组成部分，它可以收集网络上的文本、图像与视音频信息等。根据爬取策略，可以分为通用网络爬虫、聚焦网络爬虫、深度网络爬虫和增量网络爬虫等。

（1）通用网络爬虫从早期的搜索引擎即开始使用，也被称为全网爬虫。它采取深度优先、广度优先等爬行策略，根据统一资源定位符（Uniform Resource Locator，URL）的指向在网络中爬行。URL 是用于完整地描述 Internet 上网页和其他资源的地址（网址）的一种标识方法，通用网络爬虫由 URL 扩充至 Web，逐级、逐层访问网页链接，只到满足设置的停止条件或无法获取新的 URL 地址为止，适用于某一主题的广泛搜索。

（2）聚焦网络爬虫也被称为主题网络爬虫，它的爬行策略增加了对链接和内容重要性的评价，有选择地从链接等级和重要性较高的 URL 按照预设主题爬取数据。在输入某一个查询词时，所查询、下载的网络页面均是以查询词作为主题。

（3）网页可以分为表层网页和深层网页，表层网页使用静态链接即可访问，而深层网页隐藏在数据库中，这就需要深层网络爬虫。深层网络爬虫向服务器提交包含关键词的表单，服务器对请求格式和链接进行判断后，决定是否匹配数据并返回给申请者。

（4）增量网络爬虫主要针对网页上实时更新的数据进行爬取。

通过网络爬虫爬取网页，对网页数据进行处理解析，提取正文文本信息中的关键字（词），进行分类和聚类处理后存储到指定的数据库，并按照一定规则建立索引，通过关键字（词）的检索将查询结果以指定的方式展示出来。

2.4 生物特征识别技术

生物特征识别是指智能机器通过获取和分析个体的生理特性和行为特征，对该个体进行自动身份鉴别、状态分析、属性估计的科学和技术。常见的生物特征模态有指纹、人脸、虹膜、指静脉、声纹、步态、掌纹、手形等，这些个体的生理特性和行为特征具有普遍性、唯一性、稳定性、可采集性等特点。随着计算机视觉、深度学习等新兴技术取得的突破性进展，以人脸识别为代表的生物特征识别技术广泛应用在刷脸支付、身份核验、无感监测等场景。图2-174为常见的人脸识别应用场景。

图2-174　人脸识别应用场景

生物特征识别在应用流程上分为注册和识别。注册过程对人体的生物表征信息进行采集、特征提取，将相应的个体身份与个体生物特征参考数据绑定并存入数据库，如办理身份证时的拍照、录取指纹。识别过程是通过现场采集的数据与事前存入数据库的个体生物特征参考数据进行比对识别，如门禁系统、考勤系统等。

生物特征识别的应用任务分为辨识和验证两种。其中，辨识是将采集的个体生物特征样本与已存储在特定数据库中的所有生物特征模板做一对多（1:N）比对，确定某被测个体是否已经注册在系统中，若已经注册在系统则可确定其身份；验证是将待识别个体生物特征样本与按用户标识信息给定的已存储的个体生物特征模板做一对一（1:1）比对，确定用户所声称的身份。

生物特征识别常用的特征模态主要有指纹识别、人脸识别、虹膜识别、指静脉识别、声纹识别、步态识别、多模态识别等。

2.4.1　指纹识别

指纹是手指第一指节上的摩擦脊线组成的具有唯一性特征的纹理，人类指纹的生物特征可以被检测，并从中提取有区别的、可重复的指纹特征项。指纹识别就是基于个体的指纹特征，对该个体的身份进行自动识别，实现指纹登记、指纹辨识、指纹验证3种基础身份鉴别功能。

2.4.1.1 指纹纹型

指纹在全局上呈现为具有一定平滑流势的脊线和谷线的交替结构。其中，脊线是手指表皮外层突起的部分，正常接触下与事物表面接触，有弓形线、弧形线、箕形线、环形线、螺形线、曲形线等多种形态；谷线是两个相邻脊线之间的区域，是手指表面皮肤上凹下的部分，正常接触下不接触关联表面。这种脊线总体的流向和形态特征也称为纹型，有环形、拱形、螺旋形等，是可用于指纹识别的一级特征。图 2-175 示例了指纹纹型特征点及标记方法。

图 2-175　指纹纹型特征点及标记方法

指纹在局部形成以脊线和谷线为主的纹理，单个脊线的路径和末端点、分叉点等细节点的特别局部特征是可用于指纹识别的二级特征。指纹细节点是能表达指纹个性化的脊线特征，出现在单个脊线偏离连续脊线流处，可表现为末端点、分叉点或其他组合形式，每枚清晰指纹一般有 40～100 个这样的细节点。其中，脊线末端点位于相邻谷线的分叉处，是一条脊线突然终止或开始的地方，在这里，一条谷线被一分为二或两条谷线合二为一；脊线分叉点位于一条脊线被一分为二或两条脊线合二为一处。脊线末端点和分叉点的位置、方向、曲率可以提供足够描述指纹的信息，以确定两个指纹是否来自同一手指。

中心点和三角点是指纹上非常重要的点。其中，中心点是指纹最内层脊线的顶点，通常位于最内层环的上面或里面；三角点是脊线上位于或最靠近两条类型线分叉处的点，定位在分叉点上或者前面。一个指纹可以有 0、1 或多于 1 个中心点，也可以有 0、1 或多于 1 个三角点。

脊线的局部细节特征，如脊线宽度、边缘形状、汗腺孔等，是可用来指纹识别的三级特征。

2.4.1.2 指纹识别系统

指纹识别系统包括采集、处理、登记、识别、识别决策和管理等功能模块，其组成与工作流程如图 2-176 所示。

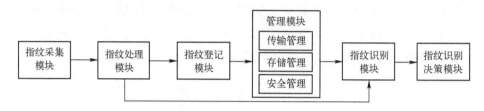

图 2-176　指纹识别系统组成与工作流程

（1）指纹采集模块，包括输入设备或传感器，从用户采集指纹特征信息，将其转化成适合指纹识别系统其他部分进行处理的形式，实现信息的转换。指纹图像采集由应用光学或其他原理（如超声波采集器、电容采集器、热敏采集器、电感采集器等）的面阵传感器实现的采集仪完成，指纹图像中的脊线和谷线应清晰、连续、完整，过暗、过亮、指纹不完整、有效区域偏小、湿/干/磨损严重手指导致的纹线不清晰/不连续、有污渍的指纹图像都会影响指纹识别系统的辨识率。

（2）指纹处理模块，用于接收采集的原始指纹数据，对其进行处理，从指纹中间样本中提取指纹特征，分离并输出可重复性和辨别性的数值或标记，形成指纹特征项并提交给匹配过程。

（3）指纹登记模块，用于指纹登记处理，将指纹特征数据信息提交数据存储管理模块进行存储。

（4）指纹识别模块，用于比对采集处理后的指纹样本与已存储的指纹特征参考，比较所产生的分数值表明指纹样本和指纹特征参考匹配的程度。

（5）指纹识别决策模块，用于接收识别输出的比对数值，根据设置的指纹识别决策策略，产生一个声称者是否是其所声称身份的是非决定。

（6）管理模块，用于为登记的用户保存指纹特征参考，提供登记指纹特征参考的增加、删除、检索功能，实现各模块节点或子系统以及其他信息系统间的通信与数据传输，管理系统安全策略的执行和应用。

2.4.2 人脸识别

人脸与指纹一样与生俱来，具有身份鉴别必要的唯一性和不易被复制性。人脸识别技术是一种基于人的面部特征信息进行个体身份识别的生物特征识别技术，具有远距离、非强制、非接触、隐蔽、便捷、准确等突出的优势，也是当前应用最为广泛的生物特征识别技术。

2.4.2.1 人脸识别原理与过程

人脸由额、眼、鼻、嘴、下颌等组成，这些人体组织的形状、大小、结构的不同使得人的面部容颜千差万别，成为标识不同个体的重要特征。基于几何特征法的人脸识别就是根据人脸面部器官的位置、大小、形状、比例关系等特征，利用眼球中心点、眼角点、鼻孔中点、嘴角点、部分面颊轮廓点等特征点进行人脸识别，是人们最早研究及使用的一类识别方法。图 2-177 示例了人脸的"三庭五眼"结构。

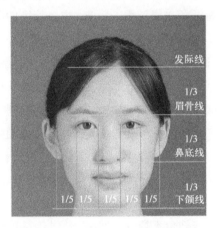

图 2-177　人脸"三庭五眼"结构

人脸识别过程包括人脸图像采集与检测、预处理、特征提取、活体检测、身份辨识或验证等。如图 2-178 所示，人脸采集设备采集人脸的静态或动态图像，在图像中检测并标定出人脸的位置和大小，对人脸图像进行光线补偿、几何校正、滤波、锐化等预处理，提取人脸图像的视觉特征、像素统计特征等进行人脸特征建模，将提取的特征数据与已有模板特征序列进行比对、匹配，根据相似程度对人脸图像的身份进行判定。

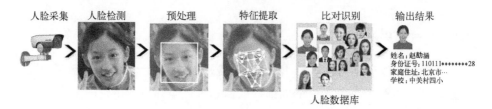

图 2-178　人脸识别过程示意图

远程人脸识别系统一般由客户端、服务器端、安全传输通道组成。其中，客户端由环境检测、人脸图像采集、活体检测、质量检测、安全管理等模块组成；服务器端由活体判断、质量判断、人脸数据注册、人脸数据库、人脸识别、比对策略、安全管理等模块组成。由客户端实现人脸的采集，经安全传输通道传输，在服务器端远程进行比对。

人脸图像采集模块用于对输入的图片或者视频等样本数据进行分析处理，提取符合条件的人脸图像。人脸图像质量的好坏对人脸识别系统的性能有较大影响，主要来自主体特征和采集过程的影响。主体特征的影响因素有面部疤痕、种族/年龄/性别/残疾、墨镜、帽子/口罩/头发遮挡、浓妆、珠宝配饰、闭眼、夸张表情、头部姿势、主体姿势、其他人/物的遮挡与干扰等；采集过程的影响因素有图像背景、光照环境（过亮或过暗、非对称光照、脸部光照不均）、图像大小、图像分辨率与对比度、主体姿态（太远或太近、脸部遮挡、快速运动导致的运动模糊）、同时采集数量、采集设备性能、图像增强与数据压缩算法等。

适于人脸识别的人脸图像是表情中性或微笑、眼睛自然睁开、嘴唇自然闭合，眼镜框不遮挡眼睛、镜片无色无反光，遮挡物不遮挡眉毛、眼睛、嘴巴、鼻子及脸部轮廓，两眼间距（两眼中心的距离）不小于 60 像素，人脸水平转动角度不超过±30°、俯仰角不超过±20°、倾斜角不超过±30°（用于注册时人脸的水平转动、俯仰、倾斜角度均应控制在±10°内），图像亮度均匀、对比度适中、脸部无阴影、无过曝和欠曝等。

生物特征识别系统必须具有活体检测功能，活体检测一般利用人体生理特性进行。人脸活体检测模块对采集主体是否为活体人脸、是否受到假体人脸（如打印人脸照片、屏显人脸、3D 面具）攻击进行检测和判断，是人脸识别系统安全性的重要保障之一。活体检测有主动配合式和被动无交互式两种。主动配合式活体检测是指通过人机互动要求被检测对象完成眨眼、张嘴、点头、抬头、左右转头等动作，识别指定数字、词语、图像等方法，确保识别的人脸是真实的。被动无交互式活体检测是指不需要被检主体配合做任何动作,通过主体脸部细节微小变化、接收特定波段光源后产生的反馈等方式判断是否为活体。

人脸数据库对人脸数据进行生命周期管理,数据内容包括人脸特征模板、人脸辅助信息、用户属性数据、人脸比对数据等。人脸特征模板主要用来存储人脸的特定信息,以便计算机能够快速、准确地进行生物特征比对。辅助信息主要用于活体检测或多模态检测,用户属性数据主要用于用户检索,包括 UID(用户标识)、姓名等。

人脸比对模块用于从获取的人脸图像中提取人脸特征,与人脸数据库或监视名单中所有的人脸特征模板序列进行比对,生成相似度值,对这个相似度值进行分析,并根据设定的阈值输出识别结果。

人脸外形的相似性有利于从图像中对人脸进行定位和检测,但对从高度相似的人脸中进行身份验证和辨识提出了考验,如在开放环境中对相似脸(如双胞胎人脸)识别的准确率会下降很多。如图 2-179 所示的相似脸可能会使一些人脸识别算法得到错误的判别结果。

图 2-179 人脸识别受到相似脸的挑战

2.4.2.2 视频监控人脸识别应用

响应时间、识别准确率、监视名单漏报率、非监视名单误报率是人脸识别系统的关键指标,约束条件下的人脸识别技术已超过人类视觉系统的识别精度。而在自由条件下,从无须个体配合的视频监控系统中提取人脸/人像进行识别,对公共安全防范具有非常高的价值。

现代条件下,人脸/人像获取的渠道更加多样,如从视频监控联网或共享平台获取视频流、从视图信息数据库获取包含人像/人脸的视频片段和图像、从在线视图信息采集设备获取人像/人脸图像、从离线视图信息采集设备获取视频图像文件。

人脸/人像采集设备应安装在拟采集区域不影响正常人活动、不易被外界破坏的地方，大多数情况能正对人脸左右不超过 30°、上下不超过 25°，采集区域应光照均匀、无明显高光或反差，尽量避免强光直射或逆光情况。人脸采集应保证两眼间距不小于 30 像素，人像采集尺寸应不小于 64×128 像素。采集设备的分辨率不宜低于 200 万像素，最大光圈不宜小于 F1.6，最低快门时间小于 10ms。

分析描述是指通过规定的分析接口，接收视图应用平台提出的分析任务，并将分析处理结果反馈给视图应用平台。人像分析支持上身/下身着装颜色、性别、年龄段、佩戴/携带的附属物、头发长度/颜色、背包/帽子颜色、人员运动状态/方向、是否骑车、衣服纹理等属性分析和描述。人脸分析支持性别、年龄段、佩戴的附属物、是否有胡须、肤色等属性分析和描述。

人脸识别应用，要支持人像与人脸图像、全景照、所在视频的关联，支持使用包含目标人员的图像进行相似人员检索、使用人像的特征进行相似人员检索、使用目标人员的人像及属性（如年龄段、性别）进行混合检索、使用目标人员的人像及人脸图像进行关联检索、使用拍摄时间和摄像机位置进行关联检索，支持检索结果导出。属性查询支持单属性、多属性组合查询和结果输出。

布控应用，要支持对布控名单的布控，支持布控名单的增加、删除、修改、查询，支持布控时间和区域的设置，支持布控阈值的设置。

2.4.3 虹膜识别

人眼的外观结构有巩膜、虹膜、瞳孔三部分。巩膜是眼球外围一般呈现为白色的生理组织。瞳孔是眼睛中心用来控制光线进入的圆孔状黑色区域。虹膜是位于巩膜和瞳孔之间的直径约 10mm 的彩色环形区域，是由肌肉组织、结缔组织、色素细胞组成的用于控制瞳孔收缩的生理组织。虹膜外边界是与巩膜的交界，虹膜内边界是与瞳孔的交界。图 2-180 示例了猫的虹膜及虹膜图像中的细节特征。

虹膜包含了丰富的纹理信息，在红外光下呈现出很多相互交错的斑点、细丝、冠状、条纹、隐窝等独特细节特征，具有很强的唯一性。虹膜细节特征由胚胎发育环境中的随机因素决定，克隆人、双胞胎、同一人左右眼的虹膜图像之间也有显著的差异。虹膜从婴儿胚胎期的第 3 个月起开始发育，第 8 个月主要纹理结构已经成形，出生 6 个月后终身不变。大多数的眼科疾病也不影响虹膜的纹理特征，具有很强的稳定性。

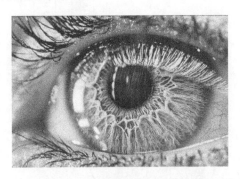

图 2-180　虹膜图像中的细节特征[69]

虹膜特征是通过对虹膜图像进行特征分析，生成用于区分个体的唯一的特征数据。虹膜识别是基于虹膜的特征对个体进行自动识别。虹膜识别应用可以分为虹膜登记和用户识别，其中：虹膜登记是指采集一幅或多幅用户的虹膜图像进行分析、提取，将得到的虹膜特征模板存储到数据库中；用户识别是指采集和分析用户虹膜图像、提取虹膜特征、产生样本虹膜特征，并将该样本虹膜特征与已存储的已登记虹膜特征进行比对，用以识别用户身份，可以分为虹膜辨识和虹膜验证。图 2-181 为一些虹膜识别设备示意图。

图 2-181　虹膜识别设备示意图（图片来源：中科虹星&中科虹霸）

虹膜识别系统是按照确定的策略和方法，实现虹膜识别功能的专用信息处理系统，包含虹膜图像采集、虹膜图像处理、虹膜特征生成、虹膜登记、虹膜特征比对等功能模块，其工作流程如图 2-182 所示。

虹膜图像采集模块用于采集虹膜区域纹理清晰的虹膜图像。虹膜图像采集需要通过近红外高分辨率成像设备进行采集，光源宜选用近红外波段 700～1000nm 的主动光源。

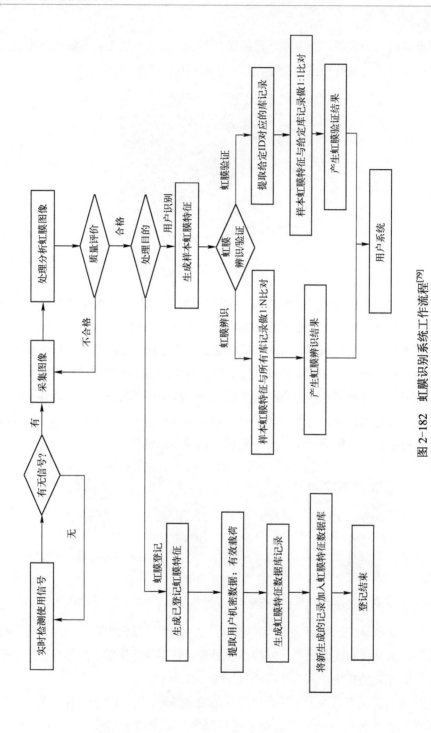

图 2-182 虹膜识别系统工作流程[79]

虹膜图像处理模块用于从采集的虹膜中提取有区分力的特征，如虹膜图像中物理和几何意义都十分明确的点或点列（瞳孔的圆心、内边界点、外边界点等）。虹膜图像处理过程一般包括图像质量评估、虹膜区域分割、特征提取等操作。

虹膜登记模块用于根据虹膜图像处理模块提供的信息，进行虹膜登记处理，并将虹膜特征数据信息提交虹膜特征数据库进行存储。

虹膜特征比对模块用于对虹膜图像处理模块提供的信息和虹膜特征数据库提供的信息逐一进行比对，按识别结果输出回答信息。

2.4.4 指静脉识别

人体静脉血管中的脱氧血红蛋白对特定波长近红外线（一般为 700~1000nm）有很好的吸收作用。在使用特定近红外线照射手指时，由于静脉血液中脱氧血红蛋白吸收近红外光，因此静脉纹路在成像时呈现出黑色阴影，其他的骨骼和肌肉区域透射近红外光而呈现出较高的亮度。指静脉识别原理如图 2-183 所示。

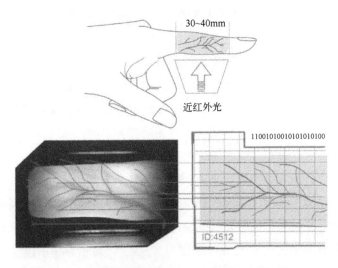

图 2-183　指静脉识别原理（图片来源：微盾科技）

指静脉纹路是手指皮肤下的静脉血管相互交织所成的纹理，主体纹路呈纵向分布。人类指静脉血管的分布特征具有很强的唯一性，相同指静脉血管的可能性只有 34 亿分之一；静脉血管在青少年后基本不会发生变化，具有很强的稳定性。指静脉识别优点在于：静脉血管接近人体皮肤表皮便于采集；指静脉位于人体内部不易受外界因素破坏或污染；指静脉成像依赖于流动血液中的脱氧血红蛋白与其他组织对近红外光的吸收率差异，只有活体静脉才能成像因而很难伪造等。

指静脉识别是指利用采集的手指静脉纹路图像来进行个体识别。指静脉特征主要包括静脉的纹路特征、纹理特征、细节点特征和通过学习获得的特征等，其中指静脉识别中的细节点主要是指静脉图像中血管的端点和交叉点。

指静脉图像有效区域采集范围应包括第二个指节，图像应是手指采集区域的垂直投影，采集的图像分辨率应不小于 300PPI，有效图像尺寸应不大于 25.4mm×50.8mm，像素数应不小于 100（宽）像素×300（高）像素。采集指静脉图像时，宜使用波长为 700～1200nm 的近红外光照射皮肤，成像方式应为透射式成像或反射式成像，可以使用 2 个或多个不同波长的光源以标记背景。

2.4.5　声纹识别

讲话是一个大脑语言中枢与发音器官之间的复杂生理过程。个体的"个性化"声学特征包括：与人类发音机制的生物学结构有关的物理学特性（如基频、共振峰、振幅、谐波结构等）、鼻音、带深呼吸音、沙哑音、笑声等特征；受社会经济、教育水平、出生地等影响的语义、修辞、发音、言语习惯等特征；个人特点或受家庭影响的韵律、节奏、速度、语调、音量等特征。每个人在讲话时的"舌、牙齿、口腔、声带、肺、鼻腔"等发声器官在尺寸和形态方面都有很大的不同，因此任何人之间的声纹图谱都有不同，体现在共鸣方式（咽腔共鸣、鼻腔共鸣、口腔共鸣）、嗓音纯度（明亮、沙哑和中等纯度）、平均音高（高亢、低沉）、音域（饱满、干瘪）特征等多个方面。

人类的语音中包含了丰富的语义信息和说话人信息。声纹识别无须关注语音信号中的语义信息，只需通过待识别语音中的说话人特征信息来判定说话人的身份。包含说话人信息的成分被称为"声纹"，是语音中所蕴含的、能表征和标识说话人的语音特征，以及基于这些特征（参数）所建立的语音模型，是说话人语音频谱的信息图。

声纹识别系统包括信息采集、特征提取、特征模板数据库、比对识别等模块，如图 2-184 所示。用户通过拾音设备进行语音采集，经安全传输通道传输至服务器端，服务器端进行相应的业务处理，完成声纹的注册、识别、变更、注销等，并将相应的结果输出。

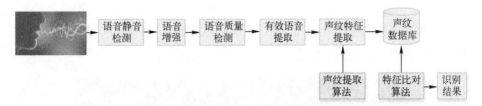

图 2-184　声纹识别过程示意图

声纹识别从应用方式可分为声纹确认、声纹辨认、声纹检出、声纹追踪等。其中，声纹检出是给定一个目标说话人的声纹模型和一段或多段语音，判断目标说话人的语音是否在给定语音中出现；声纹追踪是声纹检出的扩展，若目标说话人的语音在给定语音中出现，则标示出对话语音中目标说话人所说的语音段。

从声纹识别与语言的关系，可以分为语言相关的声纹识别和语言无关的声纹识别。前者要求在声纹训练和声纹识别时使用相同语言（语种），后者则无此要求。

从声纹识别处理多人语音的能力上，可以分为单说话人声纹识别与多说话人声纹识别。前者要求进行声纹识别时的语音中只含有一名说话人的语音，后者则允许可以含有多名说话人的语音。

2.4.6　步态识别

步态识别是指基于步态所包含的自然人生物学特性和行为特征对自然人进行辨识，除了可用于身份识别外，也可用于非身份识别应用场景，如行为分析、姿态分析或异常分析等。步态识别利用图像和视频序列，通过建立模型提取目标人物步态轮廓特征，从而对目标人物进行身份识别。步态识别是在摄像机拍摄的行走视频的基础上进行，具有远距离识别、不需要个体配合、难以伪装和躲避隐藏、环境因素影响小等优点。

步态是人走路时的姿态。每个人都有不同于他人的身高、头型、腿骨、臂展、肌肉、重心、步幅、神经灵敏度等生理结构和行为特征，每个人的步态也各不相同，因此使用步态的上百个参数可以唯一地识别一个人。步态是远距离场景下唯一可清晰成像的生物特征。

步态识别提取的特征点包括：人体静态时的特征，即人的生理特性，如身高、头型、腿骨、臂展、肌肉、重心等；人体动态时的特征，即人的行为特征，如走路姿态、手臂摆幅、晃头耸肩、运动神经灵敏度等。图 2-185 是一组人类不同状态下的步态特征示意图。

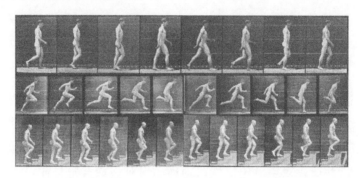

图 2-185　人类不同状态下的步态特征示意图

步态识别对待测的视频图像进行运动分割，从背景图像中分割出变化区域，将人体轮廓从分割出的运动区域中提取出来。从人体图像中提取出步态的特征数据，或者将人用合适的模型表达来跟踪分析模型的参数，将待测序列的特征与样本特征进行比对，完成步态识别任务。

时间变化、服饰、行走路面、拍摄视角、鞋帽、背包等携带物、遮挡、地形、伤病、疲劳、行走速度、特定训练、心理变化等因素，都可能导致从视频中提取的人体轮廓图像有一定的变化，使步态识别的识别率受到一定影响。

2.4.7　多模态识别

基于对识别准确性、可靠性、操作便利性、环境适应性的要求，单一生物特征识别已很难满足应用需求，因此催生了多模态生物特征识别。

多模态生物特征识别技术是融合了两种或两种以上生物特征模态的识别技术，系统以单独或融合的方式采集不同的生物特征，通过对多种生物特征的分析、融合、比对、判断，使得识别更加精准、可靠。

第3章
周界安全技术防范中的信息传输

在周界安全技术防范体系中，信息传输网络主要起到了两个作用：一是实现物与物的互联，将分布于不同地域的传感器感知的信息传送给后端数据处理平台，并通过分布各地的客户端对它进行控制；二是实现人与人之间指挥调度信息传递的迅速、准确、保密、不间断，确保指令可达。

人与人、人与物、物与物之间的信息传递，在基础设施薄弱的无网（公共信息网络）环境中，需要综合考虑安防体系的组织体系、系统架构、地理环境、业务种类等需求，构建"公专互补、宽窄融合、固移结合"的通信传输网络，实现异构、动态、泛在的信息传输服务。

3.1 通信概述

远古时期，人们通过简单的语言、壁画等方式交换信息。此后，人们用图符、烟火、语言、书信等传递信息。"原来的告白总爱停留在纸张上"，如图3-1所示，"渴望着信来的时候，每一分钟是一个世纪，每一点钟是一个无穷"。

图 3-1 那个车、马、邮件都慢的年代

3.1.1 现代通信技术的发展

19 世纪以来，勇于探索未知世界的人类不断诞生出伟大的发明。

3.1.1.1 电报和电话的发明

1837 年摩尔斯研制出世界上第一台电磁式电报机，1838 年发明了"点划"组合的摩尔斯电码。1844 年 5 月 24 日，摩尔斯用"摩尔斯电码"在华盛顿和巴尔的摩之间实现了具有划时代意义的长途通信，掀开了人类通信史上新的一页，不过那个时候的电报是有线电报。图 3-2 为由点划组合组成的摩尔斯电码和进行手键发报训练。

图 3-2　摩尔斯电码和手键发报训练

虽然对到底是谁发明了第一部电话，现在的学术界还有争论。但在 1876 年，贝尔取得了世界上第一台电话机的专利权，1878 年在波士顿和纽约间进行了首次长途电话实验并获得了成功。

初期的电话机是磁石电话机，主要由送话器、受话器、手摇发电机、电铃、电池等部件构成，手摇发电机上有两块永久磁铁，摇动时产生 16~25Hz 的交流信号，将两台磁石电话机直连或通过磁石交换机连接起来就能使用，至今仍在一些场景中得到应用。磁石电话机对线路质量要求低、通话距离长、灵敏度高、话音质量好，但使用不方便。图 3-3 为解放战争时期我军使用过的磁石电话机。1880 年出现了共电电话机，电话机使用交换机（电话局）的电源，使电话机的结构简化，拿起电话便可呼叫。

第 3 章　周界安全技术防范中的信息传输

图 3-3　解放战争时期的磁石电话机

1896 年，马可尼、波波夫、特斯拉等先后成功通过电磁波传送摩尔斯电码，开启了无线通信时代。随着电报、电话的发明和对电磁波的应用，人类实现了实时和近实时的远距离信息传递。

1871 年，大北电报公司秘密将海缆引接至上海市内，并在南京路 12 号设立了报房，电报业务第一次登上中国的土地。随着电话和蜂窝移动通信的高速发展，民用电报业务只能退出历史。2017 年 6 月 15 日，北京电报大楼宣布停业，标志着一个时代的终结。

3.1.1.2　交换与传输技术的发展

相比电报需要专业人员拍发译电、非实时传递、文字（代码）的交互方式，电话的实时性、交互性更能接近人们的生活。如果每对用户间都需要直通的实体电话线路，显然会使电话线路变得错综复杂，这样在 1878 年就出现了实现电话转接的人工交换机。人工交换机由用户线、用户塞孔、绳路（塞绳和插塞）和信号灯等设备组成，用户打电话时，先告诉话务员要找谁，再由话务员进行电路的接续。图 3-4 为 19 世纪末期密布线路的电话塔和电信局内正在工作的话务员。

图 3-4　早期的电话塔和人工交换机话务员

随着用户的增加，电话网络变得越来越庞大，电话线路从几百条变成了成千上万条，人工交换机（局）越来越庞大，工作量和差错率都变得不能承受。在 20 世纪初，先后出现了不需要人工的步进制和纵横制的"机电制自动电话交换机"。

随着集成电路技术的发展，出现了使用计算机预编程序来控制设备接续动作的程控交换机，并成为通用的交换设备。此后随着数据业务的增大，传统的语音交换机也逐渐被分组交换机（数据交换机）取代。

原先的传输方式主要是电缆或无线电波。电缆的核心材料是铜，价格高、重量大、通信容量低；无线传输部署使用方便，但可靠性、容量始终是个大问题，传输成为远距大容量通信的瓶颈。图 3-5 为用于通信的被复线和野战通信光缆。

图 3-5　被复线和野战通信光缆

1966 年，华人科学家高锟发表了论文《光频率介质纤维表面波导》，提出光导纤维在介质损耗低于 20dB/km 时可以实现通信应用。1970 年，美国康宁公司拉出了衰减为 20dB/km 的低损耗石英光纤，贝尔实验室、NEC 先后研制出室温下可连续工作的半导体激光器，光纤和激光器的结合实现了光纤通信。

一个完整的通信系统主要由终端、传输和交换三个部分构成。电话、计算机与各类数据终端是终端设备，交换机、路由器是交换设备，电缆、光缆、电磁波、光端机、微波接力机等是传输媒介/设备。

3.1.1.3　移动通信的发展

在有线通信蓬勃发展的同时，无线通信的可移动特性成为一种新的需求。1941 年，美国摩托罗拉公司研发出了跨时代的通信电台 SCR-300，工作在 40～48MHz，通话距离最远达到 12.9km。SCR-300 需要专门的人员背负或安装在车辆上,能够满足炮兵观察员和炮兵阵地、地面部队和陆军航空兵之间的联络,第二次世界大战中生产了近 5 万部。1944 年诺曼底登陆中,美军每个步兵连队都配备了 6 部 SCR536 步话机,这是真正意义上的第一部手持移动电台。图 3-6 为 SCR-300 与 SCR536 电台。

图 3-6 SCR-300 与 SCR536 电台

1948 年,贝尔实验室的香农发表了论文《通信的数学原理》,奠定了现代通信理论的基础。

1973 年,摩托罗拉公司的马丁·库帕发明了世界上第一部真正意义上的手机 DynaTAC(Dynamic Adaptive Total Area Coverage),意为"动态自适应区域覆盖",可以单人携带在移动中通话。在建造了天线和基站后,于 4 月 3 日给贝尔实验室的"对手"打通了电话,敲开了人类全民通信的大门。

单独的手持电话间并不能完成通话,它需要一个完整的通信网络(系统)作为支撑,进而实现接入、呼叫、切换、漫游等各种功能。1977 年,贝尔实验室在芝加哥部署了 2000 个用户的高级移动电话服务系统(Advanced Mobile Phone Service,AMPS),采用模拟信号和频分多址(FDMA)技术。1979 年,AMPS 系统在日本率先实现商用,掀开了第一代移动通信的大幕。

3.1.1.4 互联网的发展

1969 年,美军在国防高级研究计划局(DARPA)的前身 ARPA(高级研究项目局)制定的协议下,将美国西海岸的 4 所大学的 4 台计算机连接起来,建立起阿帕网(ARPANET),并以此为主干网建立了初期的互联网(Internet)。1972 年,基于 TCP/IP 协议的计算机间通信已基本完成,1983 年阿帕网完成了向 TCP/IP 协议的转换。

1986 年,美国国家科学基金会(NSF)采用 TCP/IP 协议将 6 个为科研服务的超级计算机中心互联形成了 NSFNET，供联网的大学研究人员共享研究成果、查找信息。1991 年开始对公众用户开放，从此 Internet 的发展速度如同滔滔江水，一发不可收拾。

1994 年 4 月 20 日，我国以一条传输速率为 64kbit/s 的国际专线接入 Internet，实现了中国与 Internet 的全功能连接，标志着我国进入了互联网时代。图 3-7 为我国的第一代互联网设备。

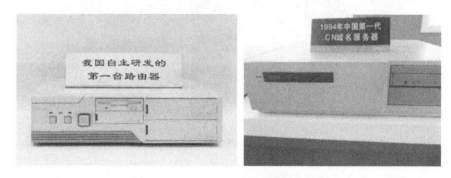

图 3-7　我国的第一代互联网设备

从 1991 年互联网对公众开放到今天只有区区的 30 年，互联网革命性地改变了人类社会的生产、生活方式。4G 通信开始统一用分组域来承载所有的业务，实现了真正的移动互联网。截至 2022 年 12 月，我国网民规模已达 10.67 亿，互联网普及率达 75.6%。

3.1.2　通信系统概述

通信系统是实现信息传递所需的一切技术设备和传输媒介的总和。

3.1.2.1　通信系统基本模型

以最简单的点对点通信系统为例，通信系统模型如图 3-8 所示。

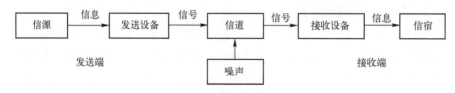

图 3-8　通信系统模型

来自信源的信息（语言、文字、图像、数据）在发送端由发送设备将原始信号变成电信号，对这个电信号进行编码、调制、放大，将它变成适合在信道中传输的形式。经过有线或无线传输信道的传输后，在接收端经接收设备进行反变换，恢复出原始信息并提供给信宿。

1. 信源

信源设备将需要传输的信息转化成原始的电信号，这个转换过程利用了不同的技术原理。例如，电话就是利用了压电材料的压电效应将声音转换为电流，人对着手机讲话时，声带振动激励空气振动形成声波，声波作用于送话器中的压电晶体并使之产生话音电流。

2. 发送设备

发送设备将信源产生的原始电信号转换成适合传输的信号，并发送给信道。

1）信源编码

在数字传输系统中，需要将模拟的电信号转换成数字信号进行传输，模拟信号的数字化转换包括采样、量化、编码3个步骤。

模拟信号是在时间和幅值上连续的信号。采样是指在时间上将模拟信号变成一个时间离散、幅值连续的信号；量化是指在幅值上将采样后的无数个时间离散、幅值连续的样本信号用有限个数值来表示，得到时间、幅值均离散的信号；编码是指按照一定规则用"0 和 1"的不同组合来表示这些信号，其原理如图3-9所示。这个模数转换的过程也被称为信源编码，对于音频信号常用的是PCM（脉冲编码调制）编码和MP3编码等，对于视频信号常用的是H.264、H.265编码等。

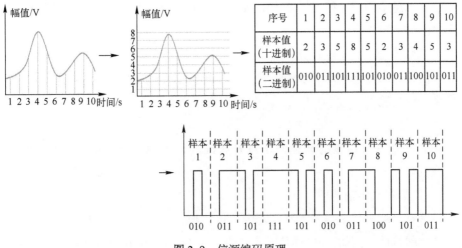

图 3-9　信源编码原理

信源编码后还要进行信道编码，增加冗余信息，对抗信道中的干扰和衰减。信道编码有 Turbo 码、Polar 码、LDPC 码等。经过信源和信道编码，将外界输入的信息变成由"0 和 1"组成的数字串。

2）调制

将编码完成的"0 和 1"传给对方，需要对电磁波进行调制，并利用电磁波的频率、幅度、相位的变化来代表"0 和 1"。基本的调制方法是调频（FM）、调幅（AM）、调相（PM），如图 3-10 所示。在表示"0"或"1"的时候，电磁波的幅度、频率、相位特征发生了改变。

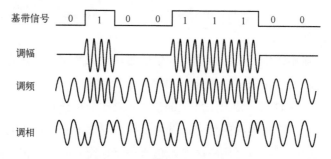

图 3-10　基本的调制方式示意图

调制方式可以是单一的，也可以组合应用。例如，正交振幅调制（QAM）就是对电磁波相位和幅度特征的同时变化来代表不同的"0"和"1"。如果每一个电磁波的周期变化代表了一个"0 和 1"，那么单位时间内发出的波越多，就能表示越多的"0 和 1"。例如，900MHz 的电磁波意味着每秒钟产生 9×10^8 个"0"或"1"。

低频信号不利于远距离传输，这就需要先经过变频将这个低频信号搬移到高频信号上去，这也是一个调制的过程，再经过功率放大器放大，就可以送到信道进行传输。

3. 信道

信道是信号传输的通道，可以是有线的，如电缆、光缆等，也可以是无线的。

1）带宽与传输速率

带宽是用来传递信号的频率范围，单位与频率同为赫兹（Hz），是指电磁波的物理特性。例如，4G 通信的工作带宽有 5MHz/10MHz/20MHz。

数据传输速率是数字通信时单位时间内传送数据的个数，单位为 bit/s，代表每秒可以传送几个"0"或"1"。

带宽对一个通信系统来说是提前分配的,否则不同的通信系统在使用相同的频率时会产生干扰。在同一带宽下使用不同的调制技术,能得到不同的数据传输速率,数据传输速率等于带宽与频谱效率的乘积。

2)衰减

信号在信道中进行传输,会遇到噪声和衰减这两个不可避免又严重影响通信质量的问题。

噪声有来自设备内部的噪声,也有信道添加的外部噪声。

衰减是电磁波传播期间发生的能量减少现象,有路径衰减、阴影衰减、多径衰减几种情况,如图 3-11 所示。路径衰减与传播距离相关,是一个距离平方的反比关系。阴影衰减主要是因地形起伏、建筑物、树木遮挡等造成的衰减,由于这些障碍物的存在,导致沿一定方向传播的电磁波存在根据几何光学原理达不到的空间,称为阴影区。多径衰减也称为瑞利衰落,是由信号传输的多径效应引起的衰减,发射的无线信号经过不同的路径(直射、地面反射、绕射)到达接收设备,多个传输路径导致到达接收设备的信号相位不同,同相信号叠加使幅度加强,而反相叠加则使信号幅度减弱,进而导致信号强度发生急剧变化。

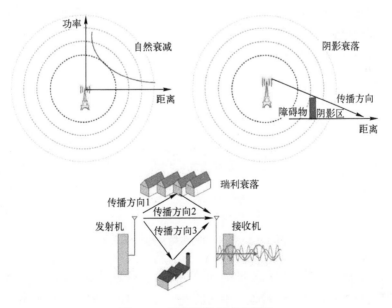

图 3-11　无线信道衰减示意图

在衡量信道衰减、天线增益的时候，常用分贝（dB）来表示。dB 是两个功率比值的对数表示，这里的一个功率值是基准功率，一般用 mW 和 W 来表示。例如，1dBm 表示相对于基准功率 1mW 的功率分贝值，计算公式为 dBm=10lg（功率值/1mW）。因此，有

$$1W=1000mW=30dBm=0dBW$$

通过数学计算可以知道，增加 3dB 等于功率增加 2 倍，减少 3dB 等于功率减少 1/2；增加 10dB 等于功率增加 10 倍，减少 10dB 等于功率减少至 1/10。例如，27dBm=30dBm-3dBm=1W×1/2=0.5W，44dBm=30dBm+10dBm+10dBm-3dBm-3dBm=1W×10×10×1/2×1/2=25W。

4. 接收设备

在接收端，接收设备的工作过程与发送设备相反，即进行解调、译码、解码等，从接收到的带有干扰的信号中提取出原始的电信号。

5. 信宿

信宿将提取出的原始电信号转换成相应的信息，它的工作过程和信源相反。

3.1.2.2 通信网络的拓扑与层次

通信最基本的形式是点与点间的通信联络，这种"专线"的应用在现代通信中只是一个很微小的需求，用户需要的是一个可以构成任意通信的"网络"。通信网就是这样一种将分散的用户终端设备通过交换和传输设备（线缆）互联，实现通信和信息交换的系统。

1. 通信网络的拓扑结构

通信网的拓扑结构泛指网络的形状，如图 3-12 所示，其基本物理拓扑有 5 种类型。

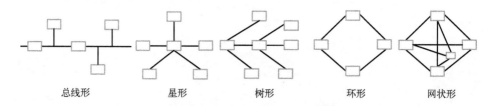

总线形　　星形　　树形　　环形　　网状形

图 3-12　基本的网络拓扑结构示意图

（1）总线形拓扑是将所有的通信节点通过一条总线连接。这种网络结构简单，但是网络的可靠性比较差，中间的任一节点出现故障，将会影响后续节点的通信。

（2）星形拓扑是将网络中的一个节点作为中心节点与其他所有节点直接相连，而其余节点间不连接。一般的用户接入网都是这种结构。这种网络结构简单，同样面临可靠性差的问题。

（3）树形拓扑是总线形拓扑和星形拓扑的结合。

（4）环形拓扑是将所有通信节点串联且首尾相连形成闭环。这种网络结构的成本较高，但任何一个节点单向出现故障后，都可以通过另一个方向实现环回，可靠性很高。长途干线网、市话局间中继网、本地网基本都采用这种网络拓扑结构。

（5）网状拓扑是将许多甚至所有通信节点直接互联。这种网络结构的可靠性高，但结构复杂、成本也高。

可靠性要求高的主干网络、骨干节点，在预算允许的条件下要采取环形拓扑或网状拓扑，形成一个或多个闭合的传输回路，避免单点故障造成整个网络的瘫痪。而在用户接入层面，则一般选择较为经济的总线形拓扑、星形拓扑、树形拓扑。

2. 通信网络的网络层次

传统电信网络一般分为骨干网、本地网、接入网三个层级。运营商的数据业务网络略有不同，有的是骨干网、省网、城域网三级架构，有的是骨干网、省网或城域网两级架构。

在一个由终端设备、传输链路、交换设备组成的通信系统中，终端设备用于把待传送的信息与信道上传送的信号互相转换；传输链路用于连接源点（发送）和终点（接收）；交换设备用于完成接入交换节点的通信链路的汇集、转换和分配，根据用户要求完成不同用户之间的逻辑连接。交换设备使网络内的任意两个终端用户相互接续，组成了通信网络。一般将交换设备间的传输部分简称为中继线，终端设备与交换设备间的传输部分称为用户线。

通信（传输）网络的层次通常是以交换、路由节点来区分的。

骨干网是指在主要节点间建立的网络。国家长途干线是典型的骨干网，在本地网中（城域网）中也有骨干网。城域网是一个针对数据业务中交换与路由的概念，在电信业务领域相对应的本地网则负责为同一城市内的交换机、基站、路由器等业务节点提供传输电路。接入网由业务节点接口和用户网络接口间的一系列传送实体组成，为电信业务提供承载。

3. 通信系统与通信网络的分类

通信系统或通信网络的分类方法很多。

根据消息的物理特征的不同，通信系统可分为语音通信、数据通信、视频通信等。

按照传输媒介的不同，通信系统可分为有线和无线两大类，其中：有线媒质有光缆、电缆、被复线等；无线媒质一般按电磁波波长分为长波、中波、短波、微波、毫米波、太赫兹、光波等。有线通信有通信容量大、可靠性高等突出优点，无线通信则有移动性强、组网便捷等突出优点，两者深度交融、相辅相成，构成了现代通信网络。

按照系统组成特点，通信系统可分为短波通信、微波中继通信、卫星通信、光纤通信、移动通信、数据（计算机）通信、电视（有线电视）通信等。

按照传输信号的特征，通信系统可分成模拟通信系统和数字通信系统。

通信网络按照营运方式一般分为运营商网络（公网）和专网，按业务范围可分为电话网、数据网、传真网、电视会议网、移动通信网、综合业务数字网等。

3.2 周界安全技术防范中的数据传输

将传感器探测到的感知数据传回后端平台，进行进一步的处理、分析，将其转化成有用的情报信息，必须构建一个完整、可靠、安全的数据传输网络。

周界安全技术防范体系中的数据传输方式主要有光纤、微波、卫星、4/5G、低功耗广域网等，其中：光纤传输、微波传输是应用最为广泛的方式，4/5G 通信在一些信号覆盖好的区域和固定设施内有较多的应用，卫星传输随着物联网星座的发展将得到更多的应用。

3.2.1 数据传输原理与实现

数据通信是通信技术和计算机技术结合的产物，通过不同的传输媒介将分布在不同地方的数据终端设备、计算机系统连接起来，实现数据的传输、交换、存储和处理。数据通信是一个很宽泛的概念，理论上输出是数据信号的通信都是数据通信，有不同的技术、协议、分类、功能。这里所指的数据通信仅局限于基于 TCP/IP 技术的互联网通信。

3.2.1.1 TCP/IP 网络模型与协议

互联网是一个由"物理链接介质+网络协议"构成的复杂网络，对网络进行了分层设计。分层模型有 7 层 OSI 模型和 5 层 TCP/IP（或 4 层 TCP/IP）模型两类，如图 3-13 所示。

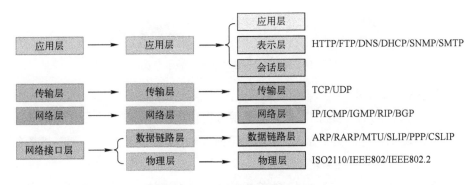

图 3-13 TCP/IP 网络模型示意图

5 层 TCP/IP 模型的每一层都有其不同的功能与作用，越往上越靠近用户，越往下越靠近硬件。每一层都运行特定的网络协议，协议是水平的，通信双方在对等的层通过同样的协议进行封装和解封；服务是垂直的，自上而下，每一层都依赖于下一层，由上到下层层封装，由下到上层层解封。

1. 物理层

物理层规范了电信号的传递方式，用于透明地传输比特流。运行于物理层的常见设备有中继器、集线器、双绞线、光缆等。

2. 数据链路层

数据链路层规范有关链路的点到点多路通信特性，包括数据分段、链路层数据帧结构、成帧、点到点复用和纠/检错等，负责将 0、1 序列划分为数据帧从一个节点传输到临近的另一个节点，解决了子网内部的点对点通信。

1）MAC 地址

接入互联网的设备都有网卡，MAC 地址用来标识这个网卡的全球唯一的物理地址。MAC 地址由硬件制造商统一分配，为 48bit 的 2 进制数（6B），前 24bit 用来区分不同设备制造商，后 24bit 用来区分同一厂商的某个设备，应用中一般用 12bit 的 16 进制数表示。

2）广播

以太网协议采用广播的方式进行通信。

如图 3-14 所示，在简单的计算机组网模式下，发起通信的计算机将要发送的数据和自己的 MAC 地址、通信目标的 MAC 地址封装在一起，以广播的方式发送给网内的所有设备，网络中所有的计算机都会收到发来的数据包，拆开后发现目标 MAC 是自己的就进行响应，不是自己的就进行丢弃。

源MAC：08：00：20：0A：8C：6D 目标MAC：17：A0：2E：0A：20：DC	数据包

图 3-14　数据链路层数据包封装示意图

3）网络交换机

通过基于 MAC 地址的广播方式实现数据传输，只能在一个很小的局域网内进行。如果整个互联网的通信都通过广播方式发送，网内所有的计算机都会收到，那么网络将会拥堵得不可想象。

互联网引入了网络交换机，交换机的每一个端口接入一台联网设备，交换机内维护一张 MAC 地址表，记录接入设备的 MAC 地址与交换机端口的对应关系。交换机收到源设备发送的数据包后，查看数据包中的目标 MAC 地址和 MAC 地址表中的映射关系，按照映射关系从对应端口发给目标设备。

网络交换机可以进行多个交换机的组网。如图 3-15 所示，交换机 1 和交换机 2 组网后，交换机 1 的 MAC 地址表中端口 1、2、3、4 对应映射了设备 B、C、D、A 的 MAC 地址，但端口 8 映射的是交换机 2 中的所有 MAC 地址。

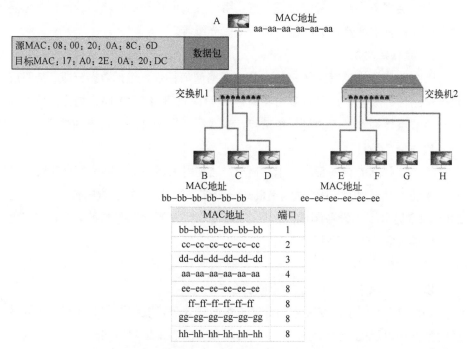

图 3-15　网络交换机连接与交换机的 MAC 地址表示意图

3. 网络层

在有限的交换机堆叠、级联的情况下，网络能够通过广播完成通信，但如果网络内的用户很多，这种仅仅通过交换机解决问题的办法就远远不够了。这就需要对这些计算机进行广播域的区分，在同一广播域内就通过广播发送数据包，不在同一广播域内就通过路由的方式向目标广播域分发数据包。

网络层引入 IP 协议用来区分不同的子网，多个小的子网组成大的网络。IP 协议用来给每台主机分配 IP 地址，确定同一个子网内的 IP 地址。图 3-16 为网络层封装后的数据包示意图。

源MAC：08：00：20：0A：8C：6D 目标MAC：17：A0：2E：0A：20：DC	源IP：192.168.1.1 目标IP：192.168.2.3	数据包

图 3-16　网络层封装后的数据包示意图

1）IP 地址

IP 地址是 IP 协议规范的一种统一的地址格式，IPv4 用 32bit 的 2 进制数表示，范围为 0.0.0.0－255.255.255.255。一个 IP 地址通常写成 4 段十进制数，如 192.168.1.1。

IP 地址是网络分配的一个逻辑地址，用来标识网络中每一台主机，在本地局域网上是唯一的。与 MAC 地址是硬件地址不能修改不同，IP 地址是软件层面的一个地址，可以随时修改。单纯从 IP 地址并不能确认它所处的子网，如 172.16.10.1 与 172.16.10.2 不一定处于同一子网。

2）子网掩码

子网掩码用来标识一个 IP 地址的网络号和主机号，子网掩码在形式上和 IP 地址一样是 32bit 的二进制数字，它的网络号部分全部为 1，主机号部分全部为 0。

例如，IP 地址 172.16.10.1，如果已知网络号是前 24bit，主机号是后 8bit，那么子网掩码就是 11111111.11111111.11111111.00000000，十进制就是 255.255.255.0。又如，IP 地址 192.168.1.1 的子网掩码为 255.255.255.0，其中：子网掩码中的"1"有 24 个，代表此 IP 地址前边 24bit 是网络号；"0"有 8 个，代表此 IP 地址后边 8bit 是主机号。

通过子网掩码能判断两个 IP 地址是否处在同一子网。将两个 IP 地址与子网掩码分别进行"与"运算(两个数位都为1,运算结果为1,否则为0),结果相同就在同一子网中,结果不同就在两子网中。

图 3-17 为一个 IP 地址与子网掩码的"与"运算。

IP地址172.16.10.1	10101100	00010000	00001010	00000001
子网掩码255.255.255.0	11111111	11111111	11111111	00000000
"与"(And)运算结果	10101100	00010000	00001010	00000000
十进制表示	172.16.10.0			
IP地址172.16.10.2	10101100	00010000	00001010	00000010
子网掩码255.255.255.0	11111111	11111111	11111111	00000000
"与"(And)运算结果	10101100	00010000	00001010	00000000
十进制表示	172.16.10.0			

图 3-17 IP 地址与子网掩码的"与"运算

3)地址解析协议

IP 地址和 MAC 地址在一个网络中是成对出现的,其中:MAC 地址是设备出厂时设置的全球唯一的硬件地址,IP 地址则是网络临时配置的。

在网络通信中,网络层设备根据网络层地址进行操作,数据链路层设备根据数据链路层地址进行操作,地址解析协议(Address Resolution Protocol,ARP)完成网络层地址与数据链路层地址的映射,使同一设备的 IP 地址和 MAC 地址形成对应。

ARP 协议以广播的方式发送数据包,获取目标主机的 MAC 地址。通过 IP 地址和子网掩码区分所处的子网,如果在同一子网,则数据包的地址就是目标主机的 MAC 地址和 IP 地址;如果不在同一子网,则数据包的地址是网关的 MAC 地址和目标主机的 IP 地址。此时广播一个 ARP 请求包,请求具有该 IP 地址的主机报告它的 MAC 地址。通过不断地广播 ARP 请求,最终网络里的计算机都会形成一张 ARP 缓存表,记录 IP 地址与 MAC 地址的对应映射关系。

4)路由器

路由器是工作在网络层(三层)的设备,用来连接不同的子网。路由器在网络间扮演网关的角色,连通两个或多个网络的硬件设备,选择数据包的最佳传送路径。

路由器具有路由选择和交换转发两个重要的基本功能,其工作原理如图 3-18 所示。

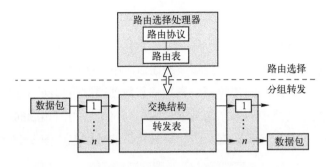

图 3-18　路由器工作原理

路由选择工作在控制层面，主要由软件实现。路由选择处理器通过运行路由协议维护路由表以及连接的链路状态信息，并生成转发表。路由表记载着路由器所知的所有 IP 网段的路由信息，路由表可以手工配置，也可以通过动态路由协议自动学习生成，通常由路由协议和路由管理模块维护，包括 IP 地址/IP 子网、下一跳、路由优先级、度量值等信息。路由表被存放在路由器的 RAM 上，如果需要维护的路由信息较多，那么必须有足够的 RAM，路由器重新启动后原来的路由信息都会消失。

分组转发工作在数据层面，主要由硬件实现。交换结构是路由器内部连接输入接口和输出接口的网络，依据转发表来转发分组数据包，将输入接口的数据包移送至适当的输出接口。路由器实际转发时，使用基于路由表生成的转发表，包括 IP 地址/IP 子网和下一跳/出接口信息。

路由器的每一个端口都有独立的 MAC 地址，这个 MAC 地址同样被保存在网络交换机的 MAC 地址表中。如果一个数据包需要经过路由器转发到不同的子网，那么数据包的目的 MAC 地址是路由器接收端口的 MAC 地址。路由器对数据包数据链路层头部进行解封，重新封装成路由器发送端口 MAC 地址为源 MAC 地址的数据链路层头部并进行发送。

5）默认网关

网关实质上是一个网络通向其他网络的 IP 地址，网关的 IP 地址是具有路由功能的设备的 IP 地址。某一子网中的主机在本子网中找不到目标主机时，就通过它的网关将数据包转发给其他子网的网关。如果找不到可用的网关，则把数据包发给一个指定的网关即默认网关，其他子网的网关再转发给子网中的目的主机。

4. 传输层

网络层的 IP 协议用来区分不同子网，数据链路层的 MAC 地址用来找到主机，传输层的功能是建立端口到端口的通信。用"端口"标识一台主机上的不同应用程序，让应用层的各种应用进程将其数据通过端口向下交付给传输层，让传输层将其报文段中的数据向上通过端口交付给应用层相应的进程，实现对多个应用同时发送和接收数据。传输层封装后的数据包如图 3-19 所示。

源MAC：08：00：20：0A：8C：6D	源IP：192.168.1.1	源端口号：32768	数据包
目标MAC：17：A0：2E：0A：20：DC	目标IP：192.168.2.3	目标端口号：21	

图 3-19 传输层封装后的数据包

1）端口

端口包括物理端口和逻辑端口，物理端口用于连接物理设备，逻辑端口从逻辑上区分服务。

一个 IP 地址可以同时运行多个网络服务，不同的服务通过"IP 地址+端口号"进行区分。端口 0～1023 被称为"公认端口"或"常用端口"，明确表明了某种服务的协议，紧密绑定于特定的服务，不能重新定义它的作用对象，如 HTTP 通信使用的端口 80、Telnet 服务使用的端口 23。

2）传输层协议

在传输层定义了两种服务质量不同的协议：传输控制协议（TCP）和用户数据报协议（UDP）。

（1）TCP 协议。

TCP 协议是面向连接的可靠连接服务，从应用层程序中接收数据并进行传输。TCP 连接通过"3 次握手"建立，TCP 连接的终止则要通过"4 次挥手"关闭。

以太网数据包（Packet）包括负载（Payload）和头信息（Head）两部分，其大小是固定的。IP 数据包在以太网数据包的负载里面，TCP 数据包在 IP 数据包的负载里面，由于 IP 和 TCP 协议都有头信息，因此 TCP 负载实际为 1400B 左右。

一个数据包只有 1400B，发送大量数据就必须分成多个包，如一个 10MB 的文件就需要发送 7100 多个包。发送的时候，TCP 协议为每个包编号（Sequence number，SEQ），以便接收方按顺序还原，也方便知道丢失的是哪一个包。第一个包的编号是一个随机数，下一个包的编号是上一个包的长度+1，每个数据包都可以得到自身的编号和下一个包的编号。

（2）UDP 协议。

UDP 协议是一个不可靠的、无连接的协议，适用于不需要对报文进行排序和流量控制的场景。

UDP 报头由源端口号、目标端口号、数据报长度和校验值组成。UDP 使用端口号为不同的应用保留其各自的数据传输通道，发送方将 UDP 数据报通过源端口发送出去，接收方通过目标端口接收数据。有的应用只能使用预先为其预留或注册的静态端口，有的应用则可以使用未被注册的动态端口。

UDP 和 TCP 的主要区别在于两者如何可靠地传递数据。TCP 中包含了专门的传递保证机制，具有更高的安全性和可靠性。UDP 没有 TCP 可靠，并且无法保证实时业务的服务质量，但 UDP 的传输时延低于 TCP。在实际应用中，UDP 主要用于传输视音频媒体，TCP 用于传输数据和控制信令。

5. 应用层

用户使用的应用程序均工作在应用层。

应用层面向不同的网络应用引入不同的应用层协议，规定应用程序的数据格式。不仅有基于 TCP 协议的文件传输协议 FTP、虚拟终端协议 Telnet、超文本链接协议 HTTP 等，也有基于 UDP 协议的 SNMP、TFTP、NTP 等。图 3-20 为数据包在网络各层的数据封装示意图。

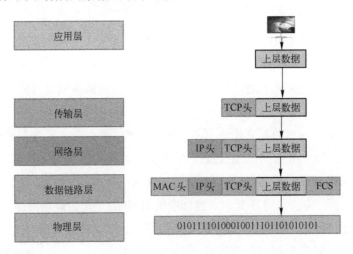

图 3-20 数据封装示意图

3.2.1.2 数据通信的实现过程

一个完整的数据通信网络一般由计算机主机、网络交换机、路由器、服务器等设备组成。

网络中的每台主机需要配置本机的 IP 地址、子网掩码、默认网关。

如图 3-21 所示，源主机 A 在发送一组数据时，首先在本机对数据包进行 TCP 封装，设置源端口号和目标端口号，然后交给网络层进行数据包的发送。

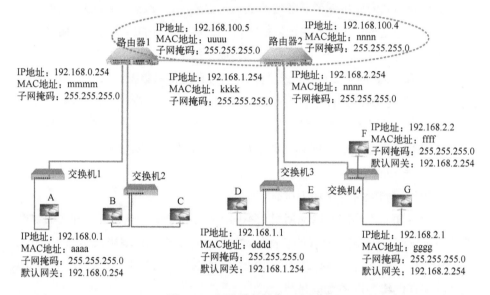

图 3-21 网络传输结构示意图

源主机 A 对本机 IP 地址、目标主机 G 的 IP 地址与子网掩码进行"与"运算，判定是否在同一子网内。如果二者在同一子网，那么源主机 A 就将数据包发给交换机 1，交换机 1 通过查找 MAC 地址表，将数据通过对应的端口转发给目标主机 G。

如果源主机 A 和目标主机 G 不在同一子网内，那么源主机 A 就将数据包发给默认网关。源主机 A 首先通过查找 ARP 缓存表得到默认网关的 MAC 地址，然后将自己的（源）MAC 地址、默认网关（路由器端口）MAC 地址封装在数据链路层头部，将自己的 IP 地址、目标主机 G 的 IP 地址封装在网络层头部，最后发包给交换机 1。交换机 1 通过查找 MAC 地址表，将数据包转发给路由器 1。

路由器 1 打开数据包看到了目标主机 G 的 IP 地址，查看路由表发现下一跳地址，生成转发表匹配发送端口，对数据包的数据链路层头部重新进行封装，发送给路由器 2。

路由器 2 打开数据包看到了目标主机 G 的 IP 地址，查看路由表发现下一跳地址，生成转发表匹配发送端口，查找 ARP 缓存表获得目标主机 G 的 MAC 地址，将目标主机 G 的 MAC 地址封装在数据链路层头部后发送给交换机 4。

交换机 4 收到数据包，发现目标主机 G 的 MAC 地址，查找 MAC 地址表通过对应端口发送给目标主机 G，就完成了一个网络数据发送的流程。

3.2.1.3 数据通信中的信息交换

信息交换需要按照某种方式动态地为功能单元分配传输信道。通信网中的交换方式可以分为电路交换和分组交换，在电话网中采用的是电路交换，在数据网中采用的是分组交换。

1. 通信网的交换方式

如图 3-22 所示，电路交换的特点是在用户之间建立一条连接通路，以直接传递信号。分组交换（Packet-Switching）与电路交换不同，它不在通信两端用户之间建立通路，而是由交换设备将发送端送来的信号先存储起来，再按照信号中的目的地址信息转发到接收端，因此又被称为"存储—转发"方式。

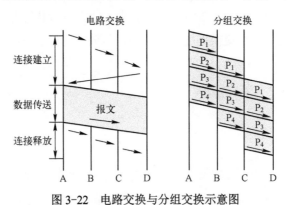

图 3-22 电路交换与分组交换示意图

1）电路交换

电路交换是通信网中最早出现的一种交换方式，公众电话网和早期蜂窝移动网都采用了电路交换技术。电路交换是一种面向连接的交换方式，通信双方在进行数据传输时，需要建立一条双方独占的端到端专用物理链路，这条链路在数据传输期间一直被独占直到通信结束后才释放。

电路交换的通信线路为双方独占，时延很小，数据按顺序传送不会乱序，不同的通信组不会争用物理信道，通路建立后可以随时通信。但是，电路交换在线路空闲时也不能供其他人使用，信道的利用率很低，通信链路通路中的任何一点故障，都必须重新拨号建立新的连接。

2）分组交换

分组交换采用了存储转发方式，规定了每次传送数据块的大小，大的数据块要划分为小的数据块，加上必要的控制信息（源地址、目的地址、编号信息等）构成分组（Packet）。网络节点根据控制信息把分组送到下一节点，直到目标节点。

分组交换不需要像电路交换一样建立双方独占的专用线路，不存在线路建立连接产生的时延；在不同的时间段，通信各方部分占有这条物理通道，线路的利用率高；分组逐个传输，不同分组的存储和转发可以同时进行，减少了传输时间。分组出错概率很小，需要重发的数据量小，传输时延小。

相对于电路交换，分组交换的存储转发机制增加了时延，节点交换机必须具有很强的处理能力；每个数据包都有额外的源地址、目的地址、编号信息等控制信息，增加了需要传输的信息量；数据报服务时会发生失序、丢失等现象，分组到达后要对分组按编号次序进行重新排序。

2. 数据通信中的交换机

数据交换机是一种基于 MAC 地址识别，能完成封装转发数据包功能的机器，网络中的数据经过交换到达指定的端口传输，是一个完整通信网络中的关键一环，如图 3-23 所示。

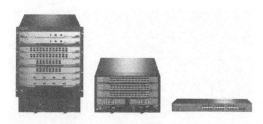

图 3-23　汇聚/接入交换机（图片来源：TP-LINK）

1）交换机的常用分类方法

交换机的分类方法很多，最常见的是按网络拓扑结构、网络模型、交换机的可管理性进行分类。

（1）按网络拓扑结构的分类。

从周界安全技术防范体系中的中大型视频监控系统来看，其网络拓扑结构一般分为接入层、汇聚层、核心层三层，如图 3-24 所示。按照网络拓扑结构，交换机可分为接入层交换机、汇聚层交换机和核心层交换机。

第 3 章 周界安全技术防范中的信息传输

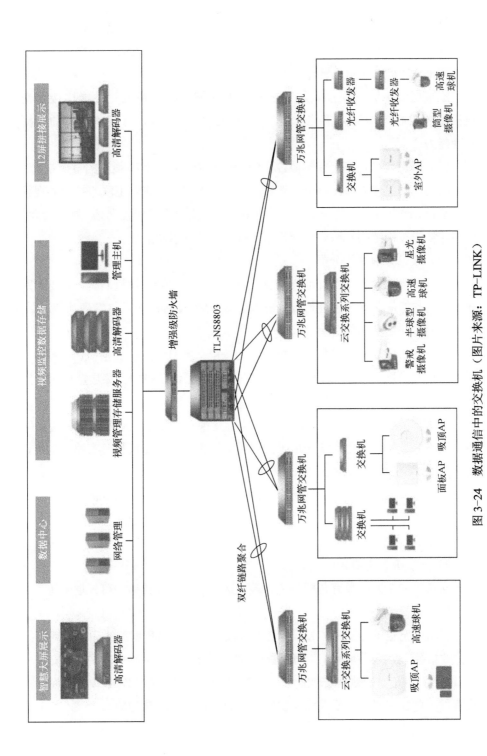

图 3-24 数据通信中的交换机（图片来源：TP-LINK）

接入层交换机直接面向用户连接或网络访问，下联网络摄像机等网络设备，向上接入汇聚层交换机，具有较高的接入能力。接入层交换机可以选用 10/100M 交换机，也可选择千兆交换机。

汇聚层交换机下联接入层交换机，上联核心层交换机，性能比接入交换机要求要高，一般为千兆电口和光口的三层交换机，能提供较高的数据吞吐能力。

核心层交换机是整个视频监控系统的中心交换机，具有很高的背板带宽、较多的高速电口和光口，用于汇聚和连接各汇聚层交换机，上联监控中心视频管理平台、磁盘阵列、信号交互与处理等设备，需要高速转发通信，提供优化、可靠的骨干传输结构。核心层交换机一般为三层交换机。

（2）按可管理性的分类。

按照可管理性，交换机可分为非网管交换机和网管交换机两类，主要区别在于是否支持简单网络管理协议（SNMP）、RMON 等高级网络管理功能。

（3）按网络模型的分类。

按照网络模型，网管型交换机可分为二层交换机和三层交换机。

二层交换机基于 MAC 地址进行数据转发，工作于数据链路层，可用作接入层交换机和汇聚层交换机。

三层交换机基于 IP 协议和 IP 地址进行交换，工作于网络层，主要用作网络的核心层交换机，也少量应用于汇聚层交换机。三层交换机具有路由功能，是它与二层交换机的最大区别。

三层交换机主要为了实现两个不同子网的虚拟局域网（Virtual Local Area Network，VLAN）通信，不是用来作数据传输的复杂路径选择，并不能完全取代路由器。

2）交换机的主要参数

交换机的主要参数有背板带宽、端口速率、包转发速率、可扩展性等。

（1）背板带宽。

背板带宽也称为交换容量，是交换机接口处理器与数据总线间所能吞吐的最大数据量。交换机所有端口间的通信都通过背板完成，背板带宽决定了交换机端口间并发通信时的数据处理能力，可表示为背板带宽=端口数量×端口速率×2。只有最小背板带宽满足要求才能实现网络的全双工无阻塞传输。

(2)端口速率。

端口速率是指端口能够传输数据的最大速率，一般电口的速率是十兆、百兆和千兆，光口的速率可以达到万兆以上。

(3)包转发速率。

网络中的数据由一个个数据包组成，包转发速率是指在不丢包的情况下单位时间内通过的数据包数量，也称端口吞吐量，通常用每秒时间内转发数据包的个数"包/秒"（p/s）来衡量。

网络中一个数据包是84B（数据64B+帧头8B+帧间隙12B），包转发速率（Mpps）=万兆位端口数量×14.88Mp/s+千兆位端口数量×1.488Mp/s+百兆位端口数量×0.1488Mp/s。一台24个千兆口的交换机，其吞吐量只有达到24×1.488Mp/s=35.71Mp/s，才能确保所有端口线速工作时能够实现无阻塞的包交换。

(4)可扩展性。

可扩展性主要体现在交换机支持的插槽数量和模块类型。

功能模块和接口模块插在插槽中，每个接口模块提供的端口数量一定，因此插槽数量决定了交换机所能容纳的端口数量和可扩展性。交换机支持的模块类型越多，可扩展性就越强。

3.2.2 光纤通信技术

光通信的历史非常悠久，"周幽王烽火戏诸侯"就是通过狼烟来传递信息召集诸侯的。

光在不同密度的介质中传播速度不同。如图3-25所示，光从一种介质射向另一种介质时，在介质交界面会产生折射和反射，入射角的正弦 $\sin\alpha$ 与折射角的正弦 $\sin\gamma$ 之比为第二介质对第一介质的相对折射率 n_2/n_1，折射现象会在入射角达到或超过一定角度时消失，入射光全部被反射回来。

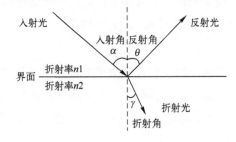

图3-25 光的反射与折射现象示意图

光纤通信就是利用了光在不同介质中的全反射来实现传输的。如图 3-26 所示,一个完整的光纤通信系统由发送端、传输通道、接收端三部分组成,其中:发送端用于把电信号转换成光信号,传输通道用于载送光信号,接收端用于接收光信号并转换成电信号。

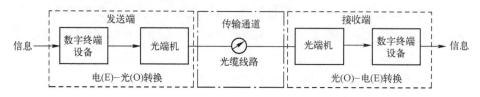

图 3-26　光纤通信系统组成示意图

3.2.2.1　光纤与光缆

光纤通信以光纤作为信息的传输媒介,具有通信容量大、中继距离长、不受电磁干扰,以及光缆成本低、重量轻、体积小等优点。

1. 光纤的结构与分类

光纤是由玻璃或塑料拉制而成的光导纤维,可作为光传导的工具。

1)光纤的结构

光纤呈圆柱形,由纤芯、包层和涂覆层 3 部分组成,如图 3-27 所示。

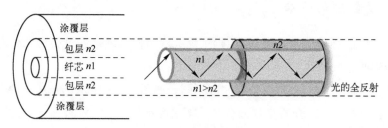

图 3-27　光纤结构示意图

纤芯是大部分光功率通过的光纤中心区,目前通信用的石英光纤的纤芯主要成分是二氧化硅(SiO_2)和极少量 GeO_2 等掺杂剂,纤芯直径一般在 4~50μm 之间。

包层是为光传输提供反射面和光隔离的包在纤芯外面的介质材料,其成分也是高纯度二氧化硅(SiO_2)。为降低包层对光的折射率,也需要添加极少量的掺杂剂(如 B_2O_3),使之略低于纤芯折射率,即 $n_1>n_2$,使光信号能够在纤芯中传输。

涂覆层在光纤的最外层，用来保持包层表面完整、保护光纤不受物理损害，在光纤成缆时起加强保护作用，延长光纤的使用寿命。

2）光纤的基本分类

光纤可以分为多模光纤和单模光纤两大类。

当光纤芯径远大于光波波长时，光传输的过程中会存在着几十种乃至几百种的传输模式，这样的光纤称为多模光纤。多模光纤传输的距离比较近，一般只有几千米。

当光纤芯径与光波长在同一数量级时，光纤只允许激光以基模的模式在其中传播，这样的光纤称为单模光纤。其模间色散很小，适用于远程传输。

2. 光缆的结构

单独的光纤是非常脆弱的，不能直接使用，要将一芯或多芯光纤进行合并、捆绑、加固成光缆，才能满足应用中弯曲、折损、抗冲击等基本要求。不同用途的光缆有不同的结构，但基本由缆芯、护层和加强件等部分组成。图 3-28 为 GYTS 型光缆剖面结构。

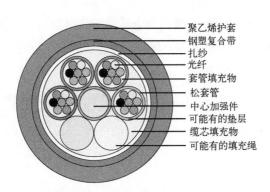

图 3-28　GYTS 型光缆剖面结构

缆芯由单根或多根光纤组成，一般只有尾纤为单芯，大多数的光缆为多芯。护层是缆芯到表层的由内到外的多层圆筒状护套，可分为内护层、铠装层、外护层等，对已成缆的纤芯起防水、防潮、抗拉、抗压、抗弯等保护作用，避免受外界机械力和环境损坏。加强件主要用来增强光缆的抗拉强度，一般为钢丝或非金属纤维，位于光缆的中心或护层中。

光缆一般通过地埋、穿管、架空等形式敷设，图 3-29 为光缆架空线路的主要组件。

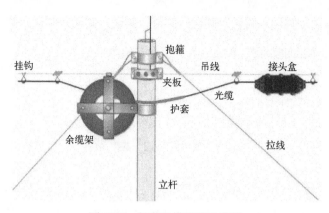

图 3-29 架空光缆线路示意图

3.2.2.2 光纤的接续与连接

光纤和光缆的接续与成端较电缆要复杂得多。光纤的接续可分为两类：一类是接续完成不可拆断的固定接续，一般用于光缆的直接接续；另一类是用可拆卸的连接器连接的活动接续，一般用于光纤跳线、设备连接。

1. 光纤熔接

光纤熔接是指通过光纤熔接机的电弧放电将两段光纤熔化为一体，主要过程包括光纤端面处理、接续安装、熔接、接头保护、余纤盘留等步骤。图 3-30 为光纤熔接机及熔接示意图。

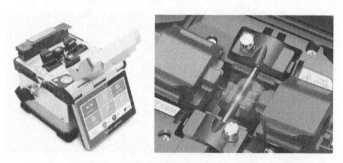

图 3-30 光纤熔接机及熔接示意图（图片来源：维英通）

2. 光纤连接

光纤连接器是两光纤或两光纤束之间相互传递功率，并可重复地连接与拆开的器件。

光纤跳线两端都是活动接头，用来连接尾纤和设备、设备和设备。一般情况下，将光纤跳线中间剪开便成了两根尾纤。尾纤一般用在终端盒里，一端和光缆中的光纤熔接，另一端跟光纤收发器或光模块相连，构成光传输通路。尾纤与光纤跳线示意图如图 3-31 所示。

图 3-31　尾纤与光纤跳线示意图（图片来源：速豪天猫旗舰店）

光纤连接头的结构形式主要有 FC、SC、LC、ST 等，图 3-32 为常见的光纤连接器接口与耦合器示意图。

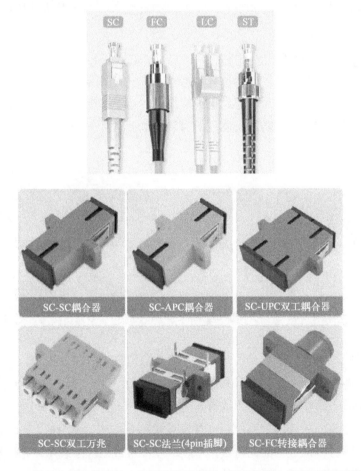

图 3-32　常见光纤连接器接口与耦合器示意图（图片来源：速豪天猫旗舰店）

FC 型光纤连接器采用金属套进行外部加强，紧固方式为螺丝扣，圆形螺纹金属接头的可插拔次数比塑料要多很多，在配线架上用得比较多。SC 型光纤连接器是标准方形接头，插针的端面多采用 PC 或 APC 型研磨方式，紧固方式为卡接式，不需要旋转。LC 型光纤连接器的紧固方式和 SC 型连接器相同，但其体积却减小为普通光纤连接器所用尺寸的一半。ST 型光纤连接器是卡接式金属圆形接头。

根据光纤连接器头部白色圆柱端面的研磨方式，光纤连接器有 PC、APC 和 UPC 三种类型。PC 接头截面是平的，实际上是微球面研磨抛光，在电信运营商的设备中应用得比较广泛。APC 接头呈 8°角，并做微球面研磨抛光。UPC 接头是弧形的，衰耗比 PC 接头要小，一般用于有特殊需求的设备。

光纤连接器上常见有 SC/PC、FC/PC 等标注，"/"前面的表示接头类型，后面的表示端面研磨方式。

3. 光缆接续的防护

两条光缆在接续成一条长的光缆时，需要将熔接部分封存在密封性能很好的熔接盒里，对接续的光缆起到保护的作用。光缆熔接盒一般埋在地下或架空在野外使用，对防水、防潮、防压等有较高的要求，如图 3-33 所示。

图 3-33　光缆熔接盒示意图（图片来源：速豪天猫旗舰店）

在光缆接入光传输设备前，需要在终端盒内将光缆拆分成单条光纤，终端盒对光缆和尾纤的熔接部分起到保护作用。

3.2.2.3　光纤通信技术与设备

一个完整的光纤通信系统由光传输设备和光传输信道组成，光传输的传输速率是每秒钟传输数据的比特数，一般用 Mbit/s 或 Gbit/s 表示，光传输设备的技术体制决定了光纤传输系统的容量（速率）。

1. 光纤通信的复用技术

复用是指将几路独立的信号组合成一路复合信号，并通过一条传输信道进行传输。

1）时分复用

时分复用是指将传输时间分割成若干个分立的周期性的时间间隔（时隙），多路信号按某一规律插入相应的时隙，实现多路信号的复用传输，其原理如图 3-34 所示。

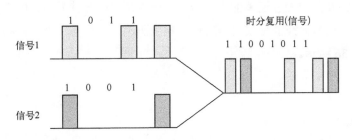

图 3-34　时分复用原理（图片来源：鲜枣课堂）

2）波分复用

中心波长是指传输的光信号的中心频率，光纤通信常用的波长为 850nm、1310nm 和 1550nm。如图 3-35 所示，波分复用是在一根光纤上同时传输多个不同波长的激光载波，每个激光载波携带不同的信息，单波长容量可达 10Gbit/s，复用的波长数可达 160 个。波分复用使单根光纤的传输容量比单波长传输增加几倍至上千倍，可以同时传输特性完全不同的信号，承载多种格式的业务。

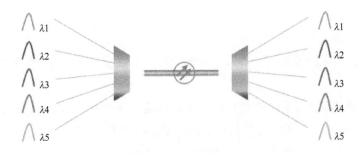

图 3-35　波分复用原理图（图片来源：鲜枣课堂）

2. 光纤传输设备

常见的光纤传输设备有光模块、光端机、无源光网络设备等。

1）光模块

光模块是一个由光电子器件、功能电路和光（电）接口组成的光电转换模块。光模块为远距离的通信传输提供了可行的解决方案，提高了网络覆盖的灵活性。

光电子器件包括发射和接收两部分。在发射端输入电信号，经内部驱动电路驱动光源发射出相应速率的光信号；在接收端接收光信号后，由光探测二极管转换为电信号，经前置放大器后输出相应码率的电信号。光模块的组成示意图如图 3-36 所示。

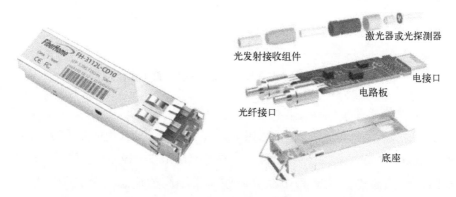

图 3-36　光模块组成示意图（图片来源：烽火数码天猫旗舰店）

光纤通信技术的快速发展，使光模块的速率不断提升、体积不断缩小。不同传输距离、带宽需求、使用场所对应使用的光纤类型有所不同，导致款型标准比较丰富。

（1）常规波长光模块。

GBIC 光模块采用 SC 接口，是将千兆位电信号转换为光信号的热插拔接口器件。

SFP 光模块是采用 LC 接口的小型可热插拔光收发一体模块。SFP 光模块功能基本和 GBIC 一致，体积却是 GBIC 模块的一半，因而也称为小型化 GBIC （mini-GBIC）。SFP 光模块速率可选 155M、1.25G、2.5G、4.25G 等。

XFP 光模块是采用 LC 接口的万兆 SFP，采用一条 XFI（10Gb 串行接口）连接的全速单通道串行模块，可替代 Xenpak 及其派生产品。

SFP+光模块是将 XFP 封装进 SFP 的新一代万兆光模块，是增强型 SFP 模块。外观、尺寸和 SFP 光模块一致，比早期的 XFP 光模块缩小了约 30%。由于 SFP+只保留了基本的电光、光电转换功能，减少了 XFP 中信号控制功能，功耗也就更低。

视频光端机、光纤收发器中一般采用百兆和千兆的 1*9 光模块和 SFP 光模块，交换机和路由器中一般采用千兆和万兆的 GBIC、SFP、SFP+、XFP 等光模块。

（2）采用波分技术的光模块。

SFP+光模块是万兆光接口，除了常规波长的应用外，主要还采用了 WDM（波分复用）技术，形成了传输速率更高的不同款型光模块。

DWDM SFP 光模块采用密集波分复用技术，将不同波长的光复用到单芯光纤中传输。

CWDM SFP 光模块采用稀疏波分复用技术，将 1270～1610nm 分为波段间相隔 20nm 的 18 个波段，并通过波分复用器，将不同波长的光信号复用合成进行传输。

BIDI 光模块是只有 1 个端口的单纤双向传输光模块，通过光模块中的滤波器能同时完成 2 个不同波长光信号在一根光纤中的发射和接收。

2）光端机

光端机是安装在光缆线路两端的光信号终端设备，一收一发完成信号的电/光转换和光/电转换。

（1）通信光端机。

PDH 光端机容量小，一般为 4*E1、8*E1、16*E1，点到点成对应用。E1 是一种中国和欧洲采用的数据传输标准，速率为 2.048Mbit/s，也就是通常所说的 2M。

SDH 光端机兼容 PDH、ATM、IP 等业务，支持语音、数据、视频多种应用，可根据需要在 2Mbit/s、34Mbit/s、155Mbit/s、622Mbit/s、2.5Gbit/s 等速率进行选择，直接从高速信号中上下低速支路信号。SDH 帧中分配约 5%的字节为操作维护管理信息，网络运行、维护、管理（OAM）的功能比较强。

如图 3-37 所示，通过 SDH 终端复用器（TM）、分插复用器（ADM）、再生中继器（REG）等基本网络单元，在光纤、微波等传输媒质上实现了同步信息的传输、复用、分插和交叉连接，构建点对点、线形、环形和网孔型传送网络。

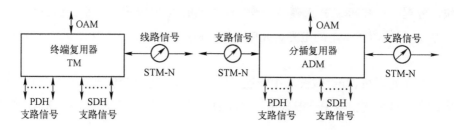

图 3-37　SDH 终端复用和分插复用示意图

（2）视频光端机。

周界安全技术防范系统的光端机，是安全防范系统中先将输入的电信号转换成光信号，再将通过光纤传输的光信号还原成电信号输出的设备，一般由光发射机和光接收机组成一对光端机设备，光纤收发器按所需光纤数量可以分为单纤和双纤。

在技术防范体系中，一些监控前端分布节点少、距离远，难以直接通过网线接入交换机，尤其是网络摄像机的大量应用需要较大速率的远距离回传，这就需要光传输设备（光端机）来完成。这种需求量很大、用来传输视频的光端机一般称为视频光端机。

视频光端机在实际应用中经常被称为光纤收发器，在远距离传输过程中实现电信号（以太网）和光信号的光电转换，有时也被称为光电转换器。光纤收发器一端是连接光传输系统的光口，另一端是连接用户设备的 100M/1000M 电口。

传输距离是指一对传输设备间无中继放大时的最远传输距离，目前光纤收发器的传输距离一般为 0～120km。

3）无源光网络设备

无源光网络（Passive Optical Network，PON）是一种点对多点结构的单纤双向光接入网络。

PON 系统主要由光线路终端（Optical Line Terminal，OLT）、光网络单元（Optical Network Unit，ONU）和光分配网络（Optical Distribution Node，ODN）组成。

OLT 是局端光传输设备，提供业务网络与 ODN 之间的光接口，为各种业务提供传输手段。ODN 在 OLT 与用户侧的 ONU 之间完成光传输，完成局端与用户侧之间光信号的传输和分发，建立局端与用户侧的端到端信息传送通道。ONU 是用户侧的光传输设备，对 ODN 提供与用户的光接口，对用户设备提供电接口，并实现各种电信号的处理与维护管理。

PON 是一种纯介质网络，在接入网中以无源设备代替有源设备，减小了电磁和雷电干扰的影响。由于局端设备和光纤（从馈线段一直到引入线）实现了用户间共享，光纤线路长度和收发设备数量减少，成本明显低于其他点对点通信方式。图 3-38 示例了一种用于视频回传的 PON 组网方案。

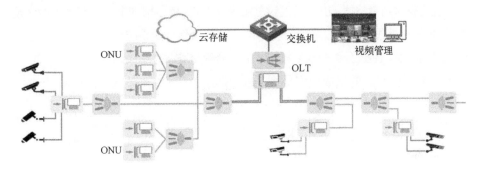

图 3-38　一种视频回传 PON 组网方案

3.2.3　微波通信技术

微波通信、光纤通信、卫星通信是现代通信传输的三大主要手段。

微波通信系统作为一种无线通信方式，具有传输容量大、可快速安装、适应复杂的地理环境、灾后恢复快速等特点，在灵活性、抗灾性和移动性方面具有光纤通信无法比拟的优点，在移动基站回程传输、光纤网络补网、重要链路备份、行业专网等领域得到广泛应用。常见的微波站如图 3-39 所示。

图 3-39　微波站

3.2.3.1 微波通信的发展

微波是指频率在 0.3~300GHz 范围内的电磁波，是无线通信的主要频段。目前电信业务常用的微波通信设备主要工作在 6~50GHz、70~86GHz 等频段，行业领域仍使用一些低频段。微波通信只能视距通信，传输距离一般不超过 50km，远距传输需要多个站视距连接进行接力通信，因此也称为微波中继通信。

数字微波传输系统分为时分复用（TDM）数字微波和分组数字微波两大类。TDM 数字微波是基于 TDM 传输模式的数字微波，其中 PDH 和 SDH 微波的 TDM 业务直接映射到微波帧，IP 业务通过分组报文方式映射到微波帧。分组数字微波是基于 IP 传输模式的数字微波，包括纯 IP 业务的分组传送系统，以及对 TDM 业务进行封装映射、通过分组交换复接组成的混合数字微波传送系统。

微波通信系统的组成模型如图 3-40 所示。

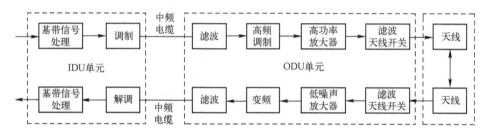

图 3-40　微波通信系统的组成模型

早期的微波通信系统是频分复用（FDM）制式的模拟通信，与同轴电缆传输系统一起构成了长途通信网的骨干传输干线。20 世纪 80 年代中期开始，PDH、SDH 技术逐步取代了原先的模拟微波通信系统，出现了 $N×155Mbit/s$ 的 SDH 大容量数字微波通信系统，PDH、SDH 数字微波采用电路交换体制，信道的利用率比较低。

一体化 IP 微波支持 IP 分组化业务，同时兼容 PDH、SDH 等传统业务，可以单独传送一种业务或混合传送多种业务。

3.2.3.2　微波通信设备

微波通信设备从结构上可以分为分体式设备、全室内型设备和全室外一体化设备。全室内型设备除天馈系统位于室外，其他的射频、中频、信号处理等单元全在室内，主要用于大容量多波道长距离的长途干线、本地网干线和部分专用微波线路。如图 3-41 所示，全室外一体化设备的天馈线和射频、中频、处理单元均在室外构成一体，该类型设备直接在室外提供业务接口，便于全室外型设备的业务回传。

第 3 章　周界安全技术防范中的信息传输

图 3-41　全室外一体化设备及天线示意图

应用最为广泛的是分体式设备，该类型设备的天馈线和射频部分在室外，中频和处理单元部分在室内或室外封闭式机柜内。天线将发信机的微波能量沿天线指向发射出去，接收对端发射的微波能量并传输给收信机，常见的微波天线有抛物面天线、卡塞格仑天线、板状天线。室外单元是收发信机，他们的主要功能是进行中频和射频信号的转换、对射频信号进行处理和放大等。室内单元主要进行业务的接入与调度、调制解调等。

3.2.3.3　微波通信组网

微波通信网络主要有线型点对点链路、枢纽型链路、环形链路等形式。

微波站可分为终端站、中继站、枢纽站三种类型。如图 3-42 所示，终端站位于一条微波链路的末端，只向上游台站方向通信，主要用于上下业务。中继站位于微波链路的任意两个台站之间，完成向上下游台站两个方向的数据传输，一般用于上下游台站间的数据中转，可以用于上下业务，也可以不进行上下业务。枢纽站位于微波链路中间，向三个以上方向通信，一般用于上下业务。

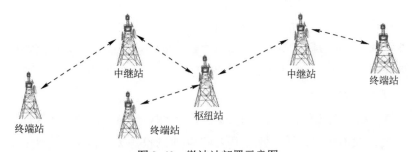

图 3-42　微波站部署示意图

微波频段的无线电波基本沿直线传播，两个站点间不能有明显的障碍物遮挡。在遇到遮挡、超出视距范围时，要在障碍点或其他合适的地方部署能与两点通视的中继站，以实现微波通信的转接，通常可以分为有源中继站和无源中继站两类。图 3-43 为美军使用过的微波中继站。

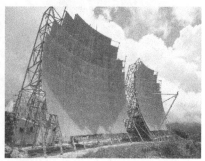

图 3-43　微波中继站示意图

有源中继站有射频直放站和再生中继站两种。射频直放站是直接在射频上对信号放大的有源、双向、无频移中继系统，可直接用作微波系统中不需上下话路的中继站。再生中继站则要对接收信号进行放大、转发等处理，有再生微波信号的全套射频单元，类似一对背靠背的微波站，可以延长微波信号的传输距离，也可以偏转传输方向以绕过障碍物。

无源中继站类同于波束方向转换器，它通过无源的天线或反射板，在不同方位上通过无线电波的转发、反射，实现天线间的通视，可以由两个天线背靠背实现转发，也可以通过一块或两块相对于通信两端有合适角度的反射板来实现。

3.2.3.4　无线网桥

无线网桥是一种在安防监控领域常见的微波传输设备，使用微波传输的方式可以实现两点或多点间的远距高速无线组网。

无线网桥可分为电路型网桥和数据型网桥。电路型网桥采用 PDH/SDH 数字微波机制，具有数据速率稳定、传输时延小的特点，适用于多媒体融合网络。数据型网桥采用 IP 传输机制，具有组网灵活、成本低廉的特点，广泛应用于各种 IP 架构的数据网络。

无线网桥一般工作在 2.4G 和 5.8G 两个频段。2.4G 网桥的传播性能好于 5.8G 网桥，成本相对较低，但使用 2.4G 频段的设备多，容易因信号干扰而使传输质量下降。5.8G 网桥的工作信道相对纯净，传输速率可达 1Gbit/s，但信号穿透性差，传播途中不能有遮挡。

第3章 周界安全技术防范中的信息传输

无线网桥的设计传输距离有多种规格，传输距离的增加、雨雾雪等天气都会导致网桥传输性能下降，应用时要选择标称传输距离大于应用距离、标称速率大于理论需求速率的设备。

3.2.4 低功耗广域网

随着传感器、边缘计算、人工智能等技术的发展，小数据量、低功耗、海量部署的微传感器在安防场景中得到大量应用，需要"低功耗、广覆盖、大连接"的低功耗广域网（Low-Power Wide-Area Network，LPWAN）技术，为数以万计的传感器提供泛在连接。物联网主要传输技术如图3-44所示。

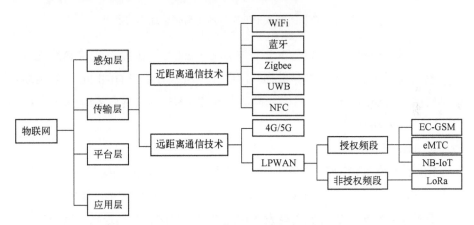

图3-44　物联网主要传输技术示意图

低功耗广域网的应用需要综合考虑成本、速率、延时、移动性、覆盖、供电等因素，NB-IoT和LoRa是当前应用比较广泛的两种低功耗广域网技术。

3.2.4.1 蜂窝窄带物联技术

工业和信息化部办公厅发布的《关于深入推进移动物联网全面发展的通知》（工信厅通信〔2020〕25号）中，提出建立NB-IoT（窄带物联网）、4G（含LTE-Cat1）和5G协同发展的移动物联网综合生态体系，在深化4G网络覆盖、加快5G网络建设的基础上，利用NB-IoT技术满足大部分低速率场景需求，利用LTE-Cat1技术满足中等速率物联需求和话音需求，利用5G技术满足更高速率、低时延联网需求。图3-45示意了物联网连接中的不同应用对传输速率的要求。

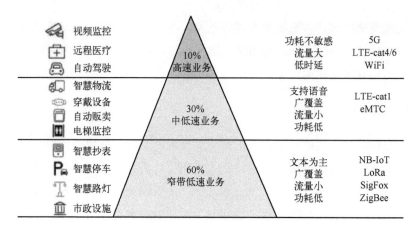

图 3-45 物联网连接中的不同应用对传输速率的要求

在发展路线图上，要以 NB-IoT 与 LTE-Cat1 协同承接 2G/3G 物联连接，提升频谱利用效率。在保障存量物联网终端网络服务水平的同时，引导新增物联网终端不再使用 2G/3G 网络，推动存量 2G/3G 物联网业务向 NB-IoT/4G（Cat1）/5G 网络迁移。

1. NB-IoT 技术

NB-IoT 是 3GPP 确定的窄带蜂窝物联网技术标准，其网络架构与 4G 网络基本一致，由演进的接入网（E-UTRAN）、演进的分组核心网（EPC）以及物联网业务平台组成，支持低功耗设备通过蜂窝网络进行数据连接，为用户提供数据包较小的、收发不频繁的 IP 数据包以及 Non-IP 数据包的传输，具有部署灵活、广覆盖、大容量、低功耗等优势。

1）频段

NB-IoT 使用了授权频段，全球的主流频段是 800MHz 和 900MHz。工业和信息化部 2017 年第 27 号公告明确，在已分配的 GSM 或 FDD 方式的 IMT 系统频段上，电信运营商可根据需要选择带内工作模式、保护带工作模式、独立工作模式部署 NB-IoT 系统。中国电信的 NB-IoT 部署在 800MHz 频段上，中国移动和中国联通则部署在 900MHz 和 1800MHz 的频段。图 3-46 为移远通信的 LPWA 模组示意图。

2）覆盖

NB-IoT 充分考虑了传感器（物联网终端）部署位置的差异性、多样性，有比 GPRS 和 LTE 高 20dB 的增益，相当于提升了 100 倍的区域覆盖能力。一般来说，NB-IoT 的通信距离可达 15km。

图 3-46　LPWA 模组示意图（图片来源：移远通信）

3）速率

NB-IoT 独立工作模式的系统带宽为 200kHz，有效带宽为 180kHz。终端设备支持下行 OFDMA 传输和上行 SC-FDMA 传输，其中：下行可使用 12 个子载波，每个子载波间隔为 15kHz；上行传输子载波间隔同时支持 3.75kHz 和 15kHz，对于 15kHz 子载波间隔配置支持 3、6 或者 12 个子载波传输方式。理论下行峰值速率可达 126kbit/s@R14，上行峰值速率可达 158.5kbit/s@R14。

4）功耗

低功耗是物联网应用的一个重要指标，通过节电模式和扩展非连续接收，控制终端进行深度休眠、唤醒，终端模块的待机时间可达 10 年。

5）链接

NB-IoT 的一个扇区可以支持 10 万个链接。经过几年的发展，我国电信运营商已开通全球最大的 NB-IoT 网络。

NB-IoT 促进了很多智慧应用的落地，上海市长宁区江苏路街道为独居老人安装了门磁、烟感报警、红外监测等系统，智能水表将 12h 内读数低于 0.01m³ 设定为预警线自动报警，辖区居委会干部将第一时间进行上门探视。图 3-47 为采用 NB-IOT 和 LoRa 技术的智慧水表。

2. LTE-Cat1

LTE 终端能力等级 1（LTE UE Category1，LTE-Cat1）是 3GPP 标准 R8（第八版）的一部分，定位为物联网应用市场。2017 年 Rel-13 定义了 LTE-Cat1 bis，bis 是拉丁语"再一次"之意，意为在传统 Cat1 能力等级基础上的二次衍生，更符合移动性、时延、语音需求的中速场景。

2019 年 10 月，工业和信息化部信息通信发展司表示，随着 4G、5G 网络的普及，我国 2G、3G 通信网络的退网条件已经逐步成熟。在 2G、3G 退网的大背景下，NB-IoT 将会承接基于静态的、主动上报的、小数据量的应用场景，而一些具有实时性、移动性、一定带宽甚至语音通信能力的应用场景将可能被 LTE-Cat1 承接。图 3-48 为移远通信的 LTE-Cat1 模组在电动车智能仪表中的应用方案。

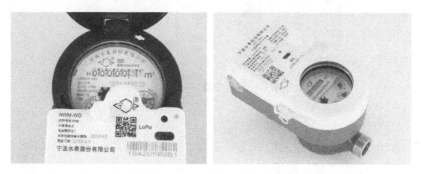

图 3-47 采用 NB-IOT 和 LoRa 技术的智慧水表（图片来源：宁波水表）

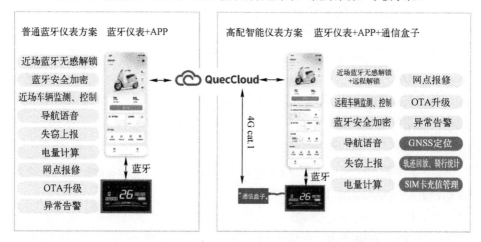

图 3-48 LTE-Cat1 模组在电动车智能仪表中的应用方案（图片来源：移远通信）

Cat1 的上行速率为 5Mbit/s、下行速率为 10Mbit/s，延时为 50～100ms。Cat1 相比 NB-IoT 在网络覆盖、速度和延时上有优势，相比传统 LTE-Cat4 则有低成本和低功耗的优势，并且拥有相同的毫秒级传输时延，以及支持 100km/h 以上的移动速度。

3.2.4.2 非授权频段 LPWAN 技术

频谱分为非授权频谱和授权频谱两类。非授权频谱不需要频谱主管部门同意，只要遵守相关法规就可以直接使用。例如，ISM（Industrial Scientific Medical）

频段是各国给工业、科学、医学 3 个领域无须许可即可使用的频段,但要求发射器件的发射功率低于一定限值(一般为 1W),避免对其他频段造成干扰,如 WiFi 使用的 2.4GHz 和 5.8GHz 非授权频谱频段。授权频谱要在得到频谱主管部门授权后严格遵守相关法规下使用,如 4G/5G、NB-IoT 使用的就是授权频谱。

电磁频谱的使用要注意相互间的干扰问题,如果用相同或极近的频率,那么在同一地点同时工作的两部电台会造成相互间的干扰。由于可供使用的电磁波频率是有限的,随着无线通信、物联网等技术的发展,频谱资源会越来越紧张,因此频谱资源不能由机构或个人随意占用。

非授权频段的 LPWAN 技术主要有 LoRa、SigFox 等,目前应用比较广泛的是 LoRa。截至 2020 年 1 月,全球 157 个国家和地区已部署 LoRa 网关超过 80 万个,基于 LoRa 的终端节点超过 1.45 亿个。目前 LoRa 联盟会员超过 500 家,中兴、小米、联想、阿里、腾讯、OPPO、vivo 都是其会员。

LoRa 是一种基于 1GHz 以下频谱的超远距低功耗无线数据传输技术,采用了线性调频扩频调制技术,既保持了频移键控的低功耗特性,又在实现远距离通信的同时,提高了网络效率和抗干扰能力。LoRa 在 433MHz 频段的接收灵敏度达到了-148dBm,相比其他 1GHz 以下的传输技术,接收灵敏度提高了 20dB,在空旷野外地区的覆盖距离可达 15km。图 3-49 为厦门四信公司的 LoRa 模组与网关示意图。

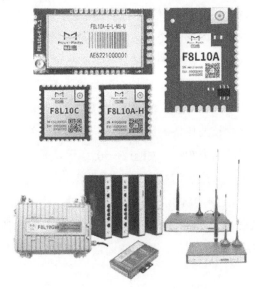

图 3-49　LoRa 模组与网关示意图(图片来源:厦门四信)

LoRa 运行在非授权频段，如 433MHz（国外）、470MHz、868MHz、915MHz 等 ISM 频段，数据传输速率在 0.3～50kbit/s。

LoRa 网络主要由终端（内置 LoRa 模块）、网关、网络服务器和应用服务器组成。LoRa 网络采用星形拓扑，终端节点直接连接到网关，网关经过其他网络回传连接至网络服务器，位于不同区域、连接不同网关的终端能够互传数据。

作为低功耗广域网技术的两个典型代表，NB-IoT 和 LoRa 具有低功耗、广覆盖、大连接、低成本等特点，两者在应用层面的不同在于：NB-IoT 是电信运营商建设和运营的使用授权频段的低功耗窄带物联网络；LoRa 是具有更好灵活性、自主性的使用非授权频段的自建网络。

3.3 周界安全技术防范中的机动指挥通信

作为安全防范的三要素之一，反应是目的，迅速可靠的指挥调度是制止安全风险事件发生的保障。扁平化的指挥体系希望从一线到指挥中心之间能够实时、高效通信，实现"叫谁谁到、呼哪哪通"。在公网没有覆盖的区域，实现机动中的指挥调度，是周界安全技术防范中的一个"老大难"问题。

在无线电报发明前，越洋渡海的轮船在海上航行时没有合适的方式进行通信，必须等靠岸后才能通过有线电话（电报）沟通联络。马可尼、波波夫、特斯拉等在 19 世纪末实现无线电通信后，这一技术迅速应用在航海和军事领域。无线通信通过自由空间的电磁波传递信息，在移动性、网络快速构建与恢复、环境适应性等方面具有无可比拟的优势。

无线通信占用了很宽的频谱，从长波到毫米波都得到了应用。

长波是指频率在 30～300kHz 范围内的电磁波。长波基本以地表面波传播为主，地表高低变化对长波传播的影响很小，传播比较稳定。长波频率低，传输带宽很小，能加载的信息很少。如图 3-50 所示，长波的波长很长，导致天线十分庞大，主要用于海岸、潜艇、远距离通信。

中波是指频率在 0.3～3MHz 范围内的电磁波。中波和长波一样能以地表面波或天波的形式传播，但中波频率需要在比较深入的电离层处才能发生反射。中波可用于完成可靠的通信，如船舶通信与导航，在军民领域都有应用但比较少见。

图 3-50 庞大的长波天线

短波是指频率在 3～30MHz 范围内的电磁波。短波在低频段（如 5MHz）以下时，一般以地表面波进行传播，由于大地对短波的吸收而衰减很快，一般情况下传播距离只有几十千米。短波最主要的传播方式是利用电离层的反射进行远距离无线电通信，具有传输距离远、组网快捷、电台携带方便、抗毁性强的优点，是不可替代的一种通信方式。

超短波是指频率在 30～300MHz 范围内的电磁波。超短波主要在空间直射传播，广泛应用于调频广播、雷达探测、移动通信等领域。

微波一般是指频率在 0.3～30GHz 范围内的电磁波。微波是直射波，在视距内进行传输，具有微波频段工作带宽大、频率高的特点，是利用最多的频段。当然，也有分法将微波通信的频段向高频端划分至 300GHz。

从传统的短波、超短波通信，到蜂窝移动通信、卫星通信、数字集群通信、自组网通信，技术本身并没有好坏之分，使技术充分发挥效能的核心，是针对特定的应用场景，在合适的时间、合适的地点选择合适的技术，完成合适的任务。

3.3.1 短波通信

短波通信在军民领域均广泛应用，可以用来传送语音、文字、图像、数据等信息。

短波通信是唯一不受网络枢纽和有源中继制约的远距通信方式，两部以上电台就可以快速组建一个通信距离达上千千米的通信网络（专），其远距通信能力、抗毁能力、自主通信能力、快速恢复能力无可比拟。图 3-51 为军事领域仍在广泛应用的短波电台。

图 3-51　军事领域仍在广泛应用的短波电台

短波通信利用地波和天波电离层反射来实现无线电波传播，工作频段为 3～30MHz，波长为 10～100m，也被称为高频（HF）通信。由于电离层对 1.5～40MHz 的无线电波有较好的反射效应，常见短波电台将 1.5～3MHz 的中波频段也吸收了进来。

传统短波通信带宽为 3kHz，数据传输速率为 75～2400bit/s。新的波形将信道带宽扩展到 6～24kHz 或 30～48kHz，数据传输速率可达 120kbit/s 或 240kbit/s。此外，也可以在多个离散的信道上通过信道聚合提高短波的数据传输速率。

3.3.1.1　短波的传播

短波的传播方式主要有天波和地波两种。

1. 天波传播

短波的主要传播途径是天波。天线发射出的短波信号经电离层反射返回地面，或在地面和电离层间连续多次反射，第一跳的最短天波传播距离约为 100km，连续多跳的传播距离可从几百千米至上万千米，因此天波传播不受地面障碍物的遮挡。

电离层是地球大气中高度大约在 50～2000km，存在大量离子和自由电子，电子密度足以显著影响一些频带的无线电波传播的大气层。高空大气层是一个上疏下密的多层结构，太阳辐射中的紫外线、X 射线对大气气体分子和原子添加或移去电子，使气体分子离解而生成离子，这样大气层中就会出现大量的离子和自由电子，如电离层 D 层在白天每立方米中约有 10^8～10^9 个电子。

根据电子浓度峰值高度，可以将电离层分为 D、E、F1、F2 等层。D 层高度约 50～90km，白天存在、夜晚消失，中午电离浓度最大，可反射 2～9MHz

频率的电磁波。E 层高度约 90～140km，电离浓度较小，对短波的反射作用很小。F 层可分为 F1 和 F2 层，F1 层高度约 140～250km，只在日间起作用；反射能力最强的 F2 层高度约 250～400km，日夜都支持短波传播。图 3-52 为美军对电离层的结构划分。

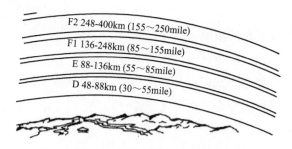

图 3-52 美军对电离层的结构划分

电离层中的电子浓度变化对短波频率的反射能力有很大差异，电子浓度高时反射的短波频率高，电子浓度低时反射的短波频率低，电离层的电子浓度和高度随昼夜、季节、地理位置、太阳黑子活动等因素变化而变化，因此在实际应用中，短波电台的工作频率需要经常变换，如选择不同的"日频"和"夜频"。

天波传播是不稳定的。一方面，电离层是太阳辐射和大气层相互作用形成的，受太阳辐射的影响在时间上产生周期变化、季节变化、逐日变化和昼夜变化，在空间上随高度和经纬度变化，同时还会受到地磁等因素引起的异常扰动。另一方面，在天波传播过程中，路径衰落、大气噪声、多径效应等造成的信号弱化和畸变，都会严重影响短波通信效果。

2. 地波传播

地波传播有直射波和地表面波两种方式。直射波是直接从发射端经直线传播到接收端，其传播距离一般局限于视距范围；地表面波是沿大地与空气分界面传播，传播距离与地表的介电系数、电导率、磁导率等介质特性有密切关系。

陆地表面对电波传输的衰耗大，短波信号沿地面最多传播几十千米，而且不同的陆地表面对电波的衰耗能力不一样，潮湿土壤地面比干燥沙石地面更利于电波的传播。海面介质的电导特性非常有利于电波传播，短波信号可以沿海面传播 1000km 左右。

地表面波的传播还与短波通信频率有关，低频段明显高于高频段，这是短波电台地波传播时常选择 5MHz 以下频段的主要原因。此外，地波传播不需要像天波传播一样经常改变工作频率。

3. 短波通信的盲区

通常地质环境条件下,地波的最远传播距离约在 30km,天波第一跳的最短传播距离约为 100km,30～100km 之间就成为地波和天波传播都难以达到的短波通信"盲区"。

3.3.1.2 短波电台的组成

短波电台一般由发信机、收信机及天线（馈线）组成。

短波电台按照使用方式可以分为移动式和固定式两大类,其中移动式短波电台按使用场合又可以分为便携式（背负台）、车（机/舰）载式（机动台）。

1. 收发信机

短波电台的发信机将要传送的信息对载波信号进行调制,经变频、放大后由天线发射出去。收信机由天线接收信号,经过放大、变频、解调,还原出原始信号。

在无线通信中,需要将信源信息附加在一定频率的载波上进行传输,这一过程被称为调制。调制有调幅、调频、调相三种基本形式,中波、短波一般采用调幅方式,超短波一般采用调频方式。

调幅信号的频谱是由中央载频、频率低于载频的下边带、频率高于载频的上边带组成,将不含有用信息的载频和含有相同信息的上下边带中的一个加以抑制,剩下的一个边带就成为单边带信号。单边带信号提高了频谱效率,减小了信道互扰,使抗选择性衰落能力增强,因此短波通信基本使用单边带方式。图 3-53 为民用领域的 PRC-4090 和 PRC-4050 短波电台。

图 3-53　PRC-4090 和 4050 短波电台（图片来源：北京新维科麦电信设备有限公司）

2. 天线

天线有效地向空间辐射或从空间接受无线电波。天线可区分为定向天线和全向天线，定向天线在规定方向比其他方向有显著高或低的辐射强度，全向天线通常在水平面内辐射强度无方向性。天线长度是无线电信号波长的 1/4 时，最有利于无线信号的发射和接收。

地波天线发射出的电磁波主要以地波的形式向四周传播，在移动台和便携台上广泛使用的鞭状天线就是典型的地波天线，固定台使用的地波天线主要是倒 L 形和 T 形天线。地波天线架设得越高，其发射效率就越高，天线高度达到 1/2 波长时发射效率最高。为提高天线的发射效率，通常可在地面上编排成栅状或蓆形的地网，为天线提供一个导电面。

典型的天波天线有双极、笼形、对数周期、菱形天线、角笼形、倒 V 形天线等，用天线的架设高度、斜度来控制发射仰角。图 3-54 为固定台站天波天线示意图。

 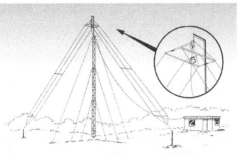

图 3-54　固定台站天波天线示意图（图片来源：北京新维科麦电信设备有限公司）

3.3.1.3　短波电台的应用

在使用短波电台组建通信网（专）时，必须注意正确选用工作频率，并正确选择与架设天线，建立更加可靠的信道，尽量减小盲区，提高可通率。

1. 正确选用工作频率

确定短波电台用频，需要考虑多种因素，通常包括电离层变化、通信距离、通信方向、天线类型等。同一电台工作在不同频率时的通信质量差别很大。

短波电台的用频需要遵守上级的相关规定，用频一般在联络文件里明确，而联络文件通常由各级通信主管部门制定，如图 3-55 所示。最佳频率要根据季节、天候、昼夜、地形、通信距离等不同情况进行选择，规定日频、夜频和一定的备用频率，并按要求统一更换频率，如日出日落时。用频的选择要遵守电离层的变化规律，一般来说为"日高夜低、远高近低、夏高冬低、南高北低"。

*海事第***号联络文件

使用时间：2021年4月1日-2021年4月16日

序号	单位	电报代号	单台地址	报呼被呼	报呼自用	话呼	常用频率（KHz）			备用频率（KHz）		
							区分	日频	夜频	序号	A	B
01	省海事厅	2750	101	3SH8	H0X3	623	区分	日频	夜频	序号	A	B
02	**海事局	2751	102	6M3C	G6K1	351	主台	7951	5496	01	7235	6824
03	**海事局	2752	103	6N2D	G8M3	362	属台	8502	7428	02	6310	9241
04	**礁	2753	104	9A2V	H3Z4	708	换频时间	7:30	18:30	03	4380	5270
05	**礁	2754	105	9S4B	HM26	703	报类等级			04	4279	3197
06	**艇	2755	106	2W6B	K25B	942	区分	特急	加急	急报	05	9530	7937
07							工作	55	75	36	06	7802	6429
08							实习	35	11	17	07	8564	6825
09							识别暗令	34	28	87	37	08	7260	8026
10								81	80	61	20	09	4701	3701
11								60	38	49	66	10	6827	7359
	真码			0	1	2	3	4	5	6	7	8	9
	伪码			5	3	7	9	0	2	8	4	6	1

图 3-55 联络文件示意图

2. 正确选择和架设天线

短波天线的种类很多，不同的使用场景要适配不同的天线。近距离通信时通常选择地波天线，远距离通信时通常选用天波天线，单兵电台一般使用鞭状的全向天线，机动车辆一般选用鞭状天线或环形天线，组网通信时一般选用天波全向天线。天线架设的位置应选择开阔的地面，天线的方向和高度要严格按通信的方向和距离来确定。

馈线是连接天线与发射机或接收机的射频传输线，是电台和天线之间的通道。选用馈线时要选择阻抗 50Ω、对最高用频衰耗小的馈线。电台、馈线、天线三者之间要实现无损耗的能量传递，必须保证它们之间的阻抗匹配。短波电台的阻抗一般为 50Ω，天线的特性阻抗一般为 600Ω，要实现阻抗匹配就需要加 1 台阻抗匹配器（天线调谐器），阻抗匹配器的阻抗一端与馈线一致，另一端与天线一致。

3. 盲区解决方法

短波通信的"盲区"一般为 30~100km，解决盲区通信的方法在于：一是通过选用大功率电台、选择高增益天线、架高天线、降低用频等措施，延长地波传播的距离；二是选用近垂直入射的高仰角天线，仰角越高，电波第一跳落地的距离越短，盲区就越少。

3.3.1.4 短波通信网

短波通信可用频率随时间、空间变化及多用户竞争信道冲突，导致短波通信选频难、组网难。传统短波通信一般采用点对点或一点对多点的组网方式。

短波综合组网以 IP 承载网串联起预设的大功率固定台站，并通过交换平台/网关与其他业务网络互联。固定台站基于新一代短波自适应技术为机动电台提供接入服务，提高短波通信的有效性和可通率。美国空军的高频全球通信系统（HFGCS）在全球部署了 15 个通过 IP 网络连接的固定短波台站，地面台站的最大发射功率为 4kW，每个台站配置 10～30 个信道接收机，其语音和数据通信覆盖范围分别为 3200km 和 4000km。HFGCS 系统采用双中心站（美本土）互为备份的中心控制模式，中心网络控制台站通过地面网关与其他网络互联，在全球范围内提供 IP 语音、电子邮件及数据广播业务。

我国应用于公共安全领域的短波数字通信网由 IP 承载网、中心站、终端设备、短波综合管理系统、跨域安全交换平台和公安信息网构成，其总体框架如图 3-56 所示，通过网关与其他信息系统间实现话音、短信、邮件的互联互通，机动、背负、固定的短波电台通过中心站接入网络实现相互通联。

短波数字通信网中，IP 承载网将短波综合管理系统、各中心站、跨域安全交换平台和网关连接组网，实现各类业务和管理信息的保密传输；中心站为异地部署的收发信台，用于网络的管理和终端设备接入；网络管理和频率管理是短波综合管理系统的核心功能，进行网络规划与配置、网络监视与控制、运行保障方案管理、用户参数管理，规划和调整用频，提供频率管理服务。

网内终端设备按联络文件直接进行互通，也可在入网后通过 IP 承载网进行转信；网中用频包含广播频率和业务频率，广播频率用于进行下行信令广播，业务频率为上行频率和下行频率异频成对配置。网内电台采用收发异频、多频广播、多点随遇接入、业务频率动态调整的方式进行抗干扰；区域覆盖采用大区制覆盖，频率统一分配、在线下发，多点保障、多重覆盖；终端设备通过广播频率获取通信所需参数，与中心站进行协议交互入网，并通过中心站和 IP 承载网与其他联网终端进行话音、短信、邮件通信。

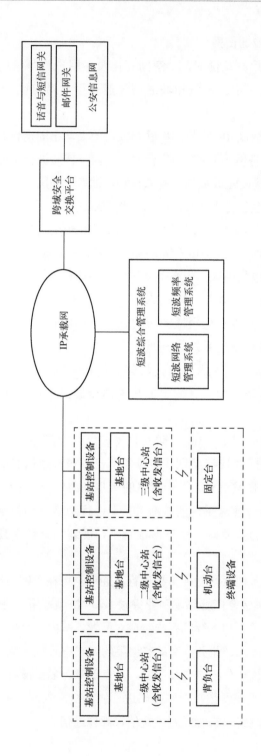

图 3-56 短波数字通信网总体框架[102]

3.3.2 超短波通信

超短波通信工作于 30~300MHz 的甚高频段（VHF），也称为甚高频通信。无线电波的波长为 1~10m，主要在视距范围内直射传播。超短波电台一般用于近距离的语音、数据、图像通信，电台体积小、重量轻、抗干扰能力强。图 3-57 为超短波通信应用示意图。

图 3-57　超短波通信应用示意图

超短波通信主要是利用直射波进行视距传播，比短波电台的天波传播方式具有更高的稳定性，且受季节、昼夜、地区变化的影响小。天线可选用尺寸更小、结构简单、增益较高的全向天线，广泛应用于移动通信。超短波电台的调制方式通常采用调频制，可以得到较高的信噪比，通信质量比短波好。

背负式超短波电台主要用于战术分队近距离通信，工作频率通常是 30~108MHz 或其中一段，接收灵敏度可达-118dBm，可选用 0.5~3.0m 多个规格的鞭天线，发信机功率一般为数十毫瓦至 20W，通信距离一般为数千米至数十千米。舰艇、飞机、地（海）空通信用超短波电台通常配置数十瓦至上百瓦的功率放大器，工作频率一般为 30~88MHz、108~156MHz、156~174MHz 和 225~399.975MHz，地空通信的距离最远可达 120~350km，这个距离和飞机的飞行高度有关。

3.3.2.1　超短波电台的组成

严格意义上讲，在 30~300MHz 频段内工作的接力机、对讲机、散射机、集群台、自组网电台等设备，属于超短波电台，但通常所说的超短波电台主要是指视距传播的手持式、背负式、车（机、舰）载式电台。

超短波电台任意两个相邻信道之间的标称频率之差一般为 25kHz，也可以为 12.5kHz、5kHz 等，通常可以预置不少于 20 个波道，数据传输速率最大可达 64kbit/s。

超短波电台主要由收发信机、天线和电源等部分组成，其组成结构如图 3-58 所示。

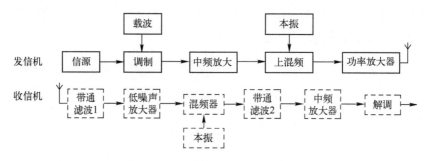

图 3-58　超短波收发信机组成结构

1. 发信机

发信机一般由调制器、中频放大器、本振、上混频器和功放几部分组成，通常采取调频（FM）体制，调制以中频调制较多，上变频可以采用一次变频或二次变频。

2. 接收机

接收机尽可能地滤除非所需信号和噪声，有选择地对所需信号进行放大，提高输出信号的信噪比，解调恢复出有用的信息。

传统的超外差接收机采用下变频方式，可采用一次变频、二次变频，甚至多次变频。接收过程中，首先通过带通滤波选出所需频率，然后将信号送入低噪声放大器进行放大，将放大后射频输入信号与本地振荡器产生的信号进行混频，后续中频滤波器选出射频信号与本振信号频率的和频或差频，进入中频放大器中放大到合适电平，经解调器恢复出信号。

3.3.2.2　超短波超视距通信

超短波的视距传播严重限制了电台的通信距离。

理论上讲，电离层对高于 100MHz 的无线电波是透明的，超短波不能像短波那样利用电离层反射实现超视距传播。超短波的绕射衰减随着距离增加而迅速增加，也不能凭借沿地球表面的绕射进行超视距传播，地表任意两点间的超短波通信距离受地球曲率限制通常不会大于 50km。

在 20 世纪 30 年代，研究人员发现在超出视距范围很远的地方偶尔会接收到超短波频段的无线电波。随着高功率、高灵敏度、更高频段通信设备的使用，即使上吉赫兹的无线电波也可以传输至视距以外，研究人员称这种超视距传播现象为对流层散射传播。

对流层位于大气层的下部，从地面向上延伸，包含了大气层中90%的水汽和75%以上的大气质量，对流层中除局部的逆温层外温度随高度下降，风、雪、云、雨、雷、电、雾等大部分天气变化都发生在对流层。对流层内分布的不均匀体对无线电波的部分能量会产生前向散射现象，散射波的传播方向与原波束的平均传播方向成一个小锐角向前传播，即使数百千米外的地方也能接收到微弱的无线电信号。

如图3-59所示，对流层散射通信是利用对流层中的不均匀介质对无线电波的前向散射现象来实现超视距无线电通信。对流层的高度在赤道附近约为18km，中纬度地区为10～12km，南北两极附近为8～10km，对流层中散射体的高度决定了两点之间的通信距离，数字对流层散射设备的通信距离一般为100～400km，系统的业务速率可以达到每秒数十兆比特以上。

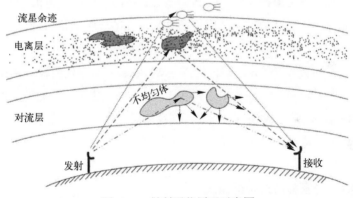

图3-59 散射通信原理示意图

由于传输损耗和信号衰落太大，散射通信系统需要大功率的发射机、高增益的天线和高灵敏度的接收机。超短波超视距通信通过采用混合数字编码、自适应低噪相干与非相干解调、信道频域均衡等技术，数字语音可用灵敏度达到约-128dBm，比传统超短波电台要高10dB，可以实现在海上200km、陆地平原100km、山区50km以上的超视距无线通信，是传统超短波电台通信距离的3～5倍。

散射通信的频段不局限于超短波频段，也可应用UHF（760～960MHz）、

L、S（1.7～2.3GHz）、C（4.4～5GHz）等频段。图3-60是两款国外的散射通信装备示意图。

图3-60　散射通信设备示意图

散射通信还可以通过电离层散射和流星余迹实现更远距离的通信。

3.3.3　蜂窝移动通信

短波、超短波是根据无线信道传播特性，按照不同无线电波频段对通信方式进行的划分。移动通信则是从应用场景来定义的一种通信方式，是指通信的双方或至少一方处于移动状态下进行信息交换的通信。

移动通信的目标是5W，即任何人（Whoever）在任何时候（Whenever）、任何地方（Wherever）与任意一个人（Whomever）进行任何类型（Whatever）的个人通信。移动通信解决人（设备）在移动过程中的通信需求，背负（车载）的短波和超短波电台通信也属于移动通信，但它们容纳的用户量少、传输速率低、终端体积大，而蜂窝移动通信系统则有效解决了这一问题。

3.3.3.1　蜂窝移动通信的制式

从第一代的模拟蜂窝移动通信AMPS实现商用，至今只有短短的40年时间，但蜂窝移动通信已走过2G、3G和4G迈入了5G时代，基本呈现出十年一代技术的发展趋势。第一代移动通信系统信号不稳定，通话质量和保密性差，此后先后出现了"四世同堂"的8种数字技术体制。

1. 2G时代的移动通信制式

2G时代的移动通信制式是GSM和CDMA，实现了从模拟时代走向数字时代。

GSM的核心技术是时分多址（TDMA），从时间上将一个信道划分成8个时隙，8个用户对应8个时隙轮流使用。1991年，在欧洲大陆上部署了第一个

GSM 网络，理论下行速率达到 9.6kbit/s。

CDMA 的核心技术是码分多址（CDMA），系统容量比 GSM 要大很多。美国高通公司是 CDMA 的领军企业，在 CDMA 专利的数量和质量上取得了极大优势，并且隐蔽地将其套入 CDMA 标准，同时还将电源管理、数模转换等功能模块整合于一块 SoC（片上系统），提供完整的 SoC 解决方案。但由于 CDMA 起步晚、专利的高门槛极大影响了市场化等原因，全球仅韩国支持 CDMA 为其唯一的 2G 移动通信标准，CDMA 于 1995 年在美国商用了第一个版本 IS-95。

为了从 2G 平滑过渡到 3G，在 GSM 的核心网中加入了 SGSN（Serving GPRS Support Node）和 GGSN（Gateway GPRS Support Node）网络节点，从而有了 GPRS（最高下行速率 114kbit/s）和 EDGE（最高下行速率 384kbit/s），可以进行一些低速数据业务。

2. 3G 时代的移动通信制式

3G 时代的移动通信制式主要有 WCDMA、CDMA2000 和 TD-SCDMA，实现了从语音时代走向数据时代。

欧洲与日本等推行 GSM 标准的国家联合成立了第三代合作伙伴项目计划（3GPP），2000 年 3 月完成了 WCDMA 的第一个版本 R99，WCDMA 的参与者最多、技术最成熟、市场占有率最高，理论下行速率达到 14.4Mbit/s（HSPA）。高通公司与韩国联合推出了 CDMA2000，用户很少。在制定 3G 标准的时代大潮中，中国在极其困难的条件下推出了 TD-SCDMA，为我国移动通信事业 3G 起步、4G 跟随、5G 跨越奠定了基础。

微软公司在 1996 年发布了智能手机操作系统 Windows CE，这个精简版的 Windows 系统速度慢，很快就败给了诺基亚的手机操作系统 Symbian（塞班）。Symbian 系统的出发点仅是为了增加手机的卖点，传统功能仍是其发展主线。2007 年苹果公司第一代 iPhone 手机发布，简洁优美的屏幕搭配多点触控屏技术，以图形化的形式呈现各种应用。2008 年苹果公司推出移动操作系统 iOS2，新增应用程序商店（App Store）开始了 APP 生态系统，一举打开了智能手机时代，如图 3-61 所示。

在 3GPP 进行版本演进的同时，IEEE 也在推动着宽带无线接入技术的演进，2005 年推出了 802.16 标准（WiMAX），并在 2007 年成为第 4 个 3G 技术标准。WiMAX 使用了 3GPP 为 4G 时代预留的 OFDM（正交频分复用）和

MIMO（多输入多输出）两大核心技术，速率远超 3GPP 的 WCDMA 演进版本。

图 3-61　iPhone 重新定义了手机

3. 4G 时代的移动通信制式

面对 WiMAX 的快速发展和移动用户业务需求的不断提高，3GPP 制定了通用移动通信技术长期演进项目（Long Term Evolution，LTE）和系统架构演进项目，进行无线接入技术和核心网演进的协议标准化。LTE 的无线接口采用了 OFDM 和 MIMO 技术，有 TDD 和 FDD 两种双工方式，其中：TDD-LTE 达到 100Mbit/s 的下行峰值速率和 50Mbit/s 的上行峰值速率；FDD-LTE 达到 150Mbit/s 的下行峰值速率和 75Mbit/s 的上行峰值速率。核心网采用扁平化网络结构，取消电路域实现全 IP 承载。

4. 5G 时代的移动通信制式

5G 时代移动通信的愿景是在移动互联网和物联网层面，面向 eMBB（增强型移动宽带）、mMTC（海量大连接）、URLLC（低时延高可靠）三大应用场景，实现真正的万物互联。3GPP 只制定了一个 5G 标准，分为非独立组网（R15 NR NSA）和独立组网（R15 NR SA）两个版本。我国于 2019 年 6 月颁发 5G 牌照，2020 年正式进入规模商用。

eMBB（增强型移动宽带）面向大带宽要求场景，典型应用有高清视频、虚拟现实、增强现实等，可为用户提供 100Mbit/s 用户体验速率（热点场景可达 1Gbit/s）、500km/h 以上的移动性等。

mMTC（海量大连接）面向高密度连接场景，应用同时呈现行业多样性和差异化。例如，智慧电表要求支持海量连接的小数据包，而视频监控要求支持高速率。

URLLC（低时延高可靠）面向低时延高可靠场景，应用聚焦时延敏感和高可靠性要求的业务。例如，自动驾驶实时监测等要求时延为毫秒级，可用性要求接近 100%。

截至 2022 年 12 月，我国移动电话基站总数达 1083 万个，移动电话用户总数达 16.83 亿户，蜂窝物联网终端用户 18.45 亿户。图 3-62 为中国互联网络信息中心在《第 51 次中国互联网络发展状况统计报告》中发布的一组应用情况数据。

应用	2021.12 用户规模（万）	2021.12 网民使用率	2022.12 用户规模（万）	2022.12 网民使用率	增长率
即时通信	100666	97.5%	103807	97.2%	3.1%
网络视频（含短视频）	97471	94.5%	103057	96.5%	5.7%
短视频	93415	90.5%	101185	94.8%	8.3%
网络支付	90363	87.6%	91144	85.4%	0.9%
网络购物	84210	81.6%	84529	79.2%	0.4%
网络新闻	77109	74.7%	78325	73.4%	1.6%
网络音乐	72946	70.7%	68420	64.1%	−6.2%
网络直播	70337	68.2%	75065	70.3%	6.7%
网络游戏	55354	53.6%	52168	48.9%	−5.8%
网络文学	50159	48.6%	49233	46.1%	−1.8%
网上外卖	54416	52.7%	52116	48.8%	−4.2%
线上办公	46884	45.4%	53962	50.6%	15.1%
网约车	45261	43.9%	43708	40.9%	−3.4%
在线旅行预订	39710	38.5%	42272	39.6%	6.5%
互联网医疗	29788	28.9%	36254	34.0%	21.7%
线上健身	—	—	37990	35.6%	—

图 3-62 2021.12-2022.12 各类互联网应用用户规模和网民使用率

3.3.3.2 蜂窝移动通信系统的组成

一个基本的蜂窝移动通信系统由用户终端设备（UE）、无线接入网（RAN）和核心网（CN）三个部分组成。

1. 用户终端设备

最常见的用户终端设备就是手机。图 3-63 为部分流行很广的手机型号。

图 3-63 部分流行很广的手机型号

手机的通信部分和其他无线通信系统一样，通常由基带单元和射频单元组成。基带单元主要负责信源编解码、信道编解码、调制解调等工作，主要是信号和协议的处理；射频单元主要负责上下变频、功率放大、射频收发等工作。确切地说，现在的手机是一个能打电话的智能终端，拍摄、运算等功能越来越强大。以华为 Mate20 X 为例，不仅搭载了巴龙 5000 这样的多模基带芯片来实现 2G、3G、4G 和 5G 制式的通信，还配置了麒麟 980 这样的 SoC 搭载了多核 CPU 和 GPU、NPU 等芯片。

用户终端设备（Customer Premise Equipment，CPE）的应用模式和无线路由器一样，对上和基站通过 4G/5G 等模式进行数据的交互，对下则进行 WiFi 覆盖，为其他终端提供接入服务。因为功耗、体积、供电等多方面的限制，手机的发射功率做得比较小，而 CPE 的天线增益、功率可以做得更高，信号的收发能力比手机要强很多，通信距离得到较大的提升。图 3-64 为使用中的 CPE 设备应用示意图。

图 3-64　使用中的 CPE 设备应用示意图

2. 无线接入网

无线接入网通过无线接口与移动终端设备联接，通过承载网络连接到核心网，为移动终端和核心网提供传输通道。

1）基站

基站是无线接入网的核心组件。

GSM 系统的基站部分由基站收发信台（BTS）和基站控制器（BSC）构成。基站收发信台包括收发信机、天线、与无线接口相关的信号处理电路等，在网络的固定部分和移动部分之间提供中继，移动台通过空中接口与基站收发信台相连。基站控制器负责无线信道的分配、释放、越区切换等管理，起着交换设备的作用。

3G 时代以基站 NodeB 与无线网络控制器（RNC）取代了基站收发信台和

基站控制器。NodeB 分为基带单元设备（BBU）和射频远端设备（RRU）两部分，每个 BBU 可以通过光纤连接多个 RRU。BBU 位于室内机房，负责基带处理和协议栈处理，完成信道编解码、复用解复用、调制解调等功能。RRU 位于杆塔上，完成高频无线信号和基带信号的转换以及发送和接收高频无线信号。无线网络控制器负责控制和协调基站间配合工作，主要完成系统接入控制、承载控制、移动性管理、无线资源管理等控制功能。图 3-65 示意了 2G/3G 系统的基本组成示意图。

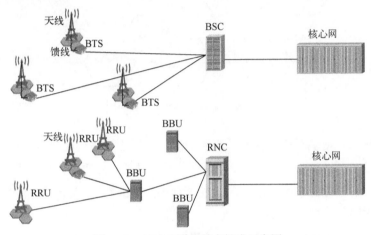

图 3-65　2G/3G 系统基本组成示意图

4G 时代为了降低端到端时延，将无线网络控制器的功能移至 eNodeB 和核心网，只保留了基站 eNodeB。eNodeB 仍由 BBU 和 RRU 组成，功能由 3G 阶段的 NodeB 和无线网络控制器、SGSN、GGSN 的部分功能演化而来，并加了系统接入控制、承载控制、移动性管理、无线资源管理、路由选择等。每个 BBU 可以连接多个 RRU，进一步降低了网络的部署周期和成本。

5G 时代则引入了 CU-DU 架构，将 BBU 基带部分拆分成中央单元（CU）和分布单元（DU）两个逻辑网元，而射频单元以及部分基带物理层功能与天线构成有源天线单元（AAU）。

2）小区

单独的一个基站覆盖范围很小，通常情况下城区的覆盖只有几百米，在边远农村的覆盖范围会大一些，但手机上行信号会受到较大的影响。

蜂窝移动通信使用大量的基站组网，每一个基站覆盖一个区域被称为一个小区（Cell），每个小区使用单独的低功率基站实现部分覆盖，多个小区协同组成无缝隙覆盖的蜂窝状网络。如图 3-66 所示，通过这样蜂窝状的布网，同一频率在分布较远的区域内可以被多次重复使用，实现了通信容量的增加。

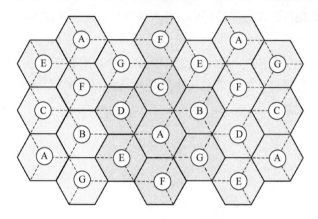

图 3-66　蜂窝组网及小区示意图

随着用户增多对通信容量扩容的需求，小区逐步"扇区化"，就是将一个基站分成多个"扇形"小区，每个扇区使用单独的射频系统，相当于一个独立的小区。扇区化的小区使用定向天线进行小区"分裂"，使无线电波集中在一个特定方向的区域（如 60°、120°），覆盖区域可以获得更强的信号；防止了同信道干扰和相邻信道干扰，缩短了同频复用距离，可以在同一地理区域实现更多小区以提高系统容量，这在人口密集城区是非常必要的，如图 3-67 所示。

图 3-67　城市中密布的基站

通信容量是一个运营商需要着重考虑的问题，如 1 条 2M 电路只能下 30 路电话、1 部 20 门的磁石交换机只能容纳 20 个用户。蜂窝移动通信网络也有容量的问题，如 2019 年五一小长假，西湖断桥景区游人如织，竟然"挤断"了移动通信信号，网速甚至不如西湖中的乌龟。

在大区域周界安全技术防范场景中构建专网应用时,移动通信专网主要用于指挥通信,容量往往不是需要重点考虑的问题,用户关心的重点是覆盖。

根据网络中基站的数量和覆盖区域,移动通信网络可分为小容量的大区制和大容量的小区制两类组网制式。覆盖范围是基站辐射产生的场强大于等于可用场强的区域,在这个区域内能够为用户提供可靠的通信服务。大区制基站天线往往利用建筑物、铁塔安装在几十至上百米的位置,服务区域范围半径能够大于 30km,以低成本实现了大范围覆盖,但通信容量小,不适合用户数多的区域。小区制的应用在人口密集区域非常广泛,以 1 台基站 1 个小区的形式组合成一个大的蜂窝网络以覆盖整个服务区域,基站的覆盖半径一般不超过 3km,适合组建大容量的移动通信网络。

3. 核心网

核心网是蜂窝移动通信系统内对网络进行管理和控制的网元设备的统称。

以 2G 核心网为例,其网元主要有 MSC、VLR、HLR、鉴权中心(AuC)等功能实体。

MSC(移动业务交换中心)是其中的核心网元,负责处理用户具体业务。功能主要包括话音的接续,配合 HLR/AuC 和 VLR 完成移动用户位置登记、自动漫游等,配合基站控制器完成跨基站的切换以及指示无线信道的建立和释放。网关型 GMSC 负责提供接入外部网络(如 ISDN、PSTN)的接口。

HLR(归属位置寄存器)是一个存放用户数据的数据库。它一方面存储了用户的基本参数,如用户号码(MSISDN)、移动用户识别码 IMSI 等;另一方面存放了用户的位置信息,当用户漫游出服务区时,HLR 要保存其新的位置信息。当呼叫不知道身在何处的手机用户时,可以由这个用户的 HLR 处获得它当前所在位置。

VLR(访问位置寄存器)是一个存储用户当前位置信息的动态数据库。如图 3-68 所示,当用户因为位置变化漫游到另一个移动业务交换中心控制区时,就要向该区的 VLR 申请登记,VLR 查询该用户 HLR 里的相关信息,通知该用户的 HLR 修改用户位置信息。当进行寻呼时,HLR 指向用户当前所在的 VLR,VLR 再指向用户所在的位置区,通过位置区寻呼找到用户。

在周界安全技术防范的实际应用中,如果构建一套完整的专用蜂窝移动通信系统,那么需要重点关注的是移动终端和基站,这两个单元决定了应用层面最关心的问题:覆盖和速率。基站数量过少或者部署位置不好,覆盖就会受到很大的影响;手机受功率、体积的限制,往往造成上行信号弱于下行信号,在较远的距离上难以保证正常通信或者传输速率很低。

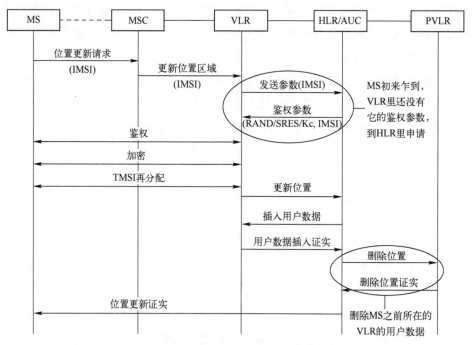

图 3-68　不同 VLR 位置更新流程[106]

3.3.3.3　移动通信的建立过程

每一部手机都有一个代表身份的 11 位电话号码，这个号码称为用户号码（MSISDN）。一般是 139（138、152、169 等）$+H_0H_1H_2H_3+X_0X_1X_2X_3$，前 3 位代表运营商，中间 4 位代表用户归属的 HLR，后边 4 位用于区别不同的用户。有时候这个号码前会出现 86，这个 86 是代表中国的国家码。

每一部手机都有一个来自 SIM 卡的国际移动用户识别码（IMSI），用来在 HLR 或 VLR 中查询用户的信息。还有一个看不到的号码称为临时漫游号码（MSRN），这是一个每次呼叫时由系统临时分配的，用于指出被叫用户的 VLR。

1. 主叫过程

当一个手机 A 拨打另一个号码 B 时，手机 A 通过随机接入信道（RACH）向系统发出"信道申请"，申请一条小容量的独立专用控制信道（SDCCH）用于传输信令，建立和核心网的链接。手机 A 接着在 SDCCH 信道上向核心网发送"Setup"消息，包括了本次呼叫请求的业务类型、被叫用户号码等。核心网收到手机 A 的"Setup"消息后，通过 VLR 查询手机 A 此次申请的业务类型是否在开户时申请的业务信息内,然后决定是否给手机 A 分配业务信道(TCH)进行话务接续。手机 A 收到"指配命令"后就转移到 TCH 信道上,等待另一个号码 B 进行通话。

2. 被叫过程

被叫的接续过程和主叫基本类似,但要有一个寻址的过程。

主叫号码 A 所在核心网根据被叫号码 B($138+H_0H_1H_2H_3+X_0X_1X_2X_3$),判断出号码 B 的 HLR,向 HLR 发出所要号码的信息资源,找到号码 B 的 IMSI 码和当前归属的核心网。

使用被叫号码 B 的 IMSI 码向当前所在核心网进行查询,被叫号码 B 当前所在核心网的 VLR 根据用户位置信息和是否空闲,给 HLR 反馈一个体现自己位置信息的 MSRN。

被叫号码 B 的 HLR 将这个 MSRN 发给主叫号码 A 所在的核心网,主叫号码 A 所在的核心网就分配 1 条指向被叫号码 B 所在核心网的链路。

被叫号码 B 所在核心网根据主叫号码 A 所在核心网发来的 MSRN(被叫号码 B 自己提供的),查询 VLR 找到被叫号码 B 所在的位置区,然后在位置区对被叫号码 B 进行寻呼。

在周界安全技术防范中对蜂窝移动通信的应用主要有:一是在对保密要求不高的场景下,通过公网直接进行话音、数据、视频的通信,也可以购买运营商的公网对讲和其他增值服务;二是通过研制专用终端(手机)、加装专用加密卡的方式,借助公网进行通信。这两种应用都借助于运营商的蜂窝通信网络,覆盖是影响通信效果的主要因素,运营商在荒无人烟的地区进行密集布网从商业角度上考虑是不合适的。此外还有自建专网的方式,一般以宽带数字集群的形式出现,投入较高。

3.3.4 数字集群通信

数字集群通信系统是一种主要用于专业领域指挥调度的移动通信系统,为用户提供安全可靠的专网通信和组呼、监听、优先呼叫等公众移动通信无法提供的特色业务,广泛应用于政府机构、工矿企业、交通运输和公共安全领域。

数字集群通信可分为窄带数字集群通信和宽带数字集群通信。

3.3.4.1 PDT 窄带数字集群

我国发展数字集群通信系统初期,市场上形成了欧洲 Tetra、摩托罗拉

iDEN、GoTa、GT800 等技术体制，存在加密接口不开放、不同厂家系统不能互联等弊端。

1. PDT 技术体制

我国从 2013 年开始发布"警用数字集群"（Police Digital Trunking，PDT）标准，大力推动其产业化，已成为我国当前应用最广泛的窄带数字集群技术。PDT 标准是为公共安全领域专门制定的，但也适用于政府部门、工矿企业、交通运输等单位的无线指挥调度，正在由"警用数字集群"向"专用数字集群"发展。图 3-69 为窄带数字集群在机场的使用场景。

图 3-69　窄带数字集群在机场的使用场景（图片来源：海能达）

1）信道划分

采用频率和时间分割的方法进行信道划分。按照 12.5kHz 信道间隔和 10MHz 收发间隔，划分载波信道。按照时分复用/时分多址方法，划分时隙信道。每个载波物理信道为 2 个，根据需要设置业务和控制逻辑信道。

2）区域覆盖

无线服务区的覆盖采用大区制覆盖、频率复用、准同步发射、分时共享发射，具备移动台之间直接互通的直通模式、移动台通过中转台进行通信的中转模式、移动台在集群控制设备管理下共享信道工作的集群模式。

3）调制方式

射频调制方法采用四电平频移键控（4FSK），调制发送 4800 符号/s，每个符号由 2bit 信息组成；语音编码速率大于等于 2kbit/s，语音编码加上信道编码后的速率应为 3.6kbit/s。

4）频率规划

有 3 个频段供 PDT 使用（其他按国家无线电管理部门有关规定执行），其中：单频段频率 358～361MHz，用于脱网直通模式；双频段频率 1 为上行 351～

355MHz（含）、下行 361～365MHz（含），用于集群模式；双频段频率 2 为上行 355～356MHz（含）、下行 365～366MHz（含），用于转信或集群模式。

工信部无〔2019〕237 号文件明确指出，新增基于 PDT（专用数字集群通信系统）技术体制的数字集群通信系统使用 800MHz（上行 806～821MHz，下行 851～866MHz）频段。

5）互联协议

PDT 系统间互联协议分为控制面和用户面，其中：控制面用于有寻址功能的控制信令信息传输；用户面用于无寻址功能的业务信息传输（如语音）。

对于 PDT 系统间互联控制信令，使用 PDT 会话初始协议（pSIP），用于移动管理、呼叫控制和网络维护等。对于 PDT 系统间互联用户面接口，使用 RTP 协议，PDT 系统与域名服务器间使用 DNS 协议，完成号码和域名地址解析以及到 IP 地址的映射。

2．PDT 系统的组成

PDT 系统由交换控制中心、传输链路、无线网和业务平台组成，如图 3-70 所示。

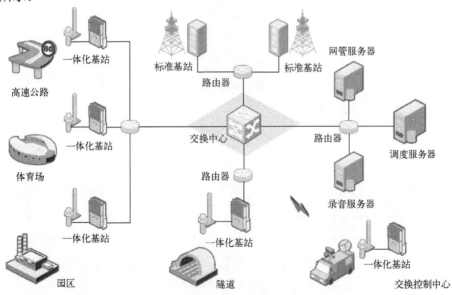

图 3-70　PDT 系统示意图（图片来源：海能达）

PDT 系统采用集中与分布相结合的控制方式，基站服务区内移动终端的呼叫建立与交换控制由基站完成，跨站移动终端的呼叫建立及信令交互由核心网完成。基站与交换节点之间的承载网络或交换节点发生故障不能接入核心网时，基站弱化为单站集群模式工作，支持本基站基本呼叫业务。

1）交换控制中心

交换控制中心由软交换控制设备、信令网关、媒体网关、信息安全设备、安全对接平台、支撑网元构成，其组成示意图如图 3-71 所示。交换控制中心采用全 IP 软交换架构，一般应异地容灾热备份，提供业务交换、用户管理、业务承载以及至外部网络接口的控制中心，实现基站间、基站和调度台之间以及不同的系统之间的呼叫处理、接续。

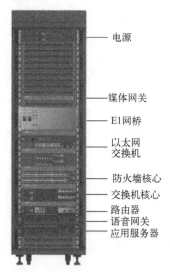

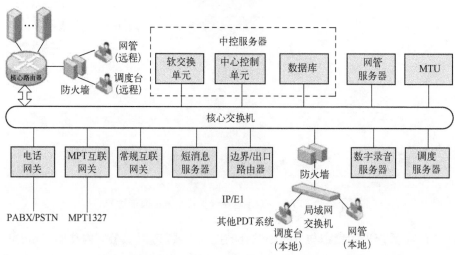

图 3-71　交换控制中心组成示意图（图片来源：海能达）

软交换控制设备用于完成呼叫处理控制、接入协议适配、业务接口提供、互联互通、应用支持等功能；信令网关用于完成异构网的信令处理，媒体网关用于完成媒体流的转换处理，保证不同 PDT 系统间以及与 MPT 系统、Tetra 系统等异构专业移动通信系统间的互联互通；密钥管理、鉴权服务器等信息安全设备用于完成无线通信的入网鉴权和安全加密；安全对接平台包括网闸、防火墙等设备，可确保公安信息网与 PDT 专网的安全；数据库、网管等支撑网元为软交换系统的运行提供必要的系统数据服务和用户、性能、配置、故障、安全等管理支持，网管提供 PDT 系统和操作人员的交互界面。

2）无线网

无线网是实现移动台与基站之间无线通信的网络，主要包括基站、移动台及相关设备。

（1）基站。

基站按照空口协议与移动台建立通信，控制基站内部呼叫建立维护、跨基站呼叫接续控制、基站无线资源管理、基站设备操作维护，以及基站与交换控制中心之间的接口控制等，主要由基站控制单元、信道机、电源、功分器、合路器、路由器、天馈线等组成，如图 3-72 所示。

基站控制单元实现部分移动性管理、呼叫的接续控制、无线资源管理、基站内设备操作维护、基站与交换中心接口等功能，管理基站范围内的无线链路资源，为呼叫业务分配无线链路。信道机通常工作于收发异频状态，将接收到的已调制的射频信号解调出音频信号并传输给其他设备，同时还能将其他设备送来的音频信号经射频调制后发射出去，内置信道处理器实现对 PDT 空口物理层和数据链路层的协议处理和转换。

（2）移动台。

移动台是通过空中接口和交换控制设备相连的普通用户终端设备，包括手持台和车载台等，如图 3-73 所示。手持台是便于携带（手提或佩带）且电池供电的无线对讲设备，最大标称发射功率不大于 5W。车载台可在车、船等交通工具上安装并由外部提供电源，最大标称发射功率不大于 25W。

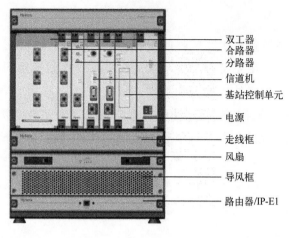

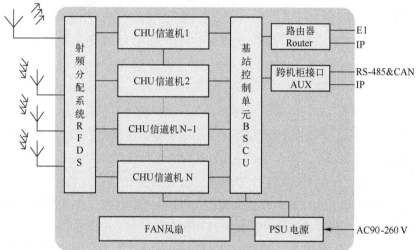

图 3-72 基站及其组成示意图（图片来源：海能达）

图 3-73 移动台设备示意图（图片来源：海能达）

(3) 无线网的规划设计。

无线网的规划设计是制约 PDT 系统效能发挥的重要因素。无线网的设计主要包括站点覆盖规划、容量设计和频率配置，覆盖规划设计应以满足覆盖范围、减小频率干扰为原则，确定基站位置、站点数量、站点类型、天线挂高、天线类型、天线方位角和下倾角等。基站站址应选择在地势相对较高、有适当高度建筑物或有可利用通信塔的地方，基站四周应视野开阔无遮挡。在利用电信运营商的基础设施时，应充分调研其机房容量、供电能力、传输链路、杆塔高度、挂载能力以及资费标准。

3) 传输链路

传输链路包括基站和交换中心之间链路、交换中心与交换中心之间链路、交换中心与管理客户端（调度客户端、监控客户端）之间链路。链路一般采用 IP 专用链路，其中：交换中心之间链路带宽为 5～10Mbit/s，网络时延不大于 50ms；基站和交换中心之间链路带宽载波要求不小于 64kbit/s，网络时延不大于 50ms；远程网管/调度终端与交换中心之间链路带宽不低于 2Mbit/s。

4) 业务平台

PDT 通信系统的业务平台完成业务生成和提供，主要由调度、录音、GIS 等服务组成。图 3-74 为海能达公司的一种调度台界面。

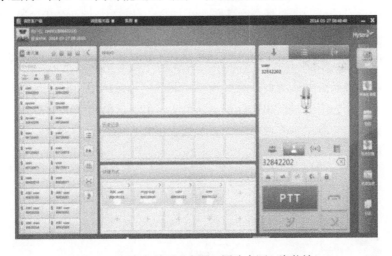

图 3-74　调度台界面示意图（图片来源：海能达）

指挥调度是 PDT 系统的重要综合业务，用于实现系统调度员参与全系统的调度和指挥，主要有调度、短信、可视化调度、轨迹回放、日志及信道监控等模块。调度模块实现下辖终端、组群、电话信息的显示，呼叫详情、动态重组、监听等功能显示，呼叫情况、呼叫历史等信息显示，提供优先呼叫、紧急呼叫、广播呼叫等呼叫辅助；可视化调度模块提供终端树形分组显示、信息资源地图显示，移动、缩放、测距、截图、圈选等地图操作，点击呼叫、全选呼叫、越区报警等界面跳出，终端在地图中位置显示等；信道监控模块监控基站信道资源，可对监控的通话进行监听、强插、强拆等操作。

3. PDT系统的业务与功能

PDT系统的基本业务包括为用户终端之间提供完整的语音、数据、电话互联能力的用户终端业务，在用户终端与网络接口之间提供语音和短数据、分组数据传输等电信业务的承载业务。

语音通信是指挥调度最基本和最重要的需求。PDT系统的基本呼叫业务包括语音单呼、语音组呼、语音全呼、广播呼叫、紧急呼叫、有线电话呼叫等；PDT系统的通话辅助业务包括组呼迟入、组呼并入、通话限时、优先呼叫、强插/强拆、呼叫转移、环境侦听、信道监控、动态重组、呼叫限制、越区切换、繁忙排队、讲话方身份识别、PTT授权等。

PDT系统的基本数据业务有短消息传输/存储转发、卫星定位信息传输、状态消息和紧急告警等。

PDT系统辅助业务包括全网录音、优先接入、语音/数据业务优先级、功率控制、告警短信通知等。

PDT标准中涉及了鉴权、空口安全、端到端安全三类安全机制，如图3-75所示。鉴权用来实现移动台和集群基站间的双向身份认证；空口安全用于在空口传输过程中为语音提供机密性保护，为信令和用户数据提供机密性和完整性保护；端到端安全用于为语音和用户数据提供端到端的机密性和完整性保护。

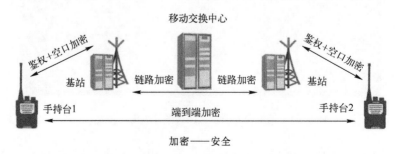

图3-75　PDT系统安全机制示意图（图片来源：海能达）

3.3.4.2 基于 LTE 技术的宽带集群

宽带集群（Broadband Trunking）是基于宽带无线移动通信技术，支持宽带数据传输业务、语音和多媒体形式的集群指挥调度业务的宽带无线通信系统。

1. 应用场景与业务

我国的宽带集群通信（Broadband Trunking Communication，B-TrunC）基于 LTE 技术进行了增量开发，该系统基于 3GPP R9 版本保持对 R9 版本的后向兼容，支持密集城区、城区、郊区、乡村等不同传播环境，支持部署固定站和小型化移动基站。基站可以通过远程无线通信连接到核心网。

宽带集群系统支持基于 IP 的分组数据传输业务与集群业务的并发。其中，集群业务包括集群语音、集群多媒体、集群数据和集群补充业务四种类型，这里的集群补充业务主要包括紧急呼叫、组播呼叫、动态重组、遥毙/遥晕/复活、强插/强拆、调度台订阅、故障弱化、全呼、预先优先呼叫、环境侦听等。

2. 系统架构

基于 LTE 技术的宽带集群系统由 LTE 宽带集群终端、LTE 数据终端、LTE 宽带集群基站、LTE 宽带集群核心网和调度台组成，如图 3-76 所示。

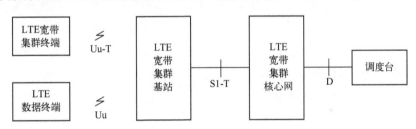

图 3-76　基于 LTE 技术的宽带集群系统架构[110]

1）LTE 宽带集群终端

宽带集群系统的终端按照是否支持集群功能，分为 LTE 数据终端和 LTE 宽带集群终端，其中：数据终端仅支持基于 IP 的分组数据传输；宽带集群终端同时支持基于 IP 的分组数据传输和宽带集群功能。数据终端支持 1.4/3MHz（可选）和 5/10/20MHz 工作带宽，吞吐量支持 Cat4（峰值速率下行 150Mbit/s，上行 50Mbit/s），支持存储并使用 20 个以上的组，人机界面具有 PTT 键、紧急呼叫键、键盘等。宽带集群终端支持集群业务相关的菜单、业务导航、业务状态指示等人机界面功能。

LTE 宽带集群终端频谱效率支持上行 2.5bit/s/Hz、下行 5bit/s/Hz。图 3-77

为两种宽带集群终端。

图 3-77　宽带集群终端

2）LTE 宽带集群基站

基于 LTE 技术的宽带集群系统工作在 1.4GHz 和 1.8GHz 频段，其中：1.4GHz 频段为 1447～1467MHz，终端信道带宽为 10MHz 和 20MHz；1.8GHz 频段为 1785～1805MHz，终端信道带宽为 1.4MHz、3MHz、5MHz、10MHz。系统双工方式为 TDD。

LTE 宽带集群基站采用由 BBU 和 RRU 构成的分布式结构，也可采用基带部分与射频部分合设的宏基站结构。基站支持故障弱化功能，当系统基站单元与交换节点之间的承载网络发生故障而不能接入核心网时，基站支持覆盖范围内用户的单呼、组呼和广播呼叫等业务。图 3-78 为某地周界安全防护体系中部署的 LTE 宽带集群基站单元。

图 3-78　某地安全防范体系中的 LTE 宽带集群基站

3）LTE 宽带集群核心网

如图 3-79 所示，LTE 宽带集群核心网是提供宽带集群业务的网络，包含

eMME、xGW、eHSS、TCF、TMF 共 5 个逻辑实体，这些逻辑实体根据具体部署可合设形成实际的网元设备。

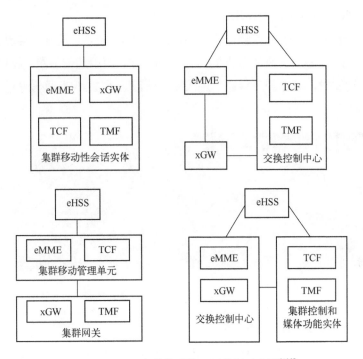

图 3-79　LTE 宽带集群核心网分解示意图[110]

eMME（增强型移动管理单元）负责系统的移动性和承载管理，eHSS（增强型归属用户服务器）是系统的签约数据管理中心和鉴权中心，xGW（用户面网关）支持集群业务承载管理、集群数据路由和转发，TCF（集群控制功能体）负责集群业务的调度管理，TMF（集群媒体功能体）负责集群业务的数据传输。

4）调度台

调度台是集群系统中的一个业务权限高于普通终端的特有终端，为调度员或特殊权限的操作人员提供集群业务的调度和管理功能。调度台通过有线或无线方式连接到 LTE 宽带集群核心网。

3.3.5　卫星通信

卫星通信网是与光纤传输网、微波传输网并列的三大传输网，是地面通信网络的补充、备份和延伸，具有覆盖范围广、通信容量大、容灾性强、灵活度高等独特优势，在偏远地区通信覆盖以及航海、应急、军事应用、科学考察等领域中发挥着不可替代的作用。

1962 年 7 月，全球首颗低轨道通信卫星 TelesStar-1 发射，实现了横跨大西洋的语音、电视、传真和数据的传输。1965 年，商用通信卫星"晨鸟"（Early Bird）成功发射，标志着卫星通信进入实用阶段。图 3-80 为通信卫星星座与地面接收设备。

图 3-80　通信卫星星座与地面接收设备（图片来源：DARPA）

3.3.5.1　卫星通信概述

卫星通信是利用人造卫星作为中继站转发无线电波，实现地球站、用户终端、航天器（空间站）之间两点或多点间的通信。

卫星通信使用的频率涵盖了 UHF、L、S、C、Ku、Ka 等频段。L 波段波长较长，穿透力强，损耗较小，抗雨衰能力强，但频段资源日趋紧张。C 波段卫星通信的上下行频率通常为 6/4GHz，天线口径比较大，相对其他频段遭受地面干扰的概率更大，但雨衰远小于更高频段，适合通信质量要求高的业务。Ku 波段卫星通信的上下行频率通常为 14/12GHz，天线口径比较小，频段受地面干扰影响相对 C 频段要小，适合用于动中通类移动通信业务。

1. 卫星通信系统的组成

卫星通信系统由空间段、地面段、用户段三部分组成，如图 3-81 所示。

空间段是指定点于地球静止轨道或中、低轨道的通信卫星。一个卫星通信系统的空间段可以是一颗通信卫星或多颗通信卫星组成的星座。通信卫星和遥感卫星一样，均由卫星平台+载荷（通信）组成，作为通信中继站提供用户间以及和关口站之间的连接。

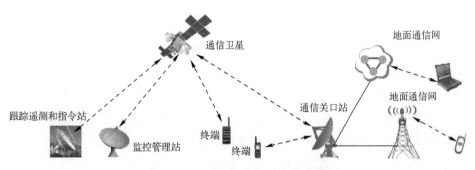

图 3-81　卫星通信系统组成示意图

地面段一般由跟踪遥测和指令站、监控管理中心、通信关口站等组成。通信关口站是卫星通信系统与地面其他通信网络的关口，是卫星通信移动终端与地面通信网络用户的交换枢纽，如图 3-82 所示。

图 3-82　卫星通信关口站

用户段包括各种手持（背负）、车载、机载、舰载等用户终端设备，如图 3-83 所示。

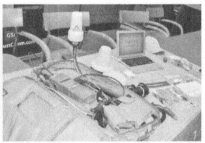

图 3-83　用户终端设备

2. 卫星通信系统的分类

根据通信卫星的运行轨道进行分类，是卫星通信（系统）常见的分类方式之一。

1）低轨道卫星通信

低轨道（LEO）通信卫星运行在距地面 300～2000km 的轨道面上，在传输时延、链路损耗、系统成本等方面具有明显的优势，但覆盖范围也相对较小，一般为星座组网应用。

"铱星"（Iridium）系统是通信史上第一个真正意义上实现全球覆盖的移动通信系统，该系统原计划发射 77 颗卫星进行组网，类似于"铱"原子的 77 个电子，故取名为铱卫星通信系统。

铱星星座由 66 颗卫星（另有 6 颗在轨备份星）组成，分布于高度为 780km 的 6 个轨道面，1998 年 11 月开始商业运营，由于当时的资费高昂、终端设备笨重、服务不稳定等多种原因，铱星公司运营不到一年就申请破产。美国国防部的订单挽救了铱星系统，并启动了"下一代铱星"计划，2019 年 1 月最后一批 10 颗星入轨，成为全球首个完成部署的低轨互联网星座，如图 3-84 所示。

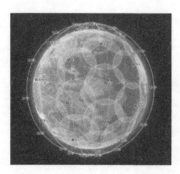

图 3-84　Iridium 星座与铱星示意图（图片来源：Iridium 官网）

"下一代铱星"采用 EliteBook 中低轨卫星公用平台，收拢尺寸 3.1m×2.4m×1.5m，采用三轴稳定方式，太阳能电池翼展 9.4m，发电功率 2200W，任务寿命可达 15 年。"下一代铱星"移动用户的最高数据速率可达 128kbit/s、数据用户可达 1.5Mbit/s（L 频段），Ka 频段固定站的数据速率可达 8Mbit/s。铱星星座采用星间链路组网，每颗星通过 Ka 频段星间链路与同轨道面内两颗相邻星以及相邻平面内的两颗星相连，不需要地面关口站就能实现全球无缝覆盖服务。

"下一代铱星"可以搭载 54kg 其他载荷，安装空间为 30cm×40cm×70cm，提供平均 90W、峰值 200W 的电源，数据速率达 1Mbit/s。2021 年，美军签署了 3000 万美元的合同，搭载载荷支持对导航系统的相关业务。

2）中轨道卫星通信

中轨道（MEO）通信卫星运行于距地面 2000~35786km 的轨道上，传输时延、链路损耗、覆盖范围大于低轨道通信卫星，但小于地球静止轨道卫星。

3）地球同步轨道卫星通信

地球同步轨道（GEO）通信卫星运行于距地面 35786km 的地球同步轨道上，覆盖范围广，但传播时延和链路损耗大。典型的系统有亚洲蜂窝卫星系统、天通一号卫星通信系统、国际海事卫星通信系统（Inmarsat）等民用系统，以及图 3-85 所示的先进极高频（AEHF）军用卫星通信系统。

图 3-85 先进极高频卫星

国际海事卫星系统在全球得到广泛应用。2017 年，中国交通通信信息中心海事卫星电话 1749 号段开始投入使用，实现了我国海事卫星通信网络与国内三家基础电信运营商的陆地公众通信网络之间的深度融合。

运行在 Ka 波段的第五代海事卫星系统 Global Xpress（GX）是全球第一个无缝跨越世界的高速移动宽带网络，与 L 波段第四代卫星融合，提供全球覆盖和移动宽带服务。GX1~GX4 卫星由波音公司基于其 702HP 平台制造，前三颗 GX 卫星于 2015 年 12 月开始提供全球商业服务，GX4 于 2017 年 5 月发射以增强中国及"一带一路"沿线的覆盖。卫星固定波束的传输速率为 5Mbit/s（上行）和 50Mbit/s（下行），机动波束的传输速率为 10Mbit/s（上行）和 100Mbit/s（下行），机动波束针对全球突发事件的需求实现热点区域覆盖，为用户按需分配容量，提供可靠带宽业务。

第六代海事卫星 Inmarsat-6（I-6）第一颗星于 2021 年 12 月发射，同时配备 L 波段和 Ka 波段有效载荷，为全球移动、政府和物联网客户提供世界领先的通信网络能力、覆盖范围和容量。

3. 卫星通信的特点

卫星通信与光纤传输、微波传输、蜂窝移动通信相比，有其独特的特点。

1）卫星通信的优点

（1）覆盖范围大。覆盖是通信系统的重要指标，通信卫星的覆盖范围与其定点高度有关，1 颗地球同步轨道卫星能实现上万千米的远距离中继转发通信，理论上 3 颗地球同步轨道卫星可覆盖全球。中、低轨道的通信卫星通常采用多颗卫星组网的方式，提供广域上的无缝覆盖。

（2）配套设施少。卫星通信只需要少量的关口站，即可完成独立组网通信或与地面其他通信网络的互联，也能实现两个终端间的直接互联。相比蜂窝移动通信需要大量基站实现覆盖、光纤传输需要敷设光缆线路，卫星通信需要的配套地面基础设施很少。

（3）环境依赖小。卫星通信不受地域、地形的限制，通信双方或多方可以在陆、海、空域不同的平台上实现超远距离通信，在航空、航海、偏远山区、岛屿、自然灾害突发地域均可实现快速应用，是自然环境恶劣地区实现实时通信的重要手段。

2）卫星通信的缺点

（1）传输时延大。卫星通信需要通信卫星进行信号的转发，上下行的传输距离造成卫星通信的时延要大于其他通信方式，导致卫星通信出现通话不顺畅的现象。

（2）带宽容量小。受限于载荷体积、重量、功耗等的影响，卫星通信的带宽和容量要远小于光纤通信网络和蜂窝移动通信网络。由于总带宽的限制，在重点保障高级用户时，普通用户的传输速率、数据总流量会受到一定限制。

（3）资费标准高。卫星的研制、发射、运营成本相对较高，卫星通信的资费标准远高于蜂窝移动通信。

（4）终端受限多。由于星地传输链路的衰减、干扰，对用户终端的发射功率、接收灵敏度、天线增益要求较高，通信终端的体积、功耗、重量、成本相对较大。

卫星通信未来将立足覆盖范围大和灵活性高的优势，从单星性能和多星组网两方面积极发展高通量卫星（大容量、高速率）和低轨宽带星座，打造与地面通信网络融合互补的泛在网络。

3.3.5.2 我国在轨运营的主要商业通信卫星

《"十三五"国家信息化规划》(国发〔2016〕73号)指出:加快空间互联网部署,整合基于卫星的天基网络、基于海底光缆的海洋网络和传统的陆地网络,实施天基组网、地网跨代,推动空间与地面设施互联互通,构建覆盖全球、无缝连接的天地空间信息系统和服务能力。积极布局浮空平台、低轨卫星通信、空间互联网等前沿网络技术。深化天基通信系统融合发展,加快推动军民共用全球移动通信卫星系统建设。

1. "天通一号"卫星移动通信系统

"天通一号"是我国自主研发的首个卫星移动通信系统,用户波束在 S 波段(上行 1980~2010MHz、下行 2170~2200MHz),数据速率为 1.2~384kbit/s。用户以单跳方式通过信关站访问地面网络,以双跳方式实现网内用户间通信。"天通一号"01 星、02 星分别于 2016 年、2020 年发射,03 星于 2021 年入轨后与 01 星、02 星组网,为中国及周边地区以及太平洋、印度洋大部分海域用户,提供全时可用的可靠话音和数据等移动通信服务。

中国电信是天通卫星移动通信业务的运营商,使用 1740 号段的 11 位号码作为业务号码,2020 年起正式面向社会提供"天通"卫星通信服务。"天通一号"卫星移动通信系统已与国内外通信运营商的通信网络互联互通,实现了"在国内任何地点、任何时间与任何人的通信"。

2. 中国卫通运营的卫星通信系统

中国卫通是我国的基础电信运营企业,运营管理着"中星"系列和"亚太"系列的多颗在轨民用通信卫星,形成了完整的"星频站网端"资源体系,覆盖中国全境及全球大多数区域。

2018 年 1 月,我国首颗高通量通信卫星中星 16 号投入业务运行,卫星平台采用东方红 3B 卫星平台,定点于东经 110.5°地球同步轨道。中星 16 号通过 26 个用户波束,提供 Ka 频段(接收频率为 18.7~20.2GHz、发射频率为 29.46~30GHz)高通量卫星通信服务,通信容量达 20Gbit/s,下载速率最高 150Mbit/s,回传速率最高 12Mbit/s,主要覆盖中国大陆(西北和东北除外)和近海海域。

2023 年 2 月 23 日发射的中星 26 号卫星是中国首颗超百吉比特每秒容量的高通量卫星,主要面向航空、航海、应急、能源、林草等行业提供高速宽带网络通信和互联网接入等服务,是新一代满足卫星互联网及通信传输要求的高通量宽带通信卫星。

3.3.5.3 通导一体的北斗卫星系统

通信、导航、遥感是主要的民用卫星应用领域。卫星导航系统能够为用户提供准确的位置信息，引导人员、有人或无人驾驶的交通工具、各类自治系统从一个位置移动到另一个位置。北斗系统是我国着眼于国家安全和发展需要，自主发展、独立运行的通导一体卫星系统，集导航定位、授时、短报文通信服务于一体，其短报文通信服务在偏远地区的周界安全防范管控、应急通信等领域中具有重大的应用意义，如图3-86所示。

图3-86 北斗卫星示意图（图片来源：中国卫星导航系统管理办公室测试评估研究中心）

北斗一号系统于2000年底建成，采用2颗地球静止轨道卫星"双星定位"体制，为中国用户提供定位、授时、广域差分和短报文通信服务。北斗二号系统于2012年底建成，由三种轨道面的卫星组网，兼容北斗一号系统技术体制，为亚太地区用户提供服务。北斗三号系统于2020年7月31日全面建成，由30颗卫星组网，包括地球静止轨道卫星3颗、倾斜地球同步轨道卫星3颗、中圆地球轨道卫星24颗，为全球用户提供导航定位、全球短报文通信和国际搜救服务，同时为中国及周边地区用户提供星基增强、地基增强、精密单点定位和区域短报文服务。

北斗系统与美国GPS、俄罗斯格罗纳斯（Glonass）、欧盟伽利略（Galileo）构成全球四大卫星导航系统。

1. 北斗系统的组成

北斗系统由空间段、地面段和用户段三部分构成。

北斗系统空间段是指在空间中运行的三种轨道面的北斗卫星及其组成星座，包括北斗二号卫星15颗、北斗三号卫星30颗。轨道面是指卫星围绕地球运动轨道所在的平面，北斗系统是一个运行在地球静止轨道、倾斜地球同步轨道和中圆地球轨道的混合星座，如图3-87所示。

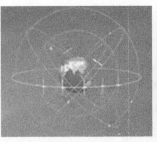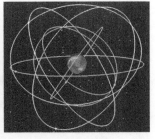

图 3-87　北斗系统星座（图片来源：中国卫星导航系统管理办公室测试评估研究中心）

北斗系统地面段包括所有用于维持系统正常运行的地面系统，主要由具有信息处理、控制、监测等功能的地面站和星间链路运行管理设施组成。其中，主控站是北斗系统的地面信息处理和运行控制中心；注入站向卫星发送导航电文和业务控制指令；监测站接收监测卫星导航信号并向主控站提供业务处理所需的观测数据；星间链路运行管理设施对星间链路进行资源调度、状态监测、故障诊断、性能测试与评估等日常操作和管理。

北斗系统用户段是各类用于接收、处理北斗卫星信号并实现定位、测速和授时等功能的设备，包括北斗系统芯片、模组、板卡等基础产品和各类终端设备、应用系统与应用服务。图 3-88 为部分北斗用户设备实物。

图 3-88　部分北斗用户设备实物（图片来源：北斗天汇）

2. 北斗系统提供的服务

北斗系统提供导航定位和通信数传两大类服务。

1）面向全球范围的服务

（1）定位导航授时。全球实测定位精度优于 5.0m，测速精度优于 0.2m/s，授时精度优于 20ns。

（2）全球短报文通信。短报文是北斗系统基于 RDSS（卫星无线电测定业务）技术为授权用户提供的一种双向简短报文通信，北斗全球短报文通信最大单次报文长度 560bit，约 40 个汉字。

（3）国际搜救。北斗卫星与其他搜救卫星系统联合向全球航海、航空和陆地用户提供免费遇险报警服务，并具备反向链路确认服务能力。

2）面向中国及周边地区的服务

（1）区域短报文通信。北三区域短报文最大单次报文长度 14000bit，约相当于 1000 个汉字，服务于我国及周边亚太用户。2022 年，北斗短报文通信实现了融入大众通用手机应用。

（2）精密单点定位。在中国及周边地区，定位精度水平优于 30cm，高程优于 60cm。2022 年上半年，已有华为、小米、苹果在内的 128 款手机支持北斗定位，一些城市已开通车道级导航应用。

（3）星基增强。利用卫星向用户播发差分修正、完好性信息及其他信息，实现对于原有卫星导航系统定位精度的改进，满足国际民航组织对定位精度、告警时间、完好性风险等指标的要求，面向民航、海事、铁路等用户提供服务。

（4）地基增强。利用地面发射台向用户播发差分修正、完好性信息及其他信息，在服务区域内提供 1~2m、分米级和厘米级实时高精度导航定位服务。北斗地基增强系统又名北斗连续运行参考站系统（CORS），包括框架网基准站和区域网基准站两部分。图 3-89 为上海司南的北斗地基增强基准站。

图 3-89　北斗地基增强基准站（图片来源：上海司南）

3.3.6　自组网通信

蜂窝移动通信系统、数字集群通信系统、卫星通信系统都是有中心的一种通信网络，它们依赖于固定基站、卫星等通信节点进行通信信号的接入、中继，并通过核心网完成通信的交换、路由。这种有中心的通信架构一旦节点被毁，通信即陷入瘫痪，同时也难以满足战场环境网络拓扑的高动态变化和复杂场景

（地下室、隧道、矿井等）的通信需求。

无线自组网内所有的通信节点之间不存在依赖关系，任一节点在网络中地位"平等"，相邻节点间通过协商来进行组网和数据传输，具有"无中心、自组织、自愈合、多跳路由"的特点，是常规中心节点式通信方式的补充和发展，提高了通信系统的可靠性和实用性，如图3-90所示。

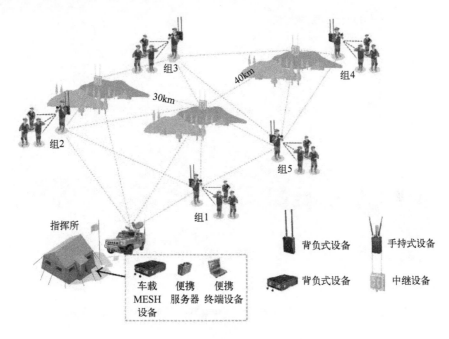

图3-90 自组网典型应用场景示意图

3.3.6.1 窄带自组网

窄带自组网以语音通信系统为代表，通常以12.5kHz和25kHz的信道间隔承载数据，支持语音、传感器数据等在内的低速数据业务。

窄带自组网系统中，所有电台工作频点一致，能够发送自身数据、转发和接收相邻电台传送的数据，通过多跳链路完成区域覆盖，设备间使用无线互联，组网灵活，其逻辑架构示意图如图3-91所示。

窄带自组网系统通常没有路由的概念，以广播的形式在网内传输数据，通过不断的接收和转发来实现网内所有节点对信息的获取。

3.3.6.2 宽带自组网

宽带自组网能够以一定的带宽完成实时视频传输等大流量数据业务，是自然灾害、事故灾难、公共卫生事件、社会安全事件、军事通信等应用场景中不可或缺的,如图 3-92 所示。

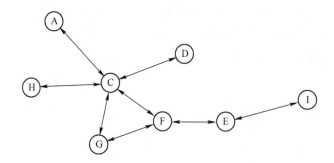

图 3-91　自组网逻辑架构示意图

图 3-92　自组网电台应用示意图(图片来源:华北创芯&山东中科泰岳)

1. 自组织网络

自组织网络(Adhoc Network)是一种不需要依靠现有固定网络基础设施,可快速展开使用的,由一组具有无线收发功能的移动终端组成的无中心临时性自治系统。这种系统不依赖人为操作而自组织、自愈合,具有路由功能的移动终端可构成任意网络拓扑的无线连接,各个节点相互协作完成信息交换,实现信息和服务共享。图 3-93 为一种随机型自组织网络结构。

它可以追溯到 1968 年组建的 ALOHA 网络,ALOHA 是一个网络中任意节点间可直接互相通信的单跳网络。DARPA 于 1972 年启动了战场环境下利用无线分组网进行数据通信的分组无线网项目,实现了真正意义上的多跳无线网络。IEEE 802.11 标准委员会定义了"Adhoc"一词来描述这种自组织多跳移动通信网络。

第3章 周界安全技术防范中的信息传输

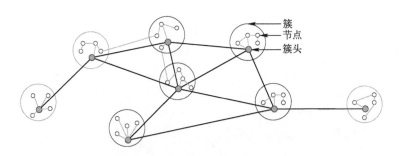

图 3-93 随机型自组织网络结构[117]

与传统通信网络相比，Adhoc 网络的显著优点是：

（1）无中心。网络内所有节点地位平等，没有传统通信网络的控制中心，抗毁性强。

（2）自组织。网络内节点通过自行协商彼此行为进行通信，无须人工干预，可以随时随地展开组网。

（3）自愈合。网络内节点无论入网、脱网、移动，网络拓扑都会随之动态变化，保证路由可达。

（4）多跳路由。网络内节点通过相应的路由协议、路由策略，在多个节点间进行多跳转发。

Adhoc 网络中的所有节点均可以自由更换位置，且地位平等。网络内任一节点设备都要承担为其他节点进行数据转发的义务，要兼具移动通信终端的功能和转发数据的路由功能，作为移动通信终端完成数据的处理和信息的传输，作为路由器根据路由策略和路由表完成报文转发和路由维护。

Adhoc 网络中的所有移动终端都可以按需变化位置，网络拓扑随机动态变化。在常规路由协议实现收敛状态前，网络拓扑结构可能已经发生了变化，路由协议状态始终处于不收敛。路由算法是自组网的核心技术之一，决定了网络节点的自组织、自适应、自恢复性能。自组网中的路由算法具有快速收敛特性，在以最小路由开销找到最可靠路由的同时监控网络拓扑变化，更新和维护路由表。

2. Mesh 网络

无线 Mesh 网络（Wireless Mesh Network，WMN），也称为无线网状网，其架构如图 3-94 所示。Mesh 网络中，任何节点都可以同时充当接入点（AP）和路由器，与多个临近对等节点直接进行通信；也可以通过多跳中继的方式，与远距离的节点进行通信，提供从源节点到目的节点的多条冗余路由。单点故障一般不会影响网络通信，具有很高的自愈性。

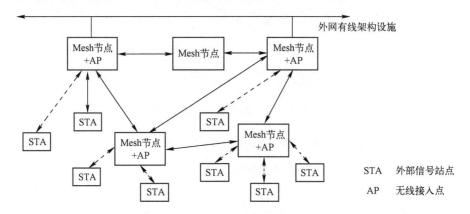

图 3-94　无线 Mesh 网络架构[117]

802.11 标准中明确了 Mesh 技术，定义了无线 Mesh 网络的 MAC 协议和路由机制，使基于 IEEE 802.11 协议的设备具备 Mesh 路由器的自组网功能，多个 WiFi 设备之间可以通过自配置多跳无线连接的方式进行组网。通过对 802.11 标准的支持，通常作为 AP 模式的 WiFi 设备，就可以变成无中心的自组网设备，组成链状、网状、星状和网格状等各种网络，其中网络内节点可分为网络 Mesh 节点、无线接入点（AP）和外部信号站点（STA）。

还有一些基于私有协议自组网技术的电台，与其他标准互不兼容且差异较大，主要应用在特定领域，例如图 3-95 所示的 L3 哈里斯公司的 PRC152、Persistent Systems 公司的 MPU5 等。

图 3-95　PRC152 与 MPU5 电台

第 4 章
周界安全技术防范中的视频管理与数据赋能

传感器采集的各类感知数据经过传输网络汇聚给用户,用户需要一个对数据进行接收、存储、处理、显示的系统,以便从感知数据中挖掘有价值的信息。数据平台是数据的汇聚中心,依托计算平台承载数据并支撑数据的存储、治理、分析、应用、安全,促进数据整合共享,为上层应用提供数据服务、信息支持和基础数据支撑。

从数据来源来看,视频监控是周界安全技术防范体系最重要的数据来源,最常见的应用模式是通过一个以视频为中心的视频管理平台,实现对视频的统一调度、统一管理、分权使用、资源共享。视频监控联网/共享平台是周界安全技术防范体系中提供视频监控综合管理服务的基础平台,联网平台以实现级联联网为主,共享平台以视频监控资源整合和共享为主。

随着大数据、人工智能、云计算、物联网技术的进步,大数据在社会治理、产业发展、保障民生中发挥了巨大的作用,是周界安全技术防范体系效能"倍增器"的关键一环。

4.1 视频综合管理应用

视频监控系统是周界安全技术防范体系的核心系统。一个完整的视频监控系统是综合应用视音频监控、通信、计算机网络、系统集成等技术,具有信息采集、传输、交换、控制、显示、存储、处理等功能,实现不同设备及系统间互联、互通、互控的综合网络系统。

4.1.1 视频存储技术

摄像机采集的视频图像并不只是现场实时监控的需求，用户往往需要将视频图像存储起来，以备一定时限内的查询。周界安全防护一般要求能够存储 90 天的连续视频。

视频图像的存储方式一般有前端存储、硬盘录像机存储、磁盘阵列存储、云存储等多种方式。无论哪一种存储方式，关键指标是存储硬盘的容量。单台摄像机每天所需的存储空间可表示为

$$存储空间 = 码率(Mbit/s) \div 8 \times 3600(s) \times 24(h) \div 0.9(容量系数)$$

在应用中要注意 B 和 b 的区别。b 代表 bit（位或比特），即一位二进制数（0 或 1），一般用在传输中表征速率，例如家庭宽带就用 b 来表示速度，百兆宽带的速率为 100Mbit/s；B 代表 Byte（字节），一个字节由 8 位二进制数组成，即 1B=8bit，一般用在存储中表征数据量，例如某块移动硬盘的容量是 2TB。

摄像机码流可以取以下参考值。

H.264 编码：130W（2Mbit/s）、200W（4Mbit/s）、300W（6Mbit/s）、400W（8Mbit/s）。

H.265 编码：200W（2Mbit/s）、300W（3Mbit/s）、400W（4Mbit/s）。

4.1.1.1 视频前端存储

前端存储是指将视频信息直接存于网络摄像机中，也称为本机存储，一般要求具有本机存储功能的摄像机存储实时视频图像时间不小于 3h。

网络摄像机一般支持 SD 卡存储，存储容量由 SD 卡容量决定。图 4-1 为一款 960GB 的存储卡及在相机上的插槽。存储策略一般可选择循环写入，在存储空间存满后就会自动覆盖最早的录像文件。根据摄像机的功能可以选择定时录制、手动录制和事件录制等模式。

图 4-1　存储卡及在相机上的插槽（图片来源：天硕 TOPSSD）

视频前端存储既可以作为后端存储的备份，避免因传输线路或后端设备原因导致的视频丢失，也可以在传输条件受限的情况下进行本地存储。

4.1.1.2 网络硬盘录像机存储

硬盘录像机有 DVR、NVR、H-DVR 等多种形式，DVR 面向的是模拟摄像机，NVR 面向的是网络摄像机，H-DVR 面向的是模拟和网络摄像机。"监控平台+NVR+IPC"的方式是目前视频监控系统的典型应用模式之一。

NVR（Network Video Recorder）即网络硬盘录像机，通过传输网络接收网络摄像机（IPC）和视频编码器（DVS）传输过来的数字流媒体数据，对视频数据进行存储、管理和转发，实现对前端设备的接入、报警处理、云台控制和镜头变焦（PTZ），实时监控以及视频的存储、浏览、回放、智能分析、转发等功能。图 4-2 为 NVR 在视频监控网络中的连接情况。

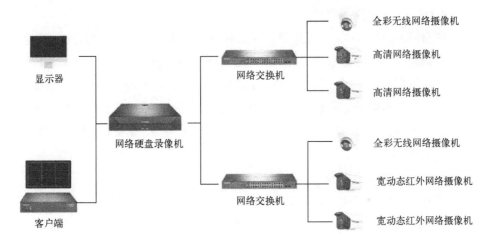

图 4-2　NVR 在视频监控网络中的连接情况（图片来源：TP-LINK）

在视频监控系统中通常存在多种硬件平台和不同的操作系统，采用不同的网络协议和网络体系结构。NVR 通过视频中间件的方式兼容不同的设备，实现网络化的分布式架构、组件化接入。中间件是位于硬件平台、操作系统、应用软件之间的通用服务，具有标准的操作系统和应用接口层。针对不同的硬件平台和操作系统，对中间件不同接口层添加相应组件，即可实现不同设备的应用整合。

NVR 的存储能力由它支持的盘位、单盘最大容量、硬盘的阵列模型决定，常见的 NVR 支持的盘位为 1~24 块不等。需要通过堆叠或级联的方式，扩大 NVR 的接入路数和存储容量。图 4-3 为普联科技公司的 NVR 及视频存储服务器。

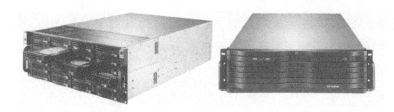

图 4-3　NVR 及视频存储服务器（图片来源：TP-LINK）

NVR 的网络接入带宽决定了视频的接入路数，例如某款 NVR 的网络接入带宽是 80Mbit/s，接入视频路数为 8 路。NVR 的视频输出一般采用 HDMI、VGA 等视频接口，用来进行实时浏览。NVR 的解码器接收网络摄像机的实时视频流进行解码显示，支持多种解码格式（如 H.265、H.264、MPEG 等）。不同设备支持解码的视频图像的视频分辨率和路数是不同的。

4.1.1.3　磁盘阵列存储

磁盘阵列（RAID）是采用数据交叉存取技术实现多个独立的硬磁盘驱动器并行访问，且在操作系统下视为一个逻辑磁盘驱动器的存储设备。磁盘阵列由一个主机柜和多个扩展机柜构成，主机柜上安装控制器部件和多个扩展磁盘插拔盒附件，提供一定容量的存储服务。需要扩展时，根据磁盘阵列的不同可扩展多台扩展机柜，扩展机柜上仅安装扩展磁盘盒附件，从外部看多个机柜仍是一台磁盘阵列。

1. 磁盘阵列存储方案

多台磁盘阵列可由一台存储服务器进行集中管理，统一部署存储任务，根据磁盘阵列与存储服务器之间的连接关系，可分为直连式存储（Direct Attached Storage，DAS）、网络接入存储（Network Attached Storage，NAS）和存储区域网络（Storage Area Network，SAN），如图 4-4 所示。

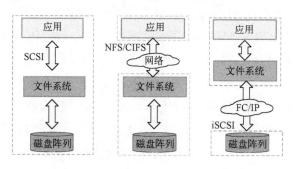

图 4-4　DAS/NAS/SAN 比较示意图

1）直连式存储

直连式存储中，磁盘阵列通过小型计算机系统接口（Small Computer System Interface，SCSI）通道直接连接到服务器上，磁盘阵列的读写操作需要占用服务器的操作系统、CPU、内存等资源，对服务器性能有较高的要求。由于 SCSI 通道资源有限，直连式存储在数据吞吐量大时会产生输入输出瓶颈。直连式存储中的应用服务器在地理空间上分散部署，资源不能进行集中管理。

2）网络接入存储

网络接入存储中，磁盘阵列设置专用的存储服务器进行集中管理，应用服务器和网络接入存储服务器通过网络连接。NAS 文件服务器为应用服务器提供数据存储和文件共享服务，可通过多种文件格式进行访问。网络接入存储解决了对 SCSI 通道和应用服务器性能的依赖问题，存储效率比 DAS 要高，但当多台客户端同时访问时，性能会显著下降。

3）存储区域网络

存储区域网络（Storage Area Network，SAN）有 FC 和 IP 两种组网方式，FC SAN 采用光纤通道技术组网，IP SAN 采用高速网络交换机代替光纤通道交换机，通过 iSCSI 协议把 SCSI 命令封装后直接进行块数据传输，具有高吞吐量和低延迟的优点。

根据视频流传输方式，在 IP SAN 上部署的存储系统有流媒体、直写和全交换三种架构。

（1）流媒体存储架构。这种架构的系统主要有中心管理服务器、流媒体服务器和存储服务器等，其中流媒体服务器承担了繁重的视频流转发任务。流媒体架构示意图如图 4-5 所示，前端摄像机被多个客户端并发访问时，实时码流经流媒体服务器转发给每个用户，存储码流由流媒体服务器转发给存储服务器后存储到磁盘阵列，回放码流经存储服务器转发到流媒体服务器，由流媒体服务器转发给客户端。

（2）直写架构。采用磁盘阵列"块直写"存储技术，存储码流不经转发直接通过流媒体协议写入磁盘阵列，其架构示意图如图 4-6 所示。中心级视频网络存储设备（Central Video Recorder，CVR）是一种典型的只写存储设备，它由标准 SAN/NAS 网络存储设备结合视频监控应用而来，在磁盘阵列中嵌入了录像和播放软件，集前端 IP 设备管理、录像管理、存储、转发功能于一体。

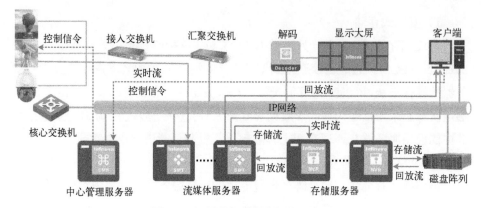

图 4-5 视频监控流媒体架构示意图

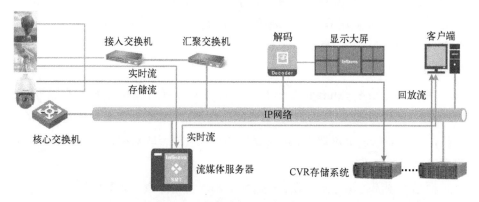

图 4-6 视频监控只写架构示意图

（3）全交换架构。采用网络组播技术进行流媒体转发，采用直写架构的"块直写"进行数据存储。全交换架构需要系统中的前端视频采集设备和交换设备支持网络组播协议，视频的实时流、存储流、回放流依赖于具有组播功能的 IP 网络传输。

2. 磁盘阵列等级

RAID 是指将多块硬盘组按一定方式组织起来映射成一块硬盘，多块硬盘同时进行读写的存储系统。RAID 读写速度成倍提高，同时通过镜像备份、数据校验等方式提高了数据安全性，实际应用中主要有 RAID0、RAID1、RAID5、RAID6、RAID10 等多个等级，如图 4-7 所示。

0 级磁盘阵列（RAID0）是没有任何冗余信息的 RAID 级别，数据以块为单位以轮转的方式分布到所有盘上，具有很高的数据传输速率，但可靠性比较差，不能用于数据安全要求高的场合。

第 4 章　周界安全技术防范中的视频管理与数据赋能

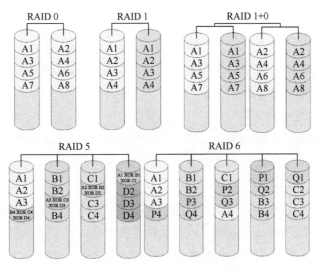

图 4-7　主流 RAID 技术示意图

1 级磁盘阵列（RAID1）是采用镜像数据校验的 RAID 级别，它的每一个数据盘都有一个或多个与它存有相同数据的镜像盘。对磁盘驱动器进行写操作时，数据同时写到它的镜像盘上；读操作时只读取其中一个盘的数据，当磁盘失效时可以从除失效盘以外的任意一个镜像盘中读取数据。

5 级磁盘阵列（RAID5）是采用块交叉和奇偶校验数据旋转分布的 RAID 级别。某一条带的奇偶校验块数据是由校验组内属于同一条带的数据块通过异或运算计算得来，同一条带的数据和校验数据分布在校验组内不同盘中。RAID5，是一种快速、大容量和容错分布合理的磁盘阵列，一个磁盘失效可以根据其他硬盘上的信息来恢复数据。

6 级磁盘阵列（RAID6）是一种容双盘故障的 RAID 级别。RAID6 增加了使用不同算法的第二个独立校验信息，两个磁盘同时失效也能从其他硬盘上的信息来恢复数据。RAID6 需要给校验信息分配更大的磁盘空间，"写性能"要差于 RAID5。

10 级磁盘阵列（RAID10）是一种组合 RAID 级别，也称为 RAID1+0。它融合 RAID0 和 RAID1，按照 RAID0 数据分块方式将数据分布于均由 RAID1 组成的多个逻辑单元盘上，同时拥有高效的 RAID0 和高可用性的 RAID1，具有数据的高读写性和良好的数据保护能力，缺点是磁盘利用率不到一半。

磁盘阵列产品一般应支持 RAID0、1、2、3、4 和 5 等级别以及盘组（JBOD）；除 RAID0 和盘组级别外，应具有容错功能，支持降级运行模式，具有支持在线数据重建的数据自恢复功能；具有盘容量自动识别功能，支持热备份盘；支持盘、电源和风扇的热插拔，有热备份电源和备份风扇；具有远程和本地磁盘阵列维护监控能力，支持磁盘阵列异常或故障信息报警，日志功能可记录和查询磁盘阵列的状态和事件。

4.1.1.4 视频云存储

随着视频监控系统规模不断扩大、应用需求趋向多样化，采用多台存储设备级联、堆叠的方式来扩大存储容量，很难解决设备统一管理、资源按需分配和存储空间共享利用等问题。

视频云存储系统是通过集群应用、网络技术或分布式文件系统等技术，将网络中不同类型的存储设备通过应用软件集合起来协同工作，共同对外提供视音频、图片及其伴生的结构化数据的存储和业务访问。视频云存储对系统内的设备资源、带宽资源、存储空间资源进行有效整合，为用户提供大容量、高性能、高可靠的存储服务。

1. 视频云存储系统框架

在 SJ/T 11787—2021《视频云存储系统通用技术要求》中，将视频云存储系统逻辑上分为采集层、介质层、存储层、接口层和应用层共 5 层结构，如图 4-8 所示。

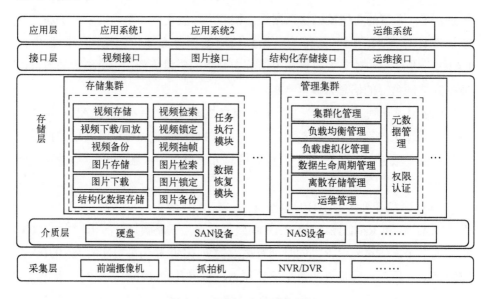

图 4-8　视频云存储系统框架

采集层是视频监控系统、卡口系统、电子警察系统等安防系统的前端摄像机、拾音器、抓拍机等视音频数据采集设备。介质层是磁盘阵列、硬盘等视音频和图片数据存储的载体。存储层是数据存储管理调度的存储集群和存储资源管理调度的管理集群。接口层包括视频接口、图片接口、结构化存储接口、运维接口等数据存取和系统管理接口。应用层是指通过统一的存储接口、管理接口，访问和管理视频云存储系统中的存储资源。

视频云存储系统支持遵守 GB/T 28181 或开放式网络视频接口（ONVIF）协议的前端摄像机、DVR 和 NVR 等设备将视音频数据上传写入，支持抓拍设备通过 HTTP 协议将图片数据写入，支持视频应用平台通过 GB/T 28181、HTTP 协议从视频云存储系统查询、下载、回放相关视频或图片数据，支持运维平台通过 SNMP 或 HTTP 协议对视频云存储系统运行状态信息、软硬件资源情况实时采集和统计分析。

2. 视频云存储系统的功能

视频云存储系统主要由云存储管理节点和数据节点组成，如图 4-9 所示。

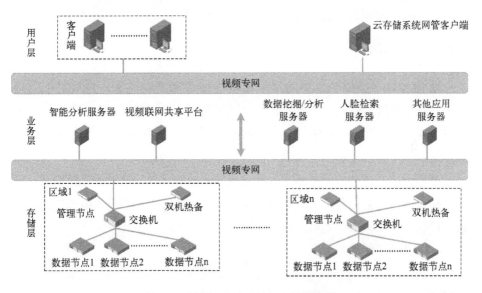

图 4-9 视频云存储系统与应用示意图

视频云存储系统内，各节点以唯一 IP 或域名提供存储和管理服务，支持存储节点的加入和退出，能够对系统接入前端设备的最大数量和当前接入数量进行配置和显示，能够将故障节点业务迁移到其他正常节点并自动完成回迁。

视频云存储系统能够实时监控业务响应情况和负载能力，将业务请求同时分摊到不同的节点，保证系统内部资源的负载均衡。

视频云存储系统通过虚拟化技术将系统内不同类型、不同速率的存储设备整合为一个或多个存储资源池，可对分配的存储空间进行在线扩容、缩容和灵活调整，支持按业务类型分配存储空间和同一资源池内异构数据的混合存储，支持按容量使用、时间等策略回收存储空间，对存储数据进行生命周期管理。

视频云存储系统支持将同一来源视图数据切片存储在不同的节点上，从不同存储节点并发提取同一来源视图数据的切片，支持节点在线扩展，能够提升存储容量和并发访问能力，确保扩展过程中数据不丢失、服务不中断、业务正常运行。

视频云存储系统支持视频的实时预览、视频存储、视频检索、视频回放、视频下载、视频标注、视频锁定、视频备份、视频抽帧，支持图片存储、图片检索、图片下载、图片锁定、图片备份、结构化数据存储等业务。

视频云存储系统具有更优的服务与数据可靠性，以及更高的安全性。

4.1.2 视频显示技术

通过人眼对摄像机采集的视频图像进行观察是最原始、最常见的应用方法。随着智慧城市、雪亮工程、天眼工程的推进，各类视频监控前端传回的视频图像需要大量的人员进行实时察看，视频观察员已成为一项专职工作。

视频显示系统由视频显示屏、传输系统、控制系统、辅助系统等组成，可将一路或多路视频信号同时、部分或全屏显示，在周界安全技术防范体系的各级监控站、监控中心中是必不可少的。

4.1.2.1 视频显示屏

人类感知外界信息的70%来源于视觉，电视、电脑显示器、平板电脑、手机屏幕、信息发布屏、投影仪、全息投影、沉浸式投影等各类光影秀，在人们的工作、娱乐和商业活动中已经司空见惯。

视频显示屏用于将控制系统发送来的视频信号进行显示，可视呈现各类计算机和视频信息。视频显示屏中，可以独立完成画面显示功能的矩形显示实体称为显示屏，若干显示屏物理拼接成的更大的图像显示区域称为视频拼接显示屏（墙）。显示屏间通过合适的电气连接（包括信号传输路径）由控制系统进行控制，可单独显示视频画面或画面的某一部分，还可与系统中的其他单元组成完整的画面。

1. LED 显示屏

发光二极管（Light Emitting Diode，LED）被电流激发时，通过传导电子和空穴的再复合产生自发辐射而发出非相干光。LED 显示屏就是通过一定控制方式控制 LED 器件阵列用于显示各类信息。

LED 显示屏的分类方法很多，按使用环境可分为室内屏和室外屏；按显示功能可分为文字显示屏、图文显示屏、视频显示屏和特殊应用显示屏；按显示维度可分为 2D 显示屏和立体（3D）显示屏；按屏体外观形态可分为平面型显示屏和非平面型显示屏；按像素中心距可分为常用间距 LED 显示屏和小间距 LED 显示屏，这里的小间距 LED 显示屏是指像素间距不大于 2.5mm 的室内屏和像素间距不大于 4.0mm 的室外屏。

LED 显示屏以 LED 像素显示文字、图像及视频等信息，通常包括 LED 屏体、显示控制系统、辅助系统等组成单元，可采用一体式或分体式结构。相较于 LCD 显示器通过滤光片形成色彩，LED 发光二极管通过自发光的方式进行显示，色彩更加自然真实。图 4-10 为商场里的 LED 显示屏。

图 4-10　商场里的 LED 显示屏

LED 屏体结构如图 4-11 所示，像素是 LED 显示屏的最小成像单元，像素阵列和驱动电路组成了显示模块，一定数量的显示模块、控制电路、电源转换器、结构件组成了显示模组，一个或若干个显示模组拼接而成 LED 屏体，而 LED 屏体可由显示控制系统进行控制完成画面显示。显示控制系统通常由视频处理器、信号调理发送器、信号接收分配器及相关播放控制显示软件组成；辅助系统则是用于支持 LED 显示屏的配套设备，通常包括供配电系统、音频系统、温度调节系统、防雷及安防系统等。

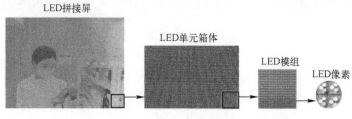

图 4-11 LED 屏体结构

LED 显示屏根据显示颜色可以分为单基色、双基色和全彩色（三基色）显示系统。单基色 LED 显示屏每个像素点一般为发光亮度较高的红色、绿色或其他颜色，只有一种颜色。双基色 LED 显示屏每个像素点有红、绿两种颜色，通过红、绿不同灰度的变化可以组合出 6 万多种颜色。全彩色 LED 显示屏每个像素点有红、绿、蓝三种基色，通过精确控制每一基色 LED 的亮暗混合出不同的色彩，具有 256 级灰度等级的 LED 显示屏可以组合出上百万种色彩，真实地展现出自然界的色彩。

LED 显示屏的分辨率由像素间距的大小决定，一般用"P+数字"表示，该数字为像素间距。目前室内小间距 LED 显示屏像素间距一般在 0.6～2.5mm 之间，不同像素间距 LED 显示屏的清晰度差别很大。LED 显示屏分辨率不够高，近距观看时能感觉到 LED 灯的颗粒感。LED 显示屏的 LED 灯珠会有失控像素出现，其发光状态与控制要求的显示状态不相符，近距离观看时能够发现。

2. 液晶显示屏

液晶显示屏（Liquid Crystal Display，LCD）是通过外加电压使液晶分子取向改变，以调制透过液晶的光强度而产生灰度或彩色图像。

液晶是在一定条件下具有液体的流动性和晶体的各向异性的化合物材料，具有规则性分子排列，室温下的液晶材料呈现为乳白色或浅黄色液体状态。液晶的光电特性因液晶分子的方向不同而有一定的变化，通电时液晶排列有序而使光线通过，不通电时液晶排列无序而阻止光线通过，可以通过变化液晶分子的方向来改变入射光的强度。

TFT 液晶显示（TFT-LCD）是带有薄膜晶体管的有源矩阵寻址液晶显示，每个像素都由一个（或多个）薄膜晶体管开关来控制。其基本结构是在一对平行的基板中填充液晶，基板是由玻璃或塑料制成的透明平板，下基板上放置 TFT（Thin Film Transistor）薄膜晶体管，上基板上放置彩色滤光片，只要改变薄膜晶体管上的信号与电压，就能够控制调整液晶分子的转动方向，实现对每个子像素点偏振光的出射调整，进而改变红绿蓝子像素的颜色配比。TFT-LCD 的面板结构示意图如图 4-12 所示。

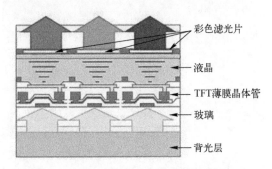

图 4-12　TFT-LCD 面板结构示意图（见彩图）

LCD 显示器的光源是大量发出白光的 LED。白光在经过 TFT 薄膜晶体管控制的液晶分子时，实现了对入射光强度的调整，每个像素点 RGB 的 3 个子像素出光量的不同即形成了不同的颜色。

LCD 根据显示屏的组成数量可分为单屏显示系统和拼接显示系统，LCD 拼接屏的单屏尺寸一般在 42～70in 之间，主流规格有 40/46/55/60in 等，单屏分辨率可达 1920 像素×1080 像素，实现整屏、跨屏拼接、单屏分割等功能。

LCD 拼接屏的缺点是屏间有黑色的拼缝，目前的物理拼缝主要有 0.88/1.8/3.5mm 等，对视觉感受有一定影响。图 4-13 为某地周界视频监控系统的液晶显示屏。

图 4-13　某地周界视频监控系统的液晶显示屏

3. 投影型显示系统

投影显示是通过光学系统将显示图像投影到屏幕上,其发光器件有高压汞灯、LED、单色激光、双色激光、三色激光等。投影机可以单台(非拼接)显示,也可以多台进行拼接显示。图 4-14 为西安城墙上的激光投影。

图 4-14 激光投影(图片来源:杭州中科极光)

投影型视频显示系统的投影机工作方式有正(前)投影显示和背投影显示两种方式。背投影显示是图像投影通过透射屏到达观众一侧的投影方式,光学投影束位于显示屏幕的背面;正(前)投影显示是图像被投影在光反射屏的观众一侧的投影方式,光学投影束位于显示屏幕的正面。

数字光学处理器(Digital Light Processor,DLP)是采用数字光学微镜阵列作为光阀的成像装置,是一种光学纯数字反射式投影技术。目前 DLP 背投屏使用的光源主要是 LED 光源或激光光源,主流规格有 50/60/70in 等,其物理拼缝可达 0.5mm。

DLP 是一种利用数字微镜器件(Digital Micromirror Device,DMD)来调制光的快速开关的微机电系统。DMD 器件在硅片上生成顺序排列的 16μm×16μm 或更小的微镜,每个微镜可代表一个或多个像素。微镜有两种稳定的状态（多为+12°和-12°），可由存储器控制沿着对角轴线翻转，其中：微镜为正状态时向光源方向倾斜，反射光通过投影镜头投向屏幕形成一个亮点；微镜为负状态时向远离照明方向倾斜，反射光被吸收装置吸收在屏幕形成一个黑点。在相同时间周期里，亮点停留久则其亮度变高，停留短则其亮度变低，通过二进制脉冲宽度调制技术实现对每一个像素反射光的通断控制，就可以精确控制光的灰度等级，产生高亮度、高对比度的彩色投影图像。DLP 实物及微镜工作原理如图 4-15 所示。

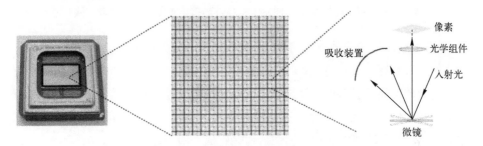

图 4-15　DLP 实物及微镜工作原理

4. 小结

从三类显示屏的显示效果来看，LED 拼接屏没有可视的物理拼缝，DLP 拼接屏的物理拼缝要小于 LCD 液晶拼接屏；LCD 液晶屏和 DLP 背投屏的分辨率要高于 LED 显示屏；LED 显示屏的亮度最高，LCD 液晶屏亮度居中，DLP 显示屏的亮度最差；LED 显示屏的响应时间小，可有效消除 LCD 液晶屏在快速动态画面时出现的拖尾和重影叠加现象；LED 显示屏的色彩饱和度、色彩还原性和色彩一致性也要优于 LCD 液晶屏和 DLP 背投屏。

4.1.2.2　视音频传输

视音频传输系统将需要显示的计算机输出信号和视频信号按照设计的技术指标要求传输至各显示屏单元，不同设备间的视音频接口有不同的物理连接形式。

1. 视频信号接口

视频信号的接口形式很多，其传输速率、无损传输距离、接口形式有很大的差别。

1）VGA 接口

VGA 意为视频图像阵列，是采用 VGA 标准输出数据的专用接口，在显卡上非常常见。VGA 接口共有 15 针，分成 3 排，每排 5 个。如图 4-16 所示，VGA 接口外形与字母"D"相似，具备防呆特性以防插反。

图 4-16　VGA 连接线及与 HDMI 和 DVI 转接示意图（图片来源网络）

VGA 接口传输的是模拟信号，将视频信号分解为红（R）、绿（G）、蓝（B）三基色信号和行（H）场（V）扫描信号进行传输，传输中的损耗很小。但是在传输给数字显示设备时，经过数模转换和模数转换会造成画面的损失。VGA 不支持音频信号输入，可以支持分辨率为 640×480、1024×768、1920×1080、2560×2048 等多种规格的视频图像，传输距离一般不超过 30m。

2）DVI 接口

DVI 意为数字视频接口。随着视频分辨率的提高，VGA 难以满足高清视频传输的要求，DVI 以数字格式向显示设备传输信号，消除了 VGA 传输过程中因数模转换和模数转换导致的视频质量变差，如图 4-17 所示。

图 4-17　双通道 DVI 连接线及与 HDMI 和 DP 转接示意图（图片来源网络）

目前的 DVI 接口主要有 DVI-D 和 DVI-I 两种，又可细分为单通道和双通道两种规格。DVI-D 接口只能接收数字信号，单通道 DVI-D 规格为 18+1，双通道 DVI-D 规格为 24+1，即 18 个或 24 个数字插针的插孔和 1 个扁形插孔。DVI-I 可通过转接头兼容 VGA 接口，同时兼容模拟和数字信号，单通道 DVI-I 规格为 18+5，双通道 DVI-I 规格为 24+5，即 18 个或 24 个数字插针的插孔和 5 个模拟插针的插孔，通过一个 DVI-I 转 VGA 转接头实现模拟信号的输出。

单通道 DVI 接口的传输速率是 165MHz，是双通道 DVI 接口的一半。单通道 DVI 接口的分辨率支持到 1920×1080@60Hz，双通道 DVI 接口可以支持到 3840×2160@60Hz。

DVI-I 不支持音频信号传输，传输距离一般不超过 15m。

3）HDMI 接口

HDMI 意为高清晰度多媒体接口，是一种全数字化视音频接口，可以同时传输未压缩的视音频信号。HDMI 与 DVI 使用了相同的数字信号底层协议，可以通过转接头与 DVI 信号实现互换，兼容 DVI 信号。HDMI 主要有标准 HDMI、mini HDMI、micro HDMI 三类接口规格，体积大小有别但功能相同，如图 4-18 所示。

图 4-18　HDMI/mini HDMI/micro HDMI 示意图（图片来源网络）

HDMI 接口标准发展了 1.0、1.4、2.0、2.1 等多个版本。HDMI 2.0 接口数据传输速率达 18Gbit/s，支持 3840×2160@60Hz 视频、32 声道音频、HDR 动态图像输出，对 HDMI 1.x 向下兼容。HDMI 2.1 数据传输速率达 48Gbit/s，可以传输 7680×4320@60Hz 等格式的视频，支持 HDR 技术。视频的每一帧都显示出景深、细节、亮度、对比度的理想值以及更宽广的色域。

HDMI 近乎无损画质传输距离在 15m 内，配上信号放大器可达 60m。

4）DP 接口

DP（Display Port）是一种高清数字显示接口标准，性能优于 HDMI，主要用于视频源与显示设备的连接，可共用一条线缆同时传输音频和视频，接口分为全尺寸和 mini 两类，如图 4-19 所示。

图 4-19　DP 及 mini DP 与 HDMI 转接示意图（图片来源网络）

DP 接口发展了多个版本。DP1.3 的传输速率为 32.4Gbit/s，支持 5120×2880@60Hz 等格式的视频输出。DP1.4 的传输速率和 DP1.3 一致，增加了显示压缩流、前向错误更正、高动态范围数据包等技术，支持 7680×4320@60Hz 的视频输出。DP2.0 的传输速率可达 80Gbit/s，是 HDMI 2.1 的 1.6 倍。

5）AV 接口

AV（Audio Video）接口也称为复合视频信号（CVBS）接口、Video 接口，是一种视音频分离的模拟接口，曾广泛应用在早期的电视机、影碟机等设备上，目前的应用很少，如图 4-20 所示。

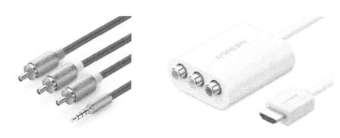

图 4-20　1 转 3RCA 线及与 HDMI 转接示意图（图片来源网络）

AV 接口端子一般由 3 个独立的 RCA 端子（莲花头和莲花座）组成，其中：黄色的端子和连接线用来传输视频；白色和红色的端子及连接线用来传输左右声道的声音信号。视音频分离避免了视音频混合产生的干扰，但视频信号本身需要进行亮度/色度（Y/C）分离、色度解码等过程，在混合分离处理中造成信号失真。

视频线为等效阻抗 75Ω 的同轴电缆。在表示方式中，75 代表阻抗，后面的数字 3/5/7 等代表同轴电缆的绝缘外径。不同规格的同轴电缆有不同的传输距离。

6）S 端子

S 端子（Separate-Video）也称二分量视频接口，如图 4-21 所示。S 端子由 AV 端子改进而来，将视频信号的亮度和色度信号分离成两个独立的信号进行输出，无须进行亮度和色度信号的混合、分离、解码，避免了亮度和色度信号的相互串扰，使图像的质量得到提高。S 端子传输的色度信号由 2 路色差信号 Cr、Cb 合成，显示时还要经历一个解码为 Cb 和 Cr 的过程，这样就产生了一定的失真，输出分辨率最高为 1024×768，不适合高清视频传输。

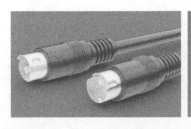

图 4-21　4 针 S 端子及与 BNC 转接示意图（图片来源网络）

7）分量视频接口

分量视频接口，也称为色差输出/输入接口、3RCA、YPbPr/YCbCr 色差接口等。分量视频接口是在 S 端子基础上，把色度信号里的 2 路色差信号分开发送，避免了色差信号混合与分离过程带来的图像失真，通常分为 YPbPr（逐行扫描色差输出）和 YCbCr（隔行扫描色差输出），分辨率可以达到 720p、1080i。

8）SDI 接口

数字分量串行接口（Serial Digital Interface，SDI）是广电行业的标准传输方式，通过同轴电缆传输未经压缩的数字信号，如图 4-22 所示。标准 SD-SDI 传输速率为 270Mbit/s，高清 HD-SDI 传输速率为 1.485Gbit/s，3G-SDI 传输速率为 2.97Gbit/s，6G-SDI 传输速率为 6Gbit/s，12G-SDI 传输速率为 12Gbit/s。HD-SDI 接口采用同轴电缆、BNC 接口作为线缆标准，有效距离为 100m。

图 4-22　SDI 连接线及转接应用示意图（图片来源网络）

2. 音频信号接口

音频接口用来连接音箱、拾音器、调音台、话筒、计算机等其他声源设备，可分为模拟接口和数字接口两类。图 4-23 为调音台上的音频接口。模拟接口在音频领域中占有很大的比重，常见的有大/小三芯插头、RCA（莲花型）插头、XLR 卡侬插头等。

图 4-23 调音台上的音频接口

1）大/小三芯接口

大/小三芯接口又称为 TRS 接口。TRS 是 Tip（信号）、Ring（信号）、Sleeve（地）3 个单词首字母的缩写，分别代表被 2 段绝缘材料隔开的 3 段金属柱，如图 4-24 所示。

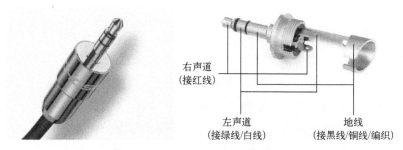

图 4-24 小三芯接头（图片来源网络）

大/小三芯接口的规格主要有 2.5mm、3.5mm 和 6.3mm。3.5mm 接口又称为小三芯接口，是目前常见的声卡接口。6.3mm 接头常见于专业音频设备上，也称为大三芯接口。2.5mm 接头原先在手机上应用比较多，现在已很少见。

2）RCA 接口

RCA 接头就是常说的莲花头。RCA 接口采用同轴传输信号，中轴传输信号，外沿接触层接地。每一根 RCA 线缆传输一个声道的音频信号，是应用很普遍的一种音频连接方式。

3）XLR 接口

XLR 接头就是通常所说的卡侬头。XLR 中的字母 X 来源于早期产品"CannonX"，字母 L 是指锁定装置（Latch），字母 R 是指围绕接头金属触点的橡胶封口（Rubber compound）。XLR 接头通常用在麦克风、电吉他等设备上。XLR 插头通常是 3 脚的，也有 2 脚、4 脚、5 脚、6 脚等形式，如图 4-25 所示。

第 4 章 周界安全技术防范中的视频管理与数据赋能

图 4-25 卡侬头及与莲花头和小三芯转接示意图（图片来源网络）

4）数字类接口

数字音频接口也有多种形式，但主要是指传输协议或标准，很难从物理外观上进行分别。

AES/EBU 是音频工程师协会/欧洲广播联盟的英文缩写。AES/EBU 的物理接口有多种，最常见的是 XLR 接头。

SPDIF 是 Sony Philips Digital Interconnect Format 的缩写，是日本索尼公司与荷兰飞利浦公司合作开发的一种数字音频接口协议。SPDIF 接口常用 RCA/BNC 同轴接口、光纤接口，如图 4-26 所示。

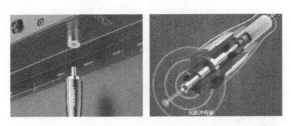

图 4-26 SPDIF 数字音频连接器（图片来源网络）

4.1.2.3 视音频编解码设备

编解码设备是实现编解码过程的实体，可以为软件或硬件，是视频监控系统中常见的设备，其在视频监控系统中的连接关系与功能如图 4-27 所示。

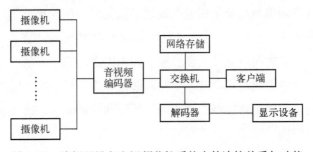

图 4-27 编解码设备在视频监控系统中的连接关系与功能

285

视音频编解码设备的接口中，视频输入输出常采用 VGA、DVI、HDMI、SDI 等接口形式，音频接口常采用 3.5mm 立体声接口、RCA、BNC 模拟音频接口，网络接口采常用 RJ45 的 10/100/1000M 以太网接口以及射频无线接口或光纤接口连接，辅助数据传输接口常采用 RS-232、RS-485、USB、RJ45 等实现单向或双向数据或报警数据传输。

视音频编解码设备应支持嵌入式 Web 服务，能够通过浏览器进行访问，并通过客户端或浏览器管理界面设置设备参数和进行时间校准，传输控制协议满足 GB/T 28181 的要求。

网络视音频编码设备是实现对模拟或数字非压缩视音频信号进行编码并经 IP 网络输出的设备，视频编码器（DVS）也称为网络视频服务器。视频信息的编码方式通常采用 H.264/265、MPEG、SVAC 等编码标准，支持字符叠加、区域遮挡、多码流输出、PTZ 控制、报警、主动注册等功能。

网络视音频解码设备是实现对来自 IP 网络的已编码的视音频数据进行解码，用于显示输出的设备。视音频解码设备应能从网络中获取数据并解码输出，支持视频输出的轮巡切换和多画面分割。在小型视频监控系统中，解码器可以独立作为显控设备完成解码输出；在大型视频监控系统中，解码器取流解码后作为矩阵的输入。

4.1.2.4 视频切换控制

视频切换控制系统用于对视频信号进行调度管理，包括图像分割和拼接、图像显示参数（位置、色彩、亮度、均匀性、对比度等）的设置和调整、视频信号的分配和切换等。

视频矩阵是各级监控中心、指挥中心不可或缺的设备，它通过阵列切换的方法将多路视音频信号从特定的输入通道切换至特定的输出通道。视频矩阵的切换原理如图 4-28 所示，水平方向表示有 M 路视频输入，垂直方向表示有 N 路视频输出，它们之间的交叉点表示输入和输出之间的连接状况，图中的符号表示导通。每个输出通道只能与一个输入通道导通，每个输入通道可以和多个输出通道导通，根据需要控制交叉点进行断开和导通动作，就实现了输入视频与输出视频的切换。

第 4 章　周界安全技术防范中的视频管理与数据赋能

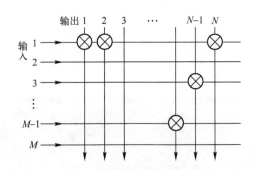

图 4-28　视频矩阵切换原理

视频矩阵按输入信号种类可分为模拟矩阵、非网络数字矩阵、网络数字矩阵和混合矩阵。模拟矩阵只支持模拟视频信号输入，非网络数字矩阵支持 SDI、HDMI、DVI 等数字视频信号输入，网络数字矩阵只支持网络视频输入，混合矩阵同时支持两种及以上种类的视频输入。

基本的视频矩阵由输入、输出、切换、中心控制、终端操作等模块组成，如图 4-29 所示。

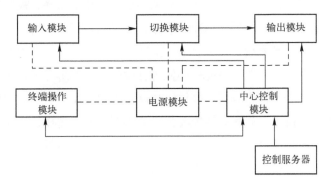

图 4-29　视频矩阵组成示意图[128]

视频输入单元负责将视频流数据转化为可处理的统一数据格式，视频输出单元负责将输出的视频信号处理转换为与显示单元相对应的格式，视频输入输出单元一般以板卡的形式出现，可能包括了多种类型的视频接口。切换单元负责将任意输入通道的视频信号切换到任意输出通道输出。中心控制单元负责对终端操作单元发来的命令进行解析与执行，控制切换单元执行切换操作。终端操作单元是人机对话窗口，负责向矩阵发送指令，实现对系统输入输出的控制。

视频矩阵通常具备视频通道的手动和编程切换、字符叠加、云台镜头控制、报警联动、报警事件记录、视频丢失检测、矩阵级联、音频同步切换、多画面分割、拼接、开窗及漫游等功能。图 4-30 为淳中科技公司的一款视频矩阵实物与显示界面。

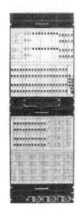

图 4-30　视频矩阵实物与显示界面（图片来源：淳中科技）

随着视频监控系统规模的扩大、视频会议等应用的增多，视频控制逐步向信号交互与处理的方向发展，以用于视频信号的调度管理。

信号交互与处理系统由图像处理/传输设备、控制用计算机软硬件、数据信号转换装置等组成，可按需对屏幕图像进行编辑，控制屏幕的显示状态，制作所需预案效果并进行效果调用，提供信号源预览以及字符叠加、滚动字幕等必要的信号源辅助信息。该系统还能支持视频信号 IP 化传输、交互、处理，键鼠信号远程传输，多台远端计算机对视频显示系统进行管控，席位间、席位与拼接屏间交互并对视频信号实时推送，系统可视化拓扑图，对信号源及大屏图像录制，对录像文件点播回放等。

4.1.3　视频联网技术

在周界安全技术防范体系中，视频监控是应用最广泛、信息最丰富、人机交互最直接的感知方式。监控人员通过简单的操作就可以加入"感知—决策—处置"回路，其他任何入侵探测感知手段无不面临着受外界环境影响而导致的虚警、漏警和目标属性判断准确率低的问题，仍然需要通过视频或人工进行核查验证以确定目标的准确属性。可以说，视频监控是整个技防体系感知的基础。

第 4 章　周界安全技术防范中的视频管理与数据赋能

一个地市级别的安全防范系统中，往往会有上万路的摄像机和卡口设备，在管控体系中又有管控分中心、管控中心等多层级的垂直和平行管控机构。这就需要一个统一的视频综合管理业务平台，实现对视频资源的技术融合、业务融合、数据融合，实现跨层级、跨地域、跨系统、跨部门、跨业务的协同管理和服务。

4.1.3.1　流媒体传输协议

在视频监控系统的发展过程中，不同的厂家、部门、地方形成了各具特色的自定义的传输、交换、控制接口标准。要实现不同种类、厂家设备的兼容，构建统一管理的视频监控联网系统，那么联网信息的传输、交换和控制必须遵循统一的标准。

网络协议规定了网络设备间进行数据传输时信息所采用的格式和含义，其三要素是语义、语法及时序，语义表示要做什么，语法表示要怎么做，时序表示做的顺序。

媒体流（视音频流）在 IP 网络上采用流媒体协议 RTP/RTCP 传输，先将媒体类文件分割压缩成多个数据包，再由流媒体服务器向客户端持续地发送实时数据流。图 4-31 为流媒体应用中的典型协议体系结构。

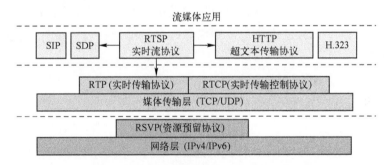

图 4-31　流媒体应用中的典型协议体系结构

1. 资源预留协议

资源预留协议（RSVP）是一种用来为多媒体数据创建新的传输通道或控制其传输的网络层协议。

主机端可以通过 RSVP 向网络申请特定的 QoS 以进行可靠的数据流传输，在传输路径上预留带宽资源至应用程序释放。RSVP 只提供数据传输的连接建立，并不处理传输层的数据。

2. 实时传输协议

实时传输协议（RTP）是一种为流媒体数据进行封包并提供端对端传输服务的实时传输层协议，规范了在 IP 网络上传递视音频的标准数据包格式。

RTP 先将几个实时数据流复用到一个 UDP 分组流中，再将 UDP 流单播或多播给一台或多台目标主机，数据流的传输由实时传输控制协议（RTCP）来监控。RTP 仅仅封装成常规的 UDP，路由器不会对其分组有任何特殊对待，现在高端的路由设备有针对 RTP 协议的优化选项。

RTP 数据报由头部和负载组成，头部的负载类型、序列号、时间戳和同步信源标记等为实时的流媒体传输提供了基础。

3. 实时传输控制协议

RTCP 是一种在多媒体数据传输过程中起控制作用的传输层网络协议。

一个 RTP 会话启动时，会同时占用 RTP 和 RTCP 两个端口，每个参与者周期性地向所有其他参与者发送 RTCP 控制信息包，接收端通过报文中的已发送数据标记及丢包记录来判断数据包是否接收完全或对接收的数据包进行排序，并向发送端提供延迟、带宽、拥塞和其他网络特性反馈信息。

RTCP 数据报多播给参与的每个会话成员，返回的控制信息反馈了其他参与者的实时情况，网络状况较好时能提高数据速率，网络状况不好时能降低数据速率。通过连续地反馈信息，尽可能地在当前条件下提供最佳的传输质量。

4. 实时流协议

实时流协议（RTSP）是一种用来控制具有实时特性流媒体数据传输的应用层网络协议，其体系架构位于 RTP 和 RTCP 之上，规范了具体的控制消息、操作方法、状态码等，对流媒体提供播放、暂停、快进、录制等操作。

RTSP 通过服务器和客户端间的消息应答（请求和响应）完成流媒体的创建、录像、控制、拆线等操作。如图 4-32 所示，在基于 C/S 架构的分布式视频点播系统中，客户端通过 HTTP 协议从 Web 服务器获取点播视频服务的演示描述文件，定位视频服务器地址和端口号以及视频服务的编码方式等信息；视频服务器响应客户端的视频服务请求，为其建立一个新的视频服务流；客户端通过 RTSP 协议对该视频流进行播放、停止、快进、快退等控制操作，服务完毕后提出拆线请求。

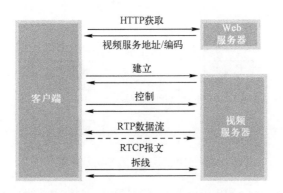

图 4-32　RTSP 协议工作流程示意图

4.1.3.2　视频监控系统联网标准

视频监控系统通过统一的联网信息传输、交换、控制规范，实现"三融五跨"协同管理和服务，对提高资源利用效率，开展视频防控、视频侦查、可视化指挥调度等深层应用具有重要意义。

网络视频监控标准中应用最为广泛的是 ONVIF 和 GB/T 28181。根据网络视频设备所支持的服务，ONVIF 可分为显示、传输、分析、存储四类，定义了网络视频的模型、接口、数据类型、交互模式，以及设备发现、管理、输入输出服务、图像配置、媒体配置、实时流媒体、接收端配置、显示服务、事件处理、PTZ 控制等功能。

GB/T 28181—2022《公共安全视频监控联网系统信息传输、交换、控制技术要求》规定了视频监控联网系统的互联结构，传输、交换、控制要求，安全性要求以及控制、传输流程和协议接口等。

1. SIP 监控域

GB/T 28181 是我国制定的视频监控联网系统传输、交换、控制标准，支持这一标准规定的通信协议的监控网络称为会话初始协议（Session Initiation Protocol，SIP）监控域。

SIP 是由互联网工程任务组制定的用于多方多媒体通信的应用层控制协议，用于建立、修改和终止 IP 网络上的双方或多方多媒体会话。

一个 SIP 监控域内的网元主要包括 SIP 设备、SIP 客户端、中心信令控制服务器、媒体服务器和信令安全路由网关等，如图 4-33 所示。区域内联网时，各功能实体以传输网络为基础完成信息传输、交换和控制；跨区域联网时，以信令安全路由网关和流媒体服务器为核心通过 IP 传输实现。

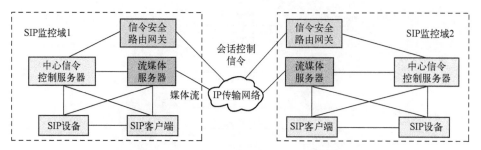

图 4-33　SIP 监控域互联结构示意图[120]

SIP 设备包括支持 SIP 协议的网络摄像机、视频编/解码设备、DVR 和报警设备等。SIP 客户端是指用户界面、用户代理、媒体解码模块和媒体通信模块等。中心信令控制服务器为 SIP 监控域内其他设备提供注册、路由选择、逻辑控制以及与应用服务器的接口。流媒体服务器用来进行实时媒体流转发、媒体存储、历史媒体信息检索和点播服务。

信令安全路由网关接收或转发域内外 SIP 信令，完成 SIP 域间路由信息传递以及路由信令、信令身份标识的添加和鉴别等功能。

2. 联网方式

视频监控系统跨区联网时，根据两个信令安全路由网关之间的关系，有级联和互联两种方式。

级联时，两个信令安全路由网关之间为上下级关系，通过中心信令控制服务器和信令安全路由网关，上级可调用下级所管辖的监控资源，下级向上级上传本级管辖的监控资源或共享上级资源。互联时，两个信令安全路由网关间为平级关系，通过中心信令控制服务器和信令安全路由网关，经授权后可相互调用对方监控资源。

如图 4-34 所示，在视音频传输、控制时，联网系统会建立会话和媒体流 2 个通道，其中：会话通道采用 SIP 协议用于设备间会话并传输系统控制命令；媒体流通道采用流媒体协议 RTP/RTCP 传输经过压缩编码的视音频流。

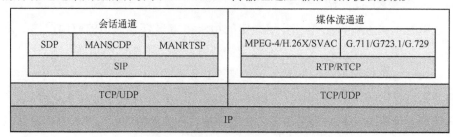

图 4-34　联网通道协议结构示意图[120]

3. 传输、交换、控制要求

传输部分规范了要求联网系统支持的网络协议和视音频流数据封装格式，网络带宽设计应能满足前端设备接入监控中心、监控中心互联、用户终端接入监控中心的带宽要求并留有余量，网络时延不大于 400ms，网络传输的最大视频帧率不低于 25f/s。

交换要求对设备 ID 按照协议规范的编码规则进行统一编码使之具有全局唯一性，视频编解码优先采用 SVAC 标准并支持 H.264、H.265 或 MPEG-4，音频编解码推荐采用 G.711、G.722.1、G.723.1、G.729、SVAC 或 AAC 协议，支持将非 SIP 监控域的网络传输、设备控制、媒体传输、媒体数据格式与 GB/T 28181 规定的相关协议进行双向协议转换。

控制要求规范了注册、实时视音频点播、控制、报警事件通知和分发、设备信息查询、状态信息报送、历史视音频文件检索（回放、下载）、网络校时、订阅和通知、语音广播和对讲、设备软件升级、图像抓拍等内容。

4.1.3.3 视频监控联网平台

联网平台实现了不同视频监控设备及系统间视音频信息采集、传输、交换、控制、显示、存储、处理等功能的互联、互通、互控。

1. 视频联网平台的组成

视频联网平台是由中心管理服务器、存储管理服务器、流媒体转发服务器、图像调度客户端等组成，对视频监控设备进行管理，对视频进行调度、存储、回放等操作的视频综合业务管理系统。视频联网平台层级间支持 GB/T 28181 协议对接，下级以国家标准协议接入前端设备，同时将实时视频、存储录像、组织目录、其他设备信息推送至上级平台，实现两级共享。

中心管理服务器包括中心控制管理模块和 Web 服务模块，其中：中心控制管理模块负责 GB/T 28181 的 SIP 信令接收、处理、分发，对系统内的用户与权限、SIP 设备进行集中配置管理；Web 服务模块负责与平台数据有关的信息设置与更新，为应用服务、视频监控设备提供访问配置界面。

存储管理服务器负责为录像通道分配存储空间，根据计划存储视音频数据，为客户提供录像检索、查询和数据修改、删除等服务。

流媒体转发服务器模块对流媒体的分发请求进行动态均衡负载处理，利用封装好的视频组件从标准 SIP 设备或非标准设备中获取视频流，按照 GB/T 28181 协议封装后转发给客户端、存储服务器或第三方平台，支持实时视频流、录像回放流的分发和存储数据的回放点播。

图像调度客户端模块为用户提供直观的监控视频查看和操作。

图 4-35 为某视频监控系统联网平台架构示意图。

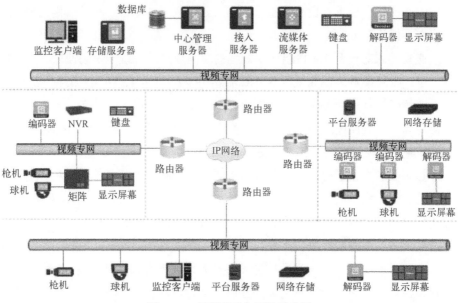

图 4-35　某联网平台架构示意图

扩展应用是视频联网平台针对不同应用场景的扩展，常用的服务有 GIS、系统巡检、视频质量诊断等。GIS 服务负责与 GIS 引擎集成实现图上点位查询、轨迹刻画，距离、面积、体积量算，以及路线规划、标绘注记等功能。系统巡检服务负责获取设备的硬盘占用等状态信息和异常信息（类型、原因、时间、IP、所属平台等），统计单个设备、服务器运行状况信息（故障持续时间、在线时间、日故障时间等）。质量诊断服务负责对视频流进行解码与质量评估，对视频图像中发生的清晰度异常、画面冻结等问题进行判断和告警。

2. 视频联网平台的应用层架构

视频联网平台的网络应用层架构主要有 C/S 和 B/S 两种，如图 4-36 所示。

1）C/S 架构

C/S（Client/Server）意为客户机/服务器，是一种两层软件体系架构。客户端面向用户设计，负责用户界面显示和语言数据转换等，系统与用户通过前台页面交互，体现出更多个性化特色设计以匹配用户要求；服务器对数据进行存储、导出、合并等处理，相当于数据库服务器。二者分工明确，客户端响应速度快、网络通信量小、事务处理效率高。

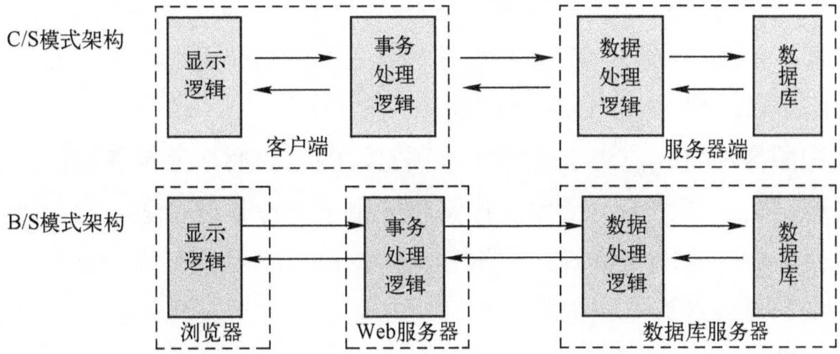

图 4-36　C/S 与 B/S 架构对比示意图[133]

C/S 架构中，大多的业务逻辑由客户端完成，这就要求客户端配置运算和存储性能更加优异的硬件。客户端界面的设计开发往往针对某一操作系统编写，降低了系统的兼容性和可推广性，很难直接移植到其他操作系统上。另外，客户端软件升级需要在每台电脑上进行，有时工作量很大。

2）B/S 架构

为解决 C/S 架构存在的不足，出现了将应用分散的多层架构。多层架构通过把应用业务逻辑放到应用服务器上，实现了应用与界面的分离。平台各个子系统根据功能需求建立自己的应用结构，并进行分布式关联。系统升级更新时，建立一个新的子系统与其他系统关联，只对应用服务器进行维护和更新即可，进而使系统的可扩展性得到提升。

B/S（Browser/Server）是浏览器/服务器的简称。B/S 架构用于将客户端与应用服务器通过 Internet 连接起来，用户登录系统网址就可以对系统进行访问，具有应用方便、升级简单的优点，应用业务逻辑变化时只需维护服务器端应用程序。

B/S 架构中，系统对网络的依赖性很强，数据传递速度不如 C/S 架构。B/S 架构的业务逻辑主要集中在服务器端，需要对不同用户的多次请求做出响应，并维护数据库，服务器的工作量很大。同时，数据在传输时的安全性得不到保障。

3. 视频联网平台的基本功能

视频联网平台的业务功能主要包括通用业务、基础管理、级联/互联以及视频的巡检与质量诊断等，不同的联网平台实现的业务功能有一定的差别。

1）通用业务功能

通用业务功能主要包括视频图像浏览、摄像头控制、电视墙控制与拼接、分组管理与轮巡、录像存储与回放、抓拍、电子地图、远程控制、报警管理与联动、网络对讲与广播、综合查询等。

视频图像浏览功能用于支持实时预览、码流切换、视频参数设置、通道状态显示、电子放大等。摄像头控制功能用于支持分组管理、监控点模糊查询、云台控制、自动守望等。分组管理与轮巡功能用于支持分组管理、轮巡配置、按配置轮巡等。录像存储与回放功能用于支持录像的备份、回放、抓拍、下载等。

2）基础管理功能

基础管理功能主要包括用户与权限、系统配置资源、任务计划、日志管理、软件更新等。

用户与权限功能用于支持用户注册、权限设置、优先级、鉴权认证等。系统配置资源功能用于支持组织机构管理、设备资源管理等。日志管理功能主要包括报警、平台、工作、设备等的日志管理。

3）级联/互联功能

级联/互联功能包括级联基本功能、媒体保活、设备信息共享、目录推送、权限控制等。

级联基本功能包括设备与系统注册与发现、心跳检测、云台控制、实时监控、录像查询下载、录像回放与控制等。设备信息共享功能是指平台级联对接时，下级平台可共享设备信息给上级平台，上级平台可获得下级平台前端设备信息。

4.1.4 视图智能应用

2018年后，AI+在安防行业快速发展，利用人工智能技术对视频图像进行目标检测与特征提取、画面增强，通过大量视频数据关联分析，能够实时预判目标行为，对异常行为进行告警和联动处置，实现事前预警预判、事中应急响应、事后回看取证，变"被动预防、事故驱动"为"主动防御、预判处置"。围绕"看得到、看得远、看得清、看得懂"这一主线，视频监控技术"从被动监控向主动识别"取得了不断的进展。

4.1.4.1 视频图像分析

视频图像分析是指对视频和图像进行分析及处理,识别视频和图像的内容,提升视频和图像质量,快速发现和定位关注的信息。

1. 视频图像检索

视频图像检索是指对视频图像中的人、车、物等关注目标或事件,基于类别、颜色、形状、纹理、行为、出现时间等特征建立索引,并进行快速定位。

通过视频图像检索,能获取检索输入中的目标或语义特征,与被检索的视频或图像库中的全体同类目标进行比对,并按照比对的相似度,输出检索结果,如图 4-37 所示。

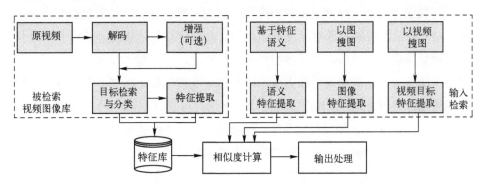

图 4-37 视频图像检索流程模型[135]

视频图像检索主要实现对人员、车辆、人员携带物体、事件的检索,主要包括基于目标分类的检索,基于服饰特征(人员目标外观特征、交通工具特征、行李特征、状态)的人员检索,以人脸、图像、视频片段在单(多)个人脸库、视图库、视频片段中搜索人脸、人员或车辆,对车辆进行车型、车身颜色、车辆品牌的分类检索与车牌信息检索,驾驶室人员图像检索,以及入侵检索、徘徊检索、绊线检索、物体遗留/移除检索等。

2. 视频图像增强与复原

视频图像增强是指采用图像处理技术,提高视频图像的清晰度和对比度等质量指标,如图 4-38 所示。视频图像复原是指利用图像退化过程中的先验知识,通过建模等手段,消除因传感器噪声、摄像机聚焦不准、物体与相机之间的相对移动、随机大气流动和雾霾影响等原因造成的图像退化,恢复原始视频图像。

图 4-38 不同算法的视频图像增强效果示意图（见彩图）

视频图像的增强与复原包括去雾、去模糊、对比度增强、低照度视频图像增强、宽动态增强等。视频图像去雾是指对雾、霾、雨、雪等天气干扰后清晰度较低、能见度受到影响的视频图像进行处理，使输出视频图像的分辨力和辨识度优于输入视频图像。视频图像去模糊是指对因运动或镜头失焦引起模糊的视频图像进行处理，使输出视频图像的分辨力和辨识度优于输入视频图像，如图 4-39 所示。视频图像对比度增强是指对对比度较低或较高、其细节不易分辨的视频图像进行处理，使输出视频图像的对比度优于输入视频图像，不出现明显的颜色失真。低照度视频图像增强是指对亮度偏暗、细节不易分辨的低照度视频图像进行处理，使输出视频图像的平均亮度提升，不存在明显偏色现象，对比度和辨识度优于输入视频图像。视频图像宽动态增强是指对视频图像暗区过暗、亮区过曝等细节不易分辨的视频图像进行处理，使输出视频图像暗区亮度提高、亮区过曝抑制，视频图像不存在颜色或亮度的明显失真，输出视频图像辨识度优于输入视频图像。

图 4-39 视频图像去模糊效果示意图（见彩图）

3. 视频图像内容分析

视频图像内容分析是指对视频图像中的人、车、物等对象的特征、行为、数量进行检测或识别判断，用计算机可识别的、结构化的数据对视频图像内容分析结果进行描述。

目标是视频图像中的人、车、物等特定对象。视频图像内容分析主要用于实现目标检测与特征提取、目标数量分析、目标识别、目标行为分析等功能。

目标检测与特征提取是指对视频图像中的目标进行定位,并对目标的颜色、类别等属性进行分析判断,包括运动目标检测、目标分类、目标颜色检测(对视频图像中目标的颜色进行分析判断)、行人检测(对视频图像中的行人及其位置和大小进行辨识)、人员属性分析、人脸检测、人脸比对、车辆检测(对视频图像中的车辆及其位置和大小进行辨识)等。

目标数量分析是指对视频图像中目标的个数或量级进行统计分析,包括流量统计、密度检测等。

目标识别是指对视频图像中目标的身份等属性进行辨识,例如车辆号牌识别、车辆基本特征识别、车辆个体特征识别,以及对有无车检标识、安全带系扎、遮阳板开闭、车内有无挂件以及部分司机不安全行为等进行辨识。图 4-40 为利用某种目标识别算法对行人目标的识别情况。

图 4-40　行人目标识别(见彩图)

目标行为分析是指对视频图像中目标的行为进行检测及辨识,主要包括绊线检测、遗留物检测、目标移除检测、入侵检测、逆行检测、徘徊检测等。

4. 视频摘要

视频摘要是指去除视频中非关注的冗余部分,保留关注的部分并生成新的视频文件，在同一视频画面重建不同时间点的关注目标图像。

视频是一种非结构化数据，是一组具有时序的图像组合。在进行视频处理时，如图 4-41 所示，通常根据结构层次将视频分为帧（Frame）、镜头（Shot）、场景（Scene）、视频流（Video Stream）四个层次。帧是组成视频结构的基本单元，视频中的一副图像就是一帧，处理视频实质上就是对帧的处理；镜头由一组连续不间断的帧组成，这一组帧表现的内容非常类似，当相邻的帧间内容发生了较大变化时就看作发生了镜头转换；场景由一些时序连续、语义相关的镜头组成，一般能体现出一个具体的语义；若干个场景组合成一段视频流。

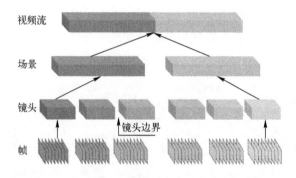

图 4-41　视频的层次结构[138]

依据最终的展现形式，视频摘要可以分为静态视频摘要和动态视频摘要。

静态视频摘要是从视频中找出能够代表这一段视频内容的一个或几个关键帧对视频进行描述，有标题、海报、故事板共 3 种方式。标题是指用一小段文字对视频内容进行简要概括，也是最简单的表现形式；海报是指从整个视频中抽出能体现视频内容的关键帧，实现简单但很难完整描述的视频内容；故事板是指将从视频中抽取的代表帧根据时间前后或重要性组合起来，通常和文本信息结合来概括视频。

动态视频摘要是从原视频中选取一段能体现视频内容的片段并对其进行编辑和组合，有精彩集锦、全局缩略视频两种形式。精彩集锦通常是由一段视频中最精彩的内容构成，如一场足球赛中的进球场景；全局缩略视频是按照时间顺序组合的视频片段，对视频内容进行一个全局的描述。

生成视频摘要时，先对视频内容进行分析，解析视频结构、理解视频内容，再依据一定规则进行提取。如图 4-42 所示，首先对视频流进行镜头分割分解，然后从中提取能描述镜头内容的关键帧,而后依据一定准则对视频内容进行重要性评估,最后选择有代表性的帧并以某种形式进行组合。

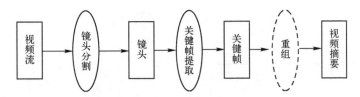

图 4-42　视频摘要生成过程示意图[140]

4.1.4.2　视频图像信息应用

视频图像信息是视频片段、图像、与视频片段和图像相关的文件以及相关描述信息。基于对视频图像信息应用的视频侦查,通过对涉案证据的采集、侦查、研判、管理,已成为继刑事技术、行动技术、网络侦察技术之后的第四大刑事侦查技术。

1. 视图信息应用系统

视图信息应用是指通过视图信息采集或分析设备/系统获取所关注的视图信息,并提供存储、查询、分析、布控和联网共享等服务。视图信息应用系统包括视图信息应用平台、视图信息数据库、视图信息采集设备/系统、视图分析设备/系统等部分,其组成及与其他信息系统之间的连接关系如图 4-43 所示。

视图信息采集设备/系统分为在线式和离线式,其中:在线采集设备/系统是指在线自动从监控场景或视频监控系统的视频流中,提取分析视频片段、图像、文件等基本对象,及其所包含的人、车、物、场景和视频图像标签等视图信息语义属性对象信息;离线采集设备/系统是用于非在线采集视图信息的便携式、移动介质等设备。采集设备可以从视频联网或共享平台取流,解析提取视图信息,输出的视图信息和视频流分别存入视图信息数据库和接入视频监控联网/共享平台。

视图信息数据库是存储视频图像信息的数据库,一般采用分布式部署,部署在专网内的视图库通过边界安全平台可向内网视图库共享数据。

视图信息应用平台建立在视频联网或共享平台和视图库之上,与相关信息系统、资源库对接,为用户提供视图应用服务。视图信息应用平台主要由接入功能模块、应用功能模块和管理功能模块组成,如图 4-44 所示。

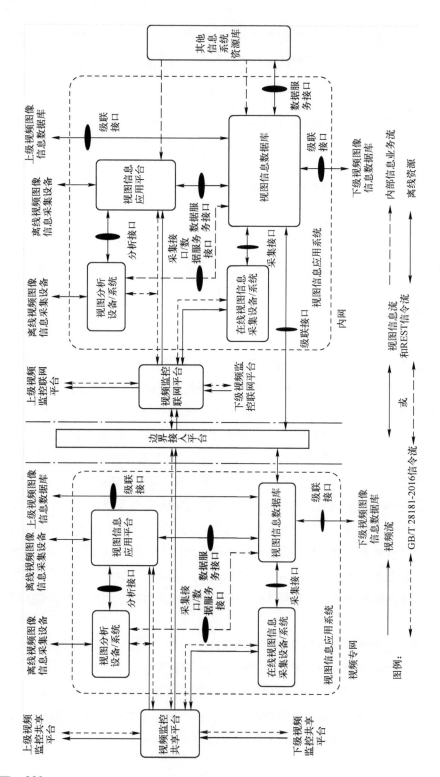

图 4-43 视图信息应用系统组成及与其他信息系统之间的连接关系图[141]

第 4 章　周界安全技术防范中的视频管理与数据赋能

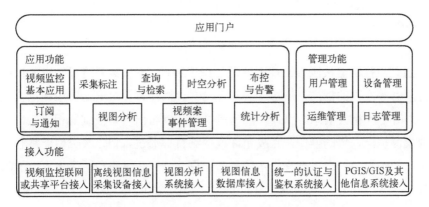

图 4-44　视图信息应用平台功能组成图[142]

接入功能模块负责为应用平台提供与视频监控联网或共享平台、离线视图信息采集设备、视图分析系统、视图信息数据库、统一认证与鉴权系统、PGIS/GIS 及其他信息系统的接口服务。

应用功能模块负责基于接入功能提供视图信息应用系统的综合应用基础服务，包括视频浏览、录像下载/回放、云镜控制等视频监控基本应用功能，对视图信息对象进行存储；支持自动和人工采集视频片段、图像、与视频片段和图像相关的文件等视图信息基本对象，能够对采集的视图信息基本对象及其所含人、车、物等进行自动标注，如车牌识别、车辆特征识别、目标分类等；支持基于视图信息对象特征属性及其组合进行查询与检索，基于 GIS 进行视图资源操作、视图信息对象特征属性时空分析，对指定视图信息对象进行布控，以及基于视图对象的统计报表和分析等。

2. 出入口控制系统

出入口是指用于放行被授权、拒绝未被授权的人员（物品）出入的受控物理通道。出入口控制系统是指利用自定义编码信息识别和（或）模式特征信息识别技术，通过控制出入口控制点执行装置的启闭，达到对目标在出入口的出入行为实施放行、拒绝、记录和警示等操作，通常也称为门禁系统。

出入口控制系统主要分为识读、传输、管理/控制和执行等几个部分。

识读装置是能够读取、识别并输出凭证信息的电子设备，如编码识读设备、生物特征识读设备、物品特征识读设备等。凭证是赋予目标或目标特有的能够识别的，用于操作出入口控制系统、取得出入权限的自定义编码信息或模式特征信息和（或）其载体。凭证所表征的信息可以具有表示目标身份、通行权限、对系统操作权限等单项或多项功能，包括个人身份识别码、载体凭证、模式特征信息等。

出入口控制器按照预设规则处理从识读装置、请求离开装置和出入口控制点传感器等发来的信息，并通过出入口控制点执行装置对出入口控制点实施控制，同时记录相关信息。出入口控制点执行装置与出入口控制器相连接，执行开放或保护出入口的操作，完成允许或拒绝目标通过入口，其类型通常有阻挡设备、闭锁设备、出入准许指示装置等。图 4-45 是道路和园区出入口的阻挡设备。

图 4-45　出入口的阻挡设备（图片来源：山东鲁飞科技）

利用视频智能分析技术的出入口控制系统，一般由人脸（车牌）识别抓拍摄像机、道闸（辊闸门、阻车器、破胎器等）、显示屏、防砸雷达、通信网络、控制终端等部分组成，广泛应用于社区、停车场、检查站、营门、巡逻路、铁丝网隔离带的进出控制，通过对摄像机抓拍人脸、车牌图像的识别，联动道闸等拦阻设备启闭实现出入控制。图 4-46 为园区常见的出入口控制系统。

图 4-46　出入口控制系统

出入口控制系统按联网模式可分为现场总线网络型和以太网网络型。其中，现场总线网络型又可以分为普通总线制和环形总线制，如 RS485/RS422 现场总线或 CAN 总线；以太网网络型系统的设备间采用以太网联网结构。

3. 卡口系统

公共安全案件基本上都与车辆有一定的联系，很容易从人、车、物、事件、基础数据的关联中找出有价值的线索。目前电子警察、卡口在公共安全上的应用频率已远超交通管理。

这里的卡口是指安装有对道路通行车辆的图像和信息进行采集、识别设备的控制点或场所。卡口系统利用光电、图像处理、模式识别等技术，对经过卡口的车辆图像和信息进行实时采集、识别、记录、比对、监测，可完成对有关车辆的布/撤控、报警、查询、统计、分析等功能。

车辆图像是含有车号及车辆前或后部特征的彩色车辆特征图像，和含有车辆车型、颜色、全貌及周边情况的彩色车辆全景图像。车辆信息包括车辆的号牌识别、号码颜色等特征信息，以及车辆通过卡口的时间、地点、车速、行驶方向等行驶信息。

卡口系统可以对通过卡口的车辆图像和车辆信息进行自动采集和识别，将卡口前端或卡口分中心的车辆信息集中存储到卡口中心；可以在联网系统集成管理平台的控制下，在布控信息数据库（表）中添加布控内容，实现布控和撤控；能够进行布控内容与采集车辆信息的自动比对，对符合布控内容条件的比对结果发出警示，并发送至联网系统集成管理平台；可以对采集的车辆信息内容进行查询、统计、生成报表并输出数据。

集中式卡口系统由卡口前端和卡口平台组成。卡口前端主要进行车辆检测、采集车辆图像和车辆信息、识别并发送数据至卡口平台，功能模块包括车辆检测、图像采集、号牌识别、数据存储等。卡口平台主要进行数据的处理、存储、统计、分析，进行车辆布控和报警，查询车辆信息，与联网系统集成管理平台进行数据交换，功能模块包括数据存储与处理、车辆布控、Web 查询、数据转换等。

分布式卡口系统相较于集中式系统，增加了卡口分中心。卡口分中心主要完成与卡口前端和卡口中心的数据收发、存储、比对、监测、报警、查询等，包括数据存储、比对、查询及监测报警等单元。

在周界安全技术防范体系中，在进出及主要道路上设置卡口系统，可以在车辆正常通行的状态下实时掌控进出车辆的动态信息。图 4-47 为交通领域常见的卡口前端单元。

图 4-47 交通领域常见的卡口前端单元

4.2 数据赋能技术

中共中央、国务院《关于构建更加完善的要素市场化配置体制机制的意见》将"数据"与土地、劳动力、资本、技术并称为 5 种要素，数据已经成为国家基础性战略资源。"用数据说话、用数据决策、用数据管理、用数据创新"，数据将助力周界安全防范体系和防范能力的现代化。

人工智能（AI）、大数据（Big Data）、云计算（Cloud Computing）三者独立互补、相辅相成，呈现出"三位一体"式的深度融合。大数据作为一种分布式数据挖掘技术，离不开云计算的分布式和虚拟化数据处理技术；人工智能的发展，需要大数据的高维度数据样本和云计算提供的算力基础；大数据和人工智能的发展反过来又拓展了云计算应用的深度和广度。

4.2.1 大数据与应用

数据是对客观事件进行记录并可以鉴别的符号，代表着对某件事物的描述，是对信息的可再解释的形式化表示，以适用于通信、解释或处理。

大数据是具有体量巨大、来源多样、生成极快且多变等特征，并且难以用传统数据体系结构有效处理的包含大量数据集的数据，是信息发展到一定阶段的产物。大数据通常用 Volume、Variety、Velocity、Variability、Value 5V 特征进行描述，其中：Volume（体量）是指构成大数据的数据集的规模；Variety（多样性)是指数据可能来自多个数据仓库、数据领域或多种数据类型;Velocity(速度)是指单位时间的数据流量;Variability(多变性)是指数据的体量、速度和多样性等特征都处于多变状态;Value(价值)是指数据能够提炼出的信息或知识的密度。

4.2.1.1 大数据关键技术

大数据的采集、存储、处理分析、检索挖掘,如图4-48所示,是一个数据→信息→知识→智慧的凝炼过程。

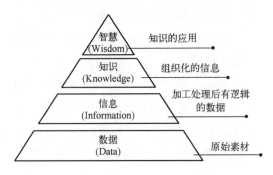

图4-48 数据→信息→知识→智慧凝炼过程

1. 大数据采集技术

大数据的数据来源、类型、格式各不相同。大数据采集系统从不同的数据源采集不同规模、不同类型、不同价值的数据交由分布式存储系统或消息中间件处理。大数据采集技术主要有数据抽取技术、网络数据爬取技术和消息中间件技术等。

1)数据抽取

数据抽取(Extract-Transform-Load,ETL)是将分布在不同地点的异构数据源中的数据抽取、转换、清洗、加载到数据仓库,是获得高质量数据和进行联机分析与数据挖掘的关键环节。数据抽取是数据的输入过程,通过业务系统的源数据接口抽取多源数据并注入数据仓库;数据转换是对异构数据按照数据仓库定义的规范进行处理;数据清洗是对数据冗余、错误、缺失进行改正以保证所有数值的一致性和被正确地记录;数据装载是数据的输出过程,按照数据模型定义好的表结构导入数据仓库。数据转换和数据清洗保证了数据的质量。

2)网络数据爬取

网络爬虫又称为网络蜘蛛,是采集网络数据的工具,可以分为通用网络爬虫、聚焦网络爬虫、增量式网络爬虫、深层网络爬虫等。

网络爬虫本质是一种分析网页并追踪分析 URL，按照特定策略自动下载网络数据的计算机程序，通常由下载、网页分析、URL 去重、URL 分配等组件组成。网络爬虫通常从一个种子 URL 开始运行，按照一定的主题分析页面内容，从中抽取新的 URL 并放入待爬行 URL 队列中，反复进行这个过程，直到达到某种停止标准为止。

3）消息中间件

消息中间件主要实现对持续的流数据的获取、传输、分发，它提供开放的接口、标准化协议与 Spark Streaming、Storm、Flink 等大数据流计算框架集成，实现流数据的高效获取和分发。

消息中间件有"点对点"和"发布/订阅"两种数据传递模式，其中："点对点"模式用于消息生产者和消息消费者之间的点对点发送；"发布/订阅"模式支持主题频道的配置管理，消息生产者将数据以特定主题和频道发布，订阅了相关主题消息的消息消费者可以接收该主题发布的消息。

2. 大数据存储技术

分布式存储与访问是大数据存储技术的关键，它与数据的组织管理形式和管理层次相关。数据的组织管理形式有按行、按列、按键值和按关系组织等类型，而数据的组织管理层次是一个由位、字符（字节）、数据元（字段）、记录、文件、数据库组成的的多层体系，每一后继层都是其前驱层数据元组合的结果，最终实现一个综合的数据库。

1）数据库

数据库（Database）是按数据结构来组织、存储、管理、共享的数据集合软件，在基础软件领域具有和操作系统同等重要的地位。

大数据主要有结构化数据、非结构化数据两种类型。结构化数据可以存储在关系型数据库内，非结构化数据则使用非关系型数据库存储。

结构化数据是数据的一种表示形式，也称为行数据。数据点之间具有清晰的、可定义的关系并包含一个预定义的模型，可以用二维表结构来逻辑表达和实现，有严格的数据格式与长度规范。典型的结构化数据有身份证号、银行卡号码、电话号码、日期、薪酬数额、地址、名称等。

非结构化数据没有按照预定义的方式组织或缺少特定数据模型，数据结构不规则或不完整，不方便用二维表结构来表现。视音频流、各类办公文档与报表、文本文件、图片都是非结构化数据。

（1）关系型数据库。

关系型数据库是数据按关系模型来组织的数据库，如 MySQL、Oracle、SQL Server 等。它以行和列的形式存储"记录（由逻辑上相关的数据元/字段组成）"，一系列的行和列被称为表，一组表组成数据库，一个关系型数据库就是由二维表及其之间的关系组成的数据组织。用户通过一个用于限定数据库中某些区域的执行代码来检索数据库中的数据，通过使用符合结构化查询语言（Structured Query Language，SQL）的查询来传达存储和检索数据的请求。

（2）非关系型数据库。

NoSQL（Not Only SQL）泛指非关系型数据库，具有非常高的读写性能，旨在利用低成本硬件的分布式集群进行横向扩展，进而提高吞吐量，适应于大数据的超大规模、高并发应用。

键值数据库按键值对（Key-Value）的形式对数据进行组织、索引、存储，如 Redis 数据库。用于处理大量数据的高访问负载及一些日志系统，适合于不涉及过多数据关系和业务关系的业务数据。

列式存储数据库以列相关存储架构进行数据存储，适合于批量数据处理和即时查询。开源的 HBase 就是一个高可靠、高性能、可伸缩的分布式数据库，主要用来存储非结构化和半结构化的数据，可以通过水平扩展，处理超过数十亿行和数百万列组成的数据表。

文档型数据库通常以 JSON 或 XML 为格式进行数据存储，主要用来存储、索引并管理面向文档的数据或类似的半结构化数据。典型代表有开源的 MongoDB 等。

图形数据库是应用图形理论来存储实体之间的关系信息的数据库。图形数据库可以很好地解决图形数据的查询、遍历、求最短路径等需求，能揭示对象之间的内在关系及高效执行多层复杂操作，如社交图谱等。典型代表有 Neo4j 等。

2）分布式文件系统

分布式存储采用可扩展的系统架构，将文件分散存储在多台独立的设备上，逻辑上仍然是一个完整的文件。用户可以像本地文件系统一样管理和应用文件系统的数据而无须关心数据存储在哪个节点，实现系统的高扩展性、高性能、高可用性，是解决大数据存储管理的基础和核心功能组件。常见的分布式文件系统有 HDFS、GFS（Google 文件系统）等。

HDFS（Hadoop Distributed File System）由 1 个 NameNode 和多个 DataNode 组成。NameNode 在内部提供元数据服务，管理文件系统命名空间、客户机对文件的访问、文件块到 DataNode 的映射等。DataNode 提供存储块，响应客户端读写请求以及来自 NameNode 的创建、删除和复制块命令。存储在 HDFS 中的文件被分成块并复制到多个 DataNode，最常见的是 3 个复制块，其中：2 个复制块存在同一机架的不同节点上；1 个复制块存在不同的机架节点上。NameNode 通过 DataNode 的心跳包（含有块报告）来验证块映射和其他文件系统元数据，根据 DataNode 心跳消息采取修复措施重新复制丢失的文件块。HDFS 体系架构如图 4-49 所示。

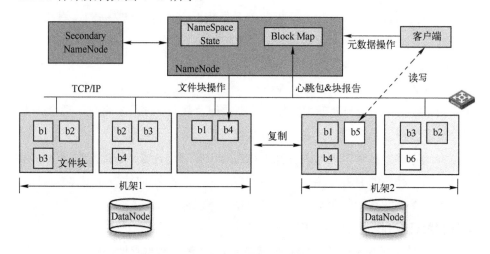

图 4-49　HDFS 体系架构

3. 大数据计算技术

对超大规模数据、实时流数据的处理与分析，需要分布式计算框架和流数据处理框架做支撑。

1）分布式计算框架

分布式计算将需要进行大量计算的数据分割成许多小块，分配给联网的多台计算机进行并行处理，分布计算的结果汇总得到最终结果。典型的分布式计算框架有 MapReduce、Spark 等。

MapReduce 是批处理分布式计算框架，用于对超大规模数据进行并行分析和处理。MapReduce 将计算任务分解为 Map 和 Reduce 任务，其中：Map 任务分布在不同的节点上进行并行计算；Reduce 任务对 Map 任务结果进行汇总分析进而得到最终结果。MapReduce 有很好的计算弹性，可动态增加、减少框架内的计算节点，任务调度能力、资源分配能力、容错性比较出色。其执行流程如图 4-50 所示。

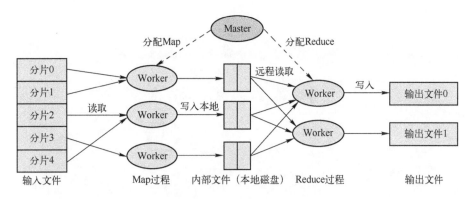

图 4-50　MapReduce 执行流程

Spark 是一个开源的高速、通用分布式内存计算框架，支持基于内存的数据计算，减少了数据读写和移动的开销，提高了数据处理性能。Spark 迭代计算、内存计算等方式比 MapReduce 具有更高的效率。

2）流数据处理技术

流数据是大数据中占比非常高的一类数据，是一组数量庞大、顺次有序、快速高频到达的数据序列，如摄像头采集的视/音频流、导航定位设备产生的位置数据，数据持续产生且随时间有一定变化，具有很强的时效性、连续性，规模一般很大。当前应用较多的开源流计算系统主要有 Storm、Flink、Spark Streaming 等。

4. 大数据可视化技术

大数据可视化是运用计算机图形图像处理技术，将大规模、多类型、快速变化的数据转换为图形（图像）这种更加友好的方式呈现出来，以及通过图形化的手段交互式分析数据，使用户通过视觉即可洞察数据中潜在的趋势、规律和关系。大数据可视化实现了信息的有效传达，高效呈现出数据背后的价值，广泛应用于人们的日常生活中，如查看城市道路的实时拥堵状况、空气质量状况等。

数据可视化是指将一个数据项表示为一个图元，大量数据对应的大量图元就构成了数据图像，同时以多维数据的形式来表达数据属性，这样就实现了从多维角度对数据进行观察和分析。不同数据类型的可视化方法不同，将待可视化的数据分为一维、二维、三维、多维、时间序列、层次结构和网络结构是一种常见的分类方法。图 4-51 示例了一些常见的数据可视化方法。

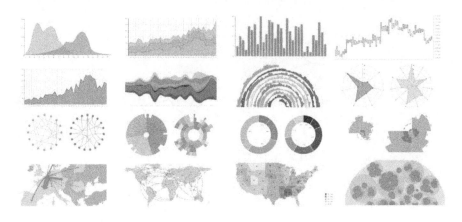

图 4-51　一些常见的数据可视化方法[149]（见彩图）

多维数据是指具有四维及以上属性的数据，这类数据难以向三维数据一样在立体空间中构建出形象的模型，一般将多维数据降维映射到二维和三维空间上，以便进行数据的交互和聚类。层次数据是抽象数据信息之间一种普遍的关系，它们之间具有等级或层级关系，通常使用目录树的方式来描述。时间序列数据也称为时序数据，每个数据对象都具有能反映事件发生及持续状况的时间属性。网络数据的两个节点之间的联系可能有多种，节点间的关系属性可能有多个，可视化的核心是挖掘关系网络中的节点相似性、关系传递性、网络中心性等结构性质。

在大数据的可视化图中，按照数据的作用和功能可以把图分为比较类图、分布类图、流程类图、地图类图、占比类图、区间类图、关联类图、时间类图和趋势类图等。

4.2.1.2　大数据系统组成

大数据系统是实现大数据参考体系架构的全部或部分功能的系统，如图 4-52 所示，可分为数据收集、数据预处理、数据存储、数据处理、数据分析、数据访问、数据可视化、资源管理、系统管理等模块。大数据系统的非功能性要求包括了可靠性、安全性、兼容性、可扩展性、维护性等要求。

第 4 章　周界安全技术防范中的视频管理与数据赋能

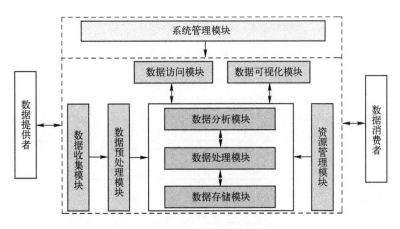

图 4-52　大数据系统框架[150]

1. 数据收集模块

数据收集模块用于数据的导入，支持结构化和非结构化数据、离线数据和实时数据、全量数据和增量数据的导入，以及数据的自动定时导入，在数据导入交互上提供开放的 API 和图形界面。

2. 数据预处理模块

数据预处理模块用于对原始数据进行抽取、清洗、转换、加载等预处理。

数据抽取支持按要求对存储系统中的数据进行抽取，提供对不同数据类型的不同抽取方法，在抽取模式上提供全量和增量两种模式。数据清洗对不一致数据、无效数据、缺失数据和重复数据进行删除、修正、填充、合并等处理，为便于检验清洗效果应支持对清洗前的数据和清洗后的数据进行比对。数据转换能够进行结构化数据的列、行、表转换，对非结构化数据进行结构化转换，将文本、网页类数据规范化处理成单一规范形式，对视音频数据进行识别处理并转换为机器可读的输入，将图片中的内容转换成字符文本以提取图片信息。数据加载将经过清洗和转换的数据加载到数据分析模块，能够按照加载的目标结构将转换过的数据输入到目标结构中去，或在保存目标结构中已有数据的基础上增加新的数据。

3. 数据存储模块

数据存储模块用于对大数据进行分布式存储管理，存储方式包括分布式文件存储、分布式结构化数据存储、分布式列式数据存储、分布式图数据存储等。数据存储模块在功能上支持数据上传、下载、批量更新与删除、自动和手动备份，支持目录查看、创建与删除，支持权限修改，支持数据访问 API 标准、开放，具有与关系型数据库或其他文件系统交换数据（文件）的数据加载工具等。大数据存储与处理系统框架如图 4-53 所示。

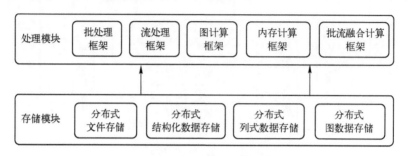

图 4-53　大数据存储与处理系统框架[152]

4. 数据处理模块

数据处理模块用于提供结构化和非结构化数据的处理，涉及批处理、流处理、图计算、内存计算、批流融合计算等多种计算/处理框架。数据处理模块支持对 CPU、内存、GPU 等异构资源的调度和配置，计算框架可水平扩展，可对任务设置优先级并对资源进行调度，可对全局资源进行集中管理，提供静态和动态的资源分配策略，支持资源的弹性与抢占，支持资源管理、作业调度、数据加载和各种分布式计算框架调度。

批处理是指由多个节点并行处理一个大型作业分解成的多个任务，然后汇总这些多个任务处理的结果得到最终分析结果，具备高可用、高扩展、高并发等能力。流处理是指对具有实时、高速、无边界、瞬时性等特性的流式数据进行实时处理。图计算是以"图论"为基础的对数据的一种"图"结构的抽象表达以及在这种数据结构上的计算模式。内存计算是优先使用内存对数据进行计算、分析的一种数据处理技术。批流融合计算是能够同时支持批处理和流处理的计算模式。

5. 数据分析模块

数据分析模块主要用于提供数据分析的方法或中间件，将数据预处理后输出的数据以及数据建模过程中产生的中间数据转变成知识或者决策。大数据分析系统框架如图 4-54 所示。

第4章　周界安全技术防范中的视频管理与数据赋能

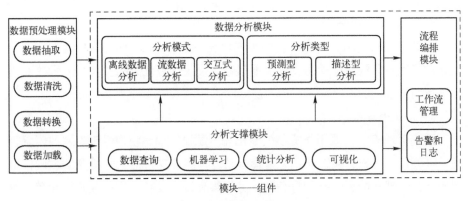

图 4-54　大数据分析系统框架[151]

数据分析支撑模块主要有数据查询、机器学习、统计分析等。其中，数据查询支持通过标准数据库连接接口、REST API 查询接口进行精确查询和模糊查询，通过建立数据索引、数据分片和多副本技术实现查询加速，支持基于规则或基于成本的查询优化和通过 SQL 进行复杂条件高并发查询；机器学习支持将输入数据划分为训练集、验证集和测试集等数据集管理，支持将训练、验证过的机器学习模型导入和训练所得模型导出，支持回归与分类、聚类、协同过滤、降维、神经网络等算法；统计分析支持进行基本数值、集中趋势、离散程度等统计和随机变量关系分析。

数据分析模式主要有离线数据分析、流数据分析、交互式分析。其中，离线数据分析支持对文本、视音频、图像类离线数据的分布式分析和分布式计算或并行计算，支持对任务进行切分和分布式调度，支持对关系型数据库和大数据存储系统的数据源进行交叉查询、聚合、关联等操作；流数据分析支持按时间切片后的批处理，支持基于事件触发或采样的流式处理，支持实时流数据统计、流式数据排序、与静态表间关联、多个数据流关联处理，以及对文本/视音频/图像类数据进行分析等。

6. 数据可视化模块

数据可视化模块用于支持常见的 Excel、XML、关系型数据库等数据源数据格式作为输入，支持对高维数据的可视化展示，支持使用表格、柱状图、散点图、雷达图、网络图、时间线、饼图、折线图、热力图和地图等常规图表展示数据和第三方数据可视化工具的 API。

7. 数据访问模块

数据访问模块用于支持相应的访问接口，以便于第三方应用程序使用大数据系统的数据。

8. 资源管理模块

资源管理模块用于对全局资源集中管理，提供 CPU、内存等资源的调度和配置，支持静态资源和动态资源分配策略，设置任务优先级并按优先顺序对资源进行调度等。

9. 系统管理模块

系统管理模块主要用于提供安装部署、配置管理、租户管理、监控告警管理、服务管理、健康检查和日志管理等功能，能够支持对大数据集群软硬件资源的配置管理和配置管理的分角色、分组管理及自动化，进行租户的角色、权限、资源等管理，提供多维度、可视化的大数据系统的监控告警管理。

4.2.1.3 时空大数据平台

时空数据是同时具有时间维度和空间维度信息的数据。现实中超过 80%的数据与空间"位置"有一定关系，数据以"位置"为纽带实现关联。

时空大数据平台是基础性信息资源，为其他信息在四维场景中提供时空基础，实现基于统一时空基础的交换、共享、应用。如图 4-55 所示，时空大数据平台由时空大数据和时空信息云平台组成，其中：时空大数据是以统一时空基准序化的大数据及其管理分析系统。时空大数据平台加上外部支撑环境（云环境、政策、机制等）和时空基准则构成时空基础设施。

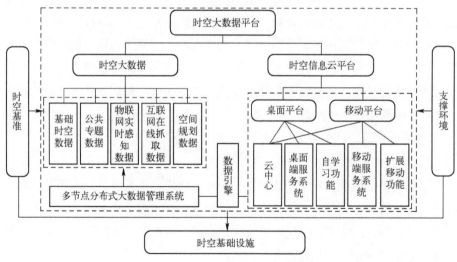

图 4-55 时空大数据平台构成[153]

1. 时空大数据

时空大数据有两个典型的特征：一是数据带有时间和空间属性；二是具有

大数据的 5V 基本特征。

1）时空大数据的数据资源

时空大数据的数据资源是时序化了的含有或隐含了位置信息的大量数据集的数据。

（1）时空大数据的数据分类。

时空大数据主要包括时序化的基础时空数据、公共专题数据、物联网实时感知数据、互联网在线抓取数据、空间规划数据等，如图 4-56 所示。

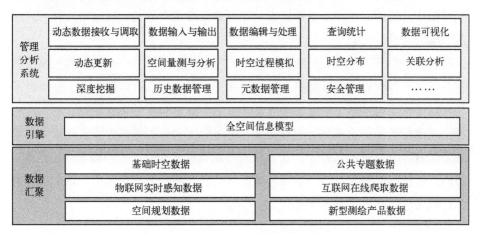

图 4-56　时空大数据构成示意图[155]

基础时空数据主要包括包含历史和现状等时间特征的地理实体数据、地名地址数据、影像数据、矢量数据、高程模型数据、三维模型数据、新型测绘数据等及其元数据。

公共专题数据主要包括反映历史和现状等时间特征的法人数据、人口数据、宏观经济数据、民生兴趣点数据、地理国情普查与监测数据等及其元数据。例如，民生兴趣点数据包含了涉及民生的教育、医疗、文化、体育、娱乐、交通、住宿、餐饮等内容。

物联网感知数据是指依托物联网系统感知的具有时间标识的实时数据，一般包括空天地一体化对地观测传感网实时获取的基础时空数据和专业传感器感知的行业实时数据及其元数据。

互联网在线爬取数据是指采用网络爬虫等技术从互联网上爬取的，隐含有位置特征的搜索关键词、社交媒体、导航定位、手机信令等数据及其元数据。

空间规划数据是指反映未来空间性发展规划的数据，一般包括空间资源保护与利用的发展蓝图数据及其元数据。

（2）时空大数据的时空标识与空间处理。

时空基准是时空大数据在时间和地理空间维度上的基本参照依据和度量的起算数据，呈现为时间基准和空间基准。时间基准中，日期采用公历纪元，时间采用北京时间，利用各类卫星导航定位基准站提供高精度授时服务；空间基准中，大地基准采用 2000 国家大地坐标系，高程基准采用 1985 国家高程系统。

按照时空基准序化是时空大数据与其他大数据的不同之处。要对采集的时空数据注入时间、空间和属性标识，注记该数据的时效性、空间特性和其隶属的领域、行业、主题等内容。

首先，对统一格式、一致性处理后的时空大数据进行序化。采集汇聚的数据中，有的带有位置坐标信息，有的蕴含了地名地址，有的蕴含了一些地名基因，这都需要通过基于语义和地理本体的统一认知提取地名谱特征。然后，对有空间坐标的数据直接进行坐标匹配，对无空间坐标的数据则需要根据地名地址信息，建立含有地名标识的切分序列与逻辑组合关系，实现地名地址匹配。最后，依托时空基准，将"三域"标识的信息内容进行时空定位寻址，进行坐标匹配定位、地名地址匹配定位。

2) 时空大数据管理分析系统

时空大数据管理分析系统的技术框架和其他大数据技术没有原则性的区别，它为各种应用提供数据任意组合和综合应用的集成环境，为时空信息云平台的服务资源池提供数据服务。

（1）数据获取。

静态的基础时空数据和公共专题数据，通常从可共享的数据离线拷贝。动态的数据则面向任务需求，通过物联网实时感知和互联网在线抓取，必要时经时空序化后动态追加至时空大数据，在原有时空大数据基础上进行动态积累，保证数据挖掘与分析过程的需要。

（2）数据管理。

数据管理主要包括数据的输入输出、编辑及处理、查询统计、数据可视化、动态更新、历史数据管理、元数据管理、安全管理等功能。

（3）分析量测。

常用分析量测包括异构数据融合、多时相比对、变化信息提取等，以及时空数据分类、时空叠加分析、时空序列分析和预测分析等。图 4-57 为对客流情况的时空叠加分析量测可视化。

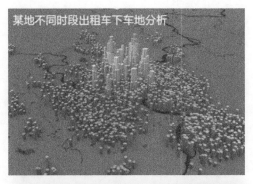

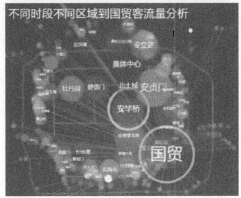

图 4-57　时空叠加分析量测可视化（图片来源：超图软件）（见彩图）

基础的空间量测功能包括对模型数据的距离、面积、体积等的量测。

（4）模拟推演。

时空过程模拟是指以事件或情景为对象，检索调取相应的地理对象及其时间、空间和属性"三域"内容，模拟发展变化过程，实现情景与事件数字化再现。决策预案的动态推演支持通过调整关键参数或人工干预，计算决策方案的实施效果，并提供模拟效果的动态可视化。

（5）大数据挖掘。

大数据的内在价值需要进行深入的挖掘。时空大数据平台支持基础分析、空间分布分析、多因子关联分析、时空分析、主题分析等大数据挖掘模式，在更高、更深的层次上赋能上层应用，助力提高治理能力和治理水平。图 4-58 为基于手机信令的人口时空变化示意图。

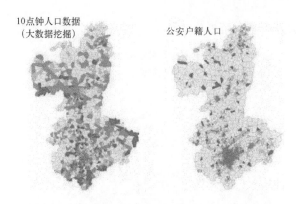

图 4-58　基于手机信令的人口时空变化示意图（图片来源：超图软件）（见彩图）

（6）大数据管理。

时空大数据管理主要包括存储检索、数据流转、智能监管等。

3）数据引擎

数据引擎用于建立全空间信息模型，实现对时空大数据的一体化管理，满足高并发、大数据量下的实时性要求，支撑云服务系统，帮助用户在线调用时空大数据中的数据。

2. 时空信息云平台

时空信息云平台是以时空大数据为基础、云计算环境为支撑，依托泛在网络，分布式聚合信息资源，并按需智能提供计算存储、数据、接口、功能和知识等服务的基础性、开放式的信息系统。

时空信息云平台的云中心由服务资源池、服务引擎、地名地址引擎、业务流引擎、知识引擎和云端管理系统等组成，连同数据引擎通过云端管理系统进行运维管理，为桌面平台和移动平台提供大数据支撑和各类服务，如图 4-59 所示。

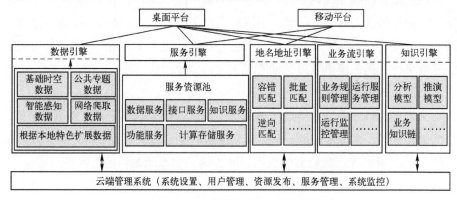

图 4-59　时空大数据平台云中心构成[154]

针对应用场景、运行网络和硬件环境的不同，云平台以云中心为基础分为桌面平台和移动平台，构建相应的桌面终端和移动终端服务系统。桌面平台依托云中心提供的各类服务和引擎，面向桌面终端设备运行在专网、政务网或互联网上，是时空信息云平台的地理信息门户。移动平台以移动应用程序或软件形式部署在移动终端设备上。

4.2.2 云计算与应用

云计算是一种通过网络将可伸缩、弹性的共享物理和虚拟资源池（服务器、操作系统、网络、软件、应用和存储设备等）以按需自服务方式进行供应和管理的模式，是一种基于互联网技术的新的 IT 资源获取方式。互联网兴起早期，人们通常用"云"来代表互联网。在基于互联网的新一代计算技术出现时，选择了"云计算"这个词来命名。如图 4-60 所示，云计算是新基建的内容之一。

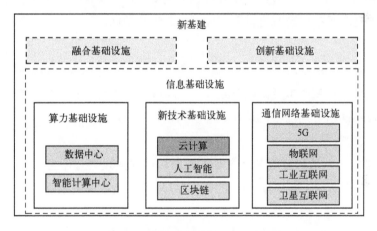

图 4-60　新型基础设施构成示意图

4.2.2.1　云计算基本特征

云计算是通过网络将分布在不同空间的计算、存储、软件等资源进行集中管理和动态分配，具有快速弹性与可扩展性、按需自服务、资源池化、泛在接入、多租户、服务可度量等典型特征。

1. 快速弹性与可扩展性

云计算的资源可以快速弹性地供应和释放，大多数情况下可以自动实现资源快速按需向内外扩展，云服务客户无须为无限的资源量和容量规划担心，资源供应只受服务协议限制。

2. 资源池化

资源池是一组物理资源或虚拟资源的集合，可以从资源池中获取资源，也可以将资源回收到池中，资源包括物理机、虚拟机、物理网络设备、虚拟网络设备和 IP 地址等。资源池能够提供共享或独享的物理和虚拟计算资源，对象存储、文件存储或块存储资源，物理或虚拟的网络资源，以及访问控制、入侵防范、安全审计、恶意代码防范、漏洞扫描等安全资源。

资源池化是将一组物理资源或虚拟资源集合成资源池的过程。资源池化在支持多租户的过程中对客户屏蔽了处理复杂性，用户无须知道资源的提供方式和分布。

3. 泛在接入

无论用户在什么地方，使用哪种客户端设备，只要有网络覆盖，用户对云计算的物理和虚拟资源就可以采用标准机制进行访问。

4. 多租户

租户是对一组物理和虚拟资源进行共享访问的一个或多个云服务用户。云计算通过对物理或虚拟资源的分配，对不同租户以及他们的计算和数据进行隔离，确保不同租户间的不可访问。

5. 按需自服务

按需自服务是指云服务客户能够按需自动或通过与云服务提供者的最低交互配置计算能力，赋予用户无须多余的人工交互就能够在需要时自动配置所需的资源，节省了时间成本和操作成本。

6. 服务可度量

对云服务使用量的监控、控制、汇报和计费的可计量，为云服务提供者和客户提供透明性。

4.2.2.2 云计算关键技术

云计算作为一种新型信息技术服务模式，将分散的服务器、操作系统、网络、软件、应用和存储设备等物理资源集中成为一个可弹性伸缩的共享物理和虚拟资源池。云计算基础设施架构如图 4-61 所示。

第 4 章 周界安全技术防范中的视频管理与数据赋能

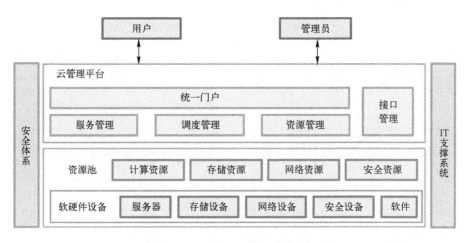

图 4-61 云计算基础设施总体架构[158]

1. 虚拟化技术

虚拟化是指将一台台独立、分散的物理计算存储设备（宿主机），虚拟成一个或多个虚拟机（Virtual Machine，VM），为不同的虚拟机分配 CPU、内存、磁盘、I/O 资源等硬件资源。虚拟机是一种虚拟的数据处理系统，是在某个特定用户的独占使用下，但其功能是通过共享真实数据处理系统的各种资源得以实现的。

1）虚拟机虚拟化

对这些物理存在的计算存储资源进行虚拟化，主要由 Hypervisor 来完成。Hypervisor 是一类软件，也称为虚拟机管理器（Virtual Machine Monitor，VMM），如 VMware、KVM、Xen 等。在 X86 架构上，操作系统运行在底层的硬件资源上，直接调用底层硬件资源，应用程序部署在操作系统之上。

根据 Hypervisor 的部署位置，可以将 Hypervisor 分为两类，如图 4-62 所示。第一类是 Hypervisor 直接运行在宿主操作系统之上，客户操作系统运行在 Hypervisor 之上，客户操作系统的操作指令通过 Hypervisor 解析才能调用宿主机的底层硬件资源，如 KVM、VMware 等。第二类是 Hypervisor 和宿主操作系统进行集成后部署在宿主机上，客户操作系统和 Hypervisor 都可以直接与底层硬件资源进行交互以完成不同的应用，这需要 Hypervisor 集成宿主操作系统和修改客户操作系统（Xen 也支持不修改），技术难度较大，典型代表是 Xen。

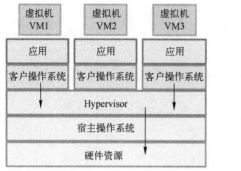
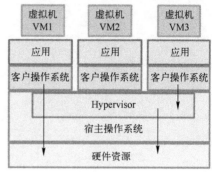

图 4-62　两类虚拟机虚拟化架构示意图

2）容器

虚拟机内需要运行客户操作系统，而客户操作系统占用了大量的计算资源。

若省去客户操作系统，则需要在宿主操作系统上建立一个个独立、封闭、隔离的环境，让所有任务运行在一个操作系统内，不同任务就像运行在独立的系统内一样。容器（Container）就是提供一种隔离封闭的容器环境，任务在容器环境中运行，是一种进程级的"轻量级"虚拟化。虚拟机与容器比较示意图如图 4-63 所示。

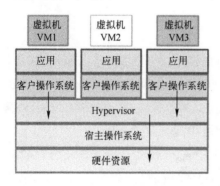
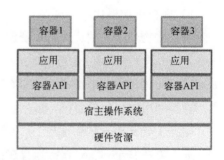

图 4-63　虚拟机与容器比较示意图

Docker 是一种构建、发布并运行分布式应用程序的平台，是一个应用容器引擎，是创建容器的工具。Docker 提供应用程序所必须的 Lib 库与 Bin 二进制文件，方便将应用程序及其相关依赖项打包在一起，形成便于移植和复制的单个镜像文件。微服务化与容器化部署示意图如图 4-64 所示。

第 4 章 周界安全技术防范中的视频管理与数据赋能

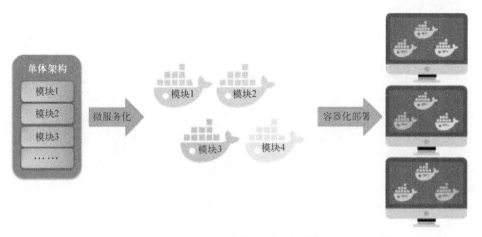

图 4-64 微服务化与容器化部署示意图（图片来源：超图软件）

Docker 完成对容器的创建，容器集群管理系统 K8S（Kubernetes）负责启动容器、自动化部署、扩展和管理容器应用、回收容器等编排任务。不同容器环境共享宿主操作系统，通过宿主操作系统内核的相关功能实现应用环境隔离。容器占用的空间非常小，相比虚拟机的几吉字节到几十吉字节，容器通常只需要兆字节级即可；容器能够实现秒级启动，对资源的利用率很高（一台主机可同时运行几千个 Docker）；容器通过 API 调用底层硬件资源，能够实现比 Hypervisor 更优异的性能。

不同容器环境只能运行宿主操作系统平台下的应用程序，而不同虚拟机可以运行不同客户操作系统下的应用程序。同时，容器环境之间的隔离要弱于虚拟机间的隔离，安全性要低一些。

2. 云管理平台

云管理平台对资源池的计算资源、存储资源、网络资源和安全资源进行统一的管理调度，并对用户提供资源管理、调度管理、服务管理、统一门户和接口管理功能。

开源的 OpenStack 是当前应用广泛的一种云平台，它是一个对计算、存储及网络资源进行统一管理的分布式云操作系统。OpenStack 采取身份认证机制给予用户权限和资源，提供 Web 端可视化界面方便管理员控制，有标准的基础架构及服务功能和其他组件提供其他服务，保证用户应用程序的高可用性。OpenStack 云平台的功能主要由其组件完成，核心组件有 Nova、Glance、Cinder、Swift、Horizon、Quantum、Keystone 等。OpenStack 可以裸机部署、创建虚拟机实例，也可以结合容器。如图 4-65 所示，OpenStack 可以使用内置工具开发管理，或部署第三方服务（K8S、Terraform 等）。

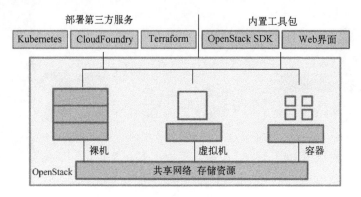

图 4-65　OpenStack 应用示意图

4.2.2.3　云服务类别与部署模型

云计算不仅仅是一门技术，也是一种新型信息技术服务模式。云服务通过云计算已定义的接口提供一种或多种能力，根据用户需求随时申请、释放和调整云服务资源的使用。云服务使用者通过网络访问计算、存储资源以及各种服务，使用户的需求即时得到满足。

1. 云服务类别

云服务类别是指拥有某些相同质量集合的一组云服务。

云服务类别可以分为计算即服务、通信即服务、数据存储即服务、网络即服务、基础设施即服务（IaaS）、平台即服务（PaaS）、软件即服务（SaaS）等多种类型，其中 IaaS、PaaS、SaaS 是最基本的类别，如图 4-66 所示。商用云计算市场的不断变化使新的非典型云服务类别不断出现，如数据库即服务、桌面即服务、电子邮件即服务、身份即服务、管理即服务、安全即服务等。

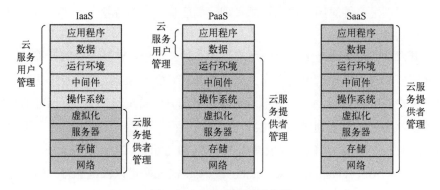

图 4-66　云服务应用示意图

1）基础设施即服务

基础设施即服务是为云服务客户提供配置和使用计算、存储或网络资源的一种云服务类别。云服务客户不管理控制底层的物理和虚拟资源，但控制使用物理和虚拟资源的操作系统、存储以及部署的应用，也可以对某些网络组件（如防火墙）拥有部分控制能力。

云计算基础设施根据用户需求，以不同服务模板的形式为用户提供计算、存储、网络和安全资源，支持基于网络按需使用资源并计费，支持自助服务、快速部署和资源动态弹性扩展。

2）平台即服务

平台即服务是为云服务客户提供使用云服务提供者支持的编程语言和执行环境，部署、管理和运行客户创建或获取的应用的一种云服务类别。使用者不管理控制底层的云基础设施（网络、服务器、操作系统等），但可以控制部署的应用程序和应用程序托管环境的配置。

3）软件即服务

软件即服务是为云服务客户提供使用在云基础架构上运行的云服务提供商的应用程序的一种云服务类别。云服务客户可以通过轻量的客户端接口（如Web 浏览器）或程序接口从各种客户端设备访问应用程序。

2. 云部署模式

云部署模式是指根据物理或虚拟资源的控制和共享方式组织云计算的方式，主要包括公有云、私有云、社区云、混合云。

公有云的资源由云服务提供者控制，云服务可被任意云服务客户使用。

私有云的资源由一个云服务客户控制，云服务仅供自己使用，可由云服务客户自身或第三方拥有、管理和运营。

社区云的资源仅由一组特定的云服务客户使用和共享。这组云服务客户需求共享、彼此相关，资源至少由一名组内云服务客户控制。

混合云至少包含两种不同的云部署模式，可由组织自身或第三方拥有、管理和运营。

4.2.2.4 视频云服务应用

目前各行业、部门均有自己独立的视频业务系统，在应用中迫切需要一种能将众多视频系统融合连接进行集中管理的平台。

视频云服务平台是基于云计算平台，采用分布式云架构高清视频交换、电信网络互连等技术，对视音频资源进行统一管理和控制，以满足不同业务场景需求。视频云服务从协议层上支持所有视频业务，把视频相关的协议和分析能力进行统一封装，以视频云为中心，横向连接多个视频系统、纵向打通层级壁垒，实现多个视频系统的统一管理，有效解决大规模摄像机接入、跨部门视频信息互通共享、海量视频录制存储、实时在线分析与历史分析等问题，避免了资源浪费。

视频云服务平台由云采集、云互联、云分发、云共享、云分析和云应用等服务组成，实现视频流的云化处理。各部分可以独立利用云基础设施开展视频云服务，也可以组合提供按需获取的视频云服务，支持互联网视频云分发（视频点播、在线直播和互动直播等互联网视频）、视频融合指挥（视频会商、视频监控、指挥调度、三维展示等）、公共视频联网、视频云会议等业务应用。图 4-67 为视频云公共视频联网应用架构。

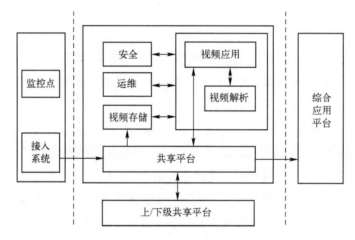

图 4-67　视频云公共视频联网应用架构[160]

云分发支持灵活的资源调配措施和多样化的调度策略，可实现跨地区、跨运营商的调度以及基于内容、网络逻辑地址、实际地理位置信息的精准调度，支持结合全网实时监控系统以及带宽预测平台，将用户请求精准调度至最优接入节点。采取有效措施确保视频资源分发过程中视频源信息的真实性、视频内容的完整性和时效性、分发路径的安全性，支持实时探测网络链路、多源链路负载均衡，实现链路的畅通和无缝切换。

云共享保持视音频信息编解码、显示、存储、播放的原始完整性，支持系统内视音频、报警等多类型信息资源的接入管理，提供与政府部门和社会面公共安全视频监控系统对接的视频服务接口，通过建立共享目录对外提供图像信息资源，实现安全受控下的共享应用，可与多级平台对接实现跨层级、跨平台的视频资源实时调用。云共享接入对视频数据的汇聚、交换、共享进行统一授权管理，具有与多级平台的数据接口，可分级接入视频数据资源，支持多个异构网络互联互通融合共享异构网络间的资源，支持与 V2V 视联网、VoIP、PSTN 的对接，实现跨地域视频数据共享。

云分析利用大数据、深度学习等技术建立相关智能分析模型，对视频图像中涉及人、人脸、机动车、非机动车、物品、行为和事件进行识别、特征提取、分析及结构化描述，具备视频图像中的时空分析、目标活动规律和运行轨迹分析、人群行为趋势和事件发展趋势分析的能力。

云应用具有与其他应用系统的数据共享、交换接口，提供视频图像数据分布式存储管理，视频编目、点播、检索、回放，用户、日志、地图、转发管理，视频图像、系统状态、元数据统计分析，离线视频图像资源处理、分析、编辑、提交审核等能力。

4.2.3 人工智能与应用

大数据的形成、理论算法的革新、计算能力的提升及网络设施的演进，驱动人工智能发展进入新阶段，智能化成为技术和产业发展的重要方向。人工智能具有显著的溢出效应，将进一步带动其他技术的进步，成为社会发展进步的新动能、新机遇、新引擎。

人工智能（Artifical Intelligence，AI）是一门交叉学科，通常视为计算机科学的分支，研究表现出与人类智能（如推理和学习）相关的各种功能的模型和系统。算法、算力、数据是人工智能发展的"三驾马车"，随着数据积聚、算法创新、算力增强，人工智能取得了突破性进展。

4.2.3.1 机器学习

机器学习（Machine Learning，ML）是指功能单元通过获取新知识或技能、整理已有的知识或技能来改进其性能的过程，其基本过程如图 4-68 所示。机器学习是人工智能的核心技术之一，它研究计算机模拟或实现人类的学习行为，以获取新的知识或技能，重新组织已有的知识结构使之不断改善自身的性能。

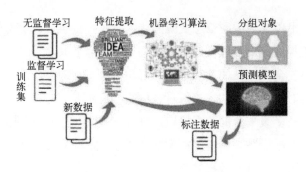

图 4-68　机器学习基本过程[163]

1. 机器学习

学习是一个生物学系统或自动系统获得知识技能的过程，使它可用于改进其性能。根据训练样本提供的信息以及外部反馈方式，可以将机器学习分为监督学习、无监督学习、强化学习。

1）监督学习

监督学习获得的知识的正确性，是通过来自外部知识源的反馈加以测试。通过事先标记好的训练数据集，在已知输入和对应输出（已知标准答案）的条件下，训练出一个输入到输出的映射模型，这个模型用来计算任何可能新的输入对应的输出。机器学习是通过不断的迭代训练来改进算法模型，当训练输出的结果不正确时，将误差反馈给模型，指导模型的改进。一般而言，训练样本分类标签越精确、样本数量越多、样本越有代表性，训练出来的模型的准确性越好。监督学习基本流程如图 4-69 所示。

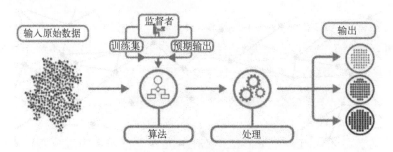

图 4-69　监督学习基本流程[163]

根据标签类型的不同，可以将监督学习问题分为分类问题和回归问题。分类是通过已贴标签样本数据的训练，进而预测未知样本数据的标签，通过输入变量预测出这一样本所属的类别,如识别花的种类、客户年龄和偏好的预测等。回归主要用于预测某一变量的实数取值,其输出的不是分类结果,而是一个实际的值,如市场价格预测、降水量预测等。

2)无监督学习

无监督学习观察并分析不同的实体以及确定哪些子集能分组到一定的类别,而无须在获得的知识上通过来自外部知识源的反馈,实现任何正确性测试。无监督学习不需要事先标记好的训练样本集,就可以解读数据并从中寻求解决方案,自动对输入的数据进行分类或分群,主要用于探索数据中隐含的模式和分布。无监督学习基本流程如图4-70所示。

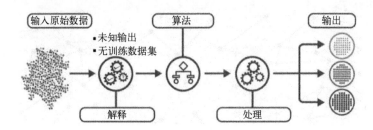

图4-70　无监督学习基本流程[163]

无监督学习解决的问题主要有关联分析、聚类等。聚类是指将样本分类到不同的簇(类),同一个簇中的对象有很大的相似性,不同簇间的对象有很大的相异性,它是一个将物理或抽象对象的集合分组成为由类似对象组成的多个类的过程。聚类预先不知道类别,自然训练数据也没有类别的标签。聚类能够获得数据的分布状况,观察每一簇数据的特征,广泛应用于数据挖掘。关联分析用于挖掘大量数据集中的关联性或相关性,发现不同事务之间同时出现的概率,在超市购物分析中被广泛应用,例如发现买啤酒的客户有80%的概率购买纸尿裤,就将啤酒和纸尿裤放在相邻的位置。

3)强化学习

强化学习(Reinforcement Learning)建立功能单元从环境到行为的映射,通过与系统环境不断的交互试错进行学习。环境通过奖励和惩罚对算法做出的行为进行调整,在不断的循环中得到更加优异的行为策略。其基本流程如图4-71所示。

图 4-71　强化学习基本流程[163]

强化学习突破了无监督学习，能通过奖励函数的反馈来帮助机器改进自身的行为和算法，提供了功能单元获取最优化及其途径。

2. 深度学习

传统机器学习是从训练样本出发，尝试对不能通过原理分析获得的规律进行研究，实现对未来数据行为或趋势进行精准预测。它平衡了学习结果的有效性与学习模型的可解释性，主要用于有限样本情况下的模式分类、回归分析、概率密度估计等。

深度学习（Deep Learning，DL）是一种使用深层神经网络的机器学习模型，模仿人脑的运行机制来学习样本数据的内在规律和表示层次。深度学习给出了特征表示和学习的融合方式，优异的特征学习能力提升了分类或预测的准确性。深度学习的有效性超越了传统机器学习算法，在多个领域获得了成功，但在可解释性方面还有待进一步深入研究。

1）深度学习框架

深度学习框架是进行深度学习的基础底层框架，是人工智能技术体系的核心。实现对人工智能算法的模块化封装，以及数据和计算资源的调度使用，为上层应用开发提供算法调用接口和集成软件工具包。目前主流的开源算法框架有 TensorFlow、PyTorch、PaddlePaddle 等。图 4-72 所示为基于深度学习的人工智能技术应用架构。

TensorFlow 是一个端到端的开源深度学习框架，拥有包含各种工具、库和社区资源在内的全面而灵活的生态系统，支持使用 Python、C/C++、Java 等多种语言来创建深度学习模型，允许将深度神经网络计算能力部署到任意数量的 CPU 或 GPU 的服务器、PC 或移动设备上。

第 4 章 周界安全技术防范中的视频管理与数据赋能

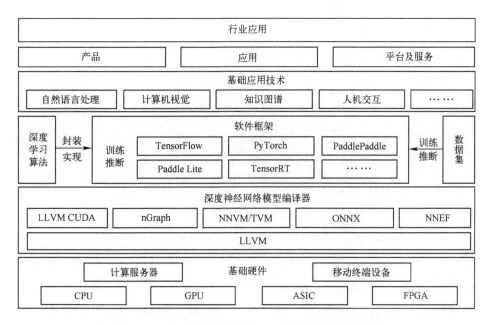

图 4-72 基于深度学习的人工智能技术应用架构[165]

2）深度学习模型

自机器学习登上历史舞台，出现了一些极具代表性的机器学习算法，如支持向量机、线性回归、分类与回归树、随机森林、逻辑回归、朴素贝叶斯、k 最近邻、AdaBoost、人工神经网络（ANN）、卷积神经网络（CNN）、循环神经网络（RNN）等，CNN、RNN 是典型的深度学习算法。

神经网络是由权值可调整的加权链路连接的基本处理元素的网络，通过把非线性函数作用到其输入值上使每个单元产生一个值，并把它传递给其他单元或表示成输出值。

神经网络模仿人类大脑的结构和功能进行分布式并行信息处理。一个神经网络由一个输入层、一个输出层和多个隐层构成。层是在层次组织的神经网络中的一组人工神经元，其输出可以连接到前向传播网络之后的神经元上，但不能连接到前向传播网络之前的神经元上。输入层是从外部源接收信号的人工神经元层，输出层是把信号送给外部系统的人工神经元层，隐层是不直接和外部系统通信的人工神经元层。

人工神经元是神经网络中的基本处理单元，每个人工神经元都是神经网络的一个结点，和其他人工神经元合作及通信，其输出值是具有可调加权系数的输入值的加权线性组合的非线性函数。

图 4-73 为典型的人工神经网络结构。

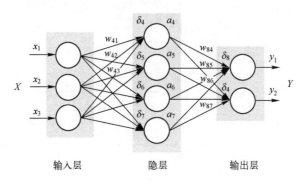

图 4-73　典型的人工神经网络结构[163]

CNN 是一种包含卷积计算的深度神经网络，广泛应用于计算机视觉、自然语言处理等领域。卷积神经网络卷积层的层间稀疏连接，以及特征图同一通道内的权重共享，减少了卷积神经网络的参数总量，具有正则化效果，提高了神经网络的学习速度。RNN 是一类以序列数据为输入，在序列的演进方向进行递归，且所有节点（循环单元）按链式连接的神经网络，通常被应用于时间性分布数据。RNN 具有记忆性、权重共享且图灵完备，适宜于对序列的非线性特征进行学习，在语音识别、语言建模、机器翻译等领域被应用，引入了卷积神经网络构筑的 RNN 可以处理基于视频的计算机视觉问题。

3）训练与推理

深度学习分为训练（Training）和推理（Inference）两个环节，如图 4-74 所示。

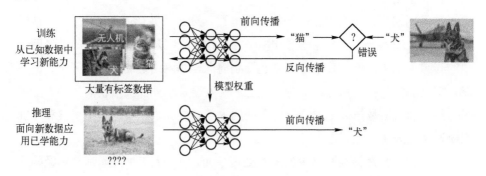

图 4-74　训练与推理关系示意图

训练是神经网络进行学习的过程，是教会神经网络在输入值样本和正确输出值之间作出结合的步骤。这和人类求学的过程有很大的相似之处，读了更多的书、刷了更多的题，有旺盛的学习精力、持之以恒的投入，如果再有高效的学习方法，不取得成功都是很难的。

海量数据输入和高效算力是深度学习算法实现的基础支撑。深度学习模型训练的巨大算力，一是来自通用 CPU 和面向 AI 加速的 GPU/FPGA/ASIC 等不同计算体系结构处理器组织的异构计算集群，二是来自专用于并行加速计算的 GPU 和面向特定场景应用的 FPGA、ASIC 芯片对 AI 计算模式的优化和性能提升。

推理是人或计算机根据已知信息进行分析、分类或诊断，做出假设，解决问题或给出推断的过程。推理利用训练好的模型对新的数据"推断"得出各种结论，训练完成的模型被部署在需要"推理"的应用领域。日常遇到的各种"刷脸"、以图搜图都是这种应用。

4.2.3.2 知识图谱

知识图谱（Knowledge Graph）是以结构化形式描述的知识元素及其联系的集合，是机器从感知智能向认知智能升级从而实现真正人工智能的关键。知识图谱体系架构如图 4-75 所示。

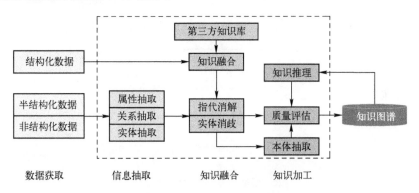

图 4-75　知识图谱体系架构[168]

知识图谱对客观世界中的概念、实体、事件以及它们之间的关系以结构化的形式进行描述。实体是独立存在的对象，如熊猫、北京、水立方等，是知识图谱中最基本的元素。世界万物均为实体，一组具有相同属性的实体可以抽象为实体类型。概念是指人们在认知世界过程中形成的对客观事物的概念化表示，是具有同种特性的实体构成的集合，如国家、城市等。属性也是一种实体，是一类对象中所有成员公共的特征，如面积、民族等。关系是实体、实体类型、实体组合或实体类型组合之间的联系，不同的实体间存在不同的关系，例如省会描述了省份和城市之间的关系。

知识图谱本质上是一种语义网络，是一种基于概念的知识表示，其中对象或状态以与链路相连的节点出现，链路指明各个节点之间的相互关系。节点表示现实世界的"实体"或"概念"，边表示实体/概念之间的各种语义"关系"，不同实体/概念之间通过"关系"相互关联构成网状的知识结构，其基本组成单位是"实体－关系－实体"或"实体－属性－属性值"三元组。知识图谱将所有不同种类的信息连接在一起得到一个关系网络，提供了从"关系"的角度分析问题的能力。

知识图谱主要技术包括知识获取、知识表示、知识存储、知识融合、知识计算等。

1. 知识获取

知识是通过学习、实践或探索所获得的认识、判断或技能，具备大量的知识是机器实现类人智能的前提。如图 4-76 所示，知识获取是指从多源异构的海量输入数据中提取知识，提取的途径有众包法、爬虫爬取法、机器学习法、专家法等，提取的对象有实体、关系、属性和事件等。

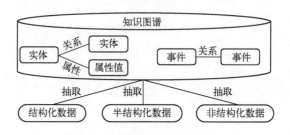

图 4-76　知识获取示意图[169]

2. 知识表示

知识表示是指将人类的知识用计算机能够识别和处理的符号和方法来描述，是一种对计算机知识的描述或约定。

3. 知识融合

知识融合是整合和集成知识单元（集），并形成拥有全局统一知识标识的知识图谱的活动，如图 4-77 所示。知识融合以多源异构数据为基础，在本体库和规则库的支持下，通过知识抽取和转换获得隐藏在数据资源中的知识因子及其关联关系，进而在语义层次上组合、推理、创造出新的知识。

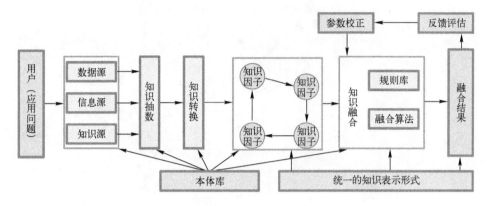

图 4-77　知识融合流程示意图[169]

4. 知识计算

知识计算是基于已构建的知识图谱和算法，发现/获得隐含知识并对外提供知识服务能力的活动。知识计算可分为统计分析、推理计算等，其中：统计分析是对知识图谱蕴含知识结构及其特征的统计与归纳；推理计算是从已有的事实或关系推断出实现知识图谱隐性知识的发现与挖掘。

5. 知识图谱的应用

知识图谱可分为通用知识图谱和领域知识图谱。通用知识图谱面向通用领域，是一个包含了海量常识性知识的结构化百科知识库，非常关注知识的广度；领域知识图谱又称为行业知识图谱，通常面向某一特定领域进行辅助分析决策，是一个基于语义技术的行业知识库，更加注重知识的深度和准确性。

社交关系图谱分析是指基于对象的互联网、通信网络等虚拟身份信息和动态关联信息，通过这些数据进行关系推断、隐含关系挖掘、虚实身份映射等，分析挖掘目标对象的社交网络关系。图 4-78 为围绕马拉多纳进行的关联分析示意图。

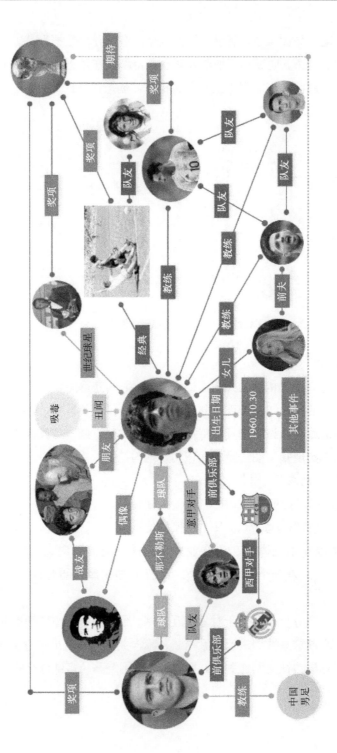

图 4-78 关联分析示意图

物品关系图谱分析是指针对关注对象的车辆、车牌号、驾驶证、身份证、手机号、电子邮箱、虚拟身份账户、银行账户等对象,基于物品对象的关系图谱分析,通过图谱的可视化方式展示物品图谱关系网络,并不断扩展物品关系网络进行物品关系挖掘分析。

关系网络挖掘分析是指针对人、事、物、组织等对象要素的数据,通过领域知识图谱构建全量数据的关联图谱。对于涉及的人、事、物、组织等对象,可基于知识图谱快速调出该对象的关系网络,并根据需要不断进行关系网络的扩展。同时,可以通过图形算法展示关系网络中实体间的关系,帮助侦查人员快速梳理各类分散的、独立的情报线索。图4-79为某微博谣言话题中意见领袖节点关系图谱。

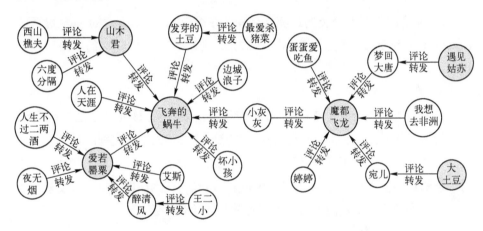

图 4-79 某微博谣言话题中意见领袖节点关系图谱

4.2.3.3 计算机视觉

计算机视觉(Computer Vision,CV)是指用计算机实现类人视觉的、对客观世界三维场景的感知、识别和理解。计算机视觉使用摄像机和计算机来代替人眼识别和理解图像/视频中的内容,使计算机具有和人眼一样的图像分割、识别、追踪、判别决策等功能。

1. 图像分类

图像分类是根据一定的规则将图像自动划分到某一个预定义类别,是计算机视觉进行目标检测、语义分割的支撑。根据图像分类的任务目标,可以将图像分类划分为单标签图像分类和多标签图像分类。单标签分类图片一般只包含一个物体或场景,使每张图片对应一个类别标签。多标签分类是对一幅图像中同时包含的多个语义选择多个类别标签。图4-80为图像分类示意图。

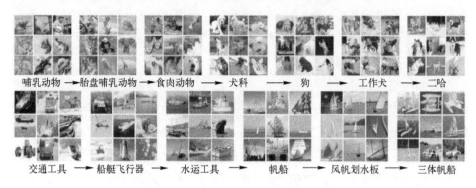

图4-80　图像分类示意图（图片来源：智谱AI）

CNN是用于图像分类的最流行架构。夺得2015年ImageNet竞赛冠军的ResNet使网络深度达到了152层，3.57%的错误率远低于5.1%的人眼识别错误率。

2. 目标检测

判别图像中是否包含特定的物体、特征或活动，是计算机视觉的重要任务。目标检测（Object Detection）是指确认图像中是否存在指定类别的对象，并确定其位置和大小。物体检测器利用紧密围绕物体的边界框表示每个物体，通过对大量的边界框进行优化学习，将物体检测问题转变为图像分类。对于每个边界框，分类器用于确定图像内容是特定的物体还是背景。

3. 图像分割

图像分割是将图像分解成若干个颜色、纹理等底层图像特征一致的区域。图像分割得到的每个区域由若干个像素组成，是图像内容分析与理解的关键环节，主要有语义分割和实例分割两类方法。

语义分割给图像中每个像素点赋予一个所属对象类别的标签，将图像分成若干部分，每一部分属于某一类型对象。

实例分割标记图像中每个像素所属的物体实例。如图4-81所示，目标检测标注出物体的边界框，语义分割分辨出同类物体，实例分割则精确到物体的边缘，识别出同一类别物体中不同个体的形状。实例分割不仅更接近于人类对世界的认知，而且允许对场景构成元素直接进行后续处理，例如对行人进行动作识别等。

第4章 周界安全技术防范中的视频管理与数据赋能

图 4-81 图像分割任务示意图（图片来源：智谱 AI）（见彩图）

4. 目标跟踪

目标跟踪（Object Tracking）是指在一段视频的第一帧给出被跟踪目标的位置和尺度大小。跟踪算法能够适应光照变换、运动模糊以及表观的变化，从后续的视频帧中寻找出被跟踪的目标。

目前，计算机视觉在身份识别、医学读图、物体检测等领域的多个大数据集评测中已超过了人眼的性能。2018 年，计算机视觉技术以 34.9%的市场份额位居中国人工智能市场模第一，极其广泛的应用在公共安全、政务民生、金融服务、新零售等各领域。人脸识别、摄像机前端智能、卡口系统、出入口控制系统、视图智能应用等都是典型的计算机视觉应用。

4.2.3.4 自然语言处理

自然语言是以人类交流常用的特定方式持续发展的语言。自然语言处理（Natural Language Processing，NLP）研究人与计算机之间使用自然语言进行沟通的理论和方法，是指用计算机对自然语言的形、音、义等信息进行处理，即对人类语言的字、词、句、篇章进行输入、输出、识别、分析、理解、生成等操作和加工，使机器具备理解并解释人类写作与说话方式的能力。

1. 自然语言处理基础技术

自然语言处理包括自然语言理解和自然语言生成，其中：自然语言理解是指对传入功能单元中的自然语言形式的文本或语音进行信息提取，并产生对给定文本或语音及其表示的描述；自然语言生成是指计算机按照一定的语义和语法规则生成可理解的自然语言文本。

自然语言理解是一个从语音分析递进到词法分析、句法分析、语义分析、语用分析的多层次过程。

语音分析是指根据音位规则从语音流中区分出一个个独立的音素，找出音节及其对应的词素或词。

词法分析是指基于规则、统计或机器学习的方法，找出词汇的各个词素并从中获得语言学的信息，在给定句子中判断每个词的语法范畴，确定其基本属性并进行标注；对于多义词，在确定语境的基础上确定其在具体语境中的意义。

句法分析是指对句子的句法结构进行分析，找出组成句子的词、短语之间的相互依附关系，判定核心词和依存词之间的主谓、动宾、并列等关系。

语义分析是指根据句子的句法结构和句中每个实词的词义，找出其结构意义及其结合意义，确定语言所表达的真正含义，将人类的自然语言转化为计算机能够理解的形式语言。

语用分析是指关注外界环境对语言使用产生的影响，如不同的情景与文化语境、语言使用者的知识储备、言语习惯、行为涵养、想法意图等，分析语言使用者的真实意图。

2. 自然语言处理应用

一台机器是否具备了某种自然语言的理解能力，其判别标准主要有问答、文摘生成、释义、翻译四个方面，即：机器对以某种形式自然语言提出的问题能够做出正确的回答；能够对输入的源文本重构生成可以表达原文主题的文本摘要；能够理解输入的文本并能用不同的字、词、句组合来进行复述表达；能够把一种形式的自然语言翻译成另一种形式的自然语言。

1）机器翻译

机器翻译是利用计算机技术实现从一种书写形式或声音形式的自然语言到另一种自然语言形式的翻译，如不同语种之间的翻译、语言和文字之间的翻译。图4-82是科大讯飞公司的机器翻译产品应用。

图4-82 机器翻译产品应用（图片来源：科大讯飞）

机器翻译可以分为理性主义方法和经验主义方法。基于规则的机器翻译是一种理性主义方法，是指由人类语言专家编排设计一定的语言翻译规则，根据这一规则将自然语言之间的翻译规律生成机器翻译的算法。基于语料库的机器翻译是一种经验主义方法，是指让机器从大量的数据中学习自然语言之间的翻译规律，这一方法可以基于实例、统计、深度神经网络等方式进行。

机器翻译按照媒介可以分为文本翻译、语音翻译、视频翻译、图像翻译等类别，其中：文本翻译是将一种语言文字即可翻译出目标语言文字，如有道、百度、微信等语言翻译系统；语音翻译是将一种语种的语音翻译成另一语种语音或者转换成文本，如微信的语音翻译系统。

2）信息检索

信息检索是从相关文档集中查找所需的信息。搜索引擎是现在应用最为广泛的一种有着庞大语料库的动态信息检索系统。信息检索由"存"和"取"组成。"存"是将信息按一定的方式组织和有序存储，通常包括收集、标注、描述、组织等过程。"取"是按照某种查询机制从数据库中找出所需信息或获取其线索，是查询与文档内容匹配的过程，基于词匹配关联度输出一个排序文档列表给用户，用户通过选择性浏览就可以获取信息。

3）问答系统

问答系统是计算机用自然语言与人类交流，以精准的自然语言答案回答用户提出的问题。

人类向问答系统提交用自然语言表达的问题，问答系统经过问题分析、信息检索、答案抽取三个过程，消化这个问题并从中提取核心的信息，在知识库中进行检索、匹配，以其中关联性最高的答案回答用户的提问。

4）情感分析

情感分析是通过计算机技术对文本的主客观性、观点、情绪、极性的挖掘和分析，对文本所蕴含的立场、观点、看法、情绪、好恶等情感倾向做出分类判断，又称为意见挖掘。

情感分析通过情感词抽取、文本聚类等技术，从文本中提取出包含人类情感的主观性文本，从词、句、篇章中分析其所蕴含的赞赏与肯定、批评与否定等情感极性，以及表现出来的极端否定、一般否定、中性、一般肯定、强烈肯定等极性强度。这在电商网站和网络舆情分析中广泛应用。

5）文摘生成

文摘生成是根据用户需求对源文本进行理解，从中抽取具有关键信息的字、词、句，重构一个能灵活代表源文本主题的精简版本，是对源文本的精简、提炼、总结。

4.3 地理信息系统

人类活动中 80%以上的信息与一定的空间位置存在某种关联，空间位置是信息最好的载体。

地理信息又称为地理空间信息，是直接或间接涉及与地球位置相关联的现象的信息，除具备信息的共同特征外，"区域性、空间层次性、动态性"是地理信息的突出特点。智能手机的普及使电子地图融入人们的日常生活，基于位置服务（Location Based Services，LBS）的路线规划、导航、兴趣点（Point of Interest，POI）查询给生活带来了极大的便利。在专业领域，资源统计与配置分析、灾害救援分析、精细化管理等工作依靠 GIS 的空间可视化和分析能力，极大地提高了工作效率。

GIS 是在计算机软硬件支持下，把各种地理信息按照空间分布，以一定格式输入、存储、检索、更新、显示、制图和综合分析的技术系统。

实景三维是对人类生产、生活和生态空间进行真实、立体、时序化反映和表达的数字虚拟空间。根据自然资源部工作规划，到 2025 年，5m 格网的地形级实景三维实现对全国陆地及主要岛屿覆盖，5cm 分辨率的城市级实景三维初步实现对地级以上城市覆盖。通过"人机兼容、物联感知、泛在服务"实现数字空间与现实空间的实时关联互通，为数字中国提供统一的空间定位框架和分析基础，是数字政府、数字经济重要的战略性数据资源和生产要素。图 4-83 为实景三维数据服务接口。

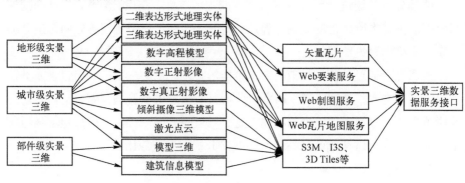

图 4-83　实景三维数据服务接口[177]

4.3.1 地理空间数据

地理信息源于地理数据,地理数据是直接或间接地关联着相对于地球的某个地点的数据。

4.3.1.1 空间数据类型

空间数据是 GIS 的基础,没有数据或数据质量不高,很难进行高效的查询、分析和显示。

1. 地形要素数据

数字线划图(Digital Line Graphic,DLG)是以矢量数据(点、线、面)形式表达地形要素(主要包括等高线、点高程、水系、边界、交通等)的地理信息数据集。矢量数据是以坐标或有序坐标串表示的空间点、线、面等图形数据及与其相联系的有关属性数据,其中:图形数据(几何数据)用来表示地理实体的位置、形态、大小和分布特征以及几何类型;属性数据用来描述实体质量和数量特征。

数字栅格图(Digital Raster Graphic,DRG)是以栅格数据形式表达地形要素的地理信息数据集。栅格数据是将地理空间划分成按行、列规则排列的单元且各单元带有不同"值"的数据集。

数字正射影像图(Digital Orthophoto Map,DOM)是以航空或航天遥感影像为基础,经过垂直投影纠正,配以千米格网和必要的矢量要素,并经图廓整饰的影像地图。图 4-84 为"吉林一号"拍摄的福建苔菉镇中心渔港遥感影像。

图 4-84 福建苔菉镇中心渔港遥感影像(图片来源:长光卫星)

数字高程模型（Digital Elevation Model，DEM）是以规则格网点的高程值表达地表起伏的数据集，由一组均匀间隔的高程数据组成，是地形制图和分析的主要数据源。高程是地面点至高程基准面的垂直距离，地图上地面高程相等的相邻各点所连成的曲线为等高线，相邻等高线的高程差为等高距。

数字表面模型（Digital Surface Model，DSM）是通过传感器获取的地球表面及地球表面上自然或人工地物要素的空间位置数据集，是包含了地表建筑、植被等地物高度的数字高程模型，涵盖了地面之外的地表信息的高程。以数字表面模型为基础，利用数字微分纠正技术使影像视角被纠正为垂直视角而形成数字真正射影像（True DOM，TDOM），可以避免密集建筑物对地表信息造成的遮挡。

2. 激光点云数据

激光雷达集激光扫描与 GPS、IMU 等定位定姿系统于一身，在新型测绘、无人驾驶等领域得到广泛应用。激光器发射脉冲激光照射物体并接收反射回的回波，测量激光脉冲从发射到被反射回的时间，根据光速、激光器位置、激光扫描角度等参数可以计算出每一个被照射点的三维坐标（x, y, z）。激光雷达比普通雷达具有更高的分辨率，激光雷达扫描得到高密度、高精度的激光点云数据，通过专业的建模软件生成三维数字模型。图 4-85 为激光点云三维模型。

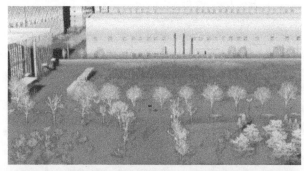

图 4-85　激光点云三维模型

3. 倾斜摄影数据

正射影像只从垂直角度拍摄影像，导致物体侧面纹理的缺乏。倾斜摄影则通过无人机等飞行器挂载倾斜摄像相机，同时从垂直角度和 4 个倾斜角度采集影像，可以快速获取大范围地表物体的三维立面信息，成为建设实景三维的重要方式。图 4-86 为倾斜摄像相机成像及模型。

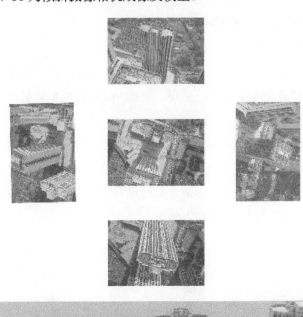

图 4-86　倾斜摄影相机成像及模型（图片来源：上海畹景科技）

拍摄完成的倾斜影像经过三维建模软件（如 Smart 3D、大疆智图）处理，能够批量建模生成倾斜摄像模型。倾斜摄影模型实质上是一个基于不规则三角网的物体表面数据模型，数据中的物体（建筑物、树木、路灯等）是整个数据中的一部分，难以进行选中物体、属性查询、空间查询及制作专题图等操作，需要建模软件或GIS软件进行三维模型的单体化处理。

三维模型单体是倾斜摄影模型、激光点云等地理场景通过切割、重建、矢量叠加等操作处理，将地理实体构建为三维形式的独立对象，能够独立表达、挂接属性以及查询统计与分析等。

4. BIM数据

建筑信息模型（Building Information Model，BIM）在各类建筑和构筑物的规划审批、运营管理中受到广泛应用。但是，BIM模型构建需要专业的建模软件，如Revit、AutoCAD、CATIA等。

BIM可以用来刻画建筑物内的各类构件，精确定位构件位置，判别相关构件间的关联关系，查询构件的各类属性信息，通过传感器和网络可以将现实设备与虚拟构件模型进行关联，实现虚拟与现实的孪生共生，提高建筑物运营管理效率。图4-87为BIM模型和上海中心的BIM运营平台。

图4-87　BIM模型与上海中心的BIM运营平台（图片来源：超图软件）（见彩图）

5. 人工建模数据

人工建模数据主要是指通过3DMax、MAYA等三维建模软件建立的三维模型数据，如图4-88所示。制作的过程一般是进行三维模型的制作和优化，根据物体外形将处理过的物体纹理赋予模型，对场景进行合成并按照所需的格式导出。

图 4-88　人工建模三维模型

4.3.1.2　空间数据模型

GIS 的灵魂是空间分析，没有空间数据模型，就没有空间分析。

空间数据模型是 GIS 对现实世界地理空间实体、现象以及它们之间相互关系的认识和理解，是现实世界在计算机中的抽象与表达。传统地理空间数据模型分为矢量数据模型、栅格数据模型、不规则三角网等，GIS 空间数据模型分为对象模型、场模型、网络模型三大类。

1. 对象模型

对象模型用来描述地球空间中离散的要素，包括二三维的点、线、面模型和三维体模型。

1）二三维点线面模型

二三维点线面模型是矢量数据模型，也称为离散对象模型，利用点、线和面等几何对象来表示简单的空间要素。二三维对象模型中，点是零维的，点存储为单个的带有属性值的 x、y 或 x、y、z 坐标，如一个观察哨；线是一维的，线存储为一系列有序的带有属性值的 x、y 或 x、y、z 坐标串，如一条公路；面是二维的，面存储为一系列有序的带有属性值的第一个与最后一个点坐标相同的 x、y 或 x、y、z 坐标串，用于描述一个由一系列线段封闭围成的一定面积的地理要素，如一个湖泊。

2）三维体模型

三维体模型是通过高精度拓扑闭合的三角网表示三维实体对象，模型采用半边结构对三角网的各顶点和边的拓扑结构进行描述。三维体模型可以用来表示真实的离散体对象，如图 4-89 所示；也可以用来表达抽象的三维空间，用来构建阴影体、天际线限高体、可视域体、模型拉伸体、三维几何体、地质体等三维体数据模型，例如表达摄像头在三维空间的监控范围、判断对象在可视域范围的可见性等。

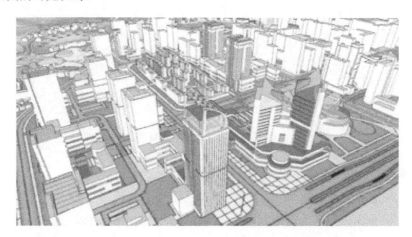

图 4-89　三维体对象模型表达的地面建筑物（图片来源：超图软件）

2. 场模型

场模型用来描述空间中连续分布的现象或要素，包括描述二维连续空间的栅格模型、不规则三角网模型和描述三维连续空间的体元栅格模型、不规则四面体网格模型。

1）二维空间的栅格模型和不规则三角网模型

描述二维连续空间的栅格模型和不规则三角网模型如图 4-90 所示。

第 4 章　周界安全技术防范中的视频管理与数据赋能

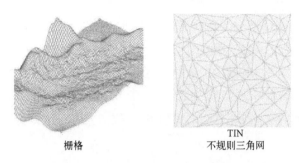

栅格　　　　　　　　TIN
　　　　　　　　不规则三角网

图 4-90　描述二维连续空间的数据模型[178]

栅格将一个平面空间划分为规律的行和列组成的规则格网，每个网格为一个像元，每个像元的值用来表示地理现象，如高程。

不规则三角网（Triangulated Irregular Network，TIN）由不规则分布的数据点连成的三角网组成，用于地表模型的构建，可进行基于地表模型的量算与显示，如景观显示、土方计算、视线、视域等。TIN 用一组互不重叠且有一定切斜度的三角面来拟合连续分布现象的覆盖表面，平坦地区可用少量样点和大三角面来描绘，高度变化大的地区则用更密且较小的三角面来描绘。

2）三维空间的体元栅格模型和不规则四面体网格模型

描述三维连续空间的体元栅格模型和不规则四面体网格模型，如图 4-91 所示。不规则四面体网格（Tetrahedralized Irregular Mesh，TIM）以不规则四面体为最小单元，对连续三维空间进行不规则划分，通过拓扑连接高精度的 N 个不规则四面体构成 TIM。TIM 数据模型支持获取模型的任意剖面，可以插值为体元栅格，用来表示矿体、地质体属性场、大坝变形等三维非均质空间，通信信号、温度、风场、污染等三维场，以及日照率等三维分析结果。

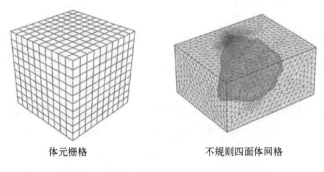

体元栅格　　　　　　不规则四面体网格

图 4-91　描述三维连续空间的数据模型[178]

体元栅格（Voxel Grid）是对三维连续空间的规则（立方体/正六棱柱）划分，可以通过带有属性的离散三维空间点集或者对 TIM 模型进行插值获得。利用体元栅格可以描述连续、非均值的三维空间的通信信号、温度场、风场、污染场等三维场数据以及日照率等属性场，如图 4-92 所示。体元栅格支持提取三维点、线、面模型的属性值，支持栅格代数运算和统计查询，支持分层设色、等值线等的可视化表达。

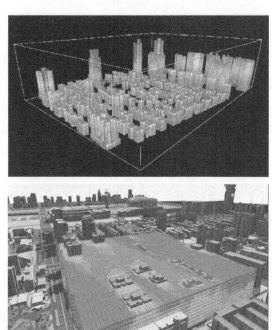

图 4-92　体元栅格表达的建筑物和日照分析（图片来源：超图软件）（见彩图）

3. 网络模型

网络模型用来描述对象之间的连接关系，是由许多相互连接的线段构成的对现实世界中网络系统的抽象表达，如图 4-93 所示。

基于二维网络数据模型，可以进行路径分析、服务区分析、最近设施查找、资源分配、选址分区以及邻接点、通达点分析等网络分析。基于三维网络数据模型，可以实现对三维空间中管网系统的实时监控、空间分析、可视化展示等服务。

第4章 周界安全技术防范中的视频管理与数据赋能

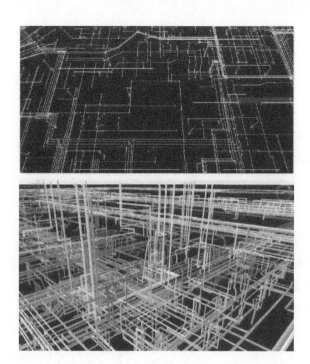

图 4-93 二三维网络模型示意图（图片来源：超图软件）

4.3.2 地理信息系统基础软件

GIS 实质上是一个基于地图进行管理的软件系统，也可视为一个带着位置（地理坐标）的数据库，是一堆坐标相关的数据的组织和渲染展示。GIS 把地图的视觉化效果和空间分析功能与一般的数据库操作（查询和分析等）集成在一起。

GIS 软件分为 GIS 基础软件和 GIS 应用软件。GIS 基础软件是 GIS 应用解决方案的技术基础。

4.3.2.1 GIS 基础软件的组成与功能

GIS 基础软件是 GIS 开发的基础平台，支持空间数据和属性数据的统一操作，有完善的数据结构体系，具备对各类空间数据进行显示、存取、分析等操作处理，以及对数据全面管理、数据编辑、空间数据拓扑查询和分析、不同投影坐标数据转换、网络数据分发和共享交换服务、常用数据格式转换等功能。GIS 基础软件一般由空间数据输入与转换、空间数据编辑、

353

空间数据管理、空间查询与分析、制图与输出等功能模块组成，如图4-94所示。

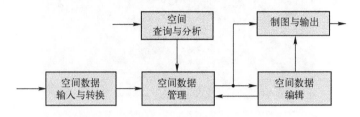

图4-94　GIS基础软件功能模块组成示意图

1. 空间数据输入与转换功能模块

空间数据输入与转换功能模块用于完成地形模型、矢量数据、影像数据、数字高程模型数据、三维建筑模型、点云数据等的导入、检查、添加、确认以及数据格式转换。常见矢量数据格式有 ShapeFile、KML/KMZ、DXF/DWG、GPX、GeoJSON、GML、OSM XML、DLG 等，常见的栅格数据格式有 IMG、GeoTIFF、Envi RAW Raster、Esri Grid 等，其他数据格式有 OSGB、OBJ、FBX、STL、3DS 等。

2. 空间数据管理功能模块

空间数据管理功能模块用于采集元数据与主数据，统一存储形成本地数据库并建立数据资源目录。对主数据开展质量评估，统一数据标准清洗问题数据，对元数据进行分析，构建数据间关联关系。构建数据模型，融合多源数据形成基础库和面向应用的主题库，完成时空数据转换。统一数据接口，保障数据的采集、传输和使用安全。

3. 空间数据编辑功能模块

空间数据编辑功能模块主要用于完成坐标及投影变换、高程换算、数据裁切以及影像数据的对比度、灰度、饱和度一致性调整等，还可用于二维矢量数据的图形编辑和三维模型数据的模型替换、模型空间位置修改、纹理编辑、属性编辑、元数据编辑等。

地球是一个不规则的椭球体，对这个椭球体的数学表示方法不同，就产生了不同的大地坐标系。大地坐标系的变化会引起各种比例尺地形图要素产生位置变化，使用不同大地坐标系空间数据产品需要进行坐标转换。表4-1为我国使用的不同大地坐标系的椭球参数。

表4-1 我国使用的不同大地坐标系的椭球参数

坐标系名称	椭球	椭球主要参数		
		长半轴/m	短半轴/m	扁率
北京54坐标系	克拉索夫斯基椭球	6378245	6356863	1/298.3
西安80坐标系	IAG75地球椭球体	6378140	6356755	1/298.257
WGS-84大地坐标系	WGS-84地球椭球	6378137	6356752.314	1/298.257223563
2000国家大地坐标系	CGCS2000地球椭球	6378137	6356752.31414	1/298.257222101

大地基准是用于坐标计算的起算依据，当前我国大地基准多采用2000国家大地坐标系。

绘制地图时，需要将地球球面上的地理坐标转换到地面平面上的平面直角坐标，实现由曲面向平面的转化。地图投影就是按照一定的数学法则把参考椭球面上的点、线投影到可展面上的方法。常见的地图投影有高斯-克吕格投影、墨卡托投影、兰勃特投影等。投影变换是将一种地图投影点的坐标转换为另一种地图投影点的坐标。如图4-95所示，高斯-克吕格投影是一种等角横切椭圆柱投影，其投影带中央子午线投影成直线且长度不变，赤道投影也为直线并与中央子午线正交。

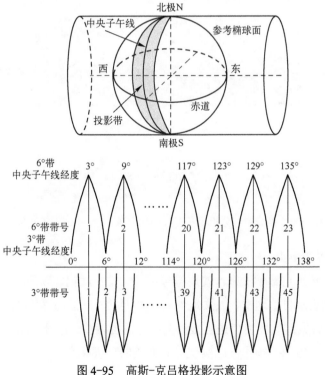

图4-95 高斯-克吕格投影示意图

高程基准是由特定验潮站平均海面确定的测量高程的起算面以及依据该平面所决定的水准原点高程。我国的高程基准现在多采用 1985 国家高程基准，这是 1987 年颁布命名的，采用青岛水准原点和根据由青岛验潮站从 1952 年到 1979 年的验潮数据确定的黄海平均海水面所定义的高程基准，其水准原点的起算高程为 72.260m。

4. 空间查询与分析

数据查询、检索和统计可以利用不同的查询条件对各种数据进行单独的、组合的、相互的查询与检索，并依据查询结果提取数据和对数据进行统计。

空间分析与数据处理是 GIS 与电子地图的主要区别。GIS 一般应具有叠置分析、缓冲区分析、临近分析、拓扑分析、统计分析、回归分析、聚类分析、地形因子分析和最佳路径分析等功能，常用的空间分析有对坡度坡向、等值线、淹没、通视、可视域、日照、阴影、剖面、天际线、视频投放、填挖方、距离、面积、高程等空间数据的分析和量算。图 4-96 为部分空间分析示意图。

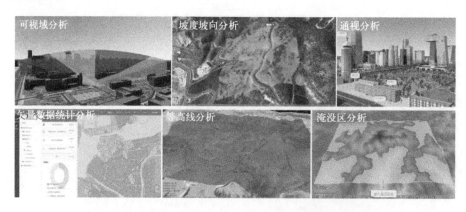

图 4-96　部分空间分析示意图（图片来源：超图软件）（见彩图）

5. 制图与输出

地图是按一定数学法则，使用符号系统、文字注记，以图解的、数字的或触觉的形式表示自然地理、人文地理的各种要素。制图与输出在地理底图的基础上，导入数据到地图窗口进行投影变换、图层调整、符号添加、注记、渲染、特效制作以及出图等操作，以实现对数据集的可视化表达。

GIS 的三维场景一般提供平面场景和球面场景两种视图模式。球面场景是指以模拟地球的球体三维空间形式对地球表层的场景进行展示。平面场景是指使地球球面展开成平面，模拟整个大地类似一个平面的形式进行场景展示。

GIS 基础软件通常还能够提供三维特效、动画、二三维标绘、游戏引擎等，为构建虚实共生的孪生世界提供逼真的三维场景支持，如图 4-97 所示。

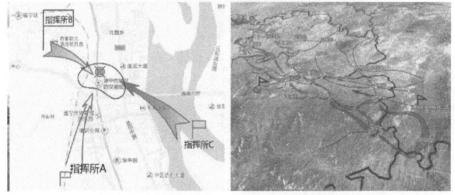

图 4-97　动画特效与标绘示意图（图片来源：超图软件）（见彩图）

4.3.2.2　GIS 基础软件的技术体系

GIS 中的 S 有 Science、Structure、Service 等多种含义，现代地理信息服务包括了从数据采集到生产、定位、空间数据服务、基于空间数据的其他信息服务等内容。新型测绘技术（Lidar、SAR 等）、地理信息系统（GIS）、遥感系统（RS）、全球卫星导航系统（GNSS）是现代地理信息科学的基础，并与云计算、大数据、人工智能结合迸发出新的活力，形成一个"大地理信息体系"。

在政府推动和需求牵引以及科研机构和企业的共同努力下，国产自主 GIS 基础软件经过近 30 年的发展，技术先进性和产品成熟度取得了极大进展，在中国的市场份额已经超过了国外品牌。2020 年发布的 SuperMap GIS 最新版本进一步完善了大数据 GIS、AI GIS、新一代三维 GIS、分布式 GIS 和跨平台 GIS，如图 4-98 所示，为行业信息化赋能强大的地理智慧。

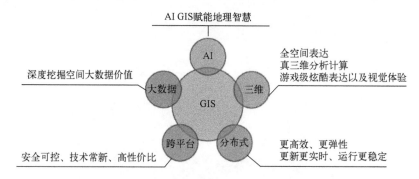

图 4-98　GIS 技术体系

大数据 GIS 包括空间大数据存储管理、空间大数据分析、流数据处理、空间大数据可视化等技术，提供全面支持大数据的 GIS 基础软件与服务。超图软件的大数据 GIS 技术体系架构如图 4-99 所示。

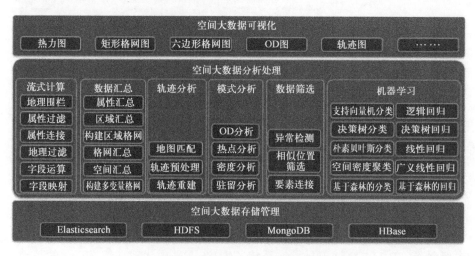

图 4-99　大数据 GIS 技术体系示意图

三维 GIS 以二三维一体化 GIS 技术为基础框架，进一步拓展了全空间数据模型和分析计算能力，对倾斜摄影、建筑信息模型、激光点云等多源异构数据进行全面融合和高效全流程管理，实现数据模型、软件内核和软件形态的二三维一体化，构建室外室内、宏观微观、空天/地表/地下一体化的数字孪生空间。超图软件的新一代三维 GIS 技术体系架构如图 4-100 所示。

AI GIS 是人工智能与 GIS 的相互融合，包含融合 AI 的空间分析算法与相关流程工具。基于 GIS 可以对 AI 算法输出结果进行管理、可视化和分析，基于 AI 技术可以对用户接口体验、运维效率和其他 GIS 软件功能进行提升和优化。

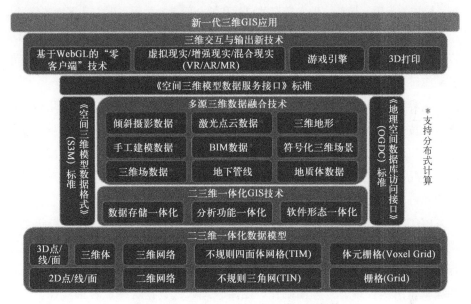

图 4-100　SuperMap 新一代三维 GIS 架构

分布式 GIS 包含分布式空间数据存储与管理、空间分析与处理、云原生 GIS 和边缘 GIS，支撑海量经典空间数据和空间大数据的存储、管理、分析、处理、可视化与发布，构建云边端一体化的大容量、高性能、高并发、高可用、高可信的分布式 GIS。

跨平台 GIS 支持多种操作系统（Linux、Windows、Android、iOS 等）和 CPU（x86、ARM、MIPS 等）、数据库架构的原生跨平台应用。

4.3.3　地理信息系统应用

GIS 是一个由硬件、软件和时空数据组成的信息系统，广泛应用于智慧城市、公共安全、国土空间管理、自然资源调查、工程建设、应急救援等多个领域。

GIS 根据应用范围可分为综合地理信息系统、基础地理信息系统和专题信息系统。例如，城市综合地理信息系统由一个基础地理信息系统和若干个专题信息子系统组成，其中：专题信息子系统包括综合管网、交通管理、公安、公共服务设施等；基础地理信息系统的应用与服务主要有数据分发、数据共享交换、系统功能服务和数据分析与挖掘等。

基础地理信息是作为统一的空间定位框架和空间分析基础的地理信息，反映和描述了地球表面测量控制点、水系、居民地及设施、交通、管线、境界与政区、地貌、植被与土质、地籍、地名等有关自然和社会要素的位置、形态和属性等信息。

在行业领域，GIS 多以专题地理信息系统的形式出现，如工程建设、烟草行业、民用机场、森林防火、电力、供排水管网、油气输送管道、警用地理信息系统等。

周界安全防范中的典型 GIS 是警用地理信息系统（PGIS），它利用地理信息系统技术所特有的空间分析功能和强有力的可视化表现能力，使警务数据信息与空间信息融为一体，通过监控各种警务工作元素在空间的分布状况和实时运行状况，分析其内在联系，合理配置和调度资源，从而提高各警务部门快速响应和协同处理的辅助分析、决策和指挥调度能力。

PGIS 一般有基础信息管理系统、专业应用系统、综合应用系统等功能模块。基础信息管理系统主要实现对系统的基础空间信息及应用系统信息进行管理，提供系统/用户/权限/版本管理、空间数据导入导出、地图显示、地图编辑、图例管理、专题图制作、图库管理、元数据管理、查询统计、空间定位、地名库管理、场所管理、三维显示、三维模型实时生成、动态预案制作、容灾备份等功能；专业应用系统主要针对不同警种进行具体开发，如 110/119/122 指挥系统、其他专业应用系统等；综合应用系统主要通过对专题信息分析（人口信息、犯罪信息、治安状况、场所等专题的评价与分析）和综合信息查询分析（对若干专题进行综合辅助分析）为作战指挥提供辅助决策支持。

在周界安全技术防范实际应用中，可以将视频监控、周界入侵探测、北斗短报文、导航定位、预案仿真、地图标绘、多级联动等功能集成于一个三维全景决策指挥平台。它不仅可以提供管控区域的三维场景和技防设备设施的三维布局，还可以将视频监控、单兵采集、周界入侵探测预警、门禁管理以及执勤

第 4 章　周界安全技术防范中的视频管理与数据赋能

巡逻人员定位等信息融为一体。图 4-101 为一个基于三维地理信息的周界管控系统架构。

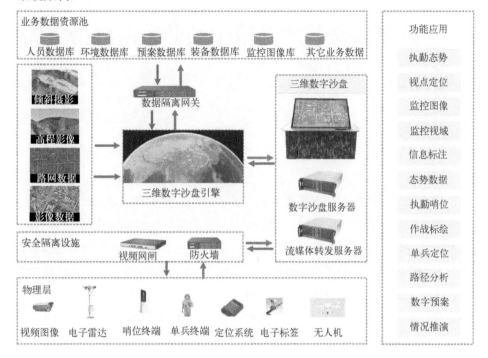

图 4-101　基于三维地理信息的周界管控系统架构（图片来源：威视讯达）

第 5 章
周界安全技术防范中的非致命打击驱离

传统的安全防范中，对现场入侵行为的打击驱离主要依靠人员使用警棍、大头棍、狼牙棒等制服性器械，催泪弹、闪光弹等化学型非致命驱逐性警械，以及枪支等致命性武器进行处置。制服性、驱逐性器械往往需要近距离操作，容易因操作不当控制不了局面或造成人员伤亡；枪支等致命性武器往往按规定不能使用或难以判断是否达到使用条件，使执法者陷入困境。

非致命武器的主要目的是用来使人员和装备失去作用，把对人的致命性、永久性伤害以及对财产和环境的非故意破坏降至最低限度。近年来，激光眩目、强声驱离、电击枪等非致命打击驱离技术受到广泛关注，它们基于声、光、电、电磁、化学制剂和生物原理，能对人的行为产生抑制作用，在降低人类行动能力的同时不对人体造成永久性伤害，具有非接触操作、非致命打击的特点。

5.1 激光眩目技术与应用

激光眩目是利用人眼的感光特性原理，使用人眼敏感的激光照射人眼，进而迟滞目标的行动能力。

5.1.1 激光原理与分类

1960 年世界上第一台红宝石激光器问世，1961 年我国研制成功首台红宝石激光器。图 5-1 是一种红宝石激光器组成结构。

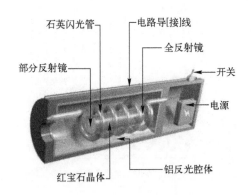

图 5-1　一种红宝石激光器组成结构示意图

5.1.1.1　激光原理

激光（Laser）在自然界并不存在，它是一种通过受控受激发射过程而产生或放大的，波长在 180nm～1mm 之间的相干电磁辐射，是一种物质的粒子受激发射放大发生的效应，具有单色性好、相干性好和方向性好的特点。

1917 年，爱因斯坦发表了论文《关于辐射的量子理论》，解释了自发辐射的过程，提出了受激吸收和受激辐射的概念。论文中指出，当一个能量等于两个能级间能量差的入射光子碰撞分子时，处于高能级的粒子将跃迁到低能级，释放出一个与入射光子频率、相位、偏振和运动方向相同的光子，并同第一个光子同时辐射出来，它们具有相同的能量和动量。进去一个光子，出来两个一样的光子，这两个光子再激励高能级上的粒子产生四个完全一样的光子，这就是光放大的机制。

激励源、工作物质、谐振腔是激光产生的必要条件。

（1）激励源是实现粒子从低能级向高能级跃迁的外在前提，在激励源外来光子的作用下，使处于低能级上的粒子（原子、分子或离子）吸收能量跃迁到高能级上。这种将能量供给粒子使其由低能态跃迁到高能态的过程，也称为泵浦。

（2）工作物质在激励源作用下，实现粒子数反转，使处于高能级的粒子数多于处于低能级的粒子数，高能级粒子在入射光子作用下由高能级向低能级跃迁，发射出与入射光子特性（频率、方向、偏振等）完全相同的光子。

（3）谐振腔是一个在其空间内能够激励建立和维持稳定的光频段电磁波本征振荡的光学系统。在激光器的两端放置一组平行高反射率镜片，一个是全反射镜、另一个是部分反射透镜，被释放的光子一部分逃逸出了谐振腔，与谐振腔腔轴平行的光子在腔体里来回振荡，通过工作物质产生更多的光子，能量达到一定程度时立即从部分反射透镜输出，这就产生了激光。激光产生的原理如图 5-2 所示。

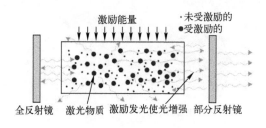

图 5-2　激光产生原理

5.1.1.2　激光器的分类

激光器是产生激光的装置，激光器有多种分类方法。

1. 按工作物质的分类

按照激光器工作物质进行分类是常见的一种分类方式，可以分为固体激光器、气体激光器、液体激光器、半导体激光器、光纤激光器和自由电子激光器等。

1）固体激光器

固体激光器以能产生激光的晶体、玻璃、陶瓷作为工作物质。

工作物质由基质和激活离子组成，基质寄存激活粒子并为其提供合适的环境，激活离子产生激光，常用的激活离子主要是铬、镍等过渡金属离子和稀土金属离子。采用不同的激活离子、不同的基质材料和不同波长的光激励，能产生不同波长的激光。常见的工作物质有红宝石、掺钕钇铝石榴石（Nd:YAG）、掺钕硅酸盐（磷酸盐、硼酸盐）玻璃、掺钇钇铝石榴石陶瓷（Yd:YAG）等。

2）气体激光器

气体激光器使用气体作为工作物质，按气体物质的结构状态可以分为原子类（氦氖激光器等）、分子类（氮分子激光器、二氧化碳激光器等）、离子类（氩离子激光器、氦镉激光器等）、准分子类（氯化氙准分子激光器等）。

3）液体激光器

液体激光器使用的工作物质为有机液体或无机液体，波长覆盖 321～1168nm 之间的紫外到红外波段，通过倍频可以扩展至真空紫外波段。

4）半导体激光器

半导体激光器使用的工作物质为半导体材料，当半导体二极管激励电流超过阈值电流时，自由电子与空穴复合引起受激发射产生相干光辐射。激励方式通常采用光激励、电激励、电子束激励等，按半导体芯片衬底材料可分为砷化镓（GaAs）激光器、磷化铟（InP）激光器、氮化镓（GaN）激光器等，具有效率高、体积小、重量轻等特点，主要应用于光纤通信、医疗、照明、测距、制导等领域。

5）光纤激光器

光纤激光器以掺有激活粒子的光纤（掺铒光纤、掺钕光纤等）作为工作物质，泵浦源一般采用高功率半导体激光器，具有结构简单、转换效率高、维护成本低、散热性能好等优点。

6）自由电子激光器

自由电子激光器以真空中的相对论电子束为激光介质，通过与摇摆场（如周期变化的磁场或电磁场）的相互作用，将自由电子的动能转变成相干辐射，是一类不同于传统激光器的新型高功率相干辐射光源，具有高功率、高效率、波长可大范围调谐、超短脉冲等优良特性。

2. 按激光输出特性的分类

按输出激光的波长，激光器可以分为远红外激光器、红外激光器、可见光激光器、紫外激光器、X 射线激光器和 γ 射线激光器等，按工作方式可分为连续辐射激光器、脉冲辐射激光器、调 Q 脉冲辐射激光器等，按模式可分为单模激光器、多模激光器等。图 5-3 为使用激光投影机营造出的梦幻场景。

图 5-3　激光秀（图片来源：杭州中科极光）

3. 按激励方式的分类

按激励方式不同，激光器可以分为电激励、光泵浦（光源或紫外光激励）、热激励、化学反应激励、核泵浦等不同类型。

4. 按功率输出大小的分类

根据激光输出功率大小，激光器可以分为超高功率、高功率、中功率、低功率 4 种类型,连续输出功率可从微瓦级至兆瓦级,脉冲输出能量从微焦耳可至十万以上焦耳。超高功率激光器的单脉冲能量在 1J 量级以上、持续时间不小于 100μs、持续时间内的平均功率不小于 10kW,高功率激光器的单脉冲峰值功率大于 10^{11}W、持续时间在 $10^{-11}\sim10^{-7}$s。图 5-4 为两种大型高功率激光器。

图 5-4　高功率激光器

5.1.2　激光眩目机理与应用

激光眩目是人眼中的感光细胞被一定强度的低能激光照射,使眼睛在照射结束后的一段时间内暂时丧失视觉功能,迟滞、延缓、中止目标的行动能力。

5.1.2.1　激光眩目机理

人眼将外界入射光会聚在视网膜上成像,眼球结构中的瞳孔直径是可变的,在有光照时瞳孔直径约为 2.5～4mm,年轻人的瞳孔直径最大可扩张至 7mm 左右,而聚焦在视网膜上的影像直径约为 10～20μm,使入射光在视网膜上的能量密度比角膜处的能量密度提高 $2\times10^5\sim5\times10^5$ 倍。超过人眼安全阈值的入射光照射人眼时,能量的吸收会使视网膜局部发热并灼伤色素上皮和感光细胞,进而导致视力的损伤甚至丧失。

一些无防护措施的光学器材,如望远镜、望远式瞄准镜,会将入射光的能量放大至原来的数十倍,增加激光对人眼损伤的严重性。

1. 人眼的结构

眼球是一个位于眼眶内的接近于球形的组织,正常成年人眼球平均直径约 24mm,由眼球壁、眼内腔、眼内容物和血管、神经等组织组成,如图 5-5 所示。眼球壁主要分为外(角膜和巩膜)、中(虹膜、睫状体、脉络膜)、内(视网膜)三层,眼内容物包括房水、晶状体、玻璃体,眼球从前到后依次为角膜、房水、虹膜、晶状体、玻璃体、视网膜、脉络膜、巩膜。眼睛对入射光产生反射、折射、散射、吸收和透射，其中，人眼组织的吸收性质决定了眼睛与光线的相互作用。

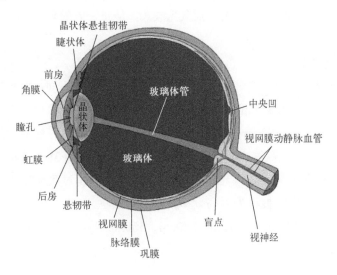

图 5-5 人眼结构示意图（见彩图）

眼睛和摄像机是类似的光学系统，其中：巩膜相当于摄像机的机身；瞳孔和虹膜（能够扩大或缩小从而控制进光量）构成光圈；角膜、房水、晶状体、玻璃体构成一组镜头；视网膜则是图像传感器。

视网膜可以粗略地分为色素上皮层和神经细胞层两层。神经细胞层包含杆体细胞（视杆细胞）和锥体细胞（视锥细胞）两种感光细胞，杆体细胞内含的视紫红质主要用来感受夜晚的弱光，锥体细胞内含的视紫蓝质主要用来感受白天的强光以及色觉。神经细胞层的下面是含有黑褐色黑色素的色素上皮层，色素上皮层的下面是分布微细毛血管的脉络膜毛细管层，含有色素细胞和血管的脉络膜是主要的吸收层。

在眼睛后部中央，视网膜表面上的黄斑中央有密集的视锥细胞，且无其他组织覆盖，是视网膜视觉最灵敏的部位，对 400～500nm 的光吸收能力最强。

2. 激光眩目的主要影响因素

激光可以同时造成角膜、虹膜、晶状体以及视网膜的损伤。激光眩目器不以毁伤人眼为目标，仅以造成短暂性失明或视觉干扰为目的。可见光波段的激光或强光照射人眼，可引起一类特殊的生物效应，即闪光盲或眩目效应。闪光盲效应是指强光照射引起视网膜感光色素部分或完全漂白，以至于在光照结束后一定时间内人眼对低亮度视觉靶标丧失感知能力；眩目效应是指较亮光线进入视野引起视力下降和眼部不适症状，当去除亮光症状即随之消失。

激光眩目系统的眩目效果受到激光波长、能量、入射角、眼组织和环境因素的影响。

1）激光波长

人眼组织的不同部位对不同波长激光的透射、吸收不同，视网膜的受损程度与人眼对不同波长激光的透射率和视网膜的吸收率这两个因素有关。

可见光（380～780nm）和波长为 780～1400nm 的近红外辐射能够被角膜聚焦到视网膜，光强足够大时将引起视网膜的损伤，因而 380～1400nm 的光谱区被称为"视网膜损伤区"。在这个光谱区间，视网膜对蓝绿光的反应最为敏感，因此蓝绿光谱区被称为"高效率视网膜眩目区"。典型的"眩目区"激光波长有 510nm、525nm、532nm、540nm、550nm 等，人眼敏感度光谱曲线如图 5-6 所示。

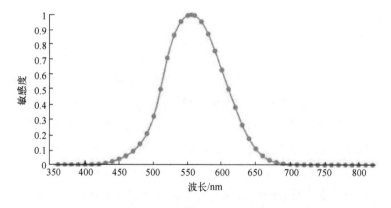

图 5-6　人眼敏感度光谱曲线

波长大于 1400nm 的红外辐射和小于 315nm 的远紫外射线，在人眼角膜表面被吸收不进入人眼，不会对视网膜造成伤害。近紫外辐射（315～400nm）主要被晶状体表面吸收，造成的损伤包括光化学损伤和光热损伤，导致的后果包括造成白内障等。

2）激光能量

特定波长激光对人眼的损伤程度由其能量密度决定，相关文献、标准定义了激光损伤阈值和照射限值两个指标。损伤阈值是在激光照射生物体后的规定时间内，用规定的检查方法，经概率分析的统计学处理得到的刚可见损伤发生率为50%的照射度或辐照量；照射限值是眼睛和皮肤受激光照射即刻或经一定时间后，未引起可见损伤发生或不良生物学改变的激光最大辐照量或辐照度。

视网膜接受一定的激光照射，当激光的功率密度达到或略微超过损伤阈值时，会对视网膜造成轻度损伤，出现视网膜凝固水肿斑、杆状细胞和锥体细胞轻度水肿，造成视网膜色素层的分布变化和烧伤性水肿。这类损伤病变小、消失快、一般不会丧失视力。

3）激光入射角度

激光眩目效果与入射角有关。正对眼睛入射的激光光束会聚在视觉最灵敏、耐受损伤力最弱的黄斑区，此时眩目效果最好。激光偏离视轴入射聚点可能落在黄斑区外，此时眩目效果就差一些。

4）眼组织

眼底色素含量会影响激光眩目的效果。黑色素含量越高，眼睛的视网膜损伤阈值越低。不同种族人的眼底色素不同，白种人色素少，黄种人色素多。同时，眼睛的屈光度、观察远近目标时的聚焦情况也会影响眩目的效果。

5）环境因素

激光炫目的效果受到环境因素的影响，如目标距离、大气衰减、环境照度等因素。在夜间或不良天候环境下，瞳孔直径放大以扩大进光量，使入射光的能量放大，对人眼的损伤增加。

5.1.2.2　激光眩目器

1982年马岛海战中，英国首次将激光致盲武器用于实战，有多名阿根廷飞行员报告称遭到"来自英舰的强光照射"，致盲后导致飞机失控坠海。出于人道主义的考虑，1995年世界多个国家签署了《禁止发展和使用激光致盲武器的议定书》。

激光眩目具有非致盲、非致命、无永久性伤害特点，使得它广泛应用于反恐、防暴等领域。据报道，1987年美国空军的一架战机在太平洋上被苏联军舰发出的激光照射，使飞行员失明约10min。美军驻索马里的海军陆战队人员也曾使用非致命激光眩目器"军刀203"照射驱离当地人，该激光眩目器输出激光波长为670nm，可使300m外的人眼视觉受到干扰。图5-7为两款手持式激光眩目器。

图 5-7 手持式激光眩目器

和用于击毁无人机、炮弹、导弹、飞机等飞行物的高功率激光武器不同，激光眩目器属于低功率激光武器，一般采用人眼最敏感的蓝绿激光，照射眼睛使目标短暂性失明和眩晕，实现快速制敌而不伤害人的生命。同时在低亮度环境下，激光眩目器可以照亮数千米之外的物体，警示远距离潜在的目标和控制大片人群，广泛应用在反恐维稳等领域。

激光眩目设备主要分为手持式激光眩目器、固定式激光眩目器、车（舰）载式激光眩目器等。

（1）手持式激光眩目器一般为单兵使用，外观有枪支、手电等多种形状，可以和其他单兵设备组合使用，操作简便、使用灵活。我国某型民用激光眩目器采用全固态激光器，发射直径 20～30cm 的激光束，可使 500m 内的目标产生暂时性视觉障碍，不仅不会对人眼造成永久性伤害，还可以干扰、损伤武器装备中的光电传感器，起到压制、干扰、心理威慑等作用。

（2）固定式激光眩目器可以安装在固定设施、简易支架上。图 5-8 为部署在周界上的固定式激光眩目器及其发光效果。

图 5-8 固定式激光眩目器及其发光效果（图片来源：艾利克斯光电）

（3）车（舰）载式激光眩目器通常是安装在战车和舰艇上。据报道，美国在中亚战场上部署了数套绿色激光武器增强套件（Green Laser Escalation of Force，GLEF），可以作为附件部署在遥控武器站的炮塔上，也可以部署在悍马车上使用。美国海军已在多艘"伯克"级驱逐舰上安装了"奥丁"（ODIN）舰载眩目系统，能够发射激光束，使光学设备致盲。俄罗斯也在多艘护卫舰上装备了"雕鸮"激光眩目装置，4个高功率激光器能连续产生高亮度的激光，不仅能使人眼在短时间内致盲，还能昼夜抑制对手光学侦察、电子监控和瞄准系统中的光学设备。图5-9是美军装备的车（船）载激光眩目器。

图5-9　车（船）载激光眩目器

5.2　强声驱离技术与应用

听觉是人类感知外部世界的一种非常重要的方式。声波是物体在弹性媒介中做机械运动时产生的机械波，一定频率和强度的声波可以对人体在生理和心理上产生极大的影响。强声驱离就是利用这一原理，通过定向声波设备发出一定强度和频率的声波，使目标短暂性地丧失或降低攻击能力，产生明显的抑制、驱离效应。图5-10为固定和车载部署的强声驱离装置应用场景。

图 5-10 强声驱离装置应用场景（图片来源：广州声讯电子）

5.2.1 人耳的听觉特性

在日常生活中，人们都喜欢听那些旋律优美的音乐，悠扬的乐曲令人沉醉，美妙的歌声令人荡气回肠。对话是我们日常交流最重要的工具，话语和音乐一样都是一种声波。

5.2.1.1 人耳听觉的产生

人耳是一个非常精密的滤波器，具有产生听觉和平衡觉的功能。人耳由外耳、内耳、中耳构成，如图 5-11 所示。

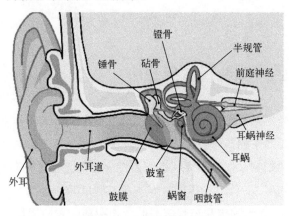

图 5-11 人耳结构示意图

声音先传递到外耳,再经耳廓集音后通过外耳道传至鼓膜。外耳和中耳以鼓膜为界,鼓膜薄而强韧,鼓膜后的中耳腔内连着锤骨、砧骨和镫骨 3 块听小骨,形成一个放大系统。声波到达鼓膜时,会引发鼓膜产生振动,听小骨也随之振动,把声音放大并传入内耳。

卵圆窗是内耳的门户,是一个很小的薄膜,一边连接在中耳的镫骨上,另一边是内耳充满液体的耳蜗管道。镫骨的振动会引起卵圆窗的振动,进而引起耳蜗管道内的液体流动。耳蜗是内耳中专司听觉的器官,内有数以千计的顶部长有细小纤毛的毛细胞,液体流动时会冲击毛细胞的纤毛产生电位变化,从而将声音信号变成生物电信号。这些生物电信号经听神经传递到大脑,经过一定的加工整合就产生了听觉。

5.2.1.2 声音的主要特性

声音由物体振动产生,通过空气、固体、液体等介质传播,并被人或动物的听觉器官所感知。声音的主要特性有音调、响度、音色等。

1. 音调

音调是听觉判断声音高低的属性,也称为音高。根据声音的音调,可以把声音排成由低到高的序列:超低音、低音、中低音、中音、中高音、高音、超高音等。音调的高低主要依赖于声音的频率(频率越高音调越高),但也和声压及波形有关。

2. 响度

响度是听觉判断声音强弱的属性。根据声音的响度,可以将声音排成由轻到响的序列。响度主要依赖于引起听觉的声压,但也与声音的频率和波形有关。不同的人、不同的特定频率,在不同的声压级环境下感受到响度的量级明显不同。

没有声波存在时媒质中的压力称为静压,有声波时媒质中的压力与静压的差值称为声压,静压和声压的单位都是帕斯卡(Pa)。声压级用来表示被测声压 P 与基准声压 P_0 之比,取以 10 为底的对数乘以 20,即 $L_P=20\lg P/P_0$,通常以分贝(dB)为单位,基准声压 $P_0=20\mu P_a$(空气中)。

一般情况下,敲门声的频率范围为 500~1000Hz、60dB,挂钟秒表声的频率范围为 500~1000Hz、30dB,婴儿哭声的频率范围为 1500~3000Hz、80dB。

3. 音色

音色又称为音品,是人在听觉上区别具有同样响度和音调的两个声音的重要属性。音色主要由刺激频谱决定,但也与波形、声压和刺激频谱的频率位置有关。

5.2.2 强声驱离原理与应用

使用声学技术实现对敌对和不明目标的非致命性抑制、驱离,日益受到世界各国的重视。研究表明,长时间暴露在强噪声声场中,人会出现注意力不集中、疲劳等现象,耳廓、中耳、卵细窗发生一定损伤;物体也会产生"声疲劳"现象,出现破裂等结构损伤。人体在噪声环境中的损伤程度与噪声的声压级和持续时间相关,在较小的噪声作用量范围内,人耳受到的损伤是可以恢复的。

5.2.2.1 声学打击装置的分类

根据声学打击装置工作的频段,可以将声学打击装置分为次声波、强声波和超声波三类。

1. 次声波装置

次声波是频率低于可听声频率下限的声波,频率高限大致为 20Hz。次声波易与人体固有振动频率(约 3~17Hz)产生同频共振,造成某些器官的强烈振动,出现头疼、恶心、眩晕、肌肉痉挛、全身颤抖、呼吸困难乃至内脏损伤、休克、死亡等严重伤害。

"神舟五号"飞船发射升空到大约 30~40km 高度时产生了 7~8Hz 的低频振动,这个频率与人体内脏产生了令人难以忍受的共振。航天员杨利伟回忆这生死 26s 惊险经历,形容"振动的受不了,身体有力用不上,有劲儿没处使,有一种濒临死亡的感觉"。国外在进行载人航天时,也因火箭出现的约 30Hz 低频振动与宇航员眼睛发生了共振现象,导致宇航员视力模糊。1986 年 4 月,法国国防部次声波实验室在进行次声波的实验中,由于疏忽大意,发射出去的次声波致使 16km 外的数十名居民死亡。

次声波听不见、看不到、摸不着,隐蔽性非常好。次声波的传播损耗和水、气吸收很小,穿透能力很强,能够绕过障碍物传播很远。

2. 超声波装置

超声波是工作频率高于可听声频率上限的声波,频率低限大致为 20kHz。超声波装置利用高能超声波发生器产生高频声波,造成强大的空气压力,使人产生视觉模糊、恶心、头疼、呼吸困难等不良生理反应,导致人员战斗力降低甚至完全丧失。

第 5 章 周界安全技术防范中的非致命打击驱离

超声波的传输方向性比次声波好,杀伤的范围更易控制,可以进行精准打击;超声波能量集中,穿透能力强,可穿透十余米厚的混凝土墙。

3. 强声波装置

强声波装置,也称为强声驱离装置、噪声装置。强声波装置发出的强声波在 20~20000Hz 这个人耳能够听到的声音频率范围,通过制造高分贝的噪声,使听者头疼晕眩,即使捂住耳朵也无法避免这种刺耳声音引起的头痛。强声波驱离装置对人体的伤害比次声波和超声波小,因此常用于驱散非法聚集人群、保护目标免受外来破坏。图 5-12 为广州声讯电子的一些强声驱离装置。

图 5-12 强声驱离装置(图片来源:广州声讯电子)

2004 年,为驱离部分武力抗拒政府撤离命令的犹太人定居者,以色列安全部队使用了强声驱离装置,迫使不愿搬离的定居者放弃了位于加沙的定居点。

强声波装置的作用效果,主要受到声波频率、声压级、距离等因素影响。

(1)声波频率因素。人耳能够感觉到的声音频率为 20~20000Hz,人的语音频率则为 80~12000Hz。人对不同频段声音的感受不同,强声驱离一般选择人耳敏感的 2000~5000Hz。

(2)声压级因素。一般情况下,声压级小于 120dB 的声波对人体造成的影响是可恢复的;人体在 120~140dB 声压级下暴露一定时间就有可能对人耳内膜造成永久性损伤;声压级大于 140dB 的声波可能会对人脑造成严重的损伤;声压级高于 150dB 的声波将有可能引起人的鼓膜破裂,致使出现永久性的听力丧失。

(3)距离因素。声波存在几何衰减和阻抗衰减,目标距离远则声压级自然降低,达不到其功效。例如,强声波装置在 2000m 距离时只能实现语音警告,在 500m 距离时能够对人员产生较好的驱散作用,在距离较近时则可能超过 140dB 的安全脉冲声压级,造成不可逆转的伤害。

5.2.2.2 强声驱离装置的实现与应用

强声驱离装置一般由信号产生模块、信号处理模块、功率放大模块、换能器阵列组成，如图 5-13 所示。利用高声压级的换能器及其阵列设计，通过波束形成算法，实现远距离的高声压级声波信号的定向传播。

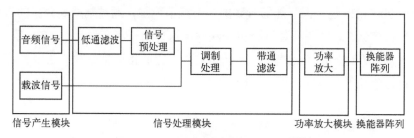

图 5-13　强声驱离装置原理示意图[189]

声波信号的定向传输是强声驱离装置的关键技术。声波传播时能否沿一定方向传播，取决于音源尺寸和发射声波波长的比值，若比值足够大则声波传播会有明显的方向性。可听声的声波波长范围是 17mm～17m，这就要求音源的尺寸很大。强声装置通过信号产生模块产生音频信号和载波信号，其中：音频信号是通过强声装置传递到目标的可听频率声波；载波信号是频率很高的超声波，利用信号调制技术将音频信号调制到高频超声波上。

两列声波在非线性介质中传输时，将会产生包括原始频率 f_1、f_2 两者的和频与差频以及各次谐波混杂在一起的复杂声波。声波的衰减与频率成正相关，原始频率 f_1、f_2 的和频及各次谐波由于频率较高，在非线性介质中衰减较快；两者的差频频率相对较低，在非线性介质中衰减较慢，可以实现良好的信息传输。

强声驱离装置的核心是换能器。根据工作频段和使用条件的不同，换能器有电声换能器、超声换能器和水声换能器等分类方法。电声换能器是从电学系统接收信号而向声学系统输送信号或逆向工作，如常见的扬声器（发射器）、耳机（接收器）等，其辐射的声功率与输入的交流电功率之比称为电声效率。超声换能器是将其他形式的能量转换成超声信号或能量，或将超声信号或能量转换成其他形式的能量。水声换能器是将其他形式的能量转换为声能向水中辐射，或将接收到的水声信号转换为其他形式的信号。

在电信号驱动下，换能器内部产生交变的电磁场。压电材料在交变电磁场的作用下，给机械振动系统提供推力使其进入振动状态，并向介质中辐射声波。压电材料分为电致伸缩材料和磁致伸缩材料，它们具有在交变电场（磁场）作用下产生交变应变的特性，常用的材料有锆钛酸铅等压电陶瓷，钛酸钡、罗谢尔盐、硫酸铝、磷酸二氢铵等压电晶体，镍、铁钴钒合金、铁氧体以及稀土铁超磁致伸缩材料等。图 5-14 为锆钛酸铅晶体变化的示意图。

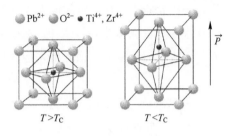

图 5-14　锆钛酸铅晶体变化示意图

当声波换能器的尺寸大于或等于声波波长时，声波在介质中的传播就具有指向性。将一定数量的换能器按一定规律和形状排列起来，根据某种需要组成一个换能器阵列。声波的指向性使得声源辐射的声能集中于某一方向上形成束状声波。

2000 年 10 月 12 日，美军"科尔"号驱逐舰在亚丁港补给时遭到满载炸药的小型橡皮艇攻击，致使舰身被炸穿，17 名美军殉职。虽然"科尔"号拥有强大的火力，但在遭到攻击前无法确认靠近的船只上究竟是平民还是恐怖分子。"科尔"号驱逐舰被攻击后，美军开始积极发展远距离声波设备（LRAD），并装备于美军现役部队和警察部门。LRAD 定向声波设备发出的声强可达 162dB，声音频率为 2100～3100Hz，广播距离可达 3500m，可以发送多种语言的高清晰警告、指示、命令信息，帮助军事和保安人员明确对方靠近的意图，警示、驱赶海盗船和可疑船只，预留充足的反应时间和反应距离。图 5-15 为安装在舰船上的强声驱离装置。

图 5-15　安装在舰船上的强声驱离装置

5.3 非致命电击枪技术与应用

传统的电击武器代表是电警棍,依靠放电闪烁弧光和噼啪爆鸣声对目标形成威慑,并可击打对方身体并对目标释放高压脉冲,干扰人的肌肉神经系统使其短暂失能。电警棍是广泛应用的一种非致命器械,但作用距离有限,往往会使使用者直接面临危险。

新型的电击武器主要是电击枪。例如美国警方广泛使用的 TASER X26 电击枪,最大作用距离达 7m,充分保证了使用者的安全。电击枪通过短暂高压低电流电击肇事者或犯罪嫌疑人,使其产生肌肉痉挛、血压上升、呼吸困难、心跳脉冲形成和传导紊乱等生理变化,被电击几分钟后可恢复到正常状态,因而成为常规制服性器械的重要补充。图 5-16 为电击枪击发及击中嫌疑人瞬间。

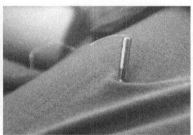

图 5-16 电击枪击发及击中嫌疑人瞬间

5.3.1 电流对人体的生理效应

电流的生理效应由流过人体的电流产生。电击武器释放短暂高压低电流脉冲,使人体肌肉产生活动抑制,人的身体或身体的部分不能自主活动,这种效应可能是由于电流通过受损伤的肌肉或通过相关联的神经或脑髓部分流通所致。

依据电流通过人体时所产生的效应,通常将电流阈值类型分为感知阈、反应阈、摆脱阈和心室纤维性颤动阈。感知阈是能引起人体任何感觉的接触电流最小值,反应阈是能引起肌肉不自觉收缩的接触电流最小值,摆脱阈是人手握电极时能自行摆脱电极的接触电流最大值,它们受到电极与目标人体的接触面积、电极形状和大小、接触时的干湿和压力状况等参数以及目标个人生理特性的影响。

心室纤维性颤动阈是通过人体能引起心室纤维性颤动的接触电流最小值，主要受人体生理结构与心脏状态等生理因素和电流波形、持续时间、量值、通过人体的路径等电气参数影响。心室纤维性颤动是电击致命的主要机制。在心搏周期中有一个时间约占10%的易损期，在此期间心脏纤维处于不协调的兴奋状态，几安培的电流幅度就很可能引起心室纤维性颤动，使心室失去协调一致的收缩舒张能力，各部分心肌自行蠕动，造成血液循环无效，若救治不及时则将导致死亡。

对于15～100Hz正弦交流电，大于500mA的电流持续时间即使小于0.1s，电击也可能引发心室纤维性颤动。如果这种强度的电击持续时间超过一个心搏周期，那么必然与易损期相遇，有可能导致可逆性的心跳停止。图5-17为易损期心室纤维性颤动的触发—对心电图（ECG）和血压的影响示意图。

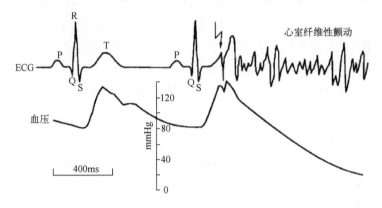

图5-17 易损期心室纤维性颤动的触发—对心电图（ECG）和血压的影响[192]

对于直流电，接近100mA的直流电流过人体时，通电期间会使四肢发热，并且接触面皮肤内感到疼痛；小于300mA的直流电流过人体时，会引起可逆的短暂性晕厥、烧伤、头晕等；超过300mA的直流电流过人体时，会导致失去知觉，延续超过一定时间的几安培电流可能引起深度烧伤甚至死亡。

不同电击部位对人体产生的效应不同，例如直流电流沿双脚到双手向上流经人体产生心室纤维性颤动所需的电流幅值比向下方向产生相同效应需要的电流幅值小。目标的身体状况对电击效应也有很大的影响，例如电击对妇女儿童的影响比成年男子大，心脏病患者对于电击电流更加敏感，醉酒或吸食毒品后更易引起严重伤害。对人电击时各种情况下的长持续时间电流阈值如表5-1所列。

表 5-1　各种情况下的长持续时间电流阈值[193]

阈值类型	惊吓反应				强烈肌肉反应				心室纤维性颤动			
电流类型	交流		直流		交流		直流		交流		直流	
电流路径	手到手	双手到双脚	手到手	双手到双脚	手到手	双手到双脚	手到手	双手到双脚	手到手	双手到双脚	手到手	双脚到双手
电流阈值/mA	0.5	0.5	2	2	5	10	25	25	100	40	350	140

5.3.2　电击枪的组成与基本原理

目前的电击枪主要有两类：一类是带有绝缘铜线的传统电击枪；另一类是发射电击子弹的增程电击枪。

（1）带有绝缘铜线的传统电击枪。利用充满压缩气体的气压弹夹发射连接导线的"勾刺"飞针，"勾刺"勾住目标后通过导线释放高压低电流脉冲，使目标肌肉痉挛丧失攻击能力。例如 TASER X26 型电击枪射程 0~7m，输出 50kV、平均 2.1mA 的高压低电流脉冲，配备 6V 锂电池时在 25℃条件下能够射击 300 次，可穿透 5cm 的衣服。该电击枪重量仅 175g，还具有 650nm 激光瞄准和 2 个用于照明的 LED 灯，以及剩余电量显示、发射时间记录等功能。这类电击枪操作简便，但受导线影响，射击距离较近。

（2）发射电击子弹的增程电击枪。例如美国泰瑟公司研发的超级电击枪最远射程可达 30m，电击时间最长可持续 20s，一次最多可以发射 5 枚电击子弹。目标试图拔掉"勾刺"时，电极会通过目标的手指进行二次电击。这类电击枪的射击距离远、威力大，但精度有待提高。

当前使用较为普遍的是带有绝缘铜线的传统电击枪，通常由枪体、电击弹、电池三大部分组成。图 5-18 为深圳民盾"虎鲨"电击枪的组成结构。

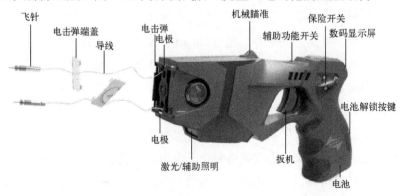

图 5-18　"虎鲨"电击枪的组成结构（图片来源：深圳民盾）

枪体是电击枪的基础组件,电子模块、高压电路模块等组件都安装在枪体上。枪体内部集成了电路系统,可以输出高达 60kV 的高压低电流脉冲,电流一般小于 2mA,脉冲频率约 20Hz,单次放电时间约为 5s。枪口一般设计有电弧线,在没有安装电击子弹时也可以实现近距离电击,装弹后电弧就可以通过导线传递到飞针上。

电路部分一般包括升压振荡电路模块、指示电路模块和定时电路模块。其中,升压振荡电路模块通常使用电感线圈实现,振荡电路将利用电池的直流电产生振荡电流,然后通过二级或多级的升压,即可产生所需的高压低电流脉冲;指示电路主要用来判断电池电量,进行电量显示,提醒进行电池更换;定时电路用来控制放电的时间,避免放电时间过长可能对目标产生的致命性伤害。

枪体通常还设计了击发机构、弹匣、安全保险开关、计时显示器、瞄准器、电池电量显示器等装置。其中:击发机构用于控制整个击发射击过程;弹匣用于在击发机构控制下将电击子弹靠压缩气体发射出去;安全保险开关用于防止意外发射,这种安全保护设计可以使机身在连续三次电击(每次 5s)后自动进入保护状态,再次电击则需要重新拨动保险装置,确保了打击目标的安全性。

电击弹采用压缩气体作为发射的动力源,将"飞针"以一定初速发射出去命中目标,在电源和被打击目标之间以导线形成一个导电通路。"飞针"的速度会受到一定的限制,一般在 60m/s 左右,以免速度过大对目标造成致命的伤害。图 5-19 为深圳民盾"虎鲨"电击枪的双电弧与电击弹。

图 5-19 "虎鲨"电击枪的双电弧与电击弹(图片来源:深圳民盾)

第 6 章
周界安全技术防范中的无人机探测与反制

近年来,无人飞行器技术日趋成熟,只要花费几千元就可以购买一台飞行性能优异的消费级无人机。无论是在民用领域,还是在近期的局部战争和武装冲突、打击走私、攻击关键基础设施等行动中,到处可见无人机的身影。非法无人飞行器给社会管理带来了严峻的现实威胁。

6.1 无人机探测

中小型无人机是一类典型的"低慢小"目标,主要具有以下特点:飞行高度低,一般在 1000m 以下;飞行速度慢,通常速度不超过 200km/h;雷达散射截面小,一般不超过 2m²。这类无人机一直是重点要害目标"净空"的重点防护对象。美军认为,现代战场上面临着起飞重量低于 600kg、飞行高度低于 5500m、时速低于 470km/h 的低端无人机的严重威胁,这类无人机相对易于实现,对常规的防空力量形成严峻的挑战。表 6-1 给出了美军无人飞行器分类方法。

表 6-1 美军无人飞行器分类方法

等级	最大起飞重量/lb	作业高度/ft	飞行速度/kn
组 1	0~20	<1200(离地高度)	100
组 2	21~55	<3500(离地高度)	<250
组 3	<1320	<18000(海平面)	<250
组 4	>1320	<18000(海平面)	任意空速
组 5	>1320	>18000(海平面)	任意空速
说明: 1lb≈0.45kg; 1ft≈0.30m;1kn≈1.852km/h			

6.1.1 无人机"黑飞"挑战

使用无人机拍摄影像给人类创造了独特的高空视野,但也给一些别有用心的人创造了机会。对一些重点要害目标、军事行动、重要生产场所、大型集会活动进行拍摄造成了严重的泄密隐患,近年来已发生多起针对军用机场、军舰、营区、军事输送的非法拍摄。同时,还有利用无人机进行偷窥等不法行为,图 6-1 为窥探他人隐私的无人机。2022 年 10 月 9 日,香港警方在一架已撞毁的小型无人机内发现存有偷拍的 20 段不雅视频。

图 6-1 窥探他人隐私的无人机

通过无人机可以将爆炸物、生物毒剂、放射性物质等危险品准确地投送到预定地点,对重点要害目标或政要进行袭击,成为一些组织的惯用手段。2018 年 8 月 4 日,委内瑞拉总统马杜罗参加庆祝活动时遭到无人机挂载炸弹的袭击,成为第一例被无人机袭击的国家政要。2019 年 9 月 14 日,数架无人机袭击了沙特的两处石油设施,造成重大损失。使用无人机挂载炸弹攻击敌对方的重要经济设施,已成为一种屡见不鲜的高效攻击方式。

无人机输送物品的便利性给不法分子提供了可乘之机,使用无人机在管控地区输送毒品、爆炸物、非法宣传物进行走私交易,给周界管控带来了严峻的挑战,如图 6-2 所示。美国警方已查获多起使用无人机向监狱内投递毒品、手机以及美墨边境无人机走私毒品的案件。

图 6-2 使用无人机输送物品给周界管控带来新挑战

近年来，消费级无人机价格日趋平民化，国内每年都会发生数起在机场、高铁站（沿线）、广场、景区、高速公路、市内道路的"黑飞"事件，造成重大的经济损失和安全隐患，发生了多起导致无辜百姓受伤的事件。2022 年 2 月，一名无人机爱好者破解了无人机围栏，将无人机飞进了沈阳桃仙机场跑道上空，严重影响了机场的空域安全。图 6-3 为侵入机场的无人机和在公路上意外坠落的无人机。

图 6-3　侵入机场的无人机和在公路上意外坠落的无人机

6.1.2　无人机探测技术

发现是进行反制的前提。针对无人机的探测技术目前主要有频谱探测、雷达探测、光电探测、声探测四大类。

6.1.2.1　频谱探测

无人机飞行过程中，需要通过数传电台与地面控制站进行控制指令的交互。无人机数传链路可以分为上行链路和下行链路，下行链路用于将无人机的飞行姿态、飞行参数传回地面控制站，上行链路用于将地面控制站的指令信息传递至无人机。频谱侦测针对无人机与地面站之间的指令传递进行侦测，侦测设备不发射电磁信号，只接收无人机和地面控制站发出的指控信号。这和无线电技术侦察没有原则性的差别，差别在于对接收信号的分析和利用。

频谱侦测技术在无线电应用的早期即在情报领域得到了重视。

1930 年 12 月，中国工农红军在第一次反"围剿"战斗中缴获了一部 15W 电台。1931 年，中央军委组建了军委二局，负责技术情报工作。被周恩来总理誉为我军情报工作"神人"的曾希圣，多次领导军委二局侦听破译了国民党军的密电。1934 年 12 月，曾希圣破译了蒋介石电令湘西各部集中兵力聚歼红军于湘西的电文,迫使博古、李德在通道会议上同意了进军贵州的主张。军委二局破译的国民党军情报,为红军在巧渡金沙江、四渡赤水等关键节点的用兵如神起到了重要作用。

无线电频谱侦测设备用于确定辐射源的方向和位置。对辐射源的测向方法有振幅法测向、相位法测向和空间谱测向等,例如振幅法测向是通过多个独立天线组成 360° 覆盖的天线阵列,不同覆盖方向的天线接收到的入射信号强度不同,通过比较不同输出信号的幅度大小即可判断入射角度。图 6-4 为正在进行战场频谱侦测的军事人员。

图 6-4　正在进行战场频谱侦测的军事人员

对信号源的定位方法有接收信号强度指示定位(RSSI)、测角定位(AOA)和时差定位(TDOA)等。接收信号强度指示定位根据接收信号的强度和信号传播衰减模型计算出侦测站与辐射源之间的位置,这种定位方法易于实现,但定位精度较低。测角定位通过测向交叉定位的原理实现,测量辐射源和侦测站之间的方位关系,两条方向线的交叉点即为辐射源,测向精度确定了定位精度。时差定位通过多个侦测站接收辐射源信号的到达时间差,根据时间差推算距离差,通过计算即可求出辐射源的位置。

工业和信息化部 2023 年印发的《民用无人驾驶航空器无线电管理暂行办法》中明确,通过直连通信方式实现遥控、遥测、信息传输功能的民用无人驾驶航空器通信系统无线电台,应当使用下列全部或部分频率:1430～1444MHz、2400～2476MHz、5725～5829MHz。其中,1430～1444MHz 频段频率仅用于民用无人驾驶航空器遥测与信息传输下行链路;1430～1438MHz 频段频率专用于警用无人驾驶航空器通信系统或警用直升机;1438～1444MHz 频段频率用于其他单位和个人民用无人驾驶航空器通信系统。

目前无人机使用的频段还包括 328～352MHz、400～433MHz、560～760MHz、840.5～845MHz、902～928MHz 等频段，2.4GHz、5.8GHz 是消费级无人机最为常用的频段。图 6-5 为一些无人机频谱侦测设备。

图 6-5　无人机频谱侦测设备（图片来源：上海特金无线）

在无线电设备制造的过程中，射频电路由于电子元器件和制造工艺的不一致而存在微小的随机性瑕疵，这会导致不同射频设备发出的射频信号具有某些不同的特征（载波频偏、相移、时钟偏移等），这些特征具有唯一性和长时间的稳定性，类似于人类的指纹可以用来唯一地标识某个个体，因而被称为射频指纹。侦测设备对接收到的无人机无线电信号进行分析，并与预先存储的无人机信号特征库进行比对，可以判断该无人机型号是否已知。

频谱探测是一种无源的探测方式，不需要电磁辐射，通过射频指纹可以比对出无人机的型号（已有射频指纹入库条件下），具有抗干扰能力强、探测效果好、频率覆盖宽、侦测距离远、易携带使用等优点，是最为常见的民用无人机探测方式。但频谱探测技术无法探测自主飞行时保持无线电"静默"、利用4G/5G 的网联无人机。同时，无人机辐射无线电信号产生的多径效应会影响目标数量和位置的准确性，尤其对使用 ISM 频段的无人机误判的几率较大。

此外，频谱探测还可以利用外辐射源进行散射频谱侦测，探测设备接收的是无人机散射的广播电台、寻呼台、电视台等外辐射源的信号。

6.1.2.2　雷达探测

雷达起源于对飞机的探测，也是对无人机进行探测的主要方式。雷达探测是一种有源的主动探测方式，雷达发射电磁波扫描空域，目标反射的回波发生多普勒频移，通过运算即可得出目标的位置、速度和方向等参数。雷达探测与无人机机型、是否有电磁辐射无关，可以对空域内以任意形式飞行的无人机进行探测，在反无人机系统中具有极其重要的作用。雷达探测是高等级反无人机系统的基本探测手段，如图 6-6 所示。

图 6-6　AUDS 与 L-MADIS 系统的探测雷达

微小型无人机多采用高强度碳纤维、改性塑料、树脂等复合材料，这些材料具有明显的透波特性，再加上微小型无人机的体积较小，导致无人机的雷达散射截面很小，大大降低了雷达探测的概率和探测距离。同时，微小型无人机通常采用低空或超低空飞行，探测方向的障碍物遮挡、地杂波干扰都会给雷达探测带来极大的难度。图 6-7 为一种全空域探测雷达。

图 6-7　一种全空域探测雷达及其波形

6.1.2.3　光电探测

光电探测有激光探测、可见光探测、红外探测等方式。可见光和红外探测是一种无源探测方式，无论何种机型、何种动力的无人机都会向外界辐射热能量，红外热成像设备扫描空域，接收无人机的红外辐射，进行特征提取和分析识别，即可实现对目标的探测，因此光电探测是一种广为应用的"低慢小"侦测方式。使用光电设备对探测到的目标进行识别、取证，也是无人机反制中一个非常必要的环节。图 6-8 为两款用于无人机探测的光电设备。

图 6-8　两款用于无人机探测的光电设备

光电探测受外界天气环境（雨、雾、雪、沙尘、光线）的影响非常大。此外，逆光环境也会对红外热成像和可见光探测造成一定的影响。

6.1.2.4　声探测

无人机在飞行时，旋翼与空气摩擦产生了人耳可以听到的气动噪声（130～2000Hz），无人机内部的电机工作时也会产生机械噪声，这两类噪声在无人机飞行过程中是不可避免的，通过消声措施可能会有所降低但很难完全消除。声探测技术是通过麦克风或麦克风阵列接收、检测，并采用声纹识别技术将采集的信号与无人机音频数据库进行匹配，实现对无人机的探测与分类。图 6-9 为两款声探测设备。

图 6-9　两款声探测设备

6.1.2.5　小结

针对无人机的探测，在实际应用中一般采取一种方法或多种侦测方式融合感知的方法进行探测。无人机探测技术比较如表 6-2 所列。

第 6 章　周界安全技术防范中的无人机探测与反制

表 6-2　无人机探测技术比较

探测方式	优点	缺点
频谱探测	无电磁辐射，可 7×24h 连续探测，可探测地面站，受地理环境影响小，探测距离远	无法探测无线电"静默"、只收不发、使用公网通信的无人机
雷达探测	不受机型和机上无线电设备工作状态影响，可以全天时、全天候连续探测	有电磁辐射，探测距离随无人机 RCS 的减小而降低，受地物遮挡影响
光电探测	适用任意机型，对无人机的跟踪和处置过程可以进行可视化监控取证	探测距离随无人机体积减小而大大降低，且受不良天候和工作环境影响大
声探测	适用任意机型，无电磁辐射	探测距离近，易受背景噪声影响

6.2　无人机反制

如图 6-10 所示，无人机的反制措施大体分为两类：一是对无人机实施摧毁、损伤、捕捉等行为，如火力打击、定向能毁伤、物理捕获等，通过物理方式限制无人机行动自由；二是对无人机通信和导航系统实施阻塞、欺骗等措施，如无线电压制式反制和欺骗式反制，限制、削弱其利用信息进行控制、传输、导航的能力，使其难以遂行任务。

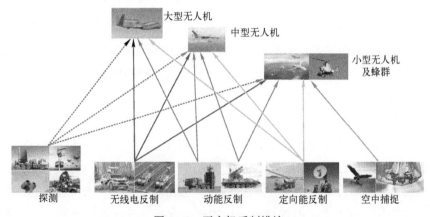

图 6-10　无人机反制措施

6.2.1　无线电压制式反制

无线电压制式反制通过对飞控系统的数传或导航信号进行压制，使无人机难以接收地面站的控制信号和自身导航定位信息，无法按照控制指令或航迹规划的路线飞行，只能迫降或返航。

无人机遥控信号以短无线脉冲串形式发射,民用无人机有 2.4GHz、5.8GHz、915MHz 等常用频段,但在 30～6000MHz 频段内实现灵活订制非常容易,大多数无人机数传电台采用了跳频(FHSS)和直接序列扩频(DSSS)等调制技术,提高了飞控系统的抗干扰能力。无线电压制式反制可以针对性地瞄准无人机使用的频段进行干扰,以减小对非目标信号的影响;也可以进行宽带干扰阻塞频率范围内所有的无线电信号,以反制从一个或多个方向逼近的多种型号无人机。图 6-11 为手持式与便携式反无人机设备。

图 6-11　手持式与便携式反无人机设备(图片来源:上海特金无线)

干扰信号要压制住遥控器发射的信号,除了干扰设备的发射功率,还受到天线间距离与高度、天线朝向、遮挡条件、区域内其他强信号以及环境影响(如反射和折射)等诸多因素的影响。无线电压制式干扰设备通常分为定向干扰和全向干扰两类。定向干扰设备一般安装在转台上,以便转动对准无人机的方向,能否使压制波束准确对准辐射源是定向干扰设备效能发挥的一个重要影响因素。英国 AUDS 反无人机系统采取的就是无线电压制方式,射频干扰设备可在 400～6000MHz 频谱范围内选择性或同时启动,干扰威胁最高的 433MHz、915MHz、2.4GHz、5.8GHz 及 GNSS 频段。

卫星导航信号是对无人机极其重要的一类信号,它为无人机提供自身的实时位置信息,使无人机能够按照规划的航迹进行飞行。卫星导航系统主要有 GPS、北斗、格罗纳斯、伽利略,民用卫星导航信号的中心频率、信号功率、信号业务分配、调制方式、编码长度、电文数据率是公开的,例如 GPS 的中心频率有 1227.600MHz(L2)、1575.420MHz(L1)、1176.450MHz(L5)。从原理上说,只要无线电压制信号的幅度足够强,且频率覆盖了该频点,那么无人机就接收不到压制区域内的卫星导航信号。图 6-12 为美军进行 GPS 干扰训练。

第 6 章　周界安全技术防范中的无人机探测与反制

图 6-12　GPS 干扰训练

2019 年 11 月，多架航班在哈尔滨机场附近频繁出现 GPS 信号丢失现象，经当地无线电管理机构排查，干扰源竟然是当地某养猪企业为防止非法无人机闯入而设置的无人机干扰设备。

6.2.2　无线电欺骗式反制

相比于无线电压制式反制，无线电欺骗式反制实现的技术难度要大得多。

对数传信号的无线电欺骗式反制，首先需要破解数传信号的通信协议，然后发射与该信号一致的伪冒信号，代替原信号对无人机实施接管。消费级无人机数传电台的技术体制相对简单，但为避免恶意破解影响飞行安全，多数数传电台采用了跳频和加密技术，无人机数传信号被破解后，电台的技术体制和加密方式只要调整就需要重新破解，因此对数传电台的无线电欺骗式反制一般要针对某一款无人机进行长期的跟踪研究。据伊朗有关方面报道，2011 年，伊朗通过无线电欺骗式反制的方式成功捕获了 1 架 RQ-170 无人机；2018 年，伊朗再次捕获 1 架在霍尔木兹海峡执行侦察任务的 MQ-9 无人机。图 6-13 是两款被伊朗捕获的无人机。

图 6-13　两款被伊朗捕获的无人机

针对民用 GPS 导航信号实施无线电欺骗式反制比数传接管要简单很多，原因在于民用导航信号的相关参数信息是公开和一致的。GPS 欺骗干扰设备发射出与真实 GPS 信号一致但功率更高的虚假 GPS 导航信号，诱导无人机接收虚假导航信号，欺骗无人机产生错误定位信息，从而飞行到预定的位置。

6.2.3 火力打击

1960 年 5 月，美军一架 U-2 高空侦察机在对苏联进行侦察时被击落，飞行员被俘，双方关系高度紧张。美军后续改用卫星从事侦察活动，但没有达到有人侦察机的侦察效果，于是开始大力发展无人侦察机。2018 年 1 月，驻叙利亚的俄罗斯军事基地遭 13 架无人机自杀式袭击，俄军使用"铠甲-S"近程防空系统摧毁了 7 架，另 6 架被电子战系统干扰而缴获。2019 年，伊朗在霍尔木兹海峡附近用地空导弹击落了一架美军 RQ-4A "全球鹰"无人机，击落位置如图 6-14 所示。

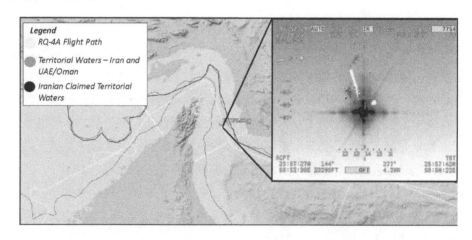

图 6-14　RQ-4A 被击落位置

代表性的火力防空系统有美国的"爱国者"系列、"标准"系列，俄罗斯的 S-400、"铠甲"系列，以色列的"铁穹"等。地空导弹、高射炮（机枪）、战斗机作为传统的地面防空武器，对高空大型无人机的打击非常有效，但在打击低空、超低空飞行的小型无人机、无人机蜂群时，则存在着成本高、效能低的问题。图 6-15 为美国国家先进地空导弹系统和以色列"铁穹"系统的拦截弹。

图 6-15　美国国家先进地空导弹系统和以色列"铁穹"系统的拦截弹

高射炮是从地面对空中目标射击的火炮，简称为高炮，也称为防空炮，是地面用来拦截来袭中低空飞机、巡航导弹等空中目标的重要武器装备。虽然命中概率很低，但是正是由于高射炮的存在，使敌机不敢过于靠近己方阵地，为其他地面部队起到了间接的保护作用。高射炮虽然没有防空导弹的打击距离和威力，但是炮弹的造价比导弹低很多，使用高射炮在防空导弹的打击死角形成密集的火力网，作为防空导弹的补充实现近程末端防护，成为高射炮的主要发展方向。

弹炮结合防空系统将高射炮和近程防空导弹组合于统一的火控系统下，配有搜索跟踪雷达、光电/红外观瞄设备、激光测距仪、通信设备等。弹炮结合防空系统在作战时，对 2000m 外的空中目标使用防空导弹拦截，对 2000m 内的目标使用高射跑拦截，此外高射炮还可以对防空导弹拦截的漏网之鱼进行补充拦截。图 6-16 为弹炮结合系统与自行式高射炮。

图 6-16　弹炮结合系统与自行式高射炮

ZSMU-1276 A3 遥控武器站是波兰 ZMT 公司研制的"最后机会"反无人机防御方案，侦测部分包括可见光摄像机、红外热像仪和激光测距机，反制部分可选用 7.62mm UKM 2000C 或 12.7mm WKM-Bm 机枪。系统一旦发现目标，机枪就能够自动瞄准射击，该系统既可以用来保护各类建（构）筑物设施和要地防空，也可以加装在战车（舰艇）上进行机动式防空。

密集阵近防武器系统是世界各国进行末端拦截的重要选择。密集阵近防武器系统通过雷达、红外热成像设备自动搜索、跟踪、锁定那些掠海和低空来袭的导弹、飞机，该系统采用"闭环多点"技术同时跟踪来袭目标和发射的炮弹，引导火力单元形成更有效的杀伤。美军早期密集阵近防武器系统采用加特林M61A1 20mm口径6管转管炮，射速达3000~4500发/min，弹丸初速1030m/s，射程6000m，在保护目标外围形成一个强大的火力网罩保护层。图6-17为M134D多管机枪与密集阵近防武器系统。

图6-17 M134D多管机枪与密集阵近防武器系统

榴霰弹已有200多年的历史。M336 90mm榴霰弹内有1281个小子母弹，M625 152mm榴霰弹内大约有10000个小铁钉大小的小子母弹。近年来使用榴霰弹打击小型无人机受到广泛关注，榴霰弹发射至目标无人机附近爆炸形成密集的弹片云，对无人机及无人机蜂群具有较好的毁伤能力。

此外，以无人机进行反制也是一种火力打击无人机的方式。美军的低慢小无人机综合防御系统（LIDS）以KuRFS雷达进行360°全方位探测，快速捕捉近中距离的空中威胁并提示防御性武器，发射超音速的拦截无人机（"郊狼"巡飞弹），对目标无人机进行"自杀式"撞击。图6-18为"郊狼"Block Ⅱ无人机发射场景。

图6-18 "郊狼"Block Ⅱ无人机发射场景

6.2.4 定向能毁伤

火力打击在遭受饱和攻击时存在火力不足、单次拦截成本高、有低空近程盲区等问题。对于中小型无人机和无人机蜂群，使用高能激光、高功率微波等定向能武器（Directed Energy Weapon，DEW）进行摧毁，受到世界主要军事强国的青睐。

6.2.4.1 高能激光器

高能激光器（High Energy Laser，HEL）使用激光束照射目标无人机关键部件，产生烧蚀、激波、辐射等效应，使无人机机体损伤而迫降或坠毁，具有打击速度快、毁伤效果好、可连续使用、附带损伤小、效费比高等突出优点。美国高度重视高能激光武器的发展，对激光武器进行了长期的跟踪研究，取得了一些突破性的进展。俄罗斯、英国、德国、以色列等国家也在积极推进自己的高能激光器计划。

2010 年，美国雷声公司为美国海军研制了 33kW 的"海上激光武器系统"（LaWS），在首次水上测试中成功摧毁了 4 架 3.2km 外飞行速度达到 480km/h 的无人机，2014 年安装在"庞塞"号两栖运输舰上，如图 6-19 所示。在公布的测试视频中，LaWS 成功摧毁了 1.8km 外的无人机、火箭弹和水面小型舰艇。

图 6-19　LaWS 示意图

雷声公司的 HELWS 激光武器系统将 10kW 级激光器集成在 Polaris MRZR 全地形车上，2019 年开始部署于海外执行战斗任务，并在 2022 年与美国国家先进地对空导弹系统联合实弹演习中成功击落了 9 架无人机。雷声公司的 50kW 级激光器被安装在斯特瑞克（STRYKER）轮式装甲车上作为定向能机动短程防空系统的一部分，在白沙靶场的作战评估中击败了几架小型、中型和大型无人机以及多发 60mm 迫击炮弹。

2015 年，洛克希德·马丁公司 30kW 级的"先进测试高能武器系统"（ATHENA）在测试中烧毁了 1.6km 外的汽车引擎盖，并在白沙靶场的一次测试中击落 5 架 3.3m 翼展的 Outlaw 无人机。2018 年，洛克希德·马丁公司采用 60kW 级激光器为美国海军研制"高能激光与集成光学致眩监视"系统（HELIOS），将高能激光和光学眩目器技术集成到舰船和作战系统中，预期将部署在"阿利。伯克"级驱逐舰上，以应对不明无人机和小型船只的攻击。洛克希德·马丁公司是美国空军"自卫高能激光演示器"（SHIELD）的核心成员，正在开发机载激光吊舱的关键组件。

2019 年，美国雷多斯（Leidos）公司和其合作伙伴洛克希德·马丁等公司获得了为陆军建造和测试 100kW 级高能激光战术车辆演示器（HELTVD）的合同。2020 年，美国陆军修改合同以支持其"间接火力防御能力-高能激光"（IFPC-HEL）计划。2023 年 10 月，洛克希德·马丁公司与美国陆军签署合同，开发 4 套 300kW 高能激光器，用于 IFPC-HEL 计划。

在 2014 年的测试中，波音公司研制的 10kW "高能激光机动演示系统"（HELMD）成功击落 150 多个空中目标。2018 年，波音公司为美海军陆战队交付了集成在轻型战术车辆上的紧凑型激光武器系统（Compact LWS，CLWS）系统，功率有 2kW、5kW、10kW 等不同版本，在数十次演示场景中已击落了 300 多架无人机。波音公司还将 5kW 级的 CLWS 系统安装在斯特瑞克轮式装甲车上，应用于美国陆军的"远征机动式高能激光"（MEHEL）项目。图 6-20 为美军装备的 DE M-SHORAD 与 MEHEL 系统。

图 6-20　DE M-SHORAD 与 MEHEL 系统

波音公司是美国陆军"高能激光移动测试车"（HELMTT）的集成商，60kW

级的激光器几乎同时击落了 5 架翼展 3.3m 的无人机，同时还可以应对火箭弹、导弹的威胁。图 6-21 为 HELMTT 系统。2021 年，波音公司和美国 GA-EMS 公司合作获得为美国陆军开发 300kW 级高能激光武器原型的合同。

图 6-21　60kW 级的 HELMTT

诺斯罗普·格鲁曼公司的"激光武器系统示范者"（Laser Weapon System Demonstrator，LWSD）被视为 LaWS 的下一代产品，将 150kW 的固态激光器安装在"波特兰"号运输舰上，在 2020 年 5 月和 2021 年 12 月的测试中成功摧毁了飞行中的无人机和海上试验目标。图 6-22 为 LWSD 及其在亚丁湾测试场景。2021 年 3 月，诺斯罗普·格鲁曼公司获得了美国国防部授予高能激光缩放计划（HELSI）项目合同，2022 年 7 月完成了 300kW 级高能激光器原型的初步设计评审，该原型具有可扩展到超过 1MW 的架构。

图 6-22　LWSD 及其在亚丁湾测试场景

为了弥补遭受饱和式攻击时"铁穹"近程防空系统的火力不足，提高拦截效率和效费比，以色列积极开展高能激光器的研究。拉斐尔公司开发了 100kW 级的 IRON BEAM 和 7.5kW 级的 LITE BEAM 两款激光器，可有效拦截来袭的导弹、火箭弹、迫击炮和无人机，据称 IRON BEAM 每次发射的成本仅 3.5 美元。图 6-23 为以色列 LITE BEAM 与 IRON BEAM 激光器。

图 6-23　以色列 LITE BEAM 与 IRON BEAM 激光器

德国莱茵金属公司 2012 年研制出"天空游侠"激光武器演示样机，试验中烧穿 1km 外 15mm 厚的钢板，仅用 2～3s 就击落了 2km 外的数架无人机。2016 年，该公司展示了 50kW 级的陆基"欧瑞康"（Oerlikon）高能激光防空武器（HEL Gun）系统，采用 3 个激光发射源进行光束叠加，不仅可以在单个炮塔平台上安装多个激光源实现激光束叠加，也可以控制多个炮塔平台发射激光叠加打击同一个目标。

英国皇家海军的"龙火"（DragonFire）激光定向能武器自 2017 年展示后，已成功进行了多次测试。该激光器采用相干光束组合技术实现了约 50kW 的输出功率，用来提供短程的防空能力、对海军舰艇的近距离保护和反无人机能力，该激光器可以根据需要将功率扩展到更高的水平。

俄罗斯在 2018 年 3 月宣布已经装备"佩列斯韦特"（Peresvet）激光武器，并公布了一段该激光武器的车辆视频，声称可以瘫痪轨道高度为 1500km 的敌方侦察卫星。有媒体报道，"佩列斯韦特"曾部署于叙利亚，成功击落了 1 架以色列无人机。在 2022 年俄罗斯对乌克兰的特别军事行动中，俄罗斯副总理鲍里索夫称已在乌克兰部署了新一代激光武器系统"寻衅者"，能够击毁 5km 外的无人机。

6.2.4.2　高功率微波武器

高功率微波（High Power Microwave，HPM）是峰值功率超过 100MW、中心频率在 300MHz～300GHz 的强电磁脉冲。与传统武器相比，高功率微波武器以光速攻击对方目标，可瞬间制敌，可重复多次打击，因而效费比很高。同时相比激光受天气的影响要小，高功率微波武器具有较激光更宽的波束，覆盖范围大，对跟瞄系统的精度要求低。

高功率微波武器在防空反导和电子对抗领域的应用，自 20 世纪 70 年代就受到美国、苏联、以色列等国家的重视。目前，多个国家将高功率微波武器作为无人机、无人机蜂群反制的重要手段。高功率微波武器通过高能量电磁脉冲照射目标，通过天线直接注入（前门耦合）或孔缝、接头、焊缝耦合（后门耦合）的方式进入目标，对目标内部的电子元器件进行干扰、扰乱、降级、损坏。

雷声公司的"相位器"（Phaser）是率先投入无人机反制实战部署的高功率微波武器，它安装在一个小型方舱上，内部采用柴油机供电，利用雷达搜索和跟踪目标无人机并对其进行打击。Phaser 在 2013 年后的多次试验中均成功击毁了目标小型无人机，在 2018 年"机动火力综合试验"演习中先后与多个无人机群作战，共击落了 33 架无人机。

美国空军研究实验室 2019 年发布的"战术高功率微波作战响应器"（THOR）工作时以锥形波束发射高功率无线电波，瞬间扰乱或彻底损坏无人机上的电子设备，最多可一次击落 50 架小型无人机。

洛克希德·马丁公司研制的"移动射频集成无人驾驶飞机系统抑制器"（MORFIUS）是一种可重复使用的高能微波武器，作为一款无人机载高功率微波武器，可以从地面、车载平台、空中、舰艇上进行发射和回收，能够在更远的作战距离上击毁敌方的无人机或蜂群。图 6-24 为 THOR 与 MORFIUS 高功率微波武器。

图 6-24　THOR 与 MORFIUS 高功率微波武器

高功率微波武器是美国陆军间接火力防护计划（IFPC）未来的重要组成部分，通用动力公司将伊比鲁斯公司的"莱奥尼达斯"（Leonidas）高功率微波武器安装在斯特瑞克轮式装甲车上，如图 6-25 所示。Leonidas 系统具有相对较小的重量和尺寸，几分钟内就可以启动，在 2021 年的一次演示中成功击落全部 66 架无人机。

图 6-25　部署在斯特瑞克轮式装甲车上的高功率微波武器

2023 年 11 月，伊比鲁斯公司向美国陆军交付了首台高功率微波反无人机武器系统的原型机，该系统由挂车底盘、360°旋转底座、高功率微波系统、电源管理系统、热能管理系统以及指控通信等部分组成。该系统的平板式相控阵天线采用氮化镓组件，天线尺寸为 2.6m×1.2m，通过 AI 控制的固态功放实现极高的功率输出。该系统发射功率 270MW，作用距离达 300m，在实战中可发射约 1000 次高功率电磁脉冲，有效反制无人机蜂群的饱和式攻击。伊比鲁斯公司在 2024 年 3 月交付了最后 2 台原型机，使美国陆军具有一个拥有 4 台高功率微波反无人机系统原型机的高功率微波反无人机排。图 6-26 为伊比鲁斯公司高功率微波反无人机系统原型机和 Leonidas Pod。

图 6-26　伊比鲁斯公司高功率微波反无人机系统原型机与 Leonidas Pod

6.2.5　物理捕获

对小型无人机使用网弹枪发射捕捉网、使用大型无人机捕捉、使用猛禽进行空中捕捉，被证明是行之有效的方法之一。

以图 6-27 所示的 Skywall100 网捕设备为例，它使用压缩空气向无人机发射弹丸，在距目标适当位置爆炸向目标无人机抛射飞网，柔性绳网在牵引体惯性作用下拉伸展开，张开一张网将无人机罩住，部分型号还带有降落伞，可以实现被捕获无人机的软着陆。除了使用地面的网捕枪进行捕捉外，还可以挂载在无人机上的网捕弹，用来对地面的人类目标、空中非法飞行的无人机进行捕捉。

图 6-27　Skywall100 网捕枪及网捕瞬间（图片来源：OpenWorkS）

美国福特姆（Fortem）公司的"天穹"（Sky Dome）反无人机系统配备了具有优异无人机探测和分类功能的 TrueView 系列雷达，检测和跟踪其他雷达难以跟踪的低空飞行、缓慢移动的微小型无人机。"天穹"系列的 Drone Hunter F700 可以不同的模式工作，对较小、较慢的无人机采取攻击模式来狩猎和捕获，通过系绳将其拖到预定的安全位置；对较大、较重的无人机则采取防御模式，通过人工智能预测来袭无人机的轨迹，当目标无人机到达航点时发射专门的纠缠柔性网连接到机翼或机身上。图 6-28 为福特姆公司的 Drone Hunter F700 网捕无人机。

图 6-28　Drone Hunter F700 网捕无人机（图片来源：Fortem Technologies）

猛禽的双目视野重叠区大，使其立体视觉很好，眼球可以进行大倍数的焦距调整。鹰眼视网膜不仅比人类多 1 个中央凹，且每平方毫米中央凹的感光细胞达 100 万个，具有十分优异的视觉能力。猛禽长有捕杀和撕裂动物用的利爪与钩嘴，翅膀强健宽广、肌肉强大，具有很好的力量和速度。猛禽还具有很强的领域意识，一只鹰的控制范围大约在 $5km^2$。

荷兰 Guard From Above 公司利用鸟类的自然狩猎本能，训练猛禽安全、快速、准确地拦截小型无人机。该公司积累了 30 余年的猛禽训练经验，每一只经过认证具备拦截无人机的鹰要经过一年的训练。饲养猎鹰驱散机场上空的鸟类，是各国空军的一个通用做法。法国空军则将猎鹰驱赶的对象扩大到了小型无人机。图 6-29 为猛禽捕猎无人机的场景。

图 6-29　猛禽捕猎无人机示意图（图片来源：Guard From Above）

2023 年 5 月 10 日，1 架在张家界九天峰恋景区拍摄的无人机被一只老鹰"抓"走。几天后，前去搜寻第 1 架无人机的无人机刚升空，就再次被这只老鹰"抓"走。

第 7 章
周界安全技术防范中的离网供电与防雷

我国有山地、河流、森林、平原、湖泊、草原、戈壁、沙漠、高原、丘陵等不同的地貌形态，许多地区的自然环境和基础设施与城市、城镇有很大的差别。对于远离城镇的偏远地区、自然保护区、矿场等周界安全技术防范体系，设备供电是一个不容忽视的问题。

在我国东北地区，冬季的气温长时间在-40℃以下，对储能设备的低温适应性提出了严峻挑战；在我国西北地区，有极其丰富的风力资源，但"一年一场风、从春刮到冬，风吹石头跑、鸟儿飞不了"，风力/光伏供电设备甚至被大风吹走；在我国西南山区，一些地方常年见不到阳光，滑坡、泥石流等自然灾害常态化发生，给设备供电带来了极大的困难。图 7-1 为在严寒地区进行巡逻任务。

图 7-1　在严寒地区进行巡逻

7.1　技术防范体系的供电

供电的质量直接影响着周界安全技术防范体系的运行质量，可靠的供电是保证系统正常运行的关键因素。

7.1.1 供电系统的组成

如图 7-2 所示，周界安全技术防范系统的供电系统由主（备用）电源、配电箱/柜、供电线缆、电源变换器、监测控制装置等组成，对电源进行控制、分配、输送，以满足各种负载设备的用电需求。

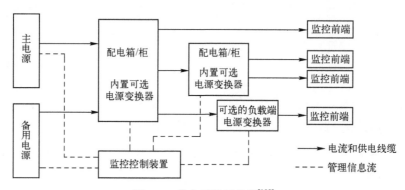

图 7-2 供电系统示意图[198]

供电系统的供电模式分为集中供电和本地供电两种。集中供电模式下，主（备用）电源由监控中心统一接入，通过配电箱/柜和供电线缆将电源输送给系统前端，根据需要可在局部区域进行再分配。本地供电模式下，直接将前端设备就近接入市电配电箱/柜，通过供电线缆将电源输送给该部分前端设备，或者由独立供电电源给前端设备提供一对一的供电。

7.1.1.1 主（备用）电源

主电源是支持系统或设备全功能工作的电源，通常来源于市电、光伏/风力发电装置、燃料电池等形式或组合，监控中心的主电源通常来自技术防范系统外，前端设备的主电源通常由系统自备。主电源不仅要在充分考虑前端设备同时运行概率和电能传输效率的基础上，按满载功耗的 1.5 倍设置容量，如备用电源需要主电源补充电能，还要将备用电源的吸收功率计算在负载总功耗中。监控中心和前端设备集中在 500m 内时适宜集中供电，前端设备比较分散时应采用本地供电或独立供电。

备用电源是当主电源出现性能下降、故障、断电时，用来维持系统或设备必要工作所需的电源，通常包括不间断电源系统（Uninterruptible Power System，UPS）、蓄电池、发电机（组）等，通常由技术防范系统自备。备用电源要根据

第 7 章　周界安全技术防范中的离网供电与防雷

对主电源断电后应急供电时间的要求配置容量。

UPS 是一种以市电/发电机的交流电源为输入，以整流器、逆变器、蓄电池组为主要组成部分，为负载提供高品质恒压恒频电能的不间断电源。

UPS 针对市电供电过程中可能出现的市电中断、电压过高或过低、高压脉冲、电压波动、电涌、谐波失真、频率波动等问题，为负载提供安全可靠的电源保障。整流滤波电路用于将市电的交流电转换成直流电，给蓄电池组或负载供电，给逆变器提供直流电源。蓄电池组由多个蓄电池串并联组成，用来存储和提供电能。在电网正常工作时，将电能转化为化学能储存起来；在市电停供后，将化学能转化为电能，为负载供电。逆变器用于将蓄电池输出的直流电转换为负载需要的交流电源。UPS 系统组成如图 7-3 所示。

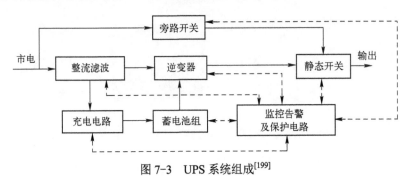

图 7-3　UPS 系统组成[199]

根据 UPS 的工作原理，可将 UPS 分为在线式、互动式和后备式。其中，在线式 UPS 在交流输入正常时通过整流、逆变装置给负载供电，在交流输入异常时通过逆变器给负载供电；后备式 UPS 在交流输入正常时通过稳压装置给负载供电，在交流输入异常时通过逆变器给负载供电。图 7-4 为山特在线式与后备式 UPS。

图 7-4　山特在线式与后备式 UPS

单机工作是 UPS 最基本的工作方式，用在一般的不能停电的场合。为了提高供电的可靠性,还有串联热备、"1+1"、"N+1"等并机方案。双机串联热备时,UPS2 的输出作为 UPS1 的旁路输入,UPS1 承担全部负载,UPS2 处于热备状态;UPS1 故障时,由 UPS2 转为主用电源承担全部负载;2 台 UPS 均故障时,市电经旁路开关直接给负载供电,极大提高了供电系统的可靠性。"1+1"并机时,由并联控制器实现 UPS 间的同频、同相、等幅,其中:正常工作时,两台 UPS 各承担一半负载;一台 UPS 故障时,由另外一台 UPS 承担全部负载;两台 UPS 全部故障时,市电经旁路开关直接给负载供电。

7.1.1.2 配电箱/柜

供电的分配、接线、主备电源切换装置一般安装在配电箱/柜内。图 7-5 为室外配电箱(监控箱)示意图。

图 7-5 室外配电箱(监控箱)示意图(图片来源:深圳博科思)

配电箱/柜多为户外露天使用,要具备一定的防雨防尘、耐老化、防锈、智能控制功能。配电箱/柜内集成交流和直流供电、网络传输接口、断路器、自动重合闸、电源防雷器等,根据设备用电需求配置交流和直流供电输出接口,以适应不同场景下供电要求,如图 7-6 所示。

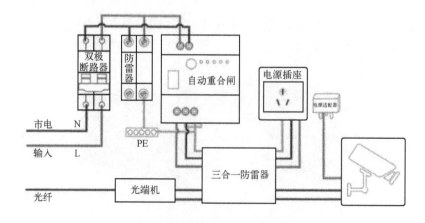

图 7-6 配电箱/柜内连接示意图

配电箱/柜配置的输出供电回路应预留 10%但不少于 2 路的备用量。根据输送电能功率大小，电能分配可采用连接端子排方式，也可采用万用插座方式，但不可采用直接电线并接的方式，同一接线端子不应连接多于 2 路线路。接线端子示意图如图 7-7 所示。

图 7-7　接线端子示意图（图片来源：正泰电器）

断路器是能关合、承载以及分断正常电路条件下的电流，并能在规定的异常回路（如短路）下关合、承载一定时间和分断电流的开关装置，是一种广泛应用在配电系统中的重要保护电器。断路器常称为空气开关，用来切断和接通负荷电路，对线路和电源提供过载、短路和欠电压等保护，如图 7-8 所示。

图 7-8　断路器示意图（图片来源：正泰电器）

自动重合闸是机械开关电器在断开后，在规定条件下经过一个预定时间又自动再闭合的机构及机电装置，如图 7-9 所示。

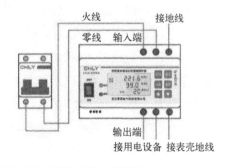

图 7-9　自动重合闸及连接示意图（图片来源：莱源电气）

浪涌保护器（SPD）又称为避雷器、电源防雷器等，用来保护系统中各种电器设备免受雷电过电压、操作过电压、工频暂态过电压的冲击而损坏，如图 7-10 所示。

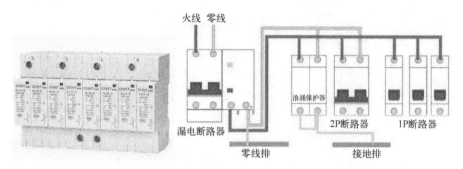

图 7-10　浪涌保护器及连接示意图（图片来源：正泰电器）

7.1.1.3　供电线缆

供电线缆主要用于输配电，一般由线芯（导体）、绝缘层、保护层组成。线芯是由铜或铝材制作的导线或多股小截面积导线组合，用来输送电能。绝缘层用于将线芯与大地以及不同相的线芯间在电气上彼此隔离，绝缘材料有橡胶、聚乙烯、纤维质材料等。保护层用于增加电缆的机械强度，使电缆敷设时绝缘层不受损伤。

室内敷设的电缆应选择低烟无卤阻燃电缆；直埋敷设的电缆应选择有保护层的铠装电缆，线缆直埋敷设的坡度大于 30°或线缆可能承受到张力的地段应选择钢丝铠装线缆；敷设在电缆沟、电缆隧道内或有防火要求场所敷设的电缆，应选择阻燃电缆；与设备连接并随设备移动的线缆，应选择符合相应曲挠度要求的电缆。

信号传输电缆应避开交直流 48V 以上电源电缆分开敷设，交流 220V 供电线路应单独穿管布线，布线使用的非金属管材、槽盒、附件应选用阻燃材料制成的产品。前端设备至接线盒或导管间的连接线缆应穿软管，引出的线缆应有适当的余量而不影响设备的机械活动。

电线能够承载的电流大小（载流量）与电线内铜（铝）芯截面的大小呈正比关系，截面越大，允许通过的电流也越大。电缆的规格应根据供电距离和传输功率要求的载流量确定，导线截面积达不到标准承载载流量的截面时，极有可能引起火灾。空气敷设的三芯电缆长期允许的载流量见表 7-1，表中数据为 25℃环境温度、导线工作温度 65℃的条件下聚氯乙烯绝缘电缆长期允许的载流量。

表 7-1 电缆长期允许载流量

导线截面积/mm²	空气敷设长期允许载流量/A	
	二芯	三芯
0.3	7	5
0.5	9.5	7
0.75	12.5	9
1	15	11
1.5	19	14
2	22	17
2.5	26	20
4	36	26
6	47	32

注：表中数据源于《电线电缆手册》第二版第一册（ISBN 978-7-111-46361-0）

除电源电缆外，在一个技术防范系统中还会广泛使用到信号/控制电缆、同轴通信电缆、数据电缆、光缆、综合线缆等其他线缆，传输电缆与电力电缆布设时应符合表 7-2 的要求。

表 7-2 室内信号传输电缆与电力电缆间距对应关系[211]

类别	与系统信号线缆接近状况	最小间距/mm
380V 电力电缆容量小于 2kV·A	与信号线缆平行敷设	130
	有一方在接地的金属线槽或钢管中	70
	双方都在接地的金属线槽或钢管中	10
380V 电力电缆容量介于 2~5kV·A	与信号线缆平行敷设	300
	有一方在接地的金属线槽或钢管中	150
	双方都在接地的金属线槽或钢管中	80
380V 电力电缆容量大于 5kV·A	与信号线缆平行敷设	600
	有一方在接地的金属线槽或钢管中	300
	双方都在接地的金属线槽或钢管中	150

7.1.1.4 电源变换器

电源变换器用于在电流"输入—输出"间进行电压等级、极性的变换。电源变换器可分为四种类型：AC-AC 用于交流电的电压等级变换或电压与频率同时改变；

AC-DC 用于交流向直流转换；DC-DC 用于直流电压等级的变换；DC-AC 用于直流向交流的转换。图 7-11 为 DC-DC 与 AC-DC 电源变换器的基本组成。

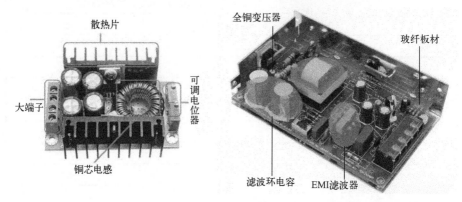

图 7-11　DC-DC 与 AC-DC 电源变换器的基本组成（图片来源：广州邮科）

7.1.1.5　监测控制装置

监测控制装置用于提供反映供电质量和工作状态的监测量，例如：三相电压、电流值；市电供电状态；主要分路输出状态；市电异常；过压、欠压、漏电、短路、过载；非法取电、温湿度异常、防雷故障、箱门异常开启、箱体震动、箱体倾斜、箱内漏水等。

7.1.2　新能源离网供电

我国的一些地区人烟稀少、气候恶劣，很难得到可靠的市电供应，一般采取太阳能、风能、燃料电池等新能源离网供电的方式来解决供电难题。

7.1.2.1　太阳能电源系统

光伏发电是当前极具吸引力的发电方式。2019 年，全球光伏新增装机量占所有电力新增装机量的 48%，超过了化石燃料和核能的总和，接近风力发电的两倍。图 7-12 为首都机场的光伏发电装置。

图 7-12　首都机场的光伏发电装置

1. 光伏发电原理

光伏发电的基本原理是半导体 PN 结的"光生伏特效应"。

原子由带正电的质子、不带电的中子以及带负电的电子组成,每个原子中质子的正电荷数量与电子的负电荷数量一样,原子为电中性。由质子和中子构成的原子核结构一般很稳定,而远离原子核的电子受到的束缚较弱,电子脱离原子核的束缚做自由运动,被称为自由电子。

导体内的自由电子在电场作用下有规律地沿着电场的反方向流动,自由电子的数量越多或流动的平均速度越快,则电流越大。常温下绝缘体内的自由电子数量很少,对外表现为不导电性。而一些半导体(如硅、锗、砷化镓)内有少量的自由电子,在特定条件下可以导电,且导电性能可以通过温度和光照的变化或掺杂实现人为的控制。

以硅太阳能电池为例,在硅原子中掺杂磷(Ⅴ族元素),磷原子最外层的 5 个电子有 4 个与相邻的硅原子形成共价键,多余的 1 个电子只要得到很小的能量就可以形成自由电子,被称为 N 型硅。在硅原子中掺杂硼(Ⅲ族元素),硼原子最外层的 3 个电子与相邻硅原子形成完整的共价键,但是缺少一个电子,这就需要从相邻的硅原子上夺取 1 个电子,硅原子形成空穴,被称为 P 型硅。

在 N 型硅的表面掺硼、P 型硅的表面掺磷,将它们结合在一起形成 PN 结。当光照射在 PN 结上时产生"电子—空穴对"时,受内建电场的吸引,电子流入 N 区,空穴流入 P 区,使 N 区有过剩的电子,P 区有过剩的空穴,在 PN 结附近形成光生电场使 P 区带正电、N 区带负电,N 区和 P 区间的薄层产生电动势,这就是光生伏特效应。在电极处连接导线时,电子从 N 型硅沿导线向 P 型硅流动产生电流,如图 7-13 所示。

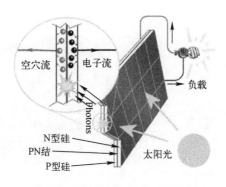

图 7-13 光伏发电原理示意图(图片作者:Tssenthi)

光伏发电的核心器件是太阳能电池。太阳能电池的分类方法很多,按使用的材料可以分为硅、多元化合物和有机化合物等几类太阳能电池,其中技术成熟度最高的硅太阳能电池是当前应用的主流。图 7-14 为硅矿石到光伏发电系统的全产业链模式。

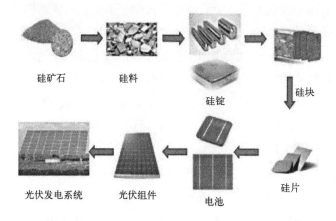

图 7-14　硅矿石到光伏发电系统的全产业链模式[202]

硅太阳能电池又可以分为单晶硅、多晶硅和非晶硅薄膜等太阳能电池。单晶硅太阳能电池以高纯度单晶硅为原料,2019 年单晶硅电池的市场占比超越了多晶硅电池。多晶硅太阳能电池的转换效率比单晶硅太阳能电池要低一些,但原材料制造工艺简单,成本要低于单晶硅太阳能电池。非晶硅薄膜太阳能电池的光吸收薄膜总厚度大约 1μm,远低于晶体硅太阳能电池的基本厚度(240~270μm),降低了硅原料消耗成本,而且可以在柔性衬底上制作轻型的太阳能电池,但当前薄膜电池技术距大面积普及还有一定距离。图 7-15 为生产线上的太阳能电池。

图 7-15　生产线上的太阳能电池

2. 太阳能电源系统

用于技术防范设施的太阳能电源系统如图 7-16 所示，通常由太阳能电池方阵（光伏组件）、蓄电池（组）、控制器（包括稳压装置和配电单元或与其他电源系统的接口）三部分组成，需要时还可以增加逆变器。其中，光伏组件负责将太阳能转换为电能，蓄电池组负责存储电能能量，控制器负责电能的管控。

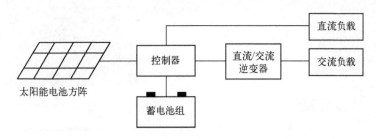

图 7-16　独立太阳能电源系统组成示意图[203]

1）光伏组件

光伏组件是太阳能供电系统的核心部分，用于将自然界的太阳能转换成电能。

太阳能电池片（电池单体）是将太阳能转换成电能的最小单元，典型工作电压值 0.48V、工作电流 25mA/cm^2，应用中将多个电池片串联和并联。在晶体硅太阳能电池中，发射极和背面钝化电池（PERC）是目前的主流电池，如图 7-17 所示。太阳能电池片的机械强度低、耐腐蚀性差、输出电压低，不能单独使用。

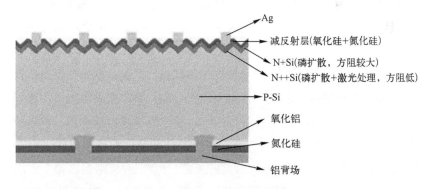

图 7-17　PERC 电池片结构示意图

将若干个太阳能电池片（电池单体）串并联连接，并严密封装成独立作为电源使用的最小单元，称为光伏组件，即太阳能电池板。完整的光伏组件由边框、玻璃表层、太阳能电池、底层材料、接线盒、层间 乙烯-醋酸乙烯酯共聚物（EVA）黏胶等构成，如图 7-18 所示。60 片版型单晶硅光伏组件功率可达到 340W，最佳光电转换效率约为 20%。

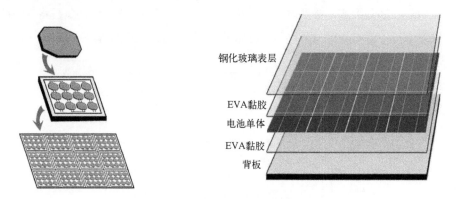

图 7-18 光伏组件组成结构示意图

实际使用中，将光伏组件进行恰当的串联组合、并联组合和串并联混合，组成一定规模的太阳能电池方阵，以输出需要的电流和电压。

2）太阳能控制器

太阳能控制器是用来控制太阳能电池方阵给蓄电池充电、蓄电池给逆变器或负载供电的重要器件，具备反向放电保护、过流保护、短路保护、过压保护、欠压保护、极性反接保护等保护功能。

控制器一般具备最大功率跟踪（Maximum Power Point Tracking，MPPT）功能，能够自动调节太阳能电池方阵的输出，必要时使太阳能电池方阵工作在最大输出功率点附近。

控制器应能够实时监视电源系统的工作状态，采集和存储电源系统运行参数。一些控制器还提供 RS232/485/422、IP、USB 等标准通信接口，可以按照监控管理中心的命令对电源系统进行控制，能够提供蓄电池电压、蓄电池充放电电流、负载电流、太阳能电池方阵及经控制器转换后的输出电压/电流、日光强度与环境温度等遥测，蓄电池过/欠压告警、熔断器/断路器告警、太阳能电池方阵工作状态、DC-DC 变换器及其他设备工作状态、市电/油机供电/风能供电/太阳能供电状态等故障检测，以及进行浮充/均匀转换、太阳能电池方阵投入/撤出、其他发电方式启动等遥控。

逆控一体机在功能上是太阳能控制器和逆变器的结合，较好地解决了离网光伏供电系统的控制和供配电问题，在离网光伏供电系统中得到了大量的应用。图 7-19 为机动部署的光伏供电设施。

图 7-19　机动部署的光伏供电设施

7.1.2.2　风能电源系统

风能是自然界一种取之不尽、用之不竭的清洁能源。人类很早以前就开始利用风能提供的动力，进行提水、灌溉、磨面、风帆助航等应用。

风能资源的分布受地形的影响很大。在我国东南沿海、西北地区、华北平原北部丘陵地带，丰富的风能资源非常适于发展风力发电。风力发电是我国继火力发电、水力发电之后的第三大电力能源，2017 年，我国风力发电的年发电量占全国发电总量的 4.8%。风力发电的原理和化石能源发电类似，先将一种能量（风能、热能、动能）转换为机械能，再将机械能转换为电能。风力发电的不利因素在于风能分布的间歇性和不稳定性，这在一定程度上制约了风电的应用。图 7-20 为我国河南辉县南太行和北京官厅水库的风电场。

图 7-20　河南辉县南太行和北京官厅水库的风电场

风能电源系统由风电机组、塔架、蓄电池（组）、控制器等组成。

风电机组由风轮、机械传动装置、发电机,以及风速仪、控制系统等辅助部分组成。风能吹动风轮叶片,风轮叶片经过传动装置将风能转换成机械能。传动装置由低速轴承、高速轴承、齿轮箱、偏航轴承等组成,将风轮叶片的低速转动转化成轴承的高速转动,高速轴承带动转子绕定子做切割磁力线运动,产生感应电流。

风轮主要由叶片和轮毂构成,根据叶轮转速是否恒定,可以分为恒速式风机和变速式风机,小型风力发电机常采用恒速式风机。根据叶片接受风能的功率调节方式,可以分为定桨距风机和变桨距风机,变桨距风机桨叶的迎风角度可以根据风速变化进行调整,以最大化利用风能。小容量风力发电机多将发电机固定在同一转轴上,外部风力大于起动风速时叶片转动发电,风向改变时叶片随之调向对风。风机运行在一定的风速范围内时,风速越大发电越多,但风速超速过大时会造成设备损坏,需要进行调速。

发电机将风轮产生的机械能转换成电能。离网型风电机组独立于电网运行,单机容量较小,目前应用较广的是永磁同步发电机,在尺寸和重量上仅是同等功率其他发电机的 1/3~1/5,永磁同步发电机采用永磁体励磁,无须换向装置,具有效率高、寿命长等优点。图 7-21 是常见的离网小风电装置。

图 7-21 离网小风电应用示意图

7.1.2.3 风光互补电源系统

风能和太阳能存在着显著的间歇性(昼夜、季节)和不稳定性,在独立构成发电系统时会使发电质量不够稳定。为了弥补单一能源供电的缺陷,将风电和光伏发电组合构成的风光互补发电是一种更加有效的发电方式,实现了风能和太阳能之间的相互补充,能够提供更加稳定的电能输出。

风光互补发电系统由风电机组、光伏组件、控制器、蓄电池组、电源变换器等组成,如图 7-22 所示。风力发电机和光伏组件将风能和太阳能转换成电能，作为两路独立电源进入控制器，向蓄电池组充电储能，并将蓄电池组中的电能经过电源变换器转换成负载需要的电流输出。

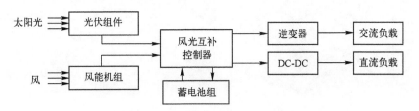

图 7-22　风光互补电源系统组成示意图

太阳能与风能在时间上有很强的互补性，冬季风大光照弱、夏季风小光照强，白天光强风不大、晚上光弱风变强，可以很好地弥补单一能源供电的弊端。图 7-23 为常见的风光互补发电应用示意图。

图 7-23　风光互补发电应用示意图

7.1.2.4　燃料电池

燃料电池是一种能量转换装置而不是储能装置，它将燃料中的化学能通过电化学反应直接转换为电能。根据电解质类型，燃料电池可分为质子交换膜燃料电池（PEMFC）、磷酸燃料电池（PAFC）、碱性燃料电池（AFC）、固体氧化物燃料电池（SOFC）及熔融碳酸盐燃料电池（MCFC）等。

下面重点介绍质子交换膜燃料电池。质子交换膜燃料电池是极具潜力的一种燃料电池，其工作原理是电解水的逆反应。质子交换膜燃料电池使用的电解质是质子交换膜，具有高质子传导性。质子交换膜厚度只有几十微米，电池内阻很小，能效和输出功率都比较高。氢是质子交换膜燃料电池最常见的燃料，氢燃料电池的制造工艺已经非常成熟，但是氢气生产、储存、运输中的高要求阻碍了其商业化使用。燃料电池中的质子交换膜如图 7-24 所示。

图 7-24 燃料电池中的质子交换膜

甲醇（CH_3OH）在生产、储存、运输中具有价格便宜、安全的特点，能量密度达到 6.10kWh/kg。以甲醇为燃料的直接甲醇燃料电池（DMFC）是质子交换膜燃料电池的一种变种，结构与质子交换膜燃料电池一样由电极、质子交换膜和外电路组成。

直接甲醇燃料电池单体电池中的关键组件是膜电极组件（MEA），膜电极组件呈多层结构，由阳极扩散层、阳极催化剂层、质子交换膜、阴极催化剂层、阴极扩散层组成，如图 7-25 所示。质子交换膜将质子从阳极传到阴极，分隔两极间的反应物，并起到电绝缘的作用。催化剂层由能够传导质子的高分子离聚物和催化剂组成，通常为多孔结构以形成电化学反应活性位点，其中：阳极催化剂一般为 Pt（铂）与 Ru（钌）、Co（钴）、Fe（铁）等合金催化剂；阴极催化剂一般为 Pt-Fe 体系催化剂。扩散层为催化剂层提供机械支撑，将反应物均匀扩散到相应催化剂层，并将电子传导到集电器上。

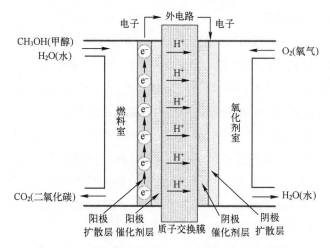

图 7-25 直接甲醇燃料电池（DMFC）结构示意图

在阳极侧，甲醇（CH_3OH）在阳极催化剂层部分被电化学氧化为二氧化碳（CO_2）、质子、电子，部分甲醇穿透质子交换膜渗透到阴极催化剂层，其化学反应式为：

$$CH_3OH+H_2O \rightarrow CO_2+6H^++6e^-$$

在阴极侧，流入的氧气通过阴极扩散层到达阴极催化剂层，部分氧气与从阳极来的质子以及外部而来的电子反应生成水，其化学反应式为：

$$4H^++4e^-+O_2 \rightarrow 2H_2O$$

直接甲醇燃料池具有比能量高、噪声红外特征信号弱、低温环境适应性好等独特优点。图 7-26 为直接甲醇燃料池的应用。

图 7-26　直接甲醇燃料电池的应用（图片来源：素水科技）

7.1.3　储能技术

蓄电池是供电系统尤其是新能源离网供电系统中的重要组成部分，是供电系统中的储能设备。在外部供电中断时，蓄电池作为设备的后备电源为设备提供不间断的电源，以维持设备正常工作。

7.1.3.1　蓄电池的分类

蓄电池是一种能够将电能转变为化学能储存，并将化学能转换成电能释放出来的储能装置。蓄电池根据电极和电解质的不同，通常分为碱性电池、铅酸蓄电池、锂离子电池三大类。

1. 碱性电池

碱性电池因电解液采用氢氧化钾（KOH）或氢氧化钠（NaOH）水溶液而得名。碱性电池比铅酸蓄电池具有耐过充过放、寿命长、维护简便、体积小等特点，镍镉电池和镍氢电池都是碱性电池。

早期手机使用的电池就是镍镉电池，电池正极为氢氧化镍，负极板为镉，电解质一般为氢氧化钾或氢氧化钠溶液。单体镍镉电池放电电压一般为 1.2V，比能量为 56Wh/kg，能量密度为 110Wh/L，可重复充放电次数 500 次以上。但是，镍镉电池的生产成本是同等容量铅酸蓄电池的 4 倍，具有"记忆效应"会降低使用寿命。另外，镍镉电池中的镉为有毒物质，会造成环境污染。

单体镍氢电池的放电电压一般为 1.2V，比能量为 65Wh/kg，能量密度为 150Wh/L，具有很好的低温放电特性。但是镍氢电池的生产成本高，充电时会发热，在 40℃时电池容量将下降 5%～10%。

2. 铅酸蓄电池

铅酸蓄电池以铅（Pb）和二氧化铅（PbO_2）为电池的负极和正极活性物质，以硫酸（H_2SO_4）水溶液为电解液。其单体电压为 2V，比能量为 40Wh/kg，能量密度为 80Wh/L，可重复充放电上千次。铅酸蓄电池具有生产成本较低、化学能和电能转换效率较高、充放电循环次数多、容量大等优点。

3. 锂离子电池

锂离子电池通过锂离子在正负极材料之间的"脱嵌—嵌入"实现充放电工作。其单体电压为 3.6V，比能量为 120～250Wh/kg，能量密度为 200Wh/L，可重复充放电上千次。现在的锂离子电池以固体聚合物为电解质，是聚合物锂离子电池，比以前的液态锂离子电池容量更大、体积更小、更加安全。

7.1.3.2 蓄电池的主要技术指标

蓄电池的主要技术指标主要有蓄电池容量、蓄电池电压、充放电曲线、循环寿命等。

1. 蓄电池容量

蓄电池容量用来衡量蓄电池的蓄电能力，通常为处于完全充电状态的蓄电池按一定的放电条件，放电至终止电压时所能放出来的总电量，用 A·h（安时）表示。

2. 蓄电池电压

蓄电池电压包括开路电压、工作电压、充电电压、浮充电压和终止电压等。其中，开路电压为无电流状态下蓄电池正负极之间的电位差值；工作电压为蓄电池放电状态下正负极之间的电压值，也称为放电电压；浮充电压为电池充满后对蓄电池进行涓流充电的电压值；终止电压为蓄电池下降到不能再继续放电的最低值。

3. 充放电曲线

充放电曲线能反映铅酸蓄电池在一定电流下充放电时，蓄电池的端电压、电解液密度和温度随时间变化的特性。

4. 循环寿命

循环寿命是指蓄电池达到寿命终期时经历的充放电周期数。蓄电池充电和放电一次称为一个循环周期。使用初期,蓄电池容量会保持在最大值;随着充放电次数的增加,蓄电池容量会不断减少;当蓄电池容量减小至其额定容量的75%~80%时,则认为蓄电池到了寿命终期。蓄电池的循环寿命和放电深度、环境温度、过度充电放电等有关。

7.1.3.3 铅酸蓄电池

铅酸蓄电池正极板上的活性物质是二氧化铅,负极板上的活性物质是铅,电解液为蒸馏水和纯硫酸按比例配置而成的硫酸水溶液。

1. 铅酸蓄电池工作原理

铅酸蓄电池充放电时,在外界电流或电池电位差的作用下,正负极板上的活性物质和硫酸水溶液发生一系列的化学反应,放电时正负极的活性物质均变为硫酸盐,充电后恢复到原始状态,其工作原理示意图如图 7-27 所示。

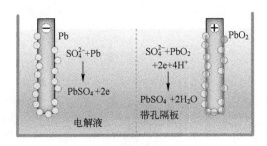

图 7-27　铅酸蓄电池工作原理示意图

铅酸蓄电池正常充放电时总的电化学反应为

$$PbO_2+2H_2SO_4+Pb \rightleftharpoons 2PbSO_4+2H_2O$$

铅酸蓄电池放电时,在蓄电池电位差作用下,负极板的每个铅原子释放出 2 个电子变成 Pb^{2+},铅离子 Pb^{2+} 与电解液中的硫酸根离子 SO_4^{2-} 发生反应生成 $PbSO_4$;正极板的 Pb^{4+} 从负极板得到 2 个电子变成 Pb^{2+},与电解液中的 SO_4^{2-} 发生反应生成 $PbSO_4$,将储存的化学能转化为电能提供给负载。

负极反应:$Pb-2e+SO_4^{2-}\rightarrow PbSO_4$

正极反应:$PbO_2+2e+4H^++SO_4^{2-}\rightarrow PbSO_4+2H_2O$

正极板水解出的 O^{2-} 与电解液中的 H^+ 反应生成 H_2O。硫酸的不断消耗和水的不断生成，使电解液密度逐渐下降，正负极板的 $PbSO_4$ 变多使电池内阻增大（$PbSO_4$ 不导电），电池的电动势降低。

铅酸蓄电池充电时，外部电路有电流流过，使正负极板的硫酸铅（$PbSO_4$）转化为原始状态的活性物质，并将外界的电能转化为化学能存储在正负极板中。

正负极板在外电流作用下，硫酸铅被离解为二价铅离子（Pb^{2+}）和硫酸根离子（SO_4^{2-}）。负极从外部电源装置获得 2 个电子（2e），将游离的 Pb^{2+} 中和为 Pb；外电源从正极吸取 2 个电子（2e），使游离的二价铅离子（Pb^{2+}）变成四价铅离子（Pb^{4+}），并与水反应在正极板上生成二氧化铅（PbO_2）。

负极反应：$PbSO_4+2e \rightarrow Pb+SO_4^{2-}$

正极反应：$PbSO_4-2e+2H_2O \rightarrow PbO_2+4H^++SO_4^{2-}$

电解液中，正极不断产生 H^+ 和 SO_4^{2-}，负极不断产生 SO_4^{2-}。H^+ 在电场的作用下向负极流动，SO_4^{2-} 在电场的作用下向正极流动，这样就形成了电流。

2. 铅酸蓄电池的组成

铅酸蓄电池由正极板、负极板、隔板、槽、盖、硫酸（或胶体）水溶液、端子、安全阀等组成，如图 7-28 所示。蓄电池槽与蓄电池盖之间应密封，使蓄电池内产生的气体不能从安全阀以外的地方排出。

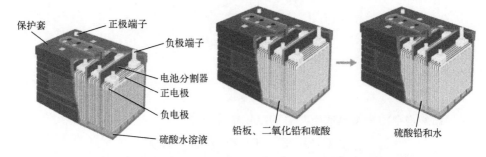

图 7-28　铅酸蓄电池及其基本结构示意图（图片来源：OpenStax）

1）正负极板

正极板为格子状，正极板的栅架为铅钙合金，是正极活性物质的支撑体和电化学反应的电流通路。正极板表面层上涂覆活性物质二氧化铅（PbO_2），这层二氧化铅由结合氧化的铅细粒构成，细粒之间能够自由通过电解液，并通过细粒结构增大与电解液的接触面积。图 7-29 为铅酸蓄电池的内部结构示意图。

图 7-29　铅酸蓄电池内部结构示意图（图片作者：Rainer Kamenz）

负极板由负极活性物质和负板栅组成，负极活性物质为深灰色海绵状多孔性铅（Pb）板。为防止铅在电池充放电过程中收缩，需要在负极活性物质中添加一些膨胀剂、导电剂等，有时还要对负极板进行防氧化处理。

在同一电池内，将同极性的极板通过金属条连接起来就组成了极板组。铅酸蓄电池的正负极板组相互嵌合，两个极板呈尽量靠近的平行放置，中间插入隔板，就构成了单格电池。

2）隔板

为防止正负极板相互接触发生短路，两个极板间需要插入绝缘材料的隔板。隔板上密布细孔，既能保证电解液的通过，又能隔离两个电极。阀控式密封铅酸蓄电池采用的是玻璃纤维通过造纸技术制成的隔板。

3）电解液

电解液是正负极之间离子流动的介质。铅酸蓄电池的电解液由蒸馏水稀释高纯浓硫酸而成，它的密度视铅酸蓄电池类型和所用极板而定。固定型密封铅酸蓄电池中大多使用 1.260g/ml 的稀硫酸。

3. 阀控式铅酸蓄电池

铅酸蓄电池可以分为普通蓄电池、免维护铅酸蓄电池、阀控式密封铅酸蓄电池等几类。

阀控式密封铅酸蓄电池为密封结构，电池盖子上设有排气阀。当电池内部气压超过预定值时，排气阀自动打开排放气体，然后自动关闭防止空气进入电池内部，在正常情况下不能添加电解液。胶体蓄电池采用凝胶状的胶体电解质，正常使用时保持气密和液密状态。硫酸硅胶体在注入电池后逐渐成为凝胶状，利用硅凝胶的触变特性，达到电解液固定的目的。胶体电解质可在极板周围形成固态保护层，使电池内每一部位的比重保持一致，避免蓄电池因外界作用产生的震动或碰撞而造成极板的损坏，保护极板不被化学物质腐蚀，减少在大负荷状态下发生的极板弯曲和短路。

7.1.3.4 锂电池

锂电池即锂（Li）离子电池，是含有锂离子的能够将化学能转化为电能的可充电电池，目前的锂离子电池基本都是聚合物锂离子电池。锂电池的能量密度高，单体电池电压相当于 3 节镍铬电池或镍氢电池，能量转换效率是镍氢电池的 2 倍；自放电率远低于其他几类电池；循环寿命长，容量保持率在循环 1000 次后仍能保持在 85%以上；无记忆效应，可以随时进行充放电；电池中不含重金属，不会造成环境的污染。

1. 锂电池工作原理

锂电池充电时，锂离子从正极脱嵌并通过电解质和隔膜嵌入负极，使负极处于富锂离子态，正极处于贫锂离子态。放电时，锂离子从负极脱嵌进入正极。其工作原理示意图如图 7-30 所示。

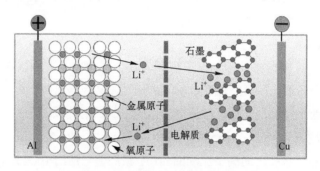

图 7-30 锂电池工作原理示意图

下面以钴酸锂为例说明锂电池工作原理。

充电时，正极反应：$LiCoO_2 \rightarrow Li_{1-x}CoO_2 + xLi^+ + xe^-$

负极反应：$6C + xLi^+ + xe^- \rightarrow Li_xC_6$

放电时，正极反应：$Li_{1-x}CoO_2 + xLi^+ + xe^- \rightarrow LiCoO_2$

负极反应：$Li_xC_6 \rightarrow 6C + xLi^+ + xe^-$

2. 锂电池的组成结构

锂电池的电池单体是实现化学能和电能相互转化的基本单元，由正极、负极、隔膜、电解质、端子和外壳等组成。多个电池单体进行串联、并联或串并联连接组合成只有一对正负极输出端子的电池组合体，被称为电池模块。此外，电池模块通常还包括外壳、管理与保护装置等部件。图 7-31 为电动汽车中的锂电池和充电站。

图 7-31　电动汽车中的锂电池和充电站

正极常见材料为嵌锂过渡金属氧化物，如钴酸锂、锰酸锂、镍酸锂、镍钴锰三元复合材料和磷酸铁锂等。正极材料是决定锂电池电压、能量密度、安全性的重要因素，直接决定了锂电池的安全性能和电池能否大型化，是电池成本中占比最高的材料。

负极常见材料为电位接近锂电位的可嵌入锂化合物，如人造石墨、天然石墨。负极材料对锂电池性能的提高起决定性作用，在充放电过程中实现锂离子的可逆嵌入和脱出，是存储锂离子的主体。

电解质在电池正负极之间的作用是离子导电、电子绝缘。

隔膜隔离正负两极，避免活性物质直接接触导致内部短路，但能使带电离子通过。常见隔膜材料为聚烯微多孔膜，如单层聚乙烯（PE）隔膜、聚丙烯（PP）隔膜、双层（或三层）隔膜等。图 7-32 为圆柱形电池结构示意图。

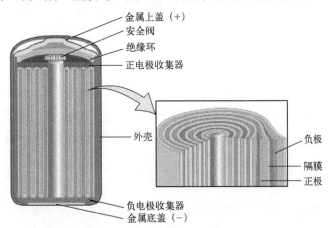

图 7-32　圆柱形电池结构示意图（图片来源：OpenStax）

3. 锂电池的分类

根据外观特征，可以将锂电池分为圆柱形锂电池、方形锂电池、纽扣锂电池、薄膜锂电池几类，如图 7-33 所示。

图 7-33　几种常见的锂电池形态

圆柱形锂电池是一种常见的电池形态，一般用 3 个字母加 5 个数字表示其型号规格，如 ICR 18650。3 个字母中，第一个字母若为 I 则表示有内置的锂离子，若为 L 则表示锂金属或锂合金电极；第二个字母表示正极材料，C 表示钴，N 表示镍，M 表示锰，V 表示钒；第三个字母 R 表示为圆柱形。5 位数字的前两位表示电池直径，后三位表示电池高度（单位为 mm），常见的型号有 14500、14650、18500、18650、21700、26500、32650 等。

方形锂电池一般用 3 个字母加 6 个数字来表示其型号规格。3 个字母中，前两位与圆柱形锂电池表示一样，第 3 个字母 P 表示方形。6 位数字分为 3 组，分别用来表示电池的厚度、宽度、高度，单位均为毫米（mm）。

7.2　技术防范体系的防雷

雷电灾害是严重的自然灾害之一。1987 年 8 月 24 日，故宫博物院景阳宫遭雷击起火，险些酿成重大损失。1989 年 8 月 12 日，黄岛油库遭雷击引发爆炸，造成 19 人牺牲、100 多人受伤。2007 年 5 月 23 日，重庆开县一小学教室遭雷击，7 名小学生罹难、39 人受伤。全球每年遭雷击导致的人员伤亡、设备和建筑物损坏、火灾等雷电灾害数不胜数，给人类和人类文明带来了灾难性的后果。

7.2.1　雷电危害

我国的雷暴活动十分频繁，云南、广西、海南、青藏高原中部、广东是雷电高发地区，全国有 21 个省会城市雷暴日在 50 天以上。雷电的高压和电磁脉冲产生的热效应、电磁效应，都会对电子信息设备造成干扰或永久性损坏，雷电灾害的防护问题非常突出。

7.2.1.1 雷电的产生

雷电一般产生于对流发展旺盛的积雨云，是一种大气中规模巨大的火花放电现象，通常伴有强烈的阵风和暴雨，有时还伴有冰雹和龙卷风。积雨云多形成于炎热夏季的潮湿天气，地面吸收太阳辐射后通过热传导和热辐射使近地大气温度升高，近地大气温度升高后因大气密度减小而上升形成热气流，爬升的热气流与高空低温气流交汇就形成了对流效应明显的积雨云。

积雨云的上部集聚了大量的水滴和冰晶，它们与不断上升凝结的水蒸气发生碰撞，撞离凝结水蒸气中的电子而使云层的底部带有负电荷，失去电子的上升水蒸气到达云层上部带有正电荷，这样在积雨云中形成了上部以正电荷为主、下部以负电荷为主的电荷分布状态。

云层上下部之间的电位差形成了一个电场，使地球表面的电子被云层底部的负电荷排斥到地层深处，地球表面带上极强的正电荷。地表的正电荷与云层下部的负电荷异性相吸，地表正电荷向树木、建筑物、人体等地表突出物之上集聚，云层负电荷的触角向地面延伸，最终正负电荷突破空气阻隔，连接发出明亮夺目的闪电。雷电形成原理示意图如图7-34所示。

图7-34 雷电形成原理示意图

闪电的平均电流是3×10^4A，最大电流可达3×10^5A；电压约为$10^8\sim10^9$V；闪电的温度可达17000℃～28700℃，是太阳表面温度的3～5倍。闪电的极度高热使通道中的空气体积急剧膨胀，产生向周围传播的冲击波，以声波的形式发出阵阵雷鸣。

7.2.1.2 雷电特性参数

雷电的发生与地理纬度、季节、气象、地形、地质等诸多因素有关，低纬度地区发生雷电次数要远高于高纬度地区，海洋雷电活动要大于陆地雷电活动，山区雷电活动要高于平原地区雷电活动。

1. 年平均雷暴日

雷电的时间分布参数主要用"年平均雷暴日"来表征,表示雷电活动的频率。一天中可听到一次以上的雷声就称为一个雷暴日。"年平均雷暴日"是指年雷暴日的多年平均结果,年平均雷暴日在 25 天以内的地区为少雷区,年平均雷暴日在 25~40 天之间的地区为中雷区,年平均雷暴日在 40~90 天之间的地区为多雷区,年平均雷暴日多于 90 天的地区为强雷区。

根据积累的气象数据,我国的雷电活动主要规律是:以长江为界,长江以南至北回归线之间的地区年平均雷暴日数在 40~80 天之间,北回归线以南地区则一般在 80 天以上,但台湾仅为 30~40 天,而广东省西南部的雷州半岛和海南省则高达 100~133 天;长江以北地区大部分在 20~40 天之间,西北大部分在 20 天以下,西藏雅鲁藏布江一带为 50~80 天。

一年中雷电季节开始的时间由南向北逐渐延后,岭南以南为 2 月份,长江流域为 3 月份,华北及东北为 4 月份,西北为 5 月份。而在 10 月份以后,我国仅在江南地区还有雷电活动。

表 7-3 为 GB 50343—2012《建筑物电子信息系统防雷技术规范》引自中国气象局雷电防护办公室 2005 年发布的资料。

表 7-3 全国部分城市年平均雷暴日数统计表

地名	雷暴日数	地名	雷暴日数	地名	雷暴日数
北京	35.2	长沙	47.6	广州	73.1
天津	28.4	海口	93.8	南宁	78.1
上海	23.7	成都	32.5	贵阳	49.0
重庆	38.5	兰州	21.1	昆明	61.8
石家庄	30.2	西安	13.7	拉萨	70.4
太原	32.5	西宁	29.6	青岛	19.6
呼和浩特	34.3	银川	16.5	宁波	33.1
沈阳	25.9	乌鲁木齐	5.9	厦门	36.5
长春	33.9	大连	20.3	合肥	25.8
哈尔滨	33.4	济南	24.2	福州	49.3
南京	29.3	郑州	20.6	南昌	53.5
杭州	34.0	武汉	29.7		

2. 地面落雷密度

地面落雷密度是指每个雷暴日每平方千米上的平均落雷次数。

对于雷电来说，大多数雷电放电发生在云间或云内，只有一小部分是对地发生的，雷暴日等时间参数并没有对此进行区分。对于地面的人类和电子信息系统来说，地闪发生的频率是进行防雷设计的重要参数。

3. 闪电的分类

雷电按发生的位置可以分为云闪（云内或云间的闪电）和地闪（云层与大地地物间的放电）两类，对地面建筑物、地面设施、电子与电气设备、人与动植物造成损害的主要是地闪。地闪有两种基本类型：一种是始于云对地的一个向下先导的下行雷闪，其中带负闪电电荷的约占总数的 90%；另一种是始于地面的山峰或者建筑物对云的一个向上先导的上行雷闪，这种上行雷闪相对稀少。在平地和低矮建筑物上出现的地闪大多是下行雷闪，在暴露的和（或）高耸的建筑物上出现的主要是上行雷闪，随着建筑物有效高度的增加，建筑物遭受直接雷击的概率增加。

4. 雷电流波形

对地放电的雷电流是一个单极性脉冲波，短时间上升到峰值再缓慢下降。雷电流波形主要用幅值、波头时间和半幅值时间等参数来描述。

雷电流波形的真实起始点和到达峰值的时间很难确定，如图 7-35 所示，通常取波头峰值幅度为 10%时的点 A（0.1I）和波头峰值幅度达 90%时的点 B（0.9I），AB 两点间的电流平均变化率被称为电流波头的平均陡度。AB 两点连线的延长线交时间轴于点 M，与幅值水平线交于点 C，雷电流从零上升到峰值的时间即 MC 两点间的时间 T_1 为波头时间；取波尾半幅值为点 D，雷电流从零上升到峰值再下降到峰值一半时即 MD 两点间的时间 T_2 为半幅值时间。一般用 T_1/T_2 来表示雷电流波形。

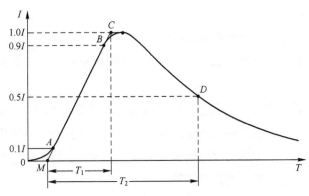

图 7-35 标准雷电流波形示意图

7.2.1.3 雷电的危害

雷电的危害主要包括直击雷危害和雷电电磁脉冲危害。

1. 直击雷危害

直击雷是带电云层直接对大地上某点发生的迅猛放电，直接击在建筑物、其他物体、大地或防雷装置上。直击雷危害主要在于其产生的热效应、电效应和机械力。

载流导体会受到周围空间电磁场的电磁力作用。在直击雷的电效应作用下，两根导体之间相互吸引靠拢或相互排斥分离，导致导体的变形、折断。

雷电流是流经雷击点的电流，由一个或多个持续时间小于 2ms 的短时间雷击和持续时间大于 2ms 的长时间雷击组成。雷电流高达数十至 $3×10^5$A，热效应在雷击点局部产生数千至上万度的高温，瞬间释放数百兆焦耳的热量，熔化金属、引燃物料，造成物体损坏或人员伤亡；雷电流侵入建筑物内的电子和电气设备或线路时，热效应可能会导致截面较小线路的熔断。

雷电流的机械力表现在雷击使物体内部瞬时产生大量热能，热能使物体内部的水分蒸发成水蒸气而极速膨胀，产生极大的内压力；雷击使放电通道中的空气极速膨胀、扩散，产生类似爆炸时的冲击波。树木被雷击劈断、建筑物被击毁，都是明显的雷电机械效应。

2. 雷电电磁脉冲危害

雷电电磁脉冲是雷电流通过电阻性、电感性和电容性耦合产生的各种电磁效应，包括浪涌和辐射电磁场。通过连接导线传输给电子和电气设备的传导和感应电涌，以及辐射电磁场直接作用于电子和电气设备上的效应，都可能导致电子和电气设备永久失效。

浪涌是由闪电击于防雷装置或线路上以及闪电静电感应或雷击电磁脉冲。引发的表现为过电压、过电流的瞬态波。建筑物外部浪涌是由雷击入户线路或其附近地面产生并经线路传输到电子/电气系统，建筑物内部浪涌由雷击建筑物或其附近地面产生。

辐射电磁场的产生主要是由于雷电通道内流过雷电流，或在导体中流过的部分雷电流。雷电流在防雷接地导体中流动时会产生暂态脉冲磁场，进而在其他不同的导体回路中感应出过电压和过电流。回路中接触不良的部位会局部发热，甚至可能出现熔断、燃烧等事故。

地面突出物集聚了与云层下部极性相反的感应电荷，如果与大地接地不好，则会对下方的某些接地物体形成火花放电。架空线路上因地闪而产生静电感应电荷，伴随回击电流会在导线、大地回路中产生感应电压。这种感应过电压会沿导线传播进入室内，也被称为雷电侵入波。

雷电流使接地装置各个部位对地电位出现不同程度的暂态电位升高，使得其与周围金属体之间发生空气间隙击穿现象（雷电反击），对用电设备、人体造成较大危害。

7.2.2　综合防雷系统

雷电瞬间产生巨大的破坏作用，造成人员伤亡，击毁建筑物、供配电系统、电子和电气设备，甚至引起火灾甚至爆炸。雷电发生的时间、地点、强度是随机的，防雷的难度很大，必须按照"属地管理、动态管理、系统管理、超前管理、精细管理"的原则，加强雷电综合防护，减少损害发生。

7.2.2.1　雷电防护区

电子信息系统和设备易受雷电感应中电磁感应、静电感应、电磁脉冲的损坏。如图 7-36 所示，将需要保护的空间划分为不同的雷电防护区（Lightning Protection Zones，LPZ），又称为防雷区，以区别不同空间对雷电感应的敏感程度，这对雷电防护来说非常重要。

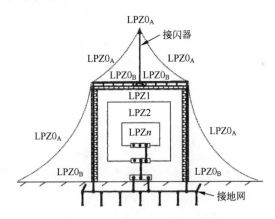

图 7-36　雷电防护区示意图[211]

直击雷非防护区 $LPZ0_A$ 区是受直接雷击和全部雷电电磁场威胁的区域，是完全暴露的未设防区。该区域的内部系统可能会受到全部或部分雷电浪涌电流的影响。

直击雷防护区 LPZ0_B 区是直接雷击的防护区域,本区内各类物体很少遭受直接雷击。该区域电磁场没有衰减,内部系统可能会受到部分雷电浪涌电流的影响。

LPZ$_1$ 区为第一防护区,是由于边界处分流和浪涌保护器的作用而使浪涌电流受到限制的区域。该雷电电磁场可能会得到初步衰减。

LPZ$_2$~LPZ$_n$ 区为后续防护区,是由于边界处分流和浪涌保护器的作用而使浪涌电流受到进一步限制的区域。该区域的空间屏蔽可以进一步衰减雷电电磁场。

综合防雷系统是外部防雷系统和内部防雷系统组成的一个有机整体,如图 7-37 所示。外部防雷系统由接闪器、引下线和接地装置等组成,用于直击雷的防护。内部防雷由等电位连接、共用接地装置、屏蔽、合理布线、浪涌保护器等组成,用于减小和防止雷电流在需防护空间内所产生的电磁效应,防止雷电损坏需防护空间内的信息设备。

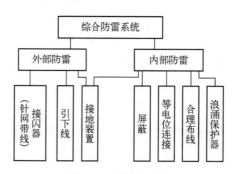

图 7-37 综合防雷系统示意图

7.2.2.2 外部防雷系统

技术防范系统的感知设备(监控前端)、传输设备(远端设备、线缆、天线),一般都部署在空旷、地势较高的野外,设备远高于周围物体,必须采取防直击雷和雷电电磁感应的综合防雷措施。

1. 监控前端的防雷要求

建于山区、旷野的安全技术防范系统需要采取防直击雷、防雷电电磁感应的综合防护措施。户外的前端设备(摄像机、探测器、通信终端、天馈线等)应安装在直击雷防护区 LPZ0_B 内,设备安装高度应高于周围半径 10m 的大部分物体高度,其电源线、信号线、控制线应有金属屏蔽层并穿钢管埋地敷设,输入输出端口应设置适配的浪涌保护器。监控前端设备防雷示意图如图 7-38 所示。

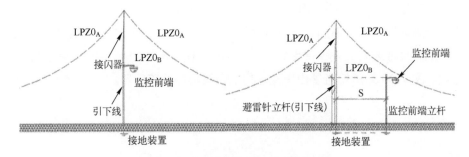

图 7-38　监控前端设备防雷示意图[212]

监控前端和接闪器共用立杆时，立杆采用壁厚不小于 2.5mm 的钢管，钢管作为引下线。设备连接线置于管内实现双层屏蔽保护，屏蔽层与钢管在两端连接，前端设备线路接口处安装浪涌保护器防止高电位反击。对于设置在前端设备立杆旁的接闪杆，应保证前端设备在接闪器的保护范围之内。设备立杆与接闪杆的间距应大于 3m，防止雷电流经引下线至接地装置时产生的高电位对前端设备的反击。

当监控前端的安装高度高于周围半径 10m 的大部分物体时，其电源线、视频传输线、控制信号线的接口处应设置适配的浪涌保护器，浪涌保护器的工作频率、工作电平、传输速率、特性阻抗、传输介质及接口形式等参数应符合传输线路的性质和要求。

户外架空线路很难做到防直击雷和雷电电磁脉冲的侵害。室外电源线、视频传输线、控制信号线应有金属屏蔽层并穿钢管埋地敷设，信号线与电源线分开，屏蔽层单端接地，钢管两端接地。

通信天线应置于直击雷防护区 $LPZ0_B$ 内，处于避雷针 30°角的保护范围之内。天线馈线从铁塔引下时，要将馈线屏蔽层进行多处就近接地，包括馈线上部、馈线上铁塔转弯处上方 0.5~1m 范围，若铁塔高度大于 60m 则应在中间位置增加一处；馈线入户处应设置与地网直接连接的室外接地端子板，馈线和走线桥架在入户处与室外接地端子板连接。

2. 外部防雷装置

外部防雷装置主要由接闪器、引下线和接地装置三部分组成，用于直击雷防护。

1）接闪器

接闪器是用于截获雷电闪击的金属部件，可以是"杆、带、网、线"等形状的金属体以及金属屋面、金属构件等，安装在高于被保护物体的位置，通过引下线和接地体与大地保持良好的电气连接，使雷电流经引下线和接地体泻入大地。图 7-39 为承德避暑山庄建筑物上布局巧妙的接闪器。

图 7-39　承德避暑山庄建筑物上布局巧妙的接闪器

雷云出现时会产生静电感应作用，与雷云电荷极性相反的电荷积聚在大地及其突出处和接闪器上。在雷云先导向下发展时，接闪器顶端的电场强度明显高于被保护物体和其他地方，很容易将雷云先导吸引到接闪器上，使雷击点出现在接闪器的顶端。

2）引下线

引下线用于连接接闪器和接地体，是雷电流泻放进入大地的通道。建筑物通常利用墙体内部的钢结构作为引下线，如钢铁材质监控立杆。趋肤效应会使雷电流集中于引下线的外表面，因此引下线通常采用多股金属电缆。引下线要与接闪器、接地体牢固连接，敷设时应尽量以最短路径连接，并尽量减少弯曲。

3）接地装置

接地装置将雷电流泻放进大地，是疏导雷电流能量的主要途径，也是电子和电气设备防雷和用电安全的重要环节。一个完整的接地系统由合理的接地和连接网络组成，接地装置将电流泻放进大地，连接网络最大程度地降低电位差和减少磁场。图 7-40 为 GB/T 21714.4—2015《雷电防护 第 4 部分：建筑物内电气和电子系统》给出的连接网络与接地装置互连构成三维接地系统的示例。

第 7 章　周界安全技术防范中的离网供电与防雷

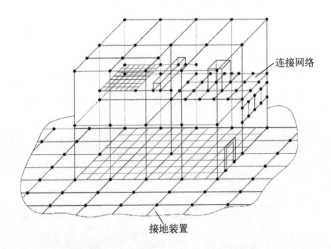

图 7-40　连接网络与接地装置互连构成三维接地系统的示例

外部防雷的接地装置是指埋入大地与土壤紧密接触的接地体（以及多个接地体连接时的接地线），是埋入土壤或混凝土基础中直接与大地接触起散流作用的金属导体。通常情况下，单个接地体的接地电阻很难满足雷电泄放的要求，这就需要设置一定数量的接地体并用金属线连接起来，同时改善埋设接地体周围土壤的导电特性以减小电阻。图 7-41 为用于改善土壤导电特性的降阻模块与降阻剂示意图。

图 7-41　降阻模块与降阻剂示意图（图片来源：河北华野防雷）

利用建筑物基础中的金属构件、钢筋等金属物作为接地装置是建筑电气工程接地的通用做法，在施工时，要使共用接地的接地电阻符合要求，必要时仍然需要人工接地体作为补充。

土壤电阻率是表征土壤导电性能的参数，它的值等于单位立方体土壤相对两面间测得的电阻，单位为 $\Omega \cdot m$。接地电阻是指电流流过接地装置时接地体至无穷远处土壤的电阻，接地电阻的大小和大地的结构、土壤的电阻率、接地体的几何尺寸与形状、雷电流的幅值与波形等有关。野外前端设备的接地电阻值不应大于 10Ω。当在高山岩石的土壤电阻率大于 $2000\Omega\cdot m$ 时，其接地电阻值不应大于 20Ω。图 7-42 为野外防雷常见的接地体示意图。

图 7-42　接地体示意图（图片来源：河北华野防雷）

由于存在接地电阻，电流在接地电阻上的压降将引起接地电极的暂态电位升高，使设备可能受到反击过电压的损坏，在地面上出现的电位梯度会使人体遭受到接触电势和跨步电势的作用。

7.2.2.3　内部防雷系统

监控站一般依托固定设施设置内部防雷装置。这种装置主要由等电位连接、共用接地、屏蔽、合理布线、浪涌保护器等组成，用于减小和防止雷电流在需防护的空间内所产生的电磁效应。

1. 等电位连接

等电位连接直接用连接导体或通过浪涌保护器将分离的金属部件、外来导电物、电力线路、通信线路及其他电缆连接起来，减小不同金属部件、导线间因雷电流引起的电位差，对雷电流进行分流实现电位均衡，进而实现导线、设备和装置外露可导电部分和接地系统间的等电位，以解决雷电反击的问题。

电子和电气设备的金属外壳、机柜、机架、金属管、槽、屏蔽线缆外层、信息设备防静电接地，安全保护接地，浪涌保护器接地等，均应以最短距离与等电位接地端子连接。各类等电位接地端子板之间的连接导体宜采用多股铜芯导线或铜带，各类等电位接地端子板宜采用铜带，连接导体及接地端子板的最小截面应符合相关要求。例如，设备与机房等电位连接网络之间的连接导体应采用截面积不小于 $6mm^2$ 的多股铜芯导线，电位接地端子板应为截面积不小于

50mm² 的铜带。电子信息系统等电位连接网络的基本方法如图 7-43 所示。

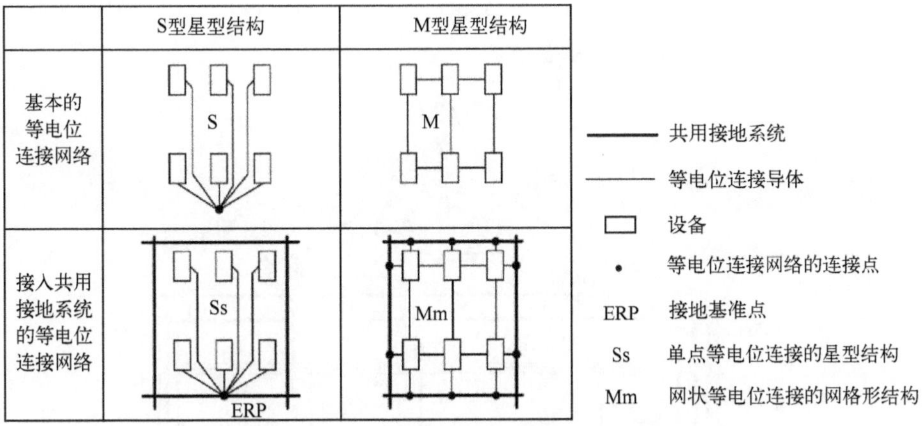

	S型星型结构	M型星型结构	
基本的等电位连接网络	S	M	── 共用接地系统 ── 等电位连接导体 □ 设备 • 等电位连接网络的连接点 ERP 接地基准点 Ss 单点等电位连接的星型结构 Mm 网状等电位连接的网格形结构
接入共用接地系统的等电位连接网络	Ss ERP	Mm	

图 7-43 电子信息系统等电位连接网络的基本方法[211]

2. 共用接地

共用接地系统是指将防雷系统的接地装置、建筑物金属构件、低压配电保护线、等电位连接端子板或连接带、设备保护地、屏蔽体接地、防静电接地、功能性接地等连接在一起构成共用的接地系统，可以分为接地装置和等电位连接网络两部分。下面简要介绍接地装置。

接地装置由接地体和接地线组成，监控站、通信机房内的接地装置有接地体、接地引入线、接地汇集线、接地排几个部分。接地系统通过"设备接地线→接地排（局部等电位接地端子板）→接地汇集线（总等电位接地端子板）→接地引入线→接地体"的路径，实现设备与大地的接地连接。其中：接地排是与接地母线相连并作为各类接地线连接端子的矩形铜排，室内电子和电气设备的接地都要接到接地排上，设备到接地排的距离不应超过 30m 且越短越好；接地汇集线是指作为接地导体的条状铜排或扁钢等，是建筑物内接地系统的主干线；接地引入线是接地体与总汇集排之间的连接线，布设时应避免与信号线平行或缠绕；接地体是为实现与地连接，一根或一组与大地紧密接触并提供与大地之间电气连接的导体。

电子和电气设备接地按其作用可以分为三类：保护接地，是指将电气设备正常情况下不带电的外壳或金属部分接地以进行漏电保护，防止因绝缘破损或带电导线接触设备外壳导致人员触电事故；工作接地，是指各类强弱电系统利用大地做导线以排除余电，或为保证系统正常运行所进行的接地；防雷接地，是指为防止雷电危害设备而使用过电压保护装置或将设备的金属结构接地。图 7-44 为 GB 50343—2012《建筑物电子信息系统防雷技术规范》中的建筑物等电位连接及共用接地系统示意图。

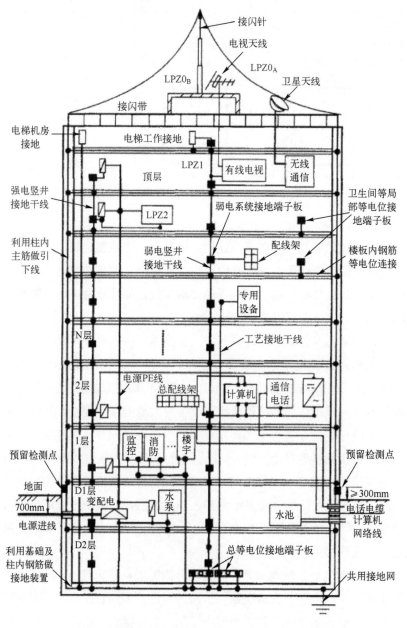

图 7-44　建筑物等电位连接及共用接地系统示意图

3. 屏蔽

屏蔽是指通过屏蔽电缆、屏蔽箱盒、自然屏蔽体等导电材料，减少交变电磁场向指定区域的穿透，阻挡、衰减施加在设备上的过电压，减少雷电电磁脉冲在电子信息系统内产生浪涌。

屏蔽应综合使用建筑物屏蔽、机房屏蔽、线路屏蔽、设备屏蔽和线缆合理布设等措施。

（1）建筑物屏蔽主要是利用建筑物内的钢结构件形成一个法拉第笼式避雷网，对雷电流分流的同时抑制部分电磁脉冲。当然，也可以在建筑物外部安装屏蔽网，屏蔽效果与网孔的大小有很大关系。

（2）室外的供电和信号传输线路应采用带屏蔽层的电缆。没有屏蔽层的线路应穿金属管，金属管在进入室内时与接地线做电气连接，距离较长的金属管分段在接头处做电气连接。

（3）电子设备的外部电磁屏蔽，应对设备外壳上的电气不连续处设置导电层、屏蔽网、屏蔽帘等，机箱装配缝隙用导电纤维衬垫填实，散热窗口应做成两层表面重叠的散热网。机柜是电子设备的外部屏蔽体，应采用合格的多股铜导线连接至等电位连接带上。图 7-45 为严密电磁屏蔽的微波暗室。

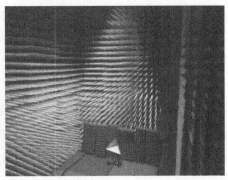

图 7-45　严密电磁屏蔽的微波暗室

4. 合理布线

雷电侵入波是雷感应对内部电子设备造成损害的主要原因之一。对进入监控站的电力和信号电缆应埋地引入避免架空布放，电缆入室后在与设备对应接口处应加装电涌保护器，并进行合理的线路布线使感应回路面积为最小。应采用金属铠装屏蔽电缆或穿金属管减小内部感应效应，屏蔽层、金属管两端接地，以减小电子系统内部的感应电涌。

线缆与其他管线的间距应符合表 7-4 所列的 GB 50343—2012《建筑物电子信息系统防雷技术规范》中的规定。

表 7-4　电子信息系统线缆与其他管线间距对应关系

其他管线类别	电子信息系统线缆与其他管线的净距	
	最小平行净距/mm	最小交叉净距/mm
防雷引下线	1000	300
保护地线	50	20
给水管	150	20
燃气管	300	20
热力管（包封）	300	300
热力管（不包封）	500	500

5. 浪涌保护器

雷电浪涌是雷电放电产生的电磁辐射耦合到电子和电气系统中产生的过电流或电压。雷电浪涌会对设备和系统造成严重的破坏性损害，也称为电涌。

浪涌保护器（SPD）用于限制瞬态过电压和泄放浪涌电流，也称为电涌保护器。浪涌保护器将雷电感应、雷电侵入波、雷电反击所产生的瞬态过电压限制在设备所能承受的电压范围内，并将雷电流泄放入大地，是电子设备雷电防护的重要装置。

浪涌保护器的设置，一般采用分级防护的方法。在 LPZ0 与 LPZ1 区的交界处采用一级防护，将线路上的雷击能量大部分泄放入地；在 LPZ1 与 LPZ2 区的交界处采用二级防护，进一步泄放雷电流能量，将前级浪涌保护器的残压限制到更低；在 LPZ2 与其后续防护区的交界处采用三级防护，继续泄放上级残余的雷电流能量，使过电压减小到设备和系统能够承受的电压之内。如果需要，还可以进行四级、五级甚至更多级的防护。图 7-46 为建筑物不同损害源和系统内雷电流分配的基本示例。

第 7 章 周界安全技术防范中的离网供电与防雷

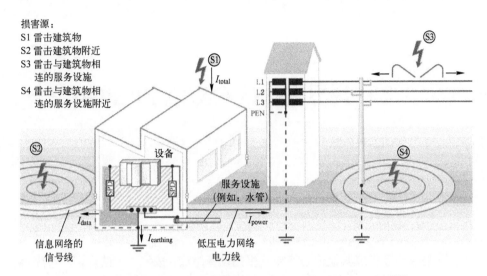

图 7-46 建筑物不同损害源和系统内雷电流分配的基本示例[218]

第 8 章
周界安全技术防范中的网络安全

网络由计算机或其他信息终端及相关设备组成，按照一定的规则和程序对信息进行收集、存储、传输、交换、处理。网络空间是网络、服务、系统、人员、过程、组织以及驻留或穿越其中的互联数字环境，它与"陆、海、空、天"等传统空间紧密渗透、深度融合，成为和空气、水源一样重要的环境基础。网络空间安全是国家安全的重要组成部分。

8.1 网络安全威胁

网络安全威胁是对网络安全保护对象可能导致负面结果的一个事件的潜在源。从国家互联网应急中心（CNCERT）的安全报告来看，当前面临的网络安全威胁主要有恶意程序、安全漏洞、拒绝服务攻击、弱口令攻击、APT 攻击、网站安全等。

在互联网高速发展的同时，病毒、黑客、数据泄漏等网络安全问题也日益凸显。2019 年，委内瑞拉电力系统遭到网络攻击，导致包括首都加拉加斯在内的 23 个州发生了大规模停电事件。美国杰克逊县公共部门遭勒索软件攻击，被迫向黑客支付 100 比特币（约 40 万美元）以换取文件的解密密钥。图 8-1 为中国互联网络信息中心在《第 51 次中国互联网络发展状况统计报告》中发布的网民遭遇的各类网络安全问题比例。

第 8 章　周界安全技术防范中的网络安全

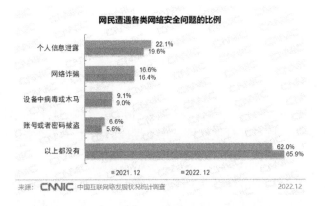

图 8-1　网民遭遇各类网络安全问题比例

网络攻击是攻击方（个人/组织/团体/国家）利用计算机网络中硬件、软件、网络协议以及网络管理过程中存在的安全漏洞和缺陷，针对目标网络和网络数据进行的窃取、篡改、伪造、干扰、破坏等活动。攻击对象可以是各类移动终端、PC、服务器等计算机设备，工业控制设备，交换机、路由器、网关等网络设备，各类操作系统，数据库、电子邮件、中间件、FTP 服务器、Web 软件等服务器软件，办公、社交、聊天工具等用户软件，以及云计算、物联网、电信网等网络基础设施。

一个典型的网络攻击过程包括信息收集、攻击工具研发、攻击工具投放、脆弱性利用、后门安装、命令与控制、攻击目标达成等步骤。

信息收集是网络攻击前的准备工作。攻击者通过扫描、嗅探、社会工程学技术和其他手段，充分详细地收集攻击目标的外部环境信息、配置信息、网络情况、相关人员的邮件及社交关系等，寻找系统的可攻击漏洞。

攻击者根据收集发现的攻击目标中的漏洞和脆弱环节，确定入侵目标系统的途径，针对性地进行攻击工具的研发。将经过测试验证的攻击工具通过电子邮件附件、网站挂马、移动存储介质等方式投放到目标系统。攻击工具利用目标系统的应用程序或操作系统漏洞以及其他机制触发攻击代码运行，开始实施网络攻击。

攻陷目标系统后安装远程访问木马、后门，后门是一类绕过了系统安全策略可以对程序与系统进行访问和控制的程序或代码。埋设以后进入目标系统的隐蔽通道，建立攻击者控制服务器与目标系统之间的长期通信，实现对目标系统的长期控制。攻击者最终采取行动对攻击目标实施攻击，从目标系统中收集、窃取数据,破坏数据和网络系统,并将目标系统作为进一步攻击其他系统的"跳板"。

8.1.1 恶意程序

恶意程序是被专门设计用来损害或破坏信息系统,在未经授权的情况下在信息系统中安装、执行,对保密性、完整性或可用性进行攻击以达到不正当目的的程序。

对恶意程序的分类方法较多,国家互联网应急中心根据恶意程序的主要用途,将恶意程序区分为木马、僵尸程序、蠕虫、病毒、勒索软件、移动互联网恶意程序和其他共 7 类。

2020 年,CNCERT 全年捕获恶意程序样本数量超过 4200 万个,境外来源主要是美国、印度、日本等。境内感染恶意程序的主机约 533.82 万台,受恶意程序攻击 IP 地址近 5541 万个,约占我国 IP 地址总数的 14.2%。图 8-2 为国家计算机网络应急技术处理协调中心在《2020 年中国互联网网络安全报告》中发布的 2020 年受恶意程序攻击的 IP 地址占比分布情况。

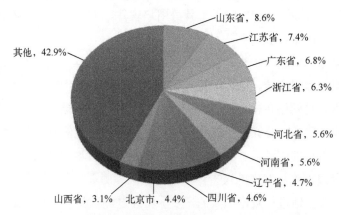

图 8-2　2020 年受恶意程序攻击的 IP 地址占比分布情况

8.1.1.1 木马

木马(特洛伊木马)程序像间谍一样潜入用户计算机,以盗取用户个人信息、远程控制用户计算机为主要目的,按照功能可进一步分为盗号木马、网银木马、窃密木马、远程控制木马、流量劫持木马等。

木马一般由控制端和被控端组成。攻击者在目标主机上植入木马并启动被控端程序,控制端程序和被控端建立连接,远程控制目标主机的木马。木马需要目标主机感染被控端程序，被控端程序是一种可执行程序，可直接或隐含在可执行程序中进行传播，但木马本身不会自我复制，也不刻意去感染其他文件。木马程序和经常用到的远程控制程序功能相似，但目的不同。

木马的植入，既有攻击者利用目标系统漏洞、第三方软件漏洞的主动植入，也有通过电子邮件、网页挂马等方式等待用户的被动植入。被植入的木马通过修改系统配置文件、修改任务计划、利用系统自动运行程序等方法实现自动加载运行，并潜伏在目标主机中。木马连接建立后，控制端就可以窃取被控端信息，记录甚至控制目标主机的键鼠、屏幕操作，启动或停止目标主机的应用程序，对目标主机进行管理和控制。

8.1.1.2 僵尸程序

僵尸程序是用于构建大规模攻击平台的恶意程序。

僵尸程序的生命周期包含了传播、感染、潜伏、攻击、消亡等阶段，其潜伏和攻击阶段会一直循环到消亡。僵尸程序的植入方式和木马程序类似，感染主机后潜伏在后台运行，等待僵尸网络规模的集聚扩大，期间不表现出任何的恶意行为。这时控制端主机和"肉鸡"之间保持"心跳"般的周期性发送数据，向控制端主机报告目标主机的基本信息和"肉鸡"自己的存活状态。

控制端主机通过一对多的命令，利用命令控制信道对"肉鸡"等攻击资源进行控制，下发攻击、维护、感染、信息回传等指令。攻击指令下发后，控制端主机一般会断开连接，控制命令在僵尸网络中自动传播、执行。命令控制信道是僵尸网络的核心，定义了僵尸网络的交互协议、拓扑结构、控制指令、网络资源等。图 8-3 为 2020 年境内木马或僵尸程序受控主机 IP 地址数量占比统计。

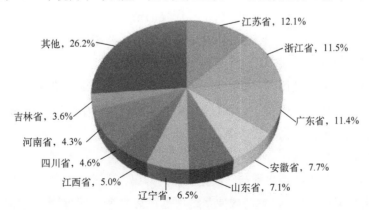

图 8-3　2020 年境内木马或僵尸程序受控主机 IP 地址数量占比统计[222]

8.1.1.3 蠕虫

蠕虫是一种通过数据处理系统或计算机网络传播自身的独立程序,经常被设计用来占满可用资源,如存储空间或处理时间。

蠕虫是一种自包含的程序,可以将自身的部分或全部代码直接复制、传播到网络中的其他主机中,它通过网络连接就能够感染别的计算机。蠕虫通过系统漏洞或后门进行传播,在不断检测扫描目标主机漏洞或特定服务以及蠕虫副本在网络中搜寻不同目标主机时,会产生大量的网络流量,造成网络拥塞甚至瘫痪。在感染主机上创建的多个蠕虫副本会自动搜索新的攻击目标,生成大量的进程占用系统资源,导致系统运行速度下降。2010 年 6 月首次被检测出来的"震网"病毒就是一种典型的蠕虫,伊朗布什尔核电站就疑似遭到了该病毒的攻击。

8.1.1.4 病毒

病毒是一种通过修改其他程序,使其他程序包含一个自身可能已发生变化的程序副本,从而完成自身程序传播,当调用受传染的程序时该程序即被执行。它主要通过感染计算机文件进行传播,以破坏目标计算机功能或数据、影响信息系统正常运行为主要目的,使它们的完整性、可控性、可用性、保密性受破坏,给用户造成某种损失或困扰。广义上的病毒是指整个恶意程序,这里的病毒专指狭义上的病毒程序。

病毒具有可执行性、繁殖性(自我复制)、隐蔽性、潜伏性、可触发性、变异性、不可预见性、破坏性等特点。病毒可以在一台计算机内部传染,大量复制并感染计算机内的其他文件,使被感染文件成为新的传染源;也可以在网络内不同计算机之间传播,通过网络、电子邮件、文件共享、移动存储介质等感染其他关联的计算机。例如 2000 年爆发的情书病毒,就是通过微软邮件系统 Outlook 发送主题为"I LOVE YOU"的邮件,在邮件被点开后自动向地址簿里的其他地址发送邮件,进而感染其他计算机。

病毒可以直接破坏用户的计算机功能,如显示器黑屏、格式化硬盘、删除文件、篡改数据、毁坏硬件。病毒在 1991 年海湾战争中被投入实战,通过联网打印机进入了伊拉克军队指挥系统,使其完全失效。

8.1.1.5 勒索软件

勒索软件以劫持用户资产、数据资源为筹码,通过对用户数据加密、更改用户设备配置的方式,以解密或使系统恢复正常为筹码,勒索用户费用。图 8-4 为受到一种勒索病毒勒索的界面及勒索信示意图。

第8章 周界安全技术防范中的网络安全

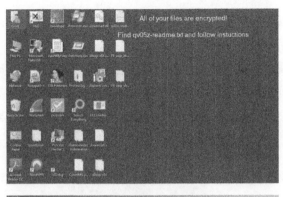

图 8-4　勒索病毒勒索界面及勒索信示意图[222]

远程桌面协议（Remote Desktop Protocol，RDP）是勒索病毒软件最常用的攻击媒介。早期的勒索病毒大多通过远程桌面登录密码爆破的方式传播，通过垃圾邮件、钓鱼邮件、水坑网站等方式诱引用户下载运行。样本数量最多的 Phobos 勒索病毒家族新变种以系统激活软件为载体，首先钓鱼诱引用户下载运行，入侵目标系统窃取用户信息，然后通过木马控制端下载加密勒索程序，对感染主机中的文件进行加密，最后通知用户支付比特币赎金。

勒索病毒软件的技术升级更新很快，利用漏洞入侵和内网横向移动呈现出自动化、集成化、模块化、组织化的特点。多数病毒家族从早期"广撒网"针对普通用户的方式，转向专门针对高价值机构（政府组织、企业）的定向攻击。2020 年 12 月，富士康在墨西哥的工厂遭到"Doppel Paymer"勒索病毒软件攻击，攻击者窃取未加密文件 100GB，删除备份数据超过 20TB，换取加密密钥的筹码为 1804.0955 比特币（约 2.2 亿元人民币）。

8.1.1.6　移动互联网恶意程序

移动互联网恶意程序是在用户不知情或未授权的情况下，在移动终端系统中安装、运行以实现不正当目的或违反国家相关法律法规行为的可执行文件、程序模块或程序片段。

按照行为属性分类，移动互联网恶意程序包括流氓行为、资费消耗、信息窃取、恶意扣费、系统破坏、远程控制、诱骗欺诈、恶意传播等类型。图 8-5 为 2020 年移动互联网恶意程序数量占比按行为属性的统计。

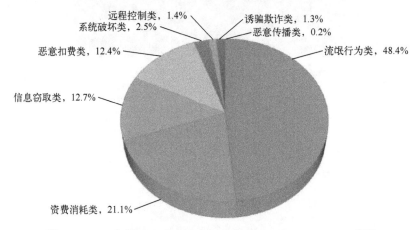

图 8-5　2020 年移动互联网恶意程序数量占比按行为属性统计[222]

2020 年，CNCERT 获得移动互联网恶意程序 302.8 万个，协调 569 家下载服务平台下架恶意程序 2333 个。在中国软件评测中心对应用商店中下载量 TOP500 的 APP 进行的检测分析中，存在安全风险的有 174 款，存在恶意行为的有 2 款。而私自收集用户信息、超范围收集用户信息、私自共享给第三方、过度索取权限等问题，给用户隐私和数据安全带来了极大隐患。

8.1.2　网络安全漏洞

网络安全漏洞是网络产品和服务在需求分析、设计、实现、配置、测试、运行、维护等过程中，无意或有意产生的、有可能被利用的缺陷或薄弱点。这些缺陷或薄弱点以不同形式存在于网络产品和服务的各个层次和环节之中，一旦被恶意主体所利用，就会对网络产品和服务的安全造成损害，从而影响其正常运行。

基于漏洞产生或触发的技术原因，漏洞类型主要有：在开发过程中因设计或实现不当而导致的代码问题漏洞；在使用过程中因配置文件、配置参数或默认不安全的配置状态而产生的配置错误漏洞；因受影响组件部署运行环境的原因导致的环境问题漏洞等。网络安全漏洞分类导图如图 8-6 所示。

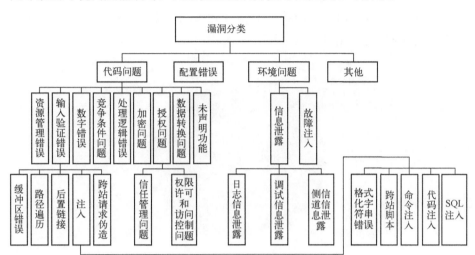

图 8-6　网络安全漏洞分类导图[224]

代码问题漏洞的成因很多。例如，对系统资源（如内存、磁盘空间、文件、CPU 使用率等）的错误管理导致的资源管理错误漏洞；对输入的数据缺少正确验证而产生的输入验证错误漏洞；未正确计算或转换所产生数字而导致整数溢出、符号错误等的数字错误漏洞；在并发运行环境中，一段并发代码需要互斥地访问共享资源，而另一段代码在同一个时间窗口可以并发修改共享资源，进而导致安全问题的竞争条件漏洞；在设计实现过程中，由于处理逻辑实现问题或分支覆盖不全面等原因造成安全问题的处理逻辑错误漏洞；由于未正确使用相关密码算法，导致内容未正确加密、弱加密、明文存储敏感信息等问题的加密问题漏洞；由于缺乏有效的信任管理机制、权限许可、访问控制措施而导致安全问题的授权问题漏洞；程序处理上下文因对数据类型、编码、格式、含义等理解不一致导致安全问题的数据转换问题漏洞等。

根据漏洞影响对象的类型，漏洞可分为应用程序、Web 应用、操作系统、网络设备（交换机、路由器、网关等网络端设备）、安全产品（防火墙、堡垒机、入侵检测系统等）、数据库和智能设备（物联网终端设备）漏洞等。图 8-7 为 2020 年国家信息安全漏洞共享平台（CNVD）收录的安全漏洞数量占比按影响对象分类统计。

漏洞攻击是指利用网络产品和服务中这些硬件、软件、协议存在的缺陷和薄弱点,未经授权私自访问他人的信息系统,甚至故意破坏他人的信息系统。缓冲区溢出漏洞、SQL 注入漏洞、弱口令漏洞、远程命令执行漏洞、权限绕过漏洞都是常见的安全漏洞。

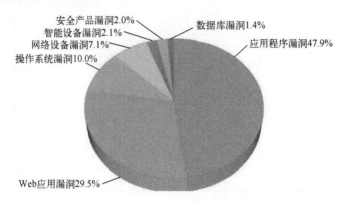

图 8-7　2020 年 CNVD 收录的安全漏洞数量占比按影响对象分类统计[222]

CNVD 近年收录的安全漏洞数量明显增长,年均增长率为 17.6%。根据抽样监测,日均有超过 2176.4 万次利用安全漏洞针对我国境内的扫描探测、代码执行等远程攻击行为。攻击者利用的漏洞覆盖了网站侧、主机侧、移动终端侧。

网络安全防护产品在网络安全防护体系中发挥着重要作用,但也有防火墙、入侵防御系统等网络安全产品多次被披露存在安全漏洞,其自身存在的漏洞会构成严重的网络安全威胁。

8.1.3　分布式拒绝服务攻击

分布式拒绝服务攻击(Distributed Denial of Service,DDoS),是指利用分布式客户端向目标信息系统发送巨量的看似合法的攻击包或执行特定攻击操作,消耗和占用目标信息系统的网络资源,致使目标系统停止提供服务,合法用户无法使用系统应该提供的服务或资源。DDos 是目前最常见、影响较为严重的网络攻击手段之一。

DDoS 攻击可以分为资源消耗型、服务消耗型和反射放大型三类。

(1)常见的资源消耗型攻击有 TCP SYN Flood、UDP Flood 和 ICMP Flood。以 TCP SYN Flood 为例,TCP 协议为"三次握手"机制,第一次握手时客户端向服务器发出 SYN 请求建立会话连接,第二次握手时服务器返回 SYN+ACK 响应给客户端;攻击者使用"肉鸡"向服务器发送海量伪造 IP 地址的 SYN 请求，服务器返回 SYN+ACK 响应却收不到回答，这样服务器就会在一定时间内一直重发，占用大量 CPU 或内存资源，进而造成对正常用户的拒绝服务。

（2）服务消耗型攻击不破坏网络的带宽资源，而只是特定的消耗某个服务。例如 Web CC（挑战黑洞）攻击利用 Web 服务的漏洞，组织大量的"肉鸡"向 Web 服务器发送正常的请求（如 HTTP 请求或者 DNS 域名解析请求），导致 Web 服务器消耗资源回复请求。

（3）反射放大型攻击利用网络服务器中存在的设计缺陷以及 UDP 协议的脆弱性，通过伪造目标主机 IP 地址向服务器 IP 地址的某个端口发送请求数据，使服务器向目标主机 IP 地址返回比原始数据包大数倍的数据，从而进行反射放大式攻击。

"僵尸网络"（BOTNET）是被黑客控制用于发起 DDoS 攻击的计算机群，黑客通过一对多的命令与控制信道，操作感染木马或僵尸程序的主机执行同一恶意行为，如发送大量的垃圾邮件、同时对某目标网站进行访问等。

控制端资源指用来控制大量的僵尸主机节点向攻击目标发起 DDoS 攻击的僵尸网络控制端。2020 年，CNCERT 监测发现利用肉鸡发起 DDoS 攻击的活跃控制端有 4359 个，其中 96.21%为境外控制。

肉鸡资源是指被控端用来向攻击目标发起 DDoS 攻击的僵尸主机节点。2020 年，CNCERT 监测发现参与真实攻击的肉鸡 200 多万个，其中境内肉鸡占 91.18%。2020 年参与 DDoS 攻击的境内肉鸡数量占比分布如图 8-8 所示。

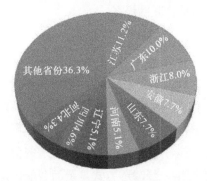

图 8-8　2020 年参与 DDoS 攻击的境内肉鸡数量占比分布[222]

8.1.4　弱口令

弱口令是信息网络中不是漏洞的漏洞，是指容易被他人猜测或被破解的口令，是一种在实际应用中极其常见的网络安全隐患。

口令攻击的技术门槛低，是黑客惯用的入侵方式。弱口令的表现形式主要有：为登录方便而使用仅由简单的字母、数字、单词组成的简单口令，口令长度过短，非常容易被暴力破解；设备应用后仍然使用默认口令，root1234、admin1234 这样的口令普遍存在；为方便记忆使用有规律性的口令，如键盘上 ZXCVB、QAZ 这样的连续字符序列，很容易被暴力破解；使用个人姓名拼音或首字母、生日、单位名称等类型的社会工程学弱点类口令，很容易通过社会工程收集的特定信息攻破；有的口令设置完成后长期不更新，在多个网站、设备使用同一个账号、口令，一旦某个口令被攻破，那么其他账号也将受到牵连；在邮件、微信等媒介中明文传输口令导致口令被窃；还有在口令重置、验证码验证过程中存在逻辑漏洞，被攻击者利用网络攻击取得访问和控制权限。

破解口令通常有猜测法、字典破解法、暴力破解法等。其中，猜测法是攻击者通过知悉的用户姓名、生日、身份证号码、电话号码等用户信息和其他常用口令，猜测可能的正确口令；字典破解法是将用户信息、常用词汇、用户偏好口令等高频用词编成字典，按照一定的规则进行排列组合，逐一寻找正确的口令；暴力破解法是将用户可能使用的字词按照一定规则顺序排列，从中尝试正确的口令。

弱口令爆破和各类远程可执行漏洞是现阶段网络攻击入侵的重要手段。绿盟科技伏影实验室 2019 年捕获到 1300 余万次的 SSH（Secure Shell）爆破攻击，其中 1000 余万次针对的是物联网设备。

8.1.5 高级持续威胁攻击

APT 攻击是由具有先进技术和良好攻击资源的攻击组织（甚至国家背景）发起的，有预谋、有针对性地针对目标企业、政府等高价值目标的特定信息发起的网络攻击，持续性和隐匿性是其典型特点。APT 攻击的主要意图在于收集目标系统或网络的情报数据并加以利用，往往会造成信息被窃、关键基础设施被破坏等严重损害，其网络入侵渗透方式复杂而智能，是目前网络安全的最大威胁之一。当前针对中国高端科研机构、科技企业的网络窃密和网络破坏活动持续加剧。例如，2020 年 3～7 月，"响尾蛇"组织隐蔽控制我国某重点高校主机，持续窃取多份文件；2020 年 9 月，某科研机构服务器上发现了"方程式"组织 2013 年潜伏的网络窃密工具。

0day 漏洞一直是用来实施 APT 攻击的利器。对中国目标发起多次攻击的 DarkHotel，就是长期使用浏览器（IE、Chrome、火狐等）类 0day 漏洞进行攻击。他们在攻击目标常用网站中嵌入漏洞利用代码，攻击目标访问该网站后，通过判断目标的浏览器版本下发不同的漏洞利用代码，获取初始权限后再进行各种手段的提权操作。图 8-9 为奇安信对 DarkHotel 对国内某机构网站植入 0day 漏洞过程还原。

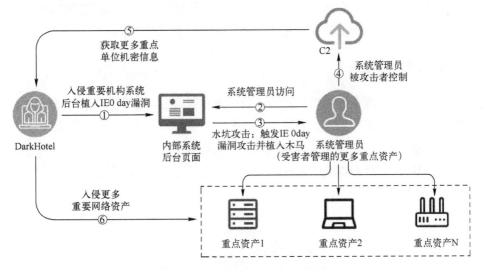

图 8-9　DarkHotel 对国内某机构网站植入 0day 漏洞过程还原[227]

钓鱼邮件是 APT 攻击惯用的方式之一。攻击组织以社会热点（如美军撤军、俄乌冲突等）、工作文件（疫情填报、疫苗注射通知等）为诱饵，向目标单位邮箱投递钓鱼邮件，诱导受害人点击仿冒该单位邮件服务的虚假页面链接，盗取受害人的邮箱账号和密码。随着远程办公的增多，对远程办公软件、硬件和系统的攻击成为 APT 新的攻击切入点，他们通过利用 VPN、远程办公软件和系统存在的安全漏洞，通过将木马文件伪装成 VPN 升级包、在升级程序中植入后门等对用户进行攻击。

与一般的黑客、组织不同，2022 年 4 月 19 日被揭露的美国中央情报局"蜂巢"恶意代码攻击控制平台属于"轻量化"的网络武器，具备远程扫描、漏洞利用、隐蔽植入、嗅探窃密、文件提取、内网渗透、系统破坏等网络攻击能力，其战术目的是在目标网络中建立隐蔽立足点，秘密定向投放恶意代码程序，利用该平台对多种恶意代码程序进行后台控制，为后续持续投送"重型"武器网络攻击创造条件。中央情报局运用该武器平台，根据攻击目标特征定制适配多种操作系统的恶意代码程序，对受害单位信息系统的边界路由器和内部主机实施攻击入侵，植入各类木马、后门，实现远程控制，对全球范围内的信息系统实施无差别网络攻击。

接入互联网的系统中只要包含某国的硬件、操作系统和应用软件，就极有可能包含 0day 漏洞或各类后门程序，就可能成为某国情治机构的攻击窃密目标，全球互联网上的全部活动、存储的全部数据都会"如实"展现在其情报机构面前，成为其对全球目标实施攻击破坏的"把柄"和"素材"。

8.1.6 网站安全

网站篡改是攻击者通过恶意破坏或更改网页内容、构造与目标网站相似页面，使网站无法正常工作、出现插入的非正常网页、诱骗用户点击下载的攻击行为。2020 年，CNCERT 共监测发现我国境内被植入后门的网站数量为 61948 个，被篡改的网站数量为 243709 个。图 8-10 为 2020 年我国境内被篡改网站数量占比按地区分布。

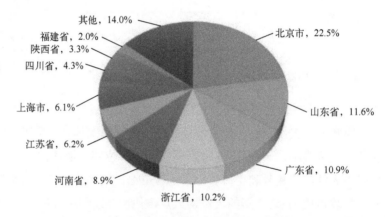

图 8-10　2020 年我国境内被篡改网站数量占比按地区分布[222]

网站后门是攻击者在入侵目标网站服务器后在网站特定目录中上传的远程控制程序，通过该后门程序秘密远程控制网站服务器，上传、查看、修改、删除网站服务器文件和数据库数据，运行系统命令。2020 年，CNCERT 监测到境外约 2.5 万个 IP 地址对我国境内网站植入后门。

8.2 网络安全保护

近年来，无论是个人信息和数据，还是国家机关和关键信息基础设施，不断遭到黑客组织越来越隐蔽的攻击，有害程序事件、网络攻击事件、信息破坏事件、信息内容安全事件、设备设施故障、灾害性事件等网络安全事件呈多发态势，带来了极大的安全风险和隐患。而随着 5G、人工智能等信息技术的迅速发展，网络空间博弈愈发激烈，攻击者获取攻击工具越来越便利，攻击方式和手法日益多样、日益复杂，网络安全威胁呈现出普遍性和持续性，检测网络攻击的难度越来越大，网络安全面临着更多、更新、更复杂的挑战。

网络安全是指通过采取必要措施，防范对网络的攻击、侵入、干扰、破坏和非法使用以及意外事故，使网络处于稳定可靠运行的状态，保障网络数据的完整性、保密性、可用性的能力。

网络安全等级保护制度是我国网络安全领域的基本制度和基本方法。

8.2.1 网络安全的等级保护

经过多年来的发展，我国的网络安全法规体系日益完善，安全防护产品、技术、服务的自主可控取得长足进步，网络安全威胁治理成效显著。但是，我国网络安全仍然面临严峻的形势。从技术层面看，我国的信息系统实现完全自主可控还有一定距离，面临着安全漏洞、病毒、电磁泄漏等风险的挑战。从环境层面看，我国面临有组织的网络攻击风险持续增大，在 2020 年成为全球 APT 攻击活动的首要目标，国家计算机病毒应急处理中心先后曝光了美国利用"蜂巢"（Hive）恶意代码攻击控制武器平台、"酸狐狸"（FoxAcid）漏洞攻击武器平台对我国科研机构的网络攻击行为。从人为层面看，我国还普遍存在管理制度不规范、安全意识淡薄、人员管理不严谨等问题。

8.2.1.1 涉密信息系统分级保护

涉密信息系统是指各类涉及国家秘密的单位中以网络为平台，包括服务器、计算机、防火墙、交换机、存储设备等硬件设备和在其上存储、处理、运行涉密信息的管理软件、应用程序在内的系统，同时包含各类涉密的传真机、打印机、扫描仪、声像设备等终端设备，以及通过信息网络技术进行信息采集、处理、存储和传输的设备、技术、管理的组合。

《中华人民共和国保守国家秘密法》规定：存储、处理国家秘密的计算机信息系统（以下简称涉密信息系统）按照涉密程度实行分级保护。

涉密信息系统分级保护是在涉密信息分级管理的基础上，根据涉密信息系统建设、使用和管理的实际，依据《涉及国家秘密的信息系统分级保护管理办法》（国保发[2005]16 号）、《涉及国家秘密的信息系统分级保护技术要求》（BMB17—2006）、《涉及国家秘密的信息系统分级保护管理规范》（BMB20—2007）、《涉及国家秘密的信息系统分级保护方案设计指南》（BMB23—2008）、《涉及国家秘密的计算机信息系统分级保护测评指南》（BMB22—2007）等管理办法和相关标准，针对不同密级的系统采取不同强度的技术防护措施和管理策略，并根据不同的保护等级实施监督管理，确保涉密信息系统和信息的安全。

根据相关法律法规、管理办法和标准，涉密信息系统分为绝密、机密和秘密三个等级，从高到低分为绝密级、机密级（增强）、机密级（一般）、秘密级 4 个保护等级。

涉密信息系统的分级保护按照系统定级、方案设计、工程实施、测评审批的步骤实施。系统定级前要进行扎实的调查，掌握翔实的系统边界、网络拓扑、设备部署、业务应用种类和特性、处理的信息资产、用户范围和类型、系统管理框架等信息，根据 BMB17 标准的定级原则进行定级。方案设计要在系统资产、安全威胁、系统脆弱性、安全风险分析的基础上，掌握系统保护需求，按照分级保护技术要求、管理规范和方案设计指南从物理安全、网络运行安全、信息安全保密和安全保密管理等方面进行总体设计。工程实施和测评审批是涉密信息系统分级保护的重要环节，要严格按相关管理办法和标准实施。

涉密信息系统分级保护要注意做好安全保密产品选择、物理隔离、安全域边界防护、身份鉴别、访问控制、密级标识、密码保护、电磁泄露防护、机房物理环境等环节的建设，同时要加强体制、机制、技术、人员等方面的管理和建设。

8.2.1.2 网络安全等级保护

《中华人民共和国网络安全法》规定，"国家实行网络安全等级保护制度。网络运营者应当按照网络安全等级保护制度的要求，履行下列安全保护义务，保障网络免受干扰、破坏或者未经授权的访问，防止网络数据泄露或者被窃取、篡改。"

1. 等级保护 2.0 的法规政策与标准体系

《中华人民共和国网络安全法》《中华人民共和国数据安全法》《中华人民

共和国个人信息保护法》《网络安全等级保护条例》《关键信息基础设施安全保护条例》等法律法规，构成了我国网络安全法律法规政策体系，是实施网络安全等级保护的基本遵循。

2007年6月20日，公安部、国家保密局、国家密码管理局、国务院信息化工作办公室印发了《信息安全等级保护管理办法》（公通字[2007]43号），标志着等级保护1.0的正式启动，该办法规定了等级保护需要完成定级备案、建设整改、等级测评和监督检查等工作，并在2008年至2012年期间陆续发布了等级保护的一些主要标准。

网络安全等级保护制度2.0标准于2019年12月1日开始实施，等级保护框架如图8-11所示。

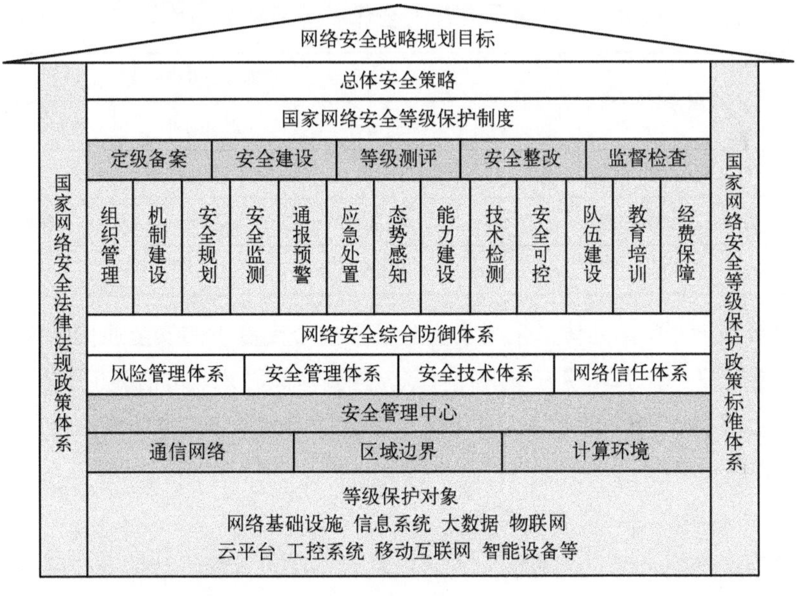

图8-11 等级保护安全框架[229]

等级保护2.0标准体系以《网络安全等级保护条例》为统领，以《计算机信息系统安全保护等级划分准则》为上位标准，包括了网络安全等级保护的实施指南、定级指南、基本要求、设计技术要求、测评要求、测评过程指南等标准文件。

等级保护对象是指网络安全等级保护工作中的对象，通常是指由计算机或者其他信息终端及相关设备组成的，按照一定的规则和程序对信息进行收集、存储、传输、交换、处理的系统，主要包括基础信息网络、云计算平台/系统、大数据应用/平台/资源、物联网（IoT）、工业控制系统和采用移动互联技术的系统等。

等级保护对象会以不同的形态出现。不同系统面向的应用场景各不相同，要实现不同的业务目标，采用不同的信息技术，每一对象面临的网络安全威胁也有所不同。根据等级保护对象在国家安全、经济建设、社会生活中的重要程度，以及一旦遭到破坏、丧失功能或者数据被篡改、泄露、丢失、损毁后，对国家安全、社会秩序、公共利益以及公民、法人和其他组织的合法权益的侵害程度等因素，将等级保护对象的安全保护等级分为 5 级。定级要素与安全保护等级的关系如表 8-1 所列。

表 8-1　定级要素与安全保护等级的关系[235]

受侵害的客体	对客体的侵害程度		
	一般损害	严重损害	特别严重损害
公民、法人和其他组织的合法权益	第一级	第二级	第二级
社会秩序、公共利益	第二级	第三极	第四级
国家安全	第三极	第四级	第五级

等级保护 2.0 标准体系采用了安全管理中心支持下的安全通信网络、安全区域边界、安全计算环境三重防护体系，强调密码技术、可信验证、安全审计、态势感知等技术措施的使用，强化建立纵深防御体系、精准防御体系、主动防御体系。

2. 等级保护 2.0 的安全要求

等级保护的目标是使等级保护对象具有与保护等级一致的安全保护能力，保证网络和信息安全。

不同级别和形态的等级保护对象对安全保护的需求存在较大的差异，等级保护 2.0 标准体系实行共性化保护基础上的个性化保护，将等级保护要求分为通用要求和扩展要求两个部分。不同形态的等级保护对象都要根据安全保护等级实现相应级别的共性化保护要求，使用特定技术或特定应用场景的系统则要根据安全保护等级要求有选择地实现个性化的安全扩展要求。安全要求可细分为安全技术要求和安全管理要求，其框架示意图如图 8-12 所示。

第8章 周界安全技术防范中的网络安全

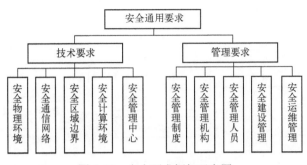

图 8-12 安全要求框架示意图

1）安全技术要求

安全技术要求包括对物理环境、通信网络、区域边界、计算环境、管理中心 5 个方面的安全防护要求，保护系统免受干扰、破坏和未经授权的访问，数据不被泄漏、窃取、篡改。具体的安全控制点如图 8-13 所示。

安全物理环境是以物理存在的机房环境、设备和设施等为主要对象提出的安全控制要求。

安全通信网络是针对通信网络的安全控制要求。通用安全通信网络要满足通信网络的安全审计、数据传输完整性和保密性、可信连接验证等要求。

安全区域边界是以系统边界和区域边界等为主要对象，针对网络边界提出安全控制要求。通用安全区域边界主要满足区域边界的访问控制、包过滤、安全审计、恶意代码防范、完整性保护和可信验证等安全要求。

安全计算环境是以网络设备、安全设备、服务器设备、终端设备、应用系统、数据对象和其他设备等在内的边界内部设备为主要对象，针对边界内部的安全控制要求。通用安全计算环境主要满足用户身份鉴别、自主访问控制、标记和强制访问控制、系统安全审计、用户数据完整性保护、用户数据保密性保护、客体安全重用、恶意代码防范、可信验证、配置可信检查、入侵检测等安全要求。

安全管理中心是针对整个系统提出安全管理方面的技术要求。安全管理中心要以信息化管理工具或平台为手段，对设备状态、网络流量、操作审计、用户行为进行集中监测，以及对安全事件处置、恶意代码库和补丁升级等进行统一管理。

2）安全管理要求

安全管理要求是针对网络安全等级保护的整个管理制度体系、组织架构、人员管理、建设与运维提出具体的安全控制要求，分为安全管理制度、安全管理机构、安全管理人员、安全建设管理、安全运维管理 5 个方面的措施要求。具体的安全控制点如图 8-14 所示。

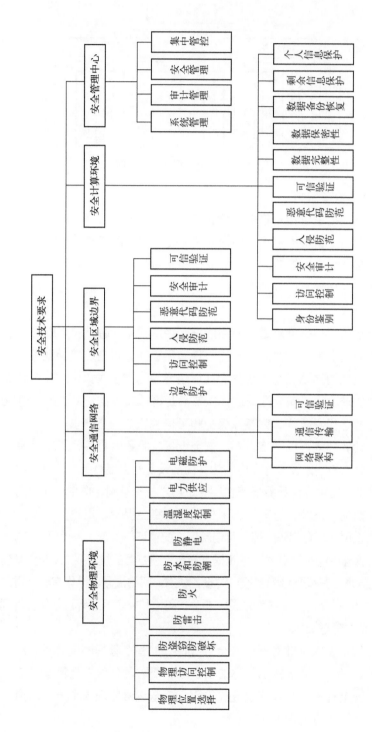

图 8-13 等级保护 2.0 安全技术要求安全控制点

第8章 周界安全技术防范中的网络安全

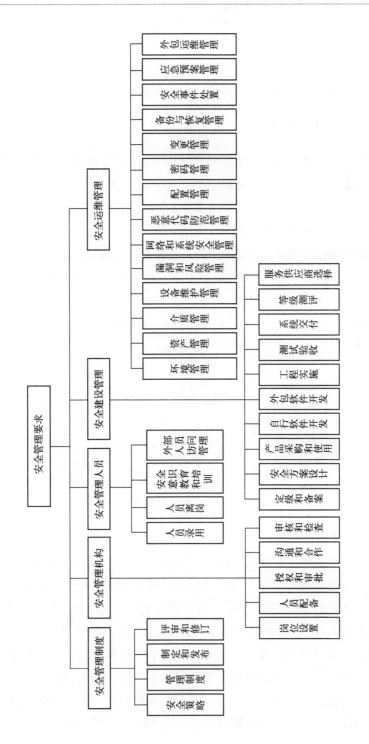

图 8-14 等级保护 2.0 安全管理要求安全控制点

等级保护对象承载的业务不同，即使相同等级保护对象的安全关注点也会有所不同，例如：有的更关注信息泄密、非法篡改对业务信息安全性的影响；有的更关注对系统未经授权的修改、破坏而影响系统服务的连续性。

8.2.2 信息安全产品

信息安全产品是专门用于保障信息安全的软件、硬件或其组合体，相关标准将网络安全产品分为物理环境安全、通信网络安全、区域边界安全、计算环境安全、安全管理支持和其他6个类别。

8.2.2.1 物理环境安全类

物理环境安全类产品以环境、设备、设施、介质为主要对象，保护它们免遭自然灾害、被窃、人为毁损等物理破坏。物理环境安全类产品分类如图8-15所示。

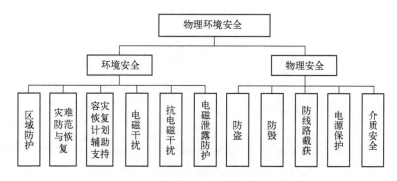

图8-15 物理环境安全类产品分类[237]

环境安全产品利用或以相关信息技术为支撑，对特定的区域提供某种形式的保护和隔离，具备一定的应对自然灾害和人为意外事故的报警、防护、恢复能力，采取电磁信号干扰、屏蔽、防泄漏等防护措施，保护系统或设备免受人为损坏，免受水、火、气、地震、雷击和静电的危害，防止利用电磁信号和电磁信号被利用进行的信息窃听窃取，杜绝电磁干扰影响系统正常运行等。

物理安全产品利用或以信息技术为支撑，提供对设备或部件的防盗、防毁保护，保护设备和部件免遭人为盗窃或遭自然力和人为毁坏，防止通信线路被非授权侵入，提供可靠电源保障系统稳定运行，提供对介质及其承载数据的防护或销毁，防止数据被非授权访问、删除或者已删除的敏感数据被非授权恢复。

8.2.2.2 通信网络安全类

通信网络安全类产品主要部署在网络中或通信终端上,用于监测、保护网络通信,保障网络通信的保密性、完整性和可用性。通信网络安全类产品分类如图 8-16 所示。

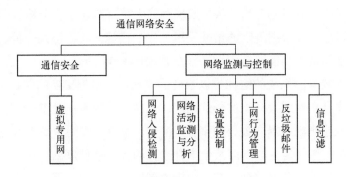

图 8-16 通信网络安全类产品分类[237]

1. 通信安全

虚拟专用网(VPN)基于互联网或移动互联网物理资源,通过隧道技术隔离出一个安全的逻辑通道,保障数据传输的安全性。它提供一种在现有网络或点对点连接上建立一条或多条安全数据信道的机制,只分配给受限的用户组独占使用,并能在需要时动态地建立和撤销。VPN 能够进行通信方的身份鉴别,通过协商产生工作密钥并动态更新,建立安全传输隧道,通过对传输数据分段、压缩与解压缩、加密与解密、完整性校验等措施保证数据的安全传输。

一般来说,对 VPN 的攻击以入侵攻击或 DDoS 的形式出现,攻击可能来自和网络有连接的任何地方,如其他 VPN、互联网或者服务提供商本身,对服务提供商设备的 DDoS 攻击能够导致部分 VPN 拒绝服务。2020 年,360 安全大脑捕获到一起劫持某公司 VPN 安全服务的 APT 攻击活动,APT 组织 Darkhotel 从 2020 年 3 月开始控制了超 200 台 VPN 服务器,利用客户端升级漏洞下发恶意文件到客户端进行 APT 攻击,我国多处驻外机构、北京和上海的多个政府机构遭到攻击。

2. 网络监测与控制

网络入侵是对网络或联网系统进行有意或无意的未授权访问,它违反安全策略(为保护信息系统安全而采用的具有特定安全防护要求的控制方法、手段、方针、措施),通过各种攻击手段来接入、控制或破坏信息系统,其目标既包括信息系统本身也包括信息系统内的资源。

入侵检测是对入侵行为进行检测，监听所保护网络节点的所有数据包并进行分析，从中发现违反安全策略的行为和被攻击的迹象并进行报警。网络入侵检测系统（Network Intrusion Detection System，NIDS）从 IP 网络的若干关键点收集信息并对其进行分析，从中发现网络中是否有违反安全策略的行为或遭到入侵的迹象，并依据既定的策略采取一定的措施，具备协议分析、攻击识别和躲避识别的基本功能，其安全功能要求如图 8-17 所示。

网络入侵检测系统的组件是以事件的形式进行数据交换的逻辑实体，通常以应用程序、文件或数据流的形式出现。系统组件监听所处 IP 网络的数据流，并依据入侵检测规则提取关心的事件，检查一个事件序列中是否有已知的攻击特征、现在的事件是否与以前某个事件来自同一个事件序列。观察事件之间的关系并将有联系的事件放到一起，分析收到的这些事件是否是入侵行为，依据策略采取相应的反应措施。

网络活动监测与分析产品根据不同的网络协议对网络传输信息进行监测与分析，记录、还原网络通信信息，通过流量分析等手段将网络活动信息与预先设置好的安全策略进行匹配，发现网络活动异常，为管理员进行网络管理提供支持。

流量控制产品通过对安全域的网络进行流量监测、网络流量分布监测和分析、带宽控制、带宽限制、带宽预留等带宽管理，实现合理的带宽分配，优化带宽资源的使用，避免网络拥塞，保护关键应用的带宽占用，提高带宽利用率。

上网行为管理产品用于审计和控制用户对网络的使用行为，进行网页访问过滤、网络应用控制、信息收发审计、用户行为分析等，实时监控和管理网络资源使用情况，规范上网行为。上网行为管理类产品的安全功能主要包括对上网用户进行身份认证或终端管理、识别和控制网址、上网搜索内容、文件下载、上网外发信息内容（电子邮件、网页发帖、即时通信、FTP 等方式），上网应用等，以及记录并留存网络行为信息（用户身份、登录事件、访问域名/应用等）。

信息过滤产品通过分析网络通信数据，重点对网络上的 HTTP、FTP 和邮件等应用层协议中的一种或多种进行实时分析，根据预先定义的规则进行筛选并拦截。信息过滤产品一般位于访问客户端与目标服务器之间，通常以串接或者旁路模式部署在访问客户端所在网络的出口处，对过滤策略中定义的流入或流出信息进行控制，并保护信息过滤产品自身及其内部的重要数据。

第 8 章 周界安全技术防范中的网络安全

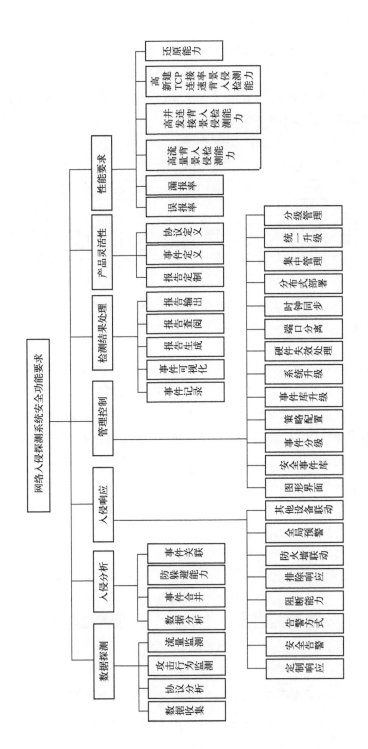

图 8-17 网络入侵探测系统安全功能要求[240]

8.2.2.3 区域边界安全类

安全域是具有相同的安全保护需求和相同安全策略的计算机或网络区域。

上接 区域边界安全类产品部署在安全域边界上，用于防御安全域外部对内部网络/设备进行攻击渗透，防止安全域内部网络/设备向外部透漏敏感信息。区域边界安全类产品分类如图 8-18 所示。

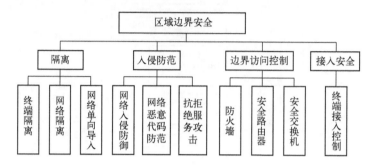

图 8-18　区域边界安全类产品分类[237]

1. 隔离

隔离是进行区域边界安全防护的基本方法，可以采取终端隔离、网络隔离和网络单向导入三类措施，使不同终端和网络安全域之间的访问安全可控。

终端隔离产品用于同时连接两个不同安全域，采用物理断开（不以直接或间接的方式相连接，确保信息在物理传导、存储上断开）技术在终端上实现安全域物理隔离。

网络单向导入产品用于实现两个不同安全域之间的信息单向导入，安全策略允许传输的信息可以在这个物理的单向传输通道上通过，反方向则不允许任何信息传输和反馈，其典型运行环境如图 8-19 所示。

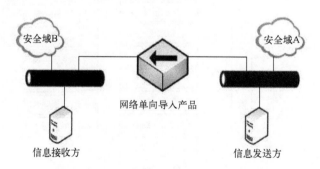

图 8-19　网络单向导入产品典型运行环境[243]

网络隔离产品用于实现两个物理连接网络不同安全域之间的安全隔离与信息交换,它的核心是协议隔离,通过协议的剥离和重建实现受保护信息的逻辑隔离。在某安全域,隔离产品把应用数据从公共协议中剥离并封装为专用协议。在另一安全域,隔离产品再将专用协议剥离并封装成需要的格式。

2. 入侵防范

网络入侵防御产品（Network Intrusion Prevention System,NIPS）是一类网桥或网关,它们通过分析网络通路上的流量发现具有入侵特征的行为,在入侵行为进入被保护网络前根据定义的策略采取预先拦截、干扰隔离等措施进行网络防护,阻止网络入侵行为的发生。

网络恶意代码防范产品用于对木马、恶意脚本、病毒等恶意代码的网际传播进行过滤,防止恶意代码通过网络扩散,侧重于防护网络系统资源。防病毒网关部署于网络和网络之间,将它们区分为可信任的内网和不可信任的外网,保护内网进出数据的安全,根据预定义的过滤规则和防护策略,实现对网络内的病毒进行检测、隔离、过滤、阻断。

抗拒绝服务攻击产品用于识别和拦截攻击者发起的 DoS 攻击,当遇到大量用户请求时,可以识别出合法用户的请求并给予响应,动态分配资源实现通信畅通,保障系统的可用性。

3. 边界访问控制

访问控制是一种保证数据处理系统的资源只能由被授权主体按授权方式进行访问的手段。

路由器是网络中常见的节点设备,通过路由算法对网络中的数据进行转发。安全路由器是在通用路由器中内置防火墙、IPSec 等模块,具备访问控制、流量控制、网络和信息安全维护等安全扩展功能,阻止未经授权的访问进入安全域内。其安全功能要求如图 8-20 所示。

交换机主要基于数据链路层转发数据包,可工作于网络第二、三、四层。安全交换机基于报文过滤、CPU 过载保护、广播风暴控制、VLAN、接入控制等,提供信息流控制、划分虚拟局域网、身份鉴别、安全审计等安全功能,保护与其连接的子网数据（包括交换机本身及其内部的重要数据）。其安全功能要求如图 8-21 所示。

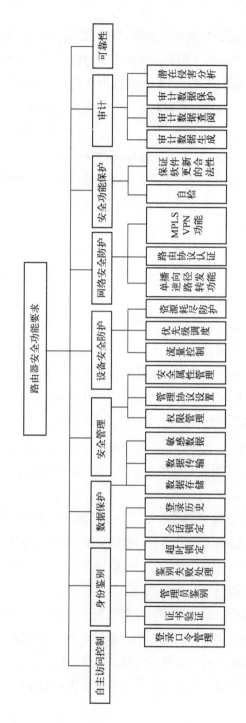

图 8-20 路由器安全功能要求[247]

第 8 章 周界安全技术防范中的网络安全

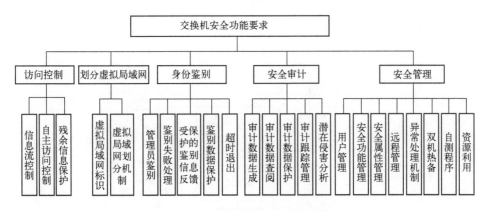

图 8-21 交换机安全功能要求[248]

防火墙是常见的部署于不同安全域之间的边界访问控制产品。它对网络数据的流入/流出进行扫描检测，进而采取必要的隔离与保护措施，阻止未经授权的外部连接进入安全域内部，防止安全域内部的异常行为或流量外发，阻断特定的内外连接。

4. 接入安全

终端接入控制产品用于对终端接入网络的行为进行检测并进行访问控制，并根据访问控制策略采取允许接入和断开连接等行动。

8.2.2.4 计算环境安全类

计算环境安全类产品部署在设备及其计算环境中，保护用户设备、计算或网络数据的完整性、保密性和可用性，保障应用安全。计算环境安全类产品分类如图 8-22 所示。

1. 计算环境防护

可信计算是指在计算的同时进行安全防护，计算全程可测可控、不被干扰，计算结果总是与预期一致。可信计算产品利用可信计算平台模块对主机用户进行身份鉴别及信息加密，提供可信计算环境。其体系架构示意图如图 8-23 所示。可信计算由可信计算节点及其间的可信连接构成，为所在的网络环境提供相应等级的安全保障，可信计算节点包括两类部件：为程序提供计算、存储和网络资源的计算部件；对计算部件进行度量和监控的可信部件。两类部件逻辑相互独立，形成具备计算功能和防护功能并存的双体系结构。

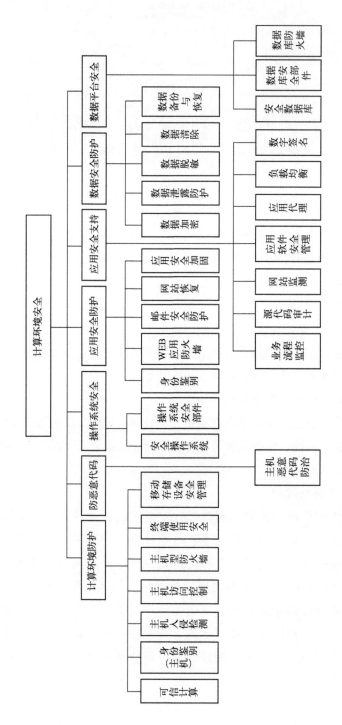

图 8-22 计算环境安全类产品分类[237]

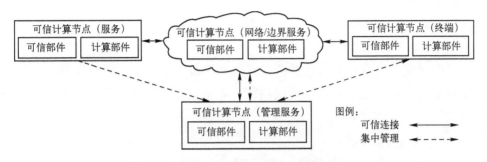

图 8-23　可信计算体系结构示意图[249]

身份鉴别产品用来在用户执行授权操作前通过身份鉴别信息确认使用者的身份。

主机入侵检测产品通过对主机的操作系统日志、系统进程、文件访问、注册表访问等数据进行监测和分析，发现和阻止对主机的入侵行为。

主机访问控制产品为用户定义访问受控主机的访问控制策略，用户只能按照预先分配的权限访问受控主机的文件和文件夹、应用程序、进程等资源，防止主机资源被非授权访问和使用。

主机型防火墙产品一般为软件，按照预定义规则提供网络层访问控制、应用程序访问控制和攻击防护，对主机设备上入站和出站的网络连接提供保护。

终端使用安全产品对接入网络的终端设备提供使用口令保护、阻止恶意程序运行、钓鱼检测与拦截、系统环境备份与恢复等保护，保障终端资源和运行环境的安全。

移动存储设备安全管理产品采取身份认证、访问控制、审计机制等手段，管理接入网络的移动存储设备，保证移动存储设备与主机设备之间的可信访问。

2．防恶意代码

主机恶意代码防治产品通过对内容或行为的判断，检测、隔离、过滤、阻断企图侵入主机的恶意代码，加强对主机资源的防护。

3．操作系统安全

操作系统安全产品在操作系统层面保障计算环境安全，保证操作系统自身及其所存储、传输和处理的信息的保密性、完整性和可用性。

4．应用安全防护

应用安全防护产品通过身份鉴别、Web 应用防火墙、邮件安全防护、网站恢复、应用安全加固等措施，保证计算环境在应用层面的安全。

5. 应用安全支持

应用安全支持产品通过业务流程监控、源代码审计、网站监测、应用软件安全管理、应用代理、负载均衡、数字签名等措施，保证计算环境的安全。

6. 数据安全防护

数据安全防护产品以数据为对象，通过对数据进行加密、泄漏防护、脱敏、清除、备份与恢复等，实现对数据的安全防护。

7. 数据平台安全

数据平台安全产品主要包括安全数据库、数据库安全部件和数据库防火墙，在数据库层面保障数据安全。

8.2.2.5 安全管理支持类

安全管理支持类产品为保障网络正常运行提供安全管理与支持，降低运行过程中安全风险。安全管理支持类产品分类如图8-24所示。

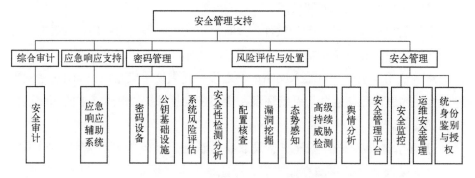

图8-24 安全管理支持类产品分类[237]

1. 综合审计

安全审计产品用于对信息系统的各种事件及行为实行监测、信息采集、分析，并针对特定事件及行为采取相应的动作，包括对主机、网络、数据库、应用系统的安全审计和日志分析等。

2. 应急响应支持

应急响应辅助系统提供紧急事件或安全事件发生时的影响分析、应急响应的概要设计或详细制定、应急响应的测试与完善等计算机辅助功能，实现应急响应的半自动化支持。

3. 密码管理

密码管理设备提供密码信息存储并执行密码算法运算,为保障信息的保密性提供基础设施支持,如商用保密机、加密卡等。

4. 风险评估与处置

风险评估与处置产品通过系统风险评估、安全性检测分析、配置核查、漏洞挖掘、态势感知、高级持续威胁检测、舆情分析等措施,为网络正常运行提供安全管理与支持。

5. 安全管理

安全管理产品通过统一的安全管理平台、安全监控、运维安全管理、统一身份鉴别与授权等措施,为网络提供安全服务。

第9章 周界安全技术防范新技术展望

科技创新是推动社会发展的源动力，是创造人类未来的主导力量。

18世纪60年代，以蒸汽机的发明和使用为标志的"工业革命"，确立起西方国家的世界统治地位。19世纪70年代，以电（电力和电磁）和内燃机为标志的"电气革命"，促进了资本主义世界体系的形成。此后，以原子能、计算机、互联网为代表的科技革命，渗透到人类社会的各个方面。

当前，以信息技术为核心的新一轮科技革命正在兴起，新理念、新技术、新产品对周界安全技术防范的发展起到了极大的推动。

9.1 无人化与智能化技术

美国于2014年推出了"第三次抵消"战略，旨在通过颠覆性技术的效能倍增，抵消对手军事能力的增长，智能化、无人化、微型化均为重点发展领域。图9-1为测试中的无人智能装备。

图9-1 测试中的无人智能装备

9.1.1 无人化平台

无人车、无人船（艇）、无人机、飞行汽车的应用，使地面管控人员能够在陆空（海）间跨域遂行任务，拓展了机动能力、任务能力、伴随保障能力，能够在危险、复杂、恶劣的环境中遂行不适合人类执行的任务，反应能力进一步提升。

9.1.1.1 无人地面车辆

近年来无人驾驶技术引起科技界和产业界的广泛关注，谷歌、通用、百度等公司积极开展无人驾驶汽车的研发、测试，并取得了实质性进展。从公开数据来看，谷歌 Waymo 在 2018 年度的自动驾驶测试中，达到了平均每跑 17846.8km 才需要人工接管一次的水平。国内企业也积极拓展自动驾驶布局，百度 Apollo（阿波龙）已实现 L4 层级商用，在 2021 年实现了首个商业化运营项目。图 9-2 为百度 Apollo 自动驾驶汽车。

图 9-2　百度 Apollo 自动驾驶汽车

无人驾驶系统的核心可以分为三个部分：感知、规划、控制。感知是指无人驾驶系统通过激光雷达、毫米波雷达、超声波雷达、摄像机、北斗（GPS）等传感器，实时获取外部周围环境的相关信息，如障碍物的位置与速度、道路标志/标记和交通信号、可行驶区域、行人车辆等。规划可分为任务规划、行为规划和动作规划，其中：任务规划完成顶层的路径规划；行为规划按照任务目标和实时路况决策出下一步的执行方案；动作规划则通过规划一系列的动作以达到某种目的，如规避障碍物等。控制是精准地执行规划好的动作。

无人地面车辆（Unmanned Ground Vehicle，UGV）在陆战场的应用受到各国军队的关注，多个国家的无人车项目已在物资输送、伤员转运、侦察监视、自主打击等场景进行了测试。军用无人车通常根据任务需要选用轮式或履带式车辆平台，加装不同的载荷以遂行不同任务，支持驾驶模式、远程驾驶模式、自主驾驶模式等。图9-3为两款执行火力打击任务的无人车。

图9-3　执行火力打击任务的无人车

9.1.1.2　无人机自动机场

多旋翼无人机受供电能力的制约，巡航半径和巡航时间都有很大的局限。随着智能感知、控制等技术的发展，出现了对小型无人机存储、充能、放飞、收回的无人机自动机场，扩展了无人机的活动范围，提高了自主执行任务的能力。

无人机自动机场也称为无人机机库/机巢，可以部署在任务区域，对无人机进行存储、放飞、收回、充能（充电、换电、加油），减少了携（运）行无人机到达任务区域的环节，提升了无人机的应急作业能力。图9-4为两款移动式无人机自动机场。

图9-4　无人机自动机场示意图（图片来源：中科灵动）

无人机自动机场有固定式无人机场和车载移动式无人机场等形式，通常包括机场舱体、停机坪、升降平台、充（换）能装置、气象探测、远程控制装置等部分。

无人机自动机场舱体一般采用高性能复合材料，上舱盖可以自动打开和闭合,停机坪底部有升降机构。无人机放飞时,无人机自动机场执行上舱盖滑开、升降平台上升、锁死机构打开、检查无人机状态和位置、无人机放飞等动作。无人机收回时,无人机自动机场执行上舱盖滑开、升降平台上升、检查升降平台状态、无人机降落等动作,归中机构将无人机移动到居中位置,锁死机构锁死无人机起落架,升降平台降落,上舱盖关闭。

无人机自动机场对无人机的充能有充电、换电、加油等形式。充电方式是在无人机降落后,归中机构归位并夹紧无人机,归中机构上的充电接口与无人机上的充电接口进行接触式充电,充电时间较长。换电方式是利用机械臂将电池从无人机上取下,插入电池仓进行充电,从电池仓中取出满电的电池安装到无人机上,这种换电方式时间非常短,但是需要高精度的机械臂。加油方式则类似于空中加油机加油的方式,抽油装置对准无人机油箱进行加油。

9.1.1.3 无人艇

无人水面艇(船)(Unmanned Surface Vehicle,USV)简称为无人艇,是一种具有一定机动能力的自主、半自主遂行任务的水面艇(船)。

无人艇由平台系统和载荷系统组成。平台系统是由艇体、动力、感知、控制、通信和交互等分系统共同组成的基本搭载平台。载荷系统是无人艇搭载的用以执行任务的各类设备及相关装置,执行不同任务的无人艇搭载不同的任务载荷。

无人艇是无人化系统中的水面支撑节点,具有执行反潜战、电子战、排雷、海上安全、水文测量等多任务能力,适合持续时间长、威胁程度高的各类枯燥、肮脏和危险任务,美国、以色列等国家海军均已列装了无人艇。在俄乌战争中,无人艇取得了不俗的战果。据报道,美国海军计划未来装备 513 艘主要舰艇,其中无人艇(舰)为 150 艘。图 9-5 为测试中的美军无人水面艇。

图 9-5 测试中的美军无人水面艇

9.1.1.4 无人潜水器

无人潜水器（Unmanned Underwater Vehicle，UUV）是一种通过自主或遥控方式控制的有一定机动能力的水下智能化系统，根据控制方式可以分为自主潜水器、遥控潜水器和混合式潜水器。图 9-6 为两款仿生无人潜水器示意图。

图 9-6　无人潜水器示意图

由于无人潜水器在水中运动受到的阻力比空中（地面）复杂、水体对电磁波的强烈衰减等因素，使得水下导航定位、通信、控制、感知、动力等的技术难度要高于无人车辆和无人机。

9.1.1.5 无人化两栖平台

飞行汽车是一种具有陆空两栖功能的运载工具，具备无人驾驶功能的飞行汽车更能适应复杂的战场环境，受到世界各国的重视。图 9-7 为 DARPA 的飞行汽车示意图。

图 9-7　飞行汽车示意图（图片来源：DARPA）

飞行汽车在民用领域通常以电动垂直起降汽车（Electric Vertical Take Off and Landing，eVTOL）的形式出现。2009 年，太力飞车推出的概念车型太力飞车 TF-1 是世界上第一台可操控的既能地上跑也能天上飞的汽车，采用混合动力，可折叠机翼收回后车宽跟普通汽车差不多，可在 1min 内由地面模式切换为飞行模式，切换为飞行模式时需要长度约 427m 的跑道。TF-1 有效载荷 227kg，最大巡航速度 161km/h，最大巡航高度不小于 2700m，最大航程 644km，已获得美国联邦航空局适航证书。

飞行汽车在特种装备领域已取得实用性进展。以色列的"鸬鹚"（Cormorant）可以在半径 300km 的范围内运送 136kg 的有效载荷，一个三人团队可以在 15min 内完成飞行前检查、加油、任务装载和起飞，多次进行了撤运受伤士兵和向前线补给弹药的演示。图 9-8 为"鸬鹚"及其前身"空中骡子"。

图 9-8 "鸬鹚"及其前身"空中骡子"

9.1.2 机器人

机器人是 20 世纪自动控制领域的显著成就之一，是 20 世纪科技进步的标志性成果。机器人是指具有两个或两个以上可编程的轴，以及一定程度的自主能力（基于当前状态和感知信息，无须人为干预即可执行预期任务），可在其环境内运动以执行预定任务的执行机构。

9.1.2.1 机器人的分类与应用

按应用领域和运动方式的分类是机器人最常见的分类方法。

1. 按应用领域的分类

根据机器人的应用领域，机器人可分为工业机器人、服务机器人、特种机器人等。

工业机器人是指在工业自动化领域使用的固定式或移动式的能够自动控制、可重复编程、多用途的操作机，可对三个或三个以上轴进行编程，能够完成搬运作业/上下料、焊接、喷涂、加工、装配、洁净和其他等多种作业。

服务机器人有个人/家用和公共服务两大应用场景。个人/家用服务机器人主要以满足使用者生活需求为目的，能在家居或类似环境下使用。公共服务机器人主要在住宿、餐饮、金融、清洁、物流、教育、文化和娱乐等领域的公共场合为人类提供一般服务。

特种机器人一般由经过专门培训的人员操作或使用，可在专业领域辅助或替代人类执行任务。特种机器人可以用来进行搜救、巡检、侦察、排爆、采掘、运输、手术、康复辅助的任务。图9-9为用于排爆和教学的机器人。

图9-9　用于排爆与教学的机器人

2. 按运动方式的分类

根据机器人的运动方式，机器人可分为轮式机器人、足腿式机器人、履带式机器人、蠕动式机器人、浮游式机器人、潜游式机器人、飞行式机器人等。

轮式机器人是指利用轮子实现移动的机器人，其驱动方式有双轮驱动、三轮驱动、全方位驱动等。

履带式机器人是指利用履带实现移动的机器人，其驱动履带及关节数量可以是单节双履、双节双履、多节多履等。图9-10为轮式与履带机器人。

图9-10　轮式与履带机器人

第 9 章　周界安全技术防范新技术展望

足腿式机器人是指利用一条或多条腿实现移动的机器人，是从外观上与人（动物）最为近似的一种机器人，也被称为类人机器人、人形机器人、仿人机器人等。足腿式机器人腿的数量可以是双足、三足、四足等，具有比其他机器人更好地适应地形环境的能力。图 9-11 为足腿式机器人 Atlas 与 Spot。

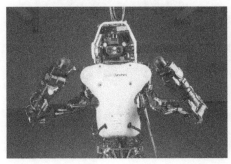 

图 9-11　足腿式机器人 Atlas 与 Spot

机器狗"幽灵 V60"受到美、英等国家军方的关注。该机器狗是一款非常成熟的模块化平台，配备了光学和红外传感器，能有效侦测外界环境，行走速度可以达到 2.3m/s，可以穿越沙、岩石和山丘等多种地形。除了为其配备机枪变身为"杀手机器狗"用来执行武装侦察或打击任务外，研发团队还试验了给机器狗装上能够喷水推进的自主无人尾翼，使其变成了一条"水陆两栖狗"。目前"幽灵 V60"已应用在多个安全防范场景，如边境巡逻、机场防卫、在危险复杂的城市或地形环境中进行作战应用等。图 9-12 为巡逻中的机器狗"幽灵 V60"。

图 9-12　巡逻中的机器狗"幽灵 V60"

蠕动式机器人是指利用自身蠕动装置实现移动的机器人，其移动方向有上下蠕动、左右蠕动等。图 9-13 为一款蠕动式机器人。

图 9-13　蠕动式机器人（图片来源：DARPA）

飞行式机器人是指利用自身的飞行装置实现飞行移动的机器人，其起飞方式有直升飞行、滑行飞行、手抛飞行等。

浮游式机器人是指利用自身的推进装置在水面上实现移动的机器人，其推进方式有螺旋桨浮游、喷水浮游、喷气浮游等。图 9-14（a）为浮游式机器人。

潜游式机器人是指利用下潜、潜游装置实现下潜游动的机器人，其运动方式有拖曳潜游、自主潜游等。图 9-14（b）为潜游式机器人。

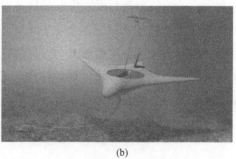

(a)　　　　　　　　　　　　　　(b)

图 9-14　浮游式与潜游式机器人（图片来源：DARPA）

此外，还有固定式机器人、复合式机器人、穿戴式机器人、喷射式机器人等。

3. 按其他方式的分类

除了按应用领域和运动方式的分类，还可以根据机器人的使用空间、机械结构类型、编程和控制方式等进行分类。图 9-15 为用于执行空间探测任务的机器人。

第 9 章　周界安全技术防范新技术展望

图 9-15　用于执行空间探测任务的机器人

9.1.2.2　机器人组成与工作原理

机器人是一种集机械、电子、控制、计算机、传感器、人工智能等多学科先进技术于一体的自动化装备。一个完整的机器人由机械、控制和感知三个部分组成。

1. 感知部分

感知是机器人对周围动态环境的意识，是机器人与人、环境、其他机器人之间进行交互的基础。图 9-16 示例了无人系统对外界的感知。

图 9-16　无人系统对外界的感知（图片来源：DARPA）

机器人的感知系统由内部传感器和外部传感器两部分构成，替代人类的视觉、触觉、听觉、动感等功能。外部传感器用来完成机器人的外部环境感知，实现对所处的位置信息进行实时更新，对周围物体的位置、距离、大小、状态等进行探测、识别和追踪，包括激光雷达、毫米波雷达、超声波传感器、图像传感器、北斗（GPS）等。内部传感器用来感知机器人自身各处的状态，为控制系统做出相应响应提供支持，包括速度传感器、加速度传感器、姿态传感器、力和转矩传感器、触觉传感器、滑觉传感器、位置传感器等。

机器人—环境交互系统负责机器人与外部其他设备的交互，实现机器人与外部功能单元（设备、零件）的集成以及多台机器人之间的协作。

2. 机械部分

机器人的机械部分包括机械结构系统和驱动系统。

机械结构系统是一个由机身（基座）、手臂、末端执行器构成的多自由度机械系统。自由度用来表征机器人的动作灵活程度，是指机器人所具有的沿（绕）独立坐标轴运动的数目，如人的手臂共有 7 个自由度。自由度越多，机器人越灵活，但这会使机械结构更加复杂、控制难度增大。机身是机器人的承载体，固定式机器人通常直接安装在操作台上，移动式机器人则具有行走机构。手臂是通过关节连在一起的机械连杆集合体，通过关节执行直线和旋转运动。末端执行器连接在手臂腕部用来夹持工具，或使用工具按照指定程序完成指定的动作。图 9-17 为两款机械臂示意图。

图 9-17　机械臂示意图（图片来源：DARPA）

驱动系统是为机械结构系统提供动力的传动装置，可分为液压驱动、气压驱动、电力驱动等类型。以电力驱动系统为例，它主要由驱动电机和减速器组成，利用电机驱动减速器进行精细传动。机器人会根据外部环境信息给驱动系统下达相应指令，驱动系统利用各种电机产生的力矩和力，直接或间接驱动机器人进行各种运动。

3. 控制部分

控制系统是机器人的大脑，既包括 CPU、DSP、FPGA 等各种硬件，也包括操作系统、运动控制算法、规划决策算法、应用软件等各种软件，它根据操作人员下达的作业指令和传感器感知的内外部信息，控制机器人驱动执行机构完成规定的运动和功能。控制系统用于实现协调控制机械臂的多轴运动姿态以产生精准的工作轨迹，控制末端执行器的运动轨迹和路径、运动速度和加速度，以及操作方便的人机交互功能。算法是机器人在无人操控状态下得出满足特定约束条件的最优决策的关键，如无人平台的任务规划、路径规划、动作规划等。

人机交互系统用于实现人与机器人之间的相互作用，使机器人更好地为人类服务，终极目的是使机器人能够观察人类行为、理解人类行动，实现机器人与人类的自然共生、高效共处、友好共存。智能化的人机交互系统极大提升了用户的使用体验，从早期人类手工输入与机器人输出的基本交互方式，逐渐向图形交互、语音交互和体感交互演变。人类以文本、语音、图像、触控、姿势等形式给机器人发出指令，控制机器人按用户意图执行任务。图形交互的典型代表是触摸屏，语音交互的典型代表有百度的"小度"、苹果的 Siri 等，体感交互则可直接通过人体姿势识别来完成人与机器人的互动。

9.1.3 外骨骼装备

士兵经常携带沉重的战斗负荷，导致受伤和疲惫，外骨骼通过下肢的机械腿将重量从人体转移至地面，减轻了士兵的战斗重量。外骨骼装备是一种可穿戴的智能机电一体化装置，它包括了传感装置、控制装置、机械结构、执行机构以及动力装置等部分，可有效提升单兵的力量、速度、耐力、反应等人体机能和防护能力。图 9-18 为两款外骨骼装备。

图 9-18 外骨骼装备（图片来源：DARPA）

负重助力是外骨骼装备的基本功能，可以提高单兵长时间负重行走、搬运弹药及物资等任务的能力。雷神 XOS2 全身外骨骼系统可抓举 90kg 的重物，行走速度 5km/h，腿有 7 个自由度，由液压驱动髋关节、膝关节和踝关节的屈曲/伸展。负重能力的提升，使单兵能够挂载防护力更强的轻质复合装甲，提高了单兵抵御大口径子弹甚至炮弹碎片的能力。外骨骼装备中，还可以部署实时采集人体脉搏、血压、心率、呼吸频率以及生化制剂检测的传感器，使单兵的战场防护能力得到加强。

通过将携行物资甚至人体的重量有效传导至地面，外骨骼装备显著提高了单兵的机动能力。单兵正常行军速度通常约 5km/h，而在洛克希德·马丁公司人体负重外骨骼（HULC）的辅助下，单兵行军速度在负重 90kg 的情况下能达到 10km/h，无负载跑步速度可以达到 16km/h。

除了负重助力的外骨骼装备，还有一种悬浮滑板式的单兵外骨骼装备，能够使单兵灵活地在低空执行各类任务。2019 年，法国人 Zapata 乘着他的飞行悬浮滑板（Flyboard Air）在 22min 内飞越英吉利海峡，全程 35km，最高速度 177km/h，飞行高度约 15~20m。图 9-19 为依托外骨骼助力的"飞行士兵"。

图 9-19　依托外骨骼助力的"飞行士兵"

外骨骼本质上是一种机器人，是一种提升人体机能的可穿戴智能机电一体化系统。随着人工智能技术的发展，单兵外骨骼装备在 AI 芯片、智能算法、先进传感技术、仿生技术的加持下，人机交互更加自然、友好，使单兵体验到"身随意动"的人机一体感。近年来，一些科研机构还相继研发出来了"第三条腿""第三拇指"等人类外来四肢，这些增强型设备在经过一段时间的训练后，可以在大脑控制下和人类进行运动合作。如图 9-20 所示，仿生肢体对残疾人有很大的帮助。

图 9-20　仿生肢体（图片来源：DARPA）

外骨骼和机器人的工作原理基本一致,外骨骼通过传感器(角度、压力、惯性、肌电等)实时感知单兵的运动状态,控制装置实时分析其运动意图并做出反应,驱动执行机构实现人机多自由度、多运动状态的运动辅助,并对人的行为运动进行放大。外骨骼的机械结构是仿生、材料、制造、力学技术的结合,无论是刚性外骨骼还是柔性外骨骼,都要使外骨骼的结构与人体完美匹配。相比机器人来说,外骨骼的人机交互需要外骨骼装备实时准确地判定人类的运动状态与运动意图,主要以体感交互的方式形成一个完整的闭环系统。

9.2 天地一体化技术

相对地基系统,天基系统具有覆盖范围广、受地理条件影响小、抗毁性强等突出特点,近年来在技术进步和商业模式创新的推动下,卫星设计、制造、发射的成本明显下降,各国纷纷将卫星星座建设上升为国家战略,极力争夺卫星频率和轨道资源。

天基系统的发展呈现出典型的低轨化、星座化、通导遥一体化等特征。例如"星链"星座采用了近地轨道数千颗卫星组网,这些卫星在搭载常规通信载荷的情况下,还具备搭载遥感、导航增强以及其他任务载荷的能力,具有潜在的巨大军事应用价值或已经为军方提供服务。图 9-21 归纳了低轨通信星座的发展历程及与地面通信网络关系示意图。

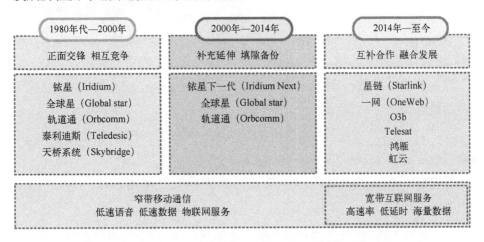

图 9-21 低轨通信星座发展及与地面通信网络关系示意图

9.2.1 天地一体化信息网络

天地一体化信息网络是我国"科技创新 2030—重大项目"已启动的重大工程之一，旨在按照"天基组网、地网跨代、天地互联"的思路，以地面网络为基础、以空间网络为延伸，构建高轨、低轨、临近空间、地面网络互联融合的"全球覆盖、随遇接入、按需服务、安全可信"一体化信息网络，覆盖太空、空中、陆地、海洋等自然空间，为陆海空天各类用户在区域增强、全球移动、航空管理、海事服务、航天支援、抢险救灾、反恐维稳、安全通信等场景提供全球随遇接入、信息安全可靠服务的能力。

（1）电子科学研究院徐晓帆等人提出了一种由核心层、接入层、用户侧三层的天网地网融合陆海空天一体化信息网络结构，如图 9-22 所示。

核心层采用天地双骨干架构。地基骨干网由地面骨干网（光纤网络）和卫星地面站网组成，实现网络控制、资源管理、协议转换、信息处理、融合共享，负责整个网络的管理控制和运行。天基骨干网由高轨、中低轨星座混合组成，具备一定的接入控制、用户管理、信息处理及业务承载能力，提供宽带接入、骨干互联、中继传输，以及导航增强、星基监视等业务。

接入层作为核心层的用户网络来承接各类用户接入，按照承载平台的类型与分布可分为地月空间延展网、天基/空基/海基无线专网、地面局域网、移动通信接入网等。天基无线专网由多颗卫星（星座）组成，空基无线专网由飞机、临近空间飞艇、无人机等构成，海基无线专网由各类水面舰艇、水上浮台等构成，地面局域网和移动通信接入网则与传统地面骨干网和地面用户相结合。

（2）"天象"卫星项目总设计师孙晨华提出了一种天地一体化信息网络低轨移动及宽带通信星座发展设想，如图 9-23 所示。

天地一体化信息网络重大工程由天基骨干网、天基接入网和地基节点网组成。

天基骨干网由若干地球同步轨道卫星联网而成，并与天基接入网、地基节点网互联，实现骨干互联、宽带接入、天基中继和天基管控等功能。

第9章 周界安全技术防范新技术展望

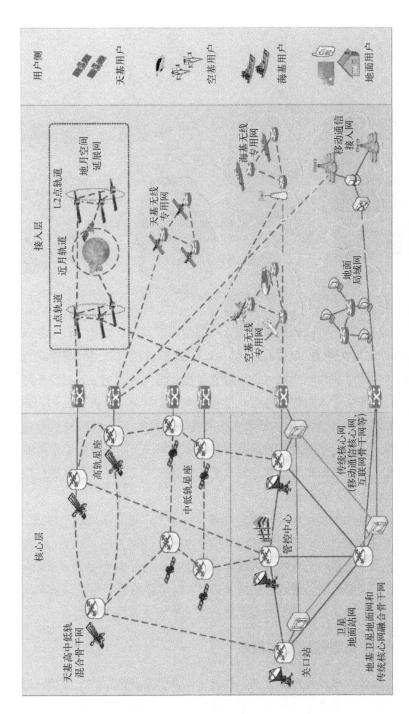

图9-22 陆海空天一体化信息网络的物理架构示意图[255]

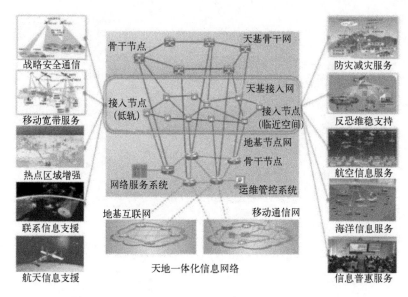

图 9-23 天地一体化信息网络重大工程总体架构[256]

天基接入网采用低轨星座部署、空间组网模式,计划在 12 个高度 800~1100km 的轨道面部署 120 颗星。其中,60 颗综合星以星上处理模式为主,主要支持移动通信和物联网接入;60 颗宽带星以透明转发为主,主要支持宽带互联网接入。天基接入网部署的低轨星座未来可扩展至 240 颗星。用户链路为 L 频段和 Ka 频段,L 频段提供移动通信和物联网服务,Ka 频段提供宽带互联网接入服务。空间组网采用星间链路和星间路由模式,同轨道面星采用激光星间链路模式,异轨道面星采用 Ka 频段星间路由模式,通过国内外极少数的地面关口站实现全球无缝覆盖。

地基节点网由多个地面互联的地基节点(关口站、信息港)组成。

2019 年 6 月 5 日,天象 01/02 星(中电网通一号 A 星、B 星)在黄海海域由长征十一号火箭海上发射送入轨道,卫星重 65kg,两颗星通过 Ka 频段星间链路进行了双星组网。除通信相关载荷外,该星还搭载了星间测量系统、导航增强系统、广播式自动相关监视系统、多光谱相机等任务载荷。

9.2.2 国外典型低轨通信星座

相对高轨卫星以及地面系统,低轨星座具有覆盖范围广、传播时延短、路径衰减小、运营成本低等优点,近年来在全球得到了快速发展。国际上主要的低轨星座系统包括 OneWeb、Starlink、Telesat、Globalstar、Orbcomm、O3b 系统等。下面重点介绍 OneWeb 和 Starlink 系统。

9.2.2.1 OneWeb 系统

OneWeb（一网）旨在打造一个为偏远、信息基础设施落后地区提供互联网接入的低轨星座。OneWeb 星座初期规划 720 颗星，2019 年 2 月发射了首批 6 颗卫星。在 2020 年 3 月星座组网达 74 颗后，OneWeb 被英国政府和一家印度电信运营商收购。2021 年 10 月 OneWeb 星座进行了第 11 批 34 颗星的部署，其在轨卫星数量达到 358 颗。OneWeb 星座第一阶段的低轨卫星分布在轨道高度 1200km 的 18 个轨道面上。

OneWeb 采用天星地网的模式组网，路由和交换通过地面的 44 个关口站进行，关口站则通过地面网络互联。星座面向用户提供 Ku 频段互联网接入，与关口站的通信则采用 Ka 频段。图 9-24 为 OneWeb 卫星渲染图和关口站。

图 9-24　OneWeb 卫星渲染图和关口站

OneWeb 单星重量不到 150kg，单星容量约为 6Gbit/s，可为用户终端提供 50Mbit/s 的互联网接入服务，卫星在轨工作寿命约 5 年。OneWeb 借鉴汽车制造经验，投产了世界首条卫星生产流水线，可一次批产 900 颗，预期将单星成本控制在 50 万美元。

9.2.2.2 星链系统

星链（Starlink）系统是一个巨型低轨互联网星座，太空探索公司（SpaceX）以持续高频次的卫星组网走在了低轨星座组网的前列。

2015 年 1 月，SpaceX 提出在 2019-2024 年间发射 12000 颗近地轨道卫星组建"星链"系统，计划构建一个距离地面 330km、550km 和 1100km 的 3 层

72个轨道面的卫星网络，提供覆盖全球的卫星互联网服务。2019年5月启动"星链"组网后，至2023年11月18日已有在轨卫星5077颗。

"星链"星座的标称轨道为高度550km的圆轨道，单个用户链路的传输速率高达1Gbit/s，链路时延约15~20ms。"星链"卫星采用平板式设计，批量制造可达120颗卫星/月。卫星底部安装4部高通量相控阵天线，与用户终端采用Ku频段通信。标准部件采用单翼太阳能帆板，配置1套氪离子推进系统进行卫星的轨道保持、在轨机动与离轨。早期的卫星重量有227kg和260kg两种，后续1.5版的星链卫星质量为307kg，在轨工作寿命约5年。

"星链"前30批卫星通过地面关口站组网，自第31批卫星开始加载星间激光链路。同时，该卫星还留出了容纳其他载荷的空间，为搭载其他应用提供可靠的天基平台。

星链卫星多由"猎鹰9"火箭发射组网，总重15600kg的60颗卫星占了整流罩空间的2/3，留下的空间可供其他载荷使用。"猎鹰9"单次发射费用中，一级箭体约占60%，整流罩约占10%，发射费用约占10%。重复使用一级箭体和整流罩，极大降低了火箭发射成本，单星发射成本约50万美元。2023年11月11日，一枚12手"猎鹰9"火箭将109颗小卫星送入轨道，并再次成功回收一级箭体。图9-25为一级箭体与整流罩回收的场景。

图9-25 一级箭体与整流罩回收的场景

"星链"系统具有极大的军事应用价值。2019年美空军在C-12J飞机平台上验证了与星链卫星互联速度达610Mbit/s，2020年5月美陆军与SpaceX签署协议测试使用星链卫星进行军用数据传输服务。在俄乌战争和美军的多次演习中，星链卫星的可用性得到了检验。美国防部航天发展局透露下一代军用卫星将更多地利用小卫星星座,以增加天基系统的"弹性"。图 9-26 为应用中的星链卫星终端。

图 9-26　星链卫星终端

9.3　数字孪生技术

随着近年来全球数字化进程的持续发展,数字孪生成为一个炙手可热的概念,在工业制造、航空航天、智慧城市、军事等领域引起了世界各国广泛的关注和探索。

9.3.1　数字孪生的基本概念

数字孪生的概念于 2002 年 10 月首次被提出,此后受到美国军方、美国国家航空航天局(NASA)以及一些企业(GE、西门子、达索等)的关注。NASA 在 2010 年提出的两份技术路线图中正式出现了"数字孪生(Digital Twin)"一词,其概念模型如图 9-27 所示。

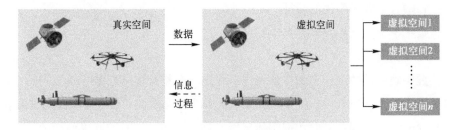

图 9-27　数字孪生概念模型 n

2004年，中国科学院自动化研究所王飞跃研究员提出了平行系统的概念，平行系统（Parallel Systems）是指由某一个自然的现实系统和对应的一个或多个虚拟或理想的人工系统所组成的共同系统。平行系统的主要目的是通过现实系统与人工系统的相互连接，对二者之间的行为进行对比和分析，完成对各自未来状况的"借鉴"和"预估"，相应地调节各自的管理与控制方式，达到实施有效解决方案以及学习和培训的目的。实际上，平行系统中的人工系统完全可以理解为现实系统的数字孪生。

数字孪生是基于传感器更新、运行历史、物理模型等孪生数据，完成从物理实体到信息虚体的模型映射，以及从信息虚体反馈至物理实体的过程，主要由物理实体、数字模型（虚拟实体）、孪生数据、服务以及上述任意二者之间的连接5个部分组成，实现仿真、监测、诊断、迭代优化等服务。图9-28为数字孪生五维模型。

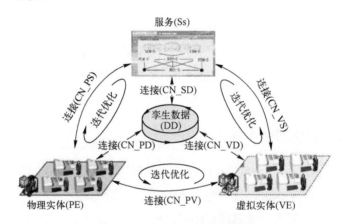

图9-28　数字孪生五维模型[259]

9.3.1.1　数字孪生的特征

数字孪生具有以下4个典型特征。

1. 虚实映射

虚实映射是数字孪生的本质特征。这是一个物理实体与数字模型间的"双向映射"，由实到虚、由虚控实。信息虚体以多种模型（数字模型）形式真实映射物理实体，同时又向物理实体反馈互动，形成一个具有互操作性的闭环。图9-29为航空发动机实体与数字孪生体的双向映射关系。

第 9 章　周界安全技术防范新技术展望

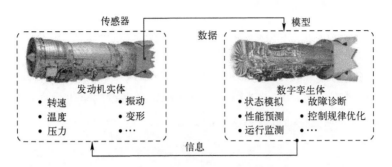

图 9-29　航空发动机实体与数字孪生体的双向映射关系[261]

2. 数据驱动

数据驱动是数字孪生的基础特征。数字模型映射的是反映物理实体真实运行过程的"物理模型、运行历史、传感器更新"的全生命周期的全要素、全业务数据。数字模型永远不可能完全准确地"感知"物理实体，但是可以无限地接近物理实体。

3. 模型保真

模型保真是数字孪生的核心特征。数字孪生在本质上以数字模型映射物理实体，这就需要数字模型和物理实体高度接近，两者保持几何结构、状态、相态和时态上的高度保真。数字模型是几何模型、行为模型、规则模型、数据模型、知识模型、业务模型、机理模型等的总称。图 9-30 为一个航空发动机数字孪生模型构建的示意图。

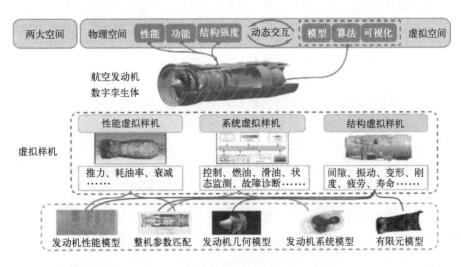

图 9-30　航空发动机数字孪生模型构建示意图[261]

4. 动态交互

动态交互是数字孪生的关键特征。数字孪生的终极目标是模拟物理实体的运行以服务于真实物理系统的优化与决策,数字模型能够实时/准实时/定时表征传感器的动态数据,这一过程是一个从起始到退役的全生命周期的时空伴随。图 9-31 为航空发动机数字孪生的关键要素。

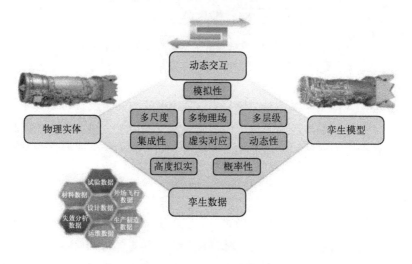

图 9-31　航空发动机数字孪生关键要素[261]

9.3.1.2　数字孪生的功能

数字孪生能够实现映射、监测、诊断、预测、仿真、优化等功能。

（1）映射是建立物理实体在信息空间中的数字化特征模型,完成信息虚体映射,反映相对应的物理实体全生命周期过程。

（2）监测是通过各类传感器感知内外部的数据,完成物理实体数据向数字化表征的传递和在信息空间中对相应物理实体的观察活动。

（3）诊断是基于对历史信息、实时信息的综合处理,将信息空间的信息转化为知识,实现对物理实体状态的评估。

（4）预测是基于诊断评估的结果,实现数字化模型对物理实体的未来预测,提供更全面的决策支持。

（5）仿真是基于虚拟仿真、多学科仿真、半物理仿真等仿真模型,充分模拟产品性能指标、产品使用状况、生产线运动状态、试验测试等行为。

（6）优化是基于监测、诊断、预测和更新迭代,实现物理实体中相应资源的持续动态优化。

图 9-32 为数字孪生应用的示意图。

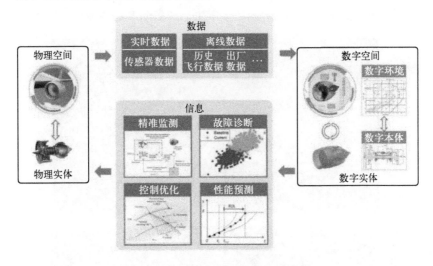

图 9-32　数字孪生应用示意图[261]

9.3.2　数字孪生的应用

得益于虚拟仿真、数字化设计和物联网、大数据、云计算、人工智能、5G 通信等新一代信息技术的发展，数字孪生成为世界经济数字化转型的重要发展方向。数字孪生技术已在智能制造、城市管理、交通运输、建筑、环保、健康医疗、航空航天、电力、军事等多个领域的产品设计、生产、运维、服务等全生命周期内，高效率、高质量地为产业升级赋能。

美国空军在 2013 年的一份文件中将数字孪生视为"改变游戏规则"的颠覆性技术，从 2014 财年起组织波音、通用等公司开展了一系列应用研究项目，陆续取得了一些重要成果。一些媒体预测，今后在交付新的飞机时，将同时交付一套虚拟数字模型，像"影子"一样和真实的飞机相伴一生，并通过遍布机身的各类传感器同步飞机的真实状态。

美国空军研究实验室（AFRL）发起了一个"数字孪生机体"项目。通过飞机制造时采集的机身静态数据，在飞机上部署传感器采集的飞行数据和日常运维数据，经过数字孪生机体模型仿真，预测飞机机身的疲劳程度，实现对飞机机体的寿命管理。飞机组件的数字孪生仿真最早用于航空发动机，现在已扩展至机械、电气、液压、气动、结构等组件。美国通用电气公司的飞机综合健康管理项目为起落架组件建立了数字孪生模型，用于测试起落架结构以及开发诊断和预测模型。如图 9-33 所示数字孪生已在多个产品领域得到应用。

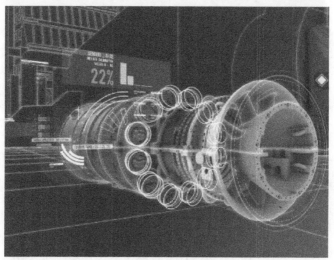

图 9-33　数字孪生在多个产品领域得到应用

数字孪生技术不仅仅局限于组件、产品级的应用，即使在数字孪生城市这样复杂的巨系统领域也得到广泛的关注。基于数字孪生的模拟训练系统综合运用虚拟现实、仿真建模、人工智能、可穿戴式等技术，利用智能化的手段，对训练过程全程管控、训练效果科学评估、训练场景随机导调，构建接近真实的仿真虚拟自然环境、人文环境和极端环境，提供基础技能、执勤应用、战术演练、模拟对抗等任务训练功能，增强单兵的环境适应能力、战术行动能力和效益。图 9-34 为基于数字孪生的模拟训练系统的体系架构。

第9章 周界安全技术防范新技术展望

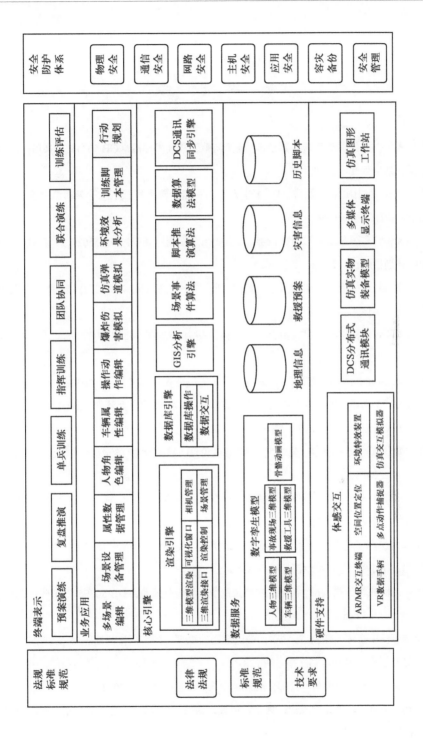

图9-34 基于数字孪生的模拟训练系统体系架构（图片来源：影未同创）

参 考 文 献

[1] 中华人民共和国住房和城乡建设部. 安全防范工程技术标准：GB 50348-2018[S]. 北京：中国计划出版社，2018.

[2] 中华人民共和国陆地国界法[J]. 中华人民共和国全国人民代表大会常务委员会公报，2021，(07)：1286-1291.

[3] 中华人民共和国住房和城乡建设部. 安全防范工程通用规范：GB 55029-2022[S]. 北京：中国计划出版社，2022.

[4] 全国风险管理标准化技术委员会. 风险管理 术语：GB 23694-2013[S]. 北京：中国标准出版社，2014.

[5] 全国风险管理标准化技术委员会. 风险管理 指南：GB/T 24353-2022[S]. 北京：中国标准出版社，2022.

[6] 陈志华. 安全技术防范管理[M]. 北京：中国人民公安大学出版社，2017.

[7] 汤啸天，李瑞昌. 我国应当建立"以风险为中心"的公共安全管理机制[J]. 上海政法学院学报（法治论丛），2017，32(01)：96-102.

[8] 马志政. 探讨环境分类 建立哲学环境理论[J]. 杭州大学学报(哲学社会科学版)，1997(03)：84-92.

[9] 全国电工电子产品环境条件与环境试验标准化委员会. 环境条件分类 自然环境条件 气压：GB/T 4797.2-2017[S]. 北京：中国标准出版社，2018.

[10] 全国电工电子产品环境条件与环境试验标准化委员会. 环境试验 概述和指南：GB/T 2421-2020[S]. 北京：中国标准出版社，2020.

[11] 中华人民共和国建设部. 视频安防监控系统工程设计规范：GB 50395-2007[S]. 北京：中国计划出版社，2007.

[12] 游瑞蓉，王新伟，任鹏道，等. 约翰逊准则的视频监控目标检测性能评估方法[J]. 红外与激光工程，2016，45(12)：276-281.

[13] 周志良. 光场成像技术研究[D]. 合肥：中国科学技术大学，2012.

[14] 左超，陈钱. 计算光学成像：何来，何处，何去，何从?[J]. 红外与激光工程，2022，51(02)：158-341.

[15] 全国安全防范报警系统标准化技术委员会. 安全防范视频监控摄像机通用技术要求：GA/T 1127-2013[S]. 北京：中国标准出版社，2014.

[16] 中华人民共和国公安部. 公共安全重点区域视频图像信息采集规范：GB 37300-2018[S]. 北京：中国标准出版社，2019.

[17] 王旭东，叶玉堂. CMOS 与 CCD 图像传感器的比较研究和发展趋势[J]. 电子设计工程，2010，18(11)：178-181.

[18] 全国安全防范报警系统标准化技术委员会. 公共安全视频监控数字视音频编解码技术要求：GB/T 25724-2017[S]. 北京：中国标准出版社，2023.

[19] 中华人民共和国公安部. 公共安全视频监控联网信息安全技术要求：GB 35114-2017[S]. 北京：中国标准出版社，2023.

[20] 全国安全防范报警系统标准化技术委员会. GA/T 1211-2014，安全防范高清视频监控系统技术要求[S]. 北京：中国标准出版社，2015.

[21] 彭波，韦岗. 音频编码标准新进展：MPEG-4[J]. 高技术通讯，2000(10)：90-94.

[22] 中华人民共和国工业和信息化部. 应用电视摄像机云台通用规范：GB/T 15412-2017[S]. 北京：中国标准出版社，2017.

[23] 全国电气安全标准化委员会. 外壳防护等级：GB/T 4208-2017[S]. 北京：中国标准出版社，2017.

[24] 中华人民共和国公安部. 安防监控视频实时智能分析设备技术要求：GB/T 30147-2013[S]. 北京：中国标准出版社，2014.

[25] 刘桂芝. 安全防范技术及系统应用[M]. 北京：电子工业出版社，2017.

[26] 李崇辉. 视频监控中运动目标的分类方法研究[D]. 广州：华南理工大学，2013.

[27] 全彩时代的暗夜精灵——评测海康威视全彩黑光球型摄像机[J]. 中国公共安全，2017(04)：96-97.

[28] 中国机械工业联合会. 视频监控系统主动照明部件光辐射安全要求：GB/T 37958-2019[S]. 北京：中国标准出版社，2019.

[29] 中华人民共和国公安部. 安全防范视频监控红外热成像设备：GA/T 1708-2020[S]. 北京：中国标准出版社，2020.

[30] 寇小明. 红外成像观测系统性能评价方法研究[D]. 西安：西安电子科技大学，2011.

[31] 中华人民共和国建设部. 入侵报警系统工程设计规范：GB 50394-2007[S]. 北京：中国计划出版社，2007.

[32] 全国安全防范报警系统标准化技术委员会. 入侵和紧急报警系统技术要求：GB/T

32581-2016 [S]. 北京：中国标准出版社，2016.

[33] 中国电器工业协会. 电工电子产品环境条件 术语：GB/T 11804-2005[S]. 北京：中国标准出版社，2005.

[34] 全国电工电子产品环境条件与环境试验标准化委员会. 环境条件分类 自然环境条件 温度和湿度：GB/T 4797.1-2018[S]. 北京：中国标准出版社，2018.

[35] 周圣君. 通信简史[M]. 北京：人民邮电出版社，2022.

[36] 何懿. 军用雷达纵横——毛二可院士访谈录[J]. 兵器知识，2017(6)：16-20.

[37] 王小谟，张光义. 雷达与探测：信息化战争的火眼金睛[M]. 北京：国防工业出版社，2008.

[38] Merrill I Skolnik. 雷达手册[M]. 北京：电子工业出版社，2010.

[39] 中华人民共和国公安部. 振动入侵探测器：GB/T 10408.8-2008[S]. 北京：中国标准出版社，2008.

[40] 中华人民共和国公安部. 光纤振动入侵探测器技术要求：GA/T 1217-2015[S]. 北京：中国标准出版社，2015.

[41] 中华人民共和国公安部. 光纤振动入侵探测系统工程技术规范：GA/T 1469-2018[S]. 北京：中国标准出版社，2018.

[42] 中华人民共和国公安部. GB 10408.4-2000, 入侵探测器第4部分：主动红外入侵探测器[S]. 北京：中国标准出版社，2011.

[43] 中华人民共和国公安部. 激光对射入侵探测器技术要求：GA/T 1158-2014[S]. 北京：中国标准出版社，2014.

[44] 中华人民共和国公安部. 张力式电子围栏通用技术要求：GA/T 1032-2013[S]. 北京：中国标准出版社，2013.

[45] 全国电气安全标准化委员会. 脉冲电子围栏及其安装和安全运行：GB/T 7946-2015[S]. 北京：中国标准出版社，2015.

[46] 中华人民共和国公安部. 遮挡式微波入侵探测器技术要求：GB/T 15407-2010[S]. 北京：中国标准出版社，2010.

[47] 中华人民共和国公安部. 泄漏电缆入侵探测装置通用技术要求：GA/T 1031-2012[S]. 北京：中国标准出版社，2013.

[48] 王刚. 周界入侵报警系统漏泄电缆技术探讨[J]. 中国安防，2021(04)：101-105.

[49] 姬栋. 基于泄露电缆的周界入侵信号探测系统研究[D]. 北京：华北电力大学，2017.

[50] 中华人民共和国公安部. 甚低频感应入侵探测器技术要求：GA/T 1372-2017[S]. 北京：

中国标准出版社，2017.

[51] 中华人民共和国公安部. 微波和被动红外复合入侵探测器：GB 10408.6-2009[S]. 北京：中国标准出版社，2009.

[52] 全国航空器标准化委员会. 无人驾驶航空器系统术语：GB/T 38152-2019[S]. 北京：中国标准出版社，2019.

[53] 中国航空工业集团公司. 民用无人驾驶航空器系统分类及分级：GB/T 35018-2018[S]. 北京：中国标准出版社，2018.

[54] 全国航空器标准化委员会. 轻小型多旋翼无人机飞行控制与导航系统通用要求：GB/T 38997-2020[S]. 北京：中国标准出版社，2020.

[55] 中华人民共和国公安部. 警用无人驾驶航空器系统 第1部分：通用技术要求：GA/T 1411.1-2017[S]. 北京：中国标准出版社，2017.

[56] 中华人民共和国公安部. 警用无人驾驶航空器系统 第3部分：多旋翼无人驾驶航空器系统：GA/T 1411.3-2017[S]. 北京：中国标准出版社，2017.

[57] 陈新泉. 四旋翼无人机飞控系统设计与研究[D]. 南昌：南昌航空大学，2015.

[58] 无人驾驶航空器飞行管理暂行条例[J]. 中华人民共和国国务院公报，2023, (20)：6-16.

[59] 邓小龙，麻震宇，罗晓英. 国外系留气球装备发展与应用启示[J]. 飞航导弹，2020(06)：76-82. DOI：10.16338/j.issn.1009-1319.20190225.

[60] 国家测绘局. 摄影测量与遥感术语：GB/T 14950-2009[S]. 北京：中国标准出版社，2020.

[61] 李德仁，王密. 高分辨率光学卫星测绘技术综述[J]. 航天返回与遥感，2020，41(02)：1-11.

[62] 国防科工局重大专项工程中心. 2017 中国高分卫星应用国家报告（综合卷）[R]. 2017-04-17.

[63] 国防科工局，发展改革委，财政部. 国家民用卫星遥感数据管理暂行办法[R/OL].（2018-12-29）[2023-01-28]. https://www.cnsa.gov.cn/n6758823/n6758839/c6809662/content.html.

[64] 国家国防科技工业局高分观测专项办公室. 高分辨率对地观测系统重大专项地面系统运行管理办法[R/OL].（2015-04-10）[2022-02-22]. http://www.hbeos.org.cn/xwzx/3/2017-05-09/139.html.

[65] 中国科学院遥感与数字地球研究所. 卫星对地观测数据产品分类分级规则：GB/T 32453-2015[S]. 北京：中国标准出版社，2016.

[66] 中国互联网络信息中心. 第51次中国互联网络发展状况统计报告[R/OL].（2023-03-02）

[2023-09-16]. https://www.cnnic.cn/NMediaFile/2023/0807/MAIN169137187130308PEDV637M.pdf.

[67] 冉东. 空间数据网络爬取方法研究[D]. 重庆：重庆交通大学，2019.

[68] 李明，脱永军，黄云霞. 网络空间态势感知模型及应用研究[J]. 通信技术，2016，49(09)：1211-1216.

[69] 孙哲南，赫然，王亮，等. 生物特征识别学科发展报告[J]. 中国图象图形学报，2021，26(06)：1254-1329.

[70] 中华人民共和国公安部. 安防生物特征识别应用术语：GA/T 893-2010[S]. 北京：中国标准出版社，2011.

[71] 全国信息安全标准化技术委员会. 信息安全技术 指纹识别系统技术要求：GB/T 37076-2018[S]. 北京：中国标准出版社，2019.

[72] 全国信息技术标准化技术委员会. 信息技术 生物特征识别数据交换格式 第2部分：指纹细节点数据：GB/T 26237.2-2011[S]. 北京：中国标准出版社，2012.

[73] 付微明. 生物识别信息法律保护问题研究[D]. 北京：中国政法大学，2020.

[74] 全国信息技术标准化技术委员会. 信息技术 生物特征样本质量第5部分：人脸图像数据：GB/T 33767.5-2018[S]. 北京：中国标准出版社，2018.

[75] 全国安全防范报警系统标准化技术委员会. 公共安全 人脸识别应用图像技术要求：GB/T 35678-2017[S]. 北京：中国标准出版社，2017.

[76] 全国信息安全标准化技术委员会. 信息安全技术 远程人脸识别系统技术要求：GB/T 38671-2020[S]. 北京：中国标准出版社，2020.

[77] 中华人民共和国公安部. 安全防范视频监控人脸识别系统技术要求：GB/T 31488-2015[S]. 北京：中国标准出版社，2015.

[78] 中华人民共和国公安部. 公安视频监控人像/人脸识别应用技术要求：GA/T 1756-2020[S]. 北京：中国标准出版社，2021.

[79] 全国信息安全标准化技术委员会. 信息安全技术 虹膜识别系统技术要求：GB/T 20979-2019 [S]. 北京：中国标准出版社，2019.

[80] 全国安全防范报警系统标准化技术委员会. 公共安全 指静脉识别应用图像技术要求：GB/T 35742-2017[S]. 北京：中国标准出版社，2017.

[81] 中国人民银行. 移动金融基于声纹识别的安全应用技术规范：JR/T 0164-2018[S/OL]. https://cfstc.pbc.gov.cn/bzgk/detail/?id=0&bzId=1670.

[82] 中华人民共和国信息产业部. 自动声纹识别（说话人识别）技术规范：SJ/T 11380-

2008[S]. 北京：信息技术与标准化，2008.

[83] 郑方，李蓝天，张慧，等. 声纹识别技术及其应用现状[J]. 信息安全研究，2016, 2(01)：44-57.

[84] 全国信息安全标准化技术委员会. 信息安全技术 步态识别数据安全要求：GB/T 41773-2022[S]. 北京：中国标准出版社，2022.

[85] 蒋林涛. 数据网的现状及发展方向[J]. 电信科学，2019，35(08)：2-15.

[86] W RICHARDSTEVENS.TCP/IP 详解. 卷 1，协议[M]. 北京：机械工业出版社，2000.

[87] 闪客. Linux 源码趣读[M]. 北京：电子工业出版社，2023.

[88] 全国电工术语标准化技术委员会. 电信术语 电信中的交换和信令：GB/T 14733.4-2012[S]. 北京：中国标准出版社，2013.

[89] 王志鹏. 论网络高清监控系统中交换机的选型策略[J]. 通信管理与技术，2018(03)：54-56.

[90] 中华人民共和国工业和信息化部. 电信术语 光纤通信：GB/T 14733.12-2008[S]. 北京：中国标准出版社，2008.

[91] 中华人民共和国工业和信息化部. 电信术语 传输：GB/T 14733.11-2008[S]. 北京：中国标准出版社，2008.

[92] 毛谦. 我国光纤通信技术发展的现状和前景[J]. 电信科学，2006(08)：1-4.

[93] 王之浩. SFP 光通信模块的基础组件技术研究[D]. 北京：北京交通大学，2021.

[94] 中华人民共和国工业和信息化部. 安全防范系统光端机技术要求：GA/T 1178-2014[S]. 北京：中国标准出版社，2014.

[95] 何晔. 多级级联分光无源光网络保护策略研究[D]. 南京：南京邮电大学，2013.

[96] 中华人民共和国工业和信息化部. 数字微波接力通信系统工程设计规范：YD/T 5088-2015[S]. 北京：北京邮电大学出版社，2016.

[97] 刘朝苹，唐月. 数字微波技术的新发展和微波传输在广电的应用[J]. 广播与电视技术，2017，44(06)：89-93. DOI：10.16171/j.cnki.rtbe.2017006019.

[98] 中华人民共和国工业和信息化部. 移动物联网（NB-IoT）工程技术规范：YD/T 5254-2021[S/OL]. https://hbba.sacinfo.org.cn/attachment/onlineRead/8a2b87a1b6795b5b2301eb20de6014b6abdf82a67ac18a3fc73622f7bb7dfd1e.

[99] 中华人民共和国工业和信息化部. 电信术语 无线电波传播：GB/T 14733.9-2008[S]. 北京：中国标准出版社，2008.

[100] 中华人民共和国工业和信息化部. 电信术语 天线：GB/T 14733.10-2008[S]. 北京：中

国标准出版社，2008.

[101] 姜圣. 新一代边海防短波电台的设计及关键技术的实现[D]. 沈阳：东北大学，2012.

[102] 中华人民共和国公安部. 公安短波数字通信网组网总体技术要求：GA/T 1416-2018[S]. 北京：中国标准出版社，2018.

[103] 杨卫东. 地空超视距通信系统的设计与实现[D]. 成都：电子科技大学，2020.

[104] 中国电信. 中国电信 5G 技术白皮书[R/OL]．（2018-06-26）[2023-09-11]. http://www.chinatelecom.com.cn/2018/ct5g/201806/P020180626325489312555.pdf.

[105] 韩斌杰，杜新颜，张建斌. GSM 原理及其网络优化（第 2 版）[M]. 北京：机械工业出版社，2009.

[106] 丁奇. 大话无线通信[M]. 北京：人民邮电出版社，2010.

[107] 中华人民共和国公安部. 警用数字集群（PDT）通信系统 总体技术规范：GA/T 1056-2013，[S]. 北京：中国标准出版社，2013.

[108] 中华人民共和国公安部. 警用数字集群（PDT）通信系统 工程技术规范：GA/T 1368-2017，[S]. 北京：中国标准出版社，2017.

[109] 中华人民共和国公安部. 警用数字集群（PDT）通信系统 互联技术规范：GA/T 1364-2017，[S]. 北京：中国标准出版社，2017.

[110] 中华人民共和国工业和信息化部. 基于 LTE 技术的宽带集群通信（B-TrunC）系统总体技术要求（第一阶段）：GB/T 37291-2019[S]. 北京：中国标准出版社，2019.

[111] 中华人民共和国工业和信息化部. 基于 LTE 技术的宽带集群通信（B-TrunC）系统 网络设备技术要求（第一阶段）：GB/T 39845-2021[S]. 北京：中国标准出版社，2021.

[112] 中华人民共和国工业和信息化部. 基于 LTE 技术的宽带集群通信（B-TrunC）系统 终端设备技术要求（第一阶段）：GB/T 39839-2021[S]. 北京：中国标准出版社，2021.

[113] 2021 年中国卫星应用若干重大进展[J]. 卫星应用，2022(01)：8-15.

[114] 中国卫星导航系统管理办公室. 北斗卫星导航系统发展报告(4.0 版)[R/OL].(2019-12-27)[2023-10-30]. http://m.beidou.gov.cn/xt/gfxz/201912/P020191227337020425733.pdf.

[115] 中国卫星导航系统管理办公室. 北斗卫星导航系统应用服务体系（1.0 版）[R/OL]．（2019-12-27）[2023-11-12]. http://www.beidou.gov.cn/zt/xwfbh/bdshxttgqqfw/gdxw5/201912/P020191227406780649389.pdf.

[116] 全国北斗卫星导航标准化技术委员会. 北斗卫星导航术语：GB/T 39267-2020[S]. 北京：中国标准出版社，2020.

[117] 中华人民共和国工业和信息化部. 自组织网络支持应急通信 第 1 部分：业务要求：

YD/T 2637.1-2013[S]. 北京：人民邮电出版社，2014.

[118] 中华人民共和国工业和信息化部. 面向物联网的蜂窝窄带接入（NB-IOT）终端设备技术要求：YD/T 3337-2018[S]. 北京：人民邮电出版社，2019.

[119] 王海涛. 基于无线自组网的应急通信技术[M]. 北京：电子工业出版社，2015.

[120] 中华人民共和国公安部. 公共安全视频监控联网系统信息传输、交换、控制技术要求：GB/T 28181-2022[S]. 北京：中国标准出版社，2022.

[121] 徐飞明. 基于ONVIF协议的NVR软件平台的设计与开发[D]. 杭州：浙江大学，2012.

[122] 中华人民共和国工业和信息化部. 磁盘阵列通用规范：SJ/T 11527-2015[S]. 北京：中国电子技术标准化研究院，2015.

[123] 李梅芳，王静，张静怡. 浅论视频监控系统存储技术的发展[J]. 科技与创新，2019(10)：92-93，95. DOI：10.15913/j.cnki.kjycx.2019.10.040.

[124] 中华人民共和国工业和信息化部. 视频云存储系统通用技术要求：SJ/T 11787-2021[S]. 北京：人民邮电出版社，2021.

[125] 中华人民共和国住房和城乡建设部. 视频显示系统工程技术规范：GB 50464-2008[S]. 北京：中国计划出版社，2009.

[126] 中华人民共和国工业和信息化部. 发光二极管（LED）显示屏通用规范：SJ/T 11141-2017[S]. 北京：中国电子技术标准化研究院，2018.

[127] 中华人民共和国工业和信息化部. 液晶显示器件 第1-1部分：术语和符号：GB/T 18910.11-2012[S]. 北京：中国标准出版社，2013.

[128] 中华人民共和国公安部. 安全防范视频监控矩阵设备通用技术要求：GA/T 646-2016[S]. 北京：中国标准出版社，2017.

[129] 唐俊. 视频矩阵控制服务器的设计[D]. 北京：北京理工大学，2016.

[130] 曲柳莺. 流媒体传输协议的研究[D]. 成都：电子科技大学，2005.

[131] 中华人民共和国公安部. 安全防范监控网络视音频编解码设备：GA/T 1216-2015[S]. 北京：中国标准出版社，2017.

[132] 靖立明. 视频联网平台的设计与应用[D]. 成都：电子科技大学，2016.

[133] 汪运冰. 基于B/S和C/S混合体系结构下的BIM监理管理系统研究[D]. 武汉：武汉理工大学，2017.

[134] 中华人民共和国公安部. 公安视频图像分析系统 第1部分：通用技术要求：GA/T 1399.1-2017[S]. 北京：中国标准出版社，2017.

[135] 中华人民共和国公安部. 视频图像分析仪 第3部分：视频图像检索技术要求：GA/T

1154.3-2017[S]. 北京：中国标准出版社，2018.

[136] 中华人民共和国公安部. 视频图像分析仪 第5部分：视频图像增强与复原技术要求：GA/T 1154.5-2016[S]. 北京：中国标准出版社，2017.

[137] 中华人民共和国公安部. 视频图像分析仪 第2部分：视频图像摘要技术要求：GA/T 1154.2-2014[S]. 北京：中国标准出版社，2014.

[138] 潘晓容. 基于视频内容的动态摘要生成算法研究[D]. 西安：西安理工大学. 西安

[139] 王娟, 蒋兴浩, 孙锬锋. 视频摘要技术综述[J]. 中国图象图形学报，2014，19(12)：1685-1695.

[140] 邓婵. 视频摘要关键技术研究[D]. 长沙：中南大学，2012.

[141] 中华人民共和国公安部. 公安视频图像信息应用系统第1部分：通用技术要求：GA/T 1400.1-2017[S]. 北京：中国标准出版社，2017.

[142] 中华人民共和国公安部. 公安视频图像信息应用系统第2部分：应用平台技术要求：GA/T 1400.2-2017[S]. 北京：中国标准出版社，2017.

[143] 中华人民共和国公安部. 出入口控制系统技术要求：GB/T 37078-2018[S]. 北京：中国标准出版社，2019.

[144] 中华人民共和国公安部. 城市监控报警联网系统 技术标准第9部分：卡口信息识别、比对、监测系统技术要求：GA/T 669.9-2008[S]. 北京：中国标准出版社，2008.

[145] 全国信息技术标准化技术委员会. 信息技术 大数据 术语：GB/T 35295-2017[S]. 北京：中国标准出版社，2017.

[146] 徐俊刚, 裴莹. 数据ETL研究综述[J]. 计算机科学，2011，38(04)：15-20.

[147] 孙立伟, 何国辉, 吴礼发. 网络爬虫技术的研究[J]. 电脑知识与技术，2010，6(15)：4112-4115.

[148] 朱耀华, 郝文宁, 陈刚. 可视化技术简述[J]. 电脑知识与技术，2012，8(06)：1402-1407，1419.

[149] The data visualization catalogue[EB/OL]. [2023-11-11]. https://datavizcatalogue.com/search/time.html.

[150] 全国信息技术标准化技术委员会. 信息技术 大数据 大数据系统基本要求：GB/T 38673-2020, [S]. 北京：中国标准出版社，2020.

[151] 全国信息技术标准化技术委员会. 信息技术 大数据分析系统功能要求：GB/T 37721-2019, [S]. 北京：中国标准出版社，2019.

[152] 全国信息技术标准化技术委员会. 信息技术 大数据存储与处理系统功能要求：GB/T

37722-2019[S]. 北京：中国标准出版社，2019.

[153] 中华人民共和国自然资源部. 智慧城市时空大数据平台建设技术大纲（2019版）[EB/OL]. （2019-01-24）[2023-09-16]. https://m.mnr.gov.cn/gk/tzgg/201902/P020190218567790319352. doc.

[154] 中华人民共和国测绘地理信息局. 智慧城市时空基础设施 基本规定：GB/T 35776-2017[S]. 北京：中国标准出版社，2017.

[155] 中华人民共和国测绘地理信息局. 地理信息公共平台基本规定：GB/T 30318-2013[S]. 北京：中国标准出版社，2014.

[156] 全国信息技术标准化技术委员会. 信息技术 云计算 参考架构：GB/T 32399-2015[S]. 北京：中国标准出版社，2016.

[157] 全国信息技术标准化技术委员会. 信息技术 云计算 概览与词汇：GB/T 32400-2015[S]. 北京：中国标准出版社，2016.

[158] 中华人民共和国住房和城乡建设部. 云计算基础设施工程技术标准：GB/T 51399-2019[S]. 北京：中国计划出版社，2019.

[159] 全国信息技术标准化技术委员会. 信息技术 云计算 云服务运营通用要求：GB/T 36326-2018 [S]. 北京：中国标准出版社，2018.

[160] 中华人民共和国工业和信息化部. 视频云服务平台技术要求：YD/T 3863-2021[S]. 北京：人民邮电出版社，2018.

[161] 中华人民共和国信息产业部. 信息技术 词汇 第28部分：人工智能 基本概念与专家系统：GB/T 5271.28-2001[S]. 北京：中国标准出版社，2001.

[162] 中华人民共和国信息产业部. 信息技术 词汇 第31部分：人工智能 机器学习：GB/T 5271.31-2006[S]. 北京：中国标准出版社，2006.

[163] AMiner. 人工智能之机器学习[R/OL]. （2020-01）[2023-05-06]. https://static.aminer.cn/misc/pdf/MachineLearningAll. pdf.

[164] AMiner. 2019 人工智能发展报告[R/OL]. （2019-11-30）[2023-04-18]. https://static. aminer.cn/misc/pdf/pdf/caai2019.pdf.

[165] 中国电子技术标准化研究院. 人工智能标准化白皮书(2018版)[R/OL]. （2023-01-24）[2021-08-24]. http://www.cesi.cn/images/editor/20180124/20180124135528742.pdf.

[166] 中华人民共和国信息产业部. 信息技术 词汇 第34部分：人工智能 神经网络：GB/T 5271.34-2006[S]. 北京：中国标准出版社，2006.

[167] 全国信息技术标准化技术委员会. 人工智能 知识图谱技术框架：GB/T 42131-2022[S].

北京：中国标准出版社，2023.

[168] AMiner. 人工智能之认知图谱[R/OL]. （2020-08-28）[2021-06-13]. https：//static.aminer.cn/misc/pdf/CognitiveGraph.pdf.

[169] 中国电子技术标准化研究院. 知识图谱标准化白皮书（2019版）. [R/OL]. （2019-09-11）[2023-08-12]. http://www.cesi.cn/images/editor/20190911/20190911095208624.pdf.

[170] 王晰巍，张柳，韦雅楠，等. 社交网络舆情中意见领袖主题图谱构建及关系路径研究——基于网络谣言话题的分析[J]. 情报资料工作，2020，41(02)：47-55.

[171] AMiner. 人工智能之计算机视觉[R/OL]. （2020-10-19）[2021-06-13]. https：//static.aminer.cn/misc/pdf/TRCV.pdf.

[172] 全国信息技术标准化技术委员会. 信息技术 计算机视觉 术语：GB/T 41864-2022[S]. 北京：中国标准出版社，2022.

[173] AMiner. 2018 自然语言处理研究报告[R/OL]. （2018-07）[2021-11-06]. https：//static.aminer.cn/misc/article/nlp.pdf.

[174] 赵京胜，宋梦雪，高祥. 自然语言处理发展及应用综述[J]. 信息技术与信息化，2019(07)：142-145.

[175] 杨立公，朱俭，汤世平. 文本情感分析综述[J]. 计算机应用，2013，33(06)：1574-1578，1607.

[176] 中华人民共和国测绘局. 测绘基本术语：GB/T 14911-2008[S]. 北京：中国标准出版社，2008.

[177] 中华人民共和国自然资源部. 实景三维中国建设技术大纲（2021版）[EB/OL]. （2021-08-11）[2022-01-04]. http://gi.mnr.gov.cn/202108/P020220608365567427770.pdf.

[178] 宋关福，陈勇，罗强，等. GIS基础软件技术体系发展及展望[J]. 地球信息科学学报，2021，23(01)：2-15.

[179] 陈静. 青岛地理信息资源共享平台设计与实践[D]. 北京：清华大学，2009.

[180] 钟耳顺，宋关福，汤国安. 大数据地理信息系统原理、技术与应用[M]. 北京：清华大学出版社. 2020.

[181] 中华人民共和国测绘局. 城市地理信息系统设计规范：GB/T 18578-2008[S]. 北京：中国标准出版社，2008.

[182] 中华人民共和国测绘局. 基础地理信息标准数据基本规定：GB 21139-2007[S]. 北京：中国标准出版社，2008.

[183] 中华人民共和国公安部. 城市警用地理信息系统建设规范：GA/T 493-2004[S]. 北京：

中国标准出版社，2004.

[184] 中国兵器工业集团公司. 激光术语：GB/T 15313-2008[S]. 北京：中国标准出版社，2008.

[185] 郭林炀. 激光眩目系统关键技术研究[D]. 长春：长春理工大学，2019.

[186] 付伟. 强激光致盲研究[J]. 应用光学，2001(06)：17-22.

[187] 杨在富，王嘉睿，钱焕文. 激光失能生物学原理与激光失能武器技术[J]. 军事医学，2014，38(03)：220-223.

[188] 全国声学标准化技术委员会. 声学名词术语：GB/T 3947-1996[S]. 北京：中国标准出版社，1997.

[189] 周畅. 声波非致命武器定向技术与致伤评估技术研究[D]. 南京：南京理工大学，2019.

[190] 孟蕊，康振宇. 声学在非致命武器中的应用探究[J]. 电声技术，2020，44(04)：70-72. DOI：10.16311/j.audioe.2020.04.019.

[191] 王文，刘斌胜，赵志亮，等. 电击武器的人体效应研究[J]. 黑龙江科技信息，2010(21)：23.

[192] 全国建筑物电气装置标准化技术委员会. 电流对人和家畜的效应 第 1 部分：通用部分：GB/T 13870.1-2008[S]. 北京：中国标准出版社，2008.

[193] 全国建筑物电气装置标准化技术委员会. 电流对人和家畜的效应 第 5 部分：生理效应的接触电压阈值：GB/T 13870.5-2016[S]. 北京：中国标准出版社，2016.

[194] 熊远波. 电击武器若干关键问题的研究[D]. 南京：南京理工大学，2007.

[195] U. S. Department of Defense. Couner-Small Unmanned Aircraft Systems Strategy[R/OL]. (2021-01-07)[2023-02-18]. https://media.defense.gov/2021/Jan/07/2002561080/-1/-1/0/DEPARTMENT-OF-DEFENSE-COUNTER-SMALL-UNMANNED-AIRCRAFT-SYSTEMS-STRATEGY.pdf.

[196] 薛猛，周学文，孔维亮. 反无人机系统研究现状及关键技术分析[J]. 飞航导弹，2021(05)：52-56，60. DOI：10.16338/j.issn.1009-1319.20200243.

[197] 朱孟真，陈霞，刘旭，等. 战术激光武器反无人机发展现状和关键技术分析[J]. 红外与激光工程，2021，50(07)：188-200.

[198] 中华人民共和国公安部. 安全防范系统供电技术要求：GB/T 15408-2011[S]. 北京：中国标准出版社，2011.

[199] 中华人民共和国工业和信息化部. 通信用交流不间断电源（UPS）：YD/T 1095-2018[S]. 北京：人民邮电出版社，2018.

[200] 中华人民共和国公安部. 安防线缆应用技术要求：GA/T 1406-2017[S]. 北京：中国标准出版社，2018.

[201] 中华人民共和国公安部. 安防线缆：GA/T 1297-2021[S]. 北京：中国标准出版社，2021.

[202] 2018 年中国光伏技术发展报告(1)[J]. 太阳能，2019(04)：19-23.

[203] 中华人民共和国工业和信息化部. 通信用太阳能电源系统：GB/T 26264-2010[S]. 北京：中国标准出版社，2011.

[204] 侯明，衣宝廉. 燃料电池技术发展现状与展望[J]. 电化学，2012，18(01)：1-13. DOI：10.13208/j.electrochem.2012.01.003.

[205] 孙巍. 直接甲醇燃料电池 MEA 的结构改性及传输过程优化[D]. 镇江：江苏大学，2020.

[206] 李俊. 蓄电池快速充电技术研究[D]. 成都：西南交通大学，2009.

[207] 桂长清. 阀控密封铅蓄电池的基本结构和工作原理[J]. 通信电源技术，2006(01)：68-70. DOI：10.19399/j.cnki.tpt.2006.01.026.

[208] 全国电工术语标准化委员会. 电工术语 原电池和蓄电池：GB/T 2900.41-2008[S]. 北京：中国标准出版社，2008.

[209] 王俊芳. 锂离子电池正极材料的合成与电化学性能研究[D]. 无锡：江南大学，2011.

[210] 杨银华，李家川. 雷电形成原理及雷电灾害防御措施[J]. 农业灾害研究，2014，4(12)：47-49. DOI：10.19383/j.cnki.nyzhyj.2014.12.017.

[211] 中华人民共和国住房和城乡建设部. 建筑物电子信息系统防雷技术规范：GB 50343-2012[S]. 北京：中国建筑工业出版社，2008.

[212] 中国气象局. 安全防范系统雷电防护要求及检测技术规范：QX/T 186-2013[S]. 北京：气象出版社，2013.

[213] 全国雷电防护标准化技术委员会. 雷电防护 第 1 部分：总则：GB/T 21714.1-2015[S]. 北京：中国标准出版社，2015.

[214] 中华人民共和国公安部. 安全防范系统雷电浪涌防护技术要求：GA/T 670-2006[S]. 北京：中国标准出版社，2007.

[215] 全国建筑物电气装置标准化技术委员会. 电流对人和家畜的效应 第 4 部分：雷击效应：GB/T 13870.4-2017[S]. 北京：中国标准出版社，2017.

[216] 周军. 建筑物雷电防护技术的研究与应用[D]. 济南：山东大学，2007.

[217] 王祎菲，仇一凡，冯世涛，等. 雷电流特性及其波形分析[J]. 黑龙江电力，2010，32(06)：404-407. DOI：10.13625/j.cnki.hljep.2010.06.006.

[218] 全国雷电防护标准化技术委员会. GB/T 21714. 4-2015，雷电防护 第4部分：建筑物内电气和电子系统[S]. 北京：中国标准出版社，2015.

[219] 中华人民共和国住房和城乡建设部. 通信局（站）防雷与接地工程设计规范：GB 50689-2011 [S]. 北京：中国计划出版社，2012.

[220] 李叶新，梁艺文，区永平. 现代建筑物防雷接地装置结构的探讨[J]. 广东气象，1999(S2)：22-25.

[221] 全国信息安全标准化技术委员会. 信息安全技术 术语：GB/T 25069-2022[S]. 北京：中国标准出版社，2022.

[222] 国家计算机网络应急技术处理协调中心. 2020 年中国互联网网络安全报告[R/OL].（2021-07-20）[2023-11-12]. https://www.cert.org.cn/publish/main/upload/File/2020%20Annual%20Report.pdf.

[223] 全国信息安全标准化技术委员会. 信息安全技术 网络安全漏洞标识与描述规范：GB/T 28458-2020[S]. 北京：中国标准出版社，2020.

[224] 全国信息安全标准化技术委员会. 信息安全技术 网络安全漏洞分类分级指南：GB/T 30279-2020[S]. 北京：中国标准出版社，2020.

[225] 张桐. 天地一体化网络中攻击检测的研究与实现[D]. 北京：北京邮电大学，2020.

[226] 国家计算机病毒应急处理中心. 美国中央情报局（CIA）"蜂巢"恶意代码攻击控制武器平台分析报告[R/OL].（2022-04-19）[2023-09-16]. 2022.https://www.cverc.org.cn/head/ zhaiyao/HIVE.pdf.

[227] 奇安信威胁情报中心. 全球高级持续性威胁（APT）2020 年度报告[R/OL].（2021-01）[2023-01-26]. https://www.qianxin.com/threat/reportdetail?report_id=126.

[228] 胡旭. 计算机口令设置的要求与技巧[J]. 辽宁省交通高等专科学校学报，2010，12(02)：53-55.

[229] 全国信息安全标准化技术委员会. 信息安全技术 网络安全等级保护基本要求：GB/T 22239-2019[S]. 北京：中国标准出版社，2019.

[230] 杨芸. 涉密信息系统分级保护制度的基本问题(上)[J]. 保密工作，2013(12)：44-46. DOI: 10. 19407/j.cnki.cn11-2785/d.2013.12.022.

[231] 李元峰，蔡雅良. 浅析涉密信息系统的分级保护[J]. 信息安全与通信保密，2008(06)：78-79，82.

[232] 赵宝磊. 浅谈涉密信息系统分级保护工作的实施[J]. 信息技术与信息化，2010(03)：80-83.

[233] 马力,陈广勇,祝国邦. 网络安全等级保护 2.0 国家标准解读[J]. 保密科学技术, 2019(07): 14-19.

[234] 全国信息安全标准化技术委员会. 信息安全技术 网络攻击定义及描述规范: GB/T 37027-2018 [S]. 北京: 中国标准出版社, 2019.

[235] 全国信息安全标准化技术委员会. 信息安全技术 网络安全等级保护定级指南: GB/T 22240-2020[S]. 北京: 中国标准出版社, 2020.

[236] 全国信息安全标准化技术委员会. 信息安全技术 网络安全等级保护安全设计技术要求: GB/T 25070-2019[S]. 北京: 中国标准出版社, 2019.

[237] 全国信息安全标准化技术委员会. 信息安全技术 信息安全产品类别与代码: GB/T 25066-2020[S]. 北京: 中国标准出版社, 2020.

[238] 全国信息安全标准化技术委员会. 信息技术 安全技术 网络安全 第 5 部分: 使用虚拟专用网的跨网通信安全保护: GB/T 25068.5-2021[S]. 北京: 中国标准出版社, 2021.

[239] 中华人民共和国工业和信息化部. 网络入侵检测系统技术要求: GB/T 26269-2010[S]. 北京: 中国标准出版社, 2011.

[240] 全国信息安全标准化技术委员会. 信息安全技术 网络入侵检测系统技术要求和测试评价方法: GB/T 20275-2021[S]. 北京: 中国标准出版社, 2022.

[241] 中华人民共和国公安部. 信息安全技术 网络型流量控制产品安全技术要求: GA/T 1454-2018, [S]. 北京: 中国标准出版社, 2018.

[242] 中华人民共和国公安部. 信息安全技术 信息过滤产品技术要求: GA/T 698-2014[S]. 北京: 中国标准出版社, 2014.

[243] 全国信息安全标准化技术委员会. 信息安全技术 网络和终端隔离产品安全技术要求: GB/T 20279-2015[S]. 北京: 中国标准出版社, 2015.

[244] 全国信息安全标准化技术委员会. 信息安全技术 网络型入侵防御产品技术要求和测试评价办法: GB/T 28451-2012[S]. 北京: 中国标准出版社, 2012.

[245] 全国信息安全标准化技术委员会. 信息安全技术 防病毒网关安全技术要求和测试评价方法: GB/T 35277-2017[S]. 北京: 中国标准出版社, 2017.

[246] 全国信息安全标准化技术委员会. 信息安全技术 防火墙安全技术要求和测试评价方法: GB/T 20281-2020[S]. 北京: 中国标准出版社, 2020.

[247] 全国信息安全标准化技术委员会. 信息安全技术 路由器安全技术要求: GB/T 18018-2019[S]. 北京: 中国标准出版社, 2019.

[248] 中华人民共和国公安部. 信息安全技术 交换机安全技术要求和测试评价办法: GA/T

1484-2018[S]. 北京：中国标准出版社，2018.

[249] 全国信息安全标准化技术委员会. 信息安全技术 可信计算 可信计算体系结构：GB/T 38638-2020[S]. 北京：中国标准出版社，2020.

[250] 全国信息安全标准化技术委员会. 信息安全技术 操作系统安全技术要求：GB/T 20272-2019[S]. 北京：中国标准出版社，2019.

[251] 国家机器人标准化总体组. 机器人分类：GB/T 39405-2020[S]. 北京：中国标准出版社，2020.

[252] 姚屏. 工业机器人技术基础[M]. 北京：机械工业出版社，2020.

[253] AMiner：2018 智能机器人研究[J]. 自动化博览，2018，35(10)：90-93.

[254] 宋道志，王晓光，王鑫，等. 多关节外骨骼助力机器人发展现状及关键技术分析[J]. 兵工学报，2016，37(01)：172-185.

[255] 徐晓帆，王妮炜，高璎园，等. 陆海空天一体化信息网络发展研究[J]. 中国工程科学，2021，23(02)：39-45.

[256] 孙晨华，肖永伟，赵伟松，等. 天地一体化信息网络低轨移动及宽带通信星座发展设想[J]. 电信科学，2017，33(12)：43-52.

[257] 王飞跃. 平行系统方法与复杂系统的管理和控制[J]. 控制与决策，2004(05)：485-489，514. DOI：10.13195/j.cd.2004.05.6.wangfy.002.

[258] 全国信息技术标准化委员会. 信息物理系统 术语：GB/T 40021-2021[S]. 北京：中国标准出版社，2021.

[259] 陶飞，刘蔚然，张萌，等. 数字孪生五维模型及十大领域应用[J]. 计算机集成制造系统，2019，25(01)：1-18. DOI：10.13196/j.cims.2019.01.001.

[260] 全国信息技术标准化委员会. 信息物理系统 参考架构：GB/T 40020-2021[S]. 北京：中国标准出版社，2021.

[261] 刘永泉，黎旭，任文成，等. 数字孪生助力航空发动机跨越发展[J]. 航空动力，2021(02)：24-29.

[262] 中国电子技术标准化研究院. 数字孪生应用白皮书（2020 版）[R/OL]. （2020-11-11）[2023-11-15]. http://www.cesi.cn/images/editor/20201118/20201118163619265.pdf.

[263] 刘婷，张建超. 基于数字孪生的航空发动机全生命周期管理[J]. 航空动力，2018(01)：52-56.

图 2-19　景深与光圈变化对比示意图

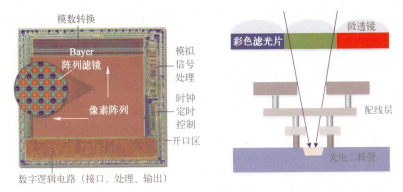

图 2-25　CMOS 图像传感器结构示意图

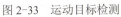

图 2-33　运动目标检测

图 2-37　不同色温变化示意图（图片作者：Alex1ruff）

图 2-39　宽动态效果有无对比图（图片来源：TP-LINK）

图 2-40　高动态范围成像的 3 张图片及合成图片

图 2-43　3D 降噪开闭效果对比图（图片来源：TP-LINK）

图 2-44　红外线透过后拍摄的图像

图 2-46　不同饱和度下的图像对比

图 2-47　不同亮度下的图像对比

图 2-48　不同对比度下的图像对比

图 2-154　无人机倾斜摄影原理和成图（图片来源：畋景科技）

图 2-164　工人体育场施工进度示意图（图片来源：长光卫星）

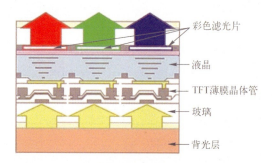

图 4-12　TFT-LCD 面板结构示意图

图 4-38　不同算法的视频图像增强效果示意图

图 4-39　视频图像去模糊效果示意图

图 4-40　行人目标识别

图 4-51　一些常见的数据可视化方法[149]

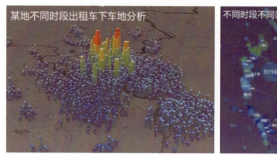
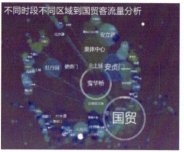

图 4-57　时空叠加分析量测可视化（图片来源：超图软件）

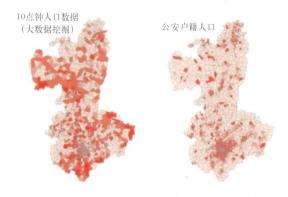

图 4-58　基于手机信令的人口时空变化示意图（图片来源：超图软件）

图 4-81　图像分割任务示意图（图片来源：智谱 AI）

图 4-87 BIM 模型与上海中心的 BIM 运营平台（图片来源：超图软件）

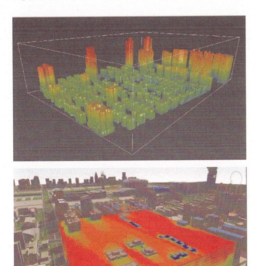

图 4-92 体元栅格表达的建筑物和日照分析（图片来源：超图软件）

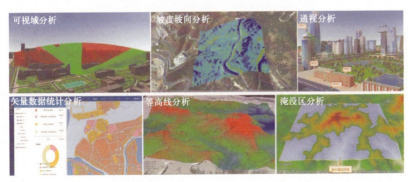

图 4-96 部分空间分析示意图（图片来源：超图软件）

彩 7

图 4-97　动画特效与标绘示意图（图片来源：超图软件）

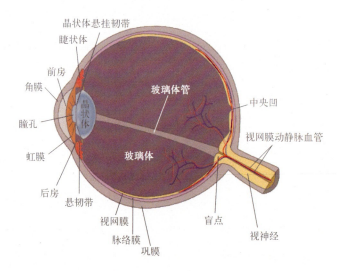

图 5-5　人眼结构示意图